Chemische Technologie der Kunststoffe in Einzeldarstellungen

Herausgegeben von

Dipl.-Ing. Dr. techn. Franz Kainer †

und Dipl. Chem. Dr. rer. nat. Helmuth Kainer

Polyisobutylen und Isobutylen-Mischpolymerisate

Von

Dr.-Ing. Hermann Güterbock

Chemiker und Betriebsleiter

in der Badischen Anilin- u. Soda-Fabrik AG.

Ludwigshafen a. Rh.

Mit 20 Abbildungen

Springer-Verlag

Berlin / Göttingen / Heidelberg

1959

ISBN-13: 978-3-642-47854-3   e-ISBN-13: 978-3-642-47853-6
DOI: 10. 1007/978-3-642-47853-6

BRÜHLSCHE UNIVERSITÄTSDRUCKEREI GIESSEN

MEINEM

HOCHVEREHRTEN LEHRER

HERRN PROFESSOR DR. PHIL. DR.-ING. H.C.

KARL FRIES

GEWIDMET

Vorwort

Polyisobutylen gehört zu denjenigen hochpolymeren Stoffen, die die Grundlage für die „Kunststoff-Chemie" in technisch-praktischer und in wissenschaftlich-theoretischer Hinsicht geschaffen haben. Auf Grund seiner physikalischen Eigenschaften ist es in die Gruppe der kautschukartigen Elastomeren einzuordnen.

Der Titel „Chemische Technologie der Kunststoffe in Einzeldarstellungen" der Buchreihe, in der der Band „Polyisobutylen" erscheint, hat bei der Behandlung des Stoffes zur Beschränkung gezwungen. Der erste Teil des Buches behandelt die Herstellung des Monomeren, des Isobutylens. Der zweite Teil befaßt sich mit der Polymerisation, der dritte mit der Mischpolymerisation des Isobutylens. Der vierte Teil enthält die Verarbeitung, der fünfte Teil die Anwendung des Polyisobutylens und der Isobutylen-Mischpolymerisate. Dagegen mußte, um den Rahmen des Buches nicht zu sprengen, auf das tiefere Eingehen auf all die zahlreichen Arbeiten, die weniger die Technik als die Wissenschaft betreffen, verzichtet werden, so bedeutungsvoll viele Abhandlungen auch für die Erkenntnisse um die Hochpolymeren sein oder, soweit sie noch zur Diskussion stehen, noch werden mögen. Um nur einige Stichworte zu nennen: Reaktionsmechanismus, molekularer Aufbau, Molekulargewicht, mechanisches Verhalten, Rheologie, Relaxation, Viskositätsindex. Einige dieser Begriffe konnten innerhalb der fünf Hauptteile wenigstens kurz gestreift werden.

Das Buch erhebt nicht den Anspruch, ein vollständiges Literaturverzeichnis über Polyisobutylen zu sein. Es ist versucht worden, Entwicklung und augenblicklichen Stand der Polymerisation des Isobutylens und seiner Mischpolymerisate unter Zugrundelegung der wesentlichen Original-Veröffentlichungen zu beschreiben, wobei den Patenten als Beitrag zur historischen Seite des Problems das Anmeldungsdatum beigefügt worden ist. Wenn die Grundpatente nicht erreichbar waren oder nicht erschienen sind, ist beim entsprechenden Auslandspatent das Prioritätsdatum angegeben worden.

Zahlreiche Bezeichnungen der erwähnten Produkte sind eingetragene Warenzeichen.

Möge die Monographie ihren Zweck erfüllen, dem interessierten Leser durch Raffung der großen Zahl von Veröffentlichungen in der in- und ausländischen Literatur einen umfassenden Einblick in die Chemie um das Polyisobutylen zu geben.

Friedelsheim/Pfalz, im Oktober 1959

Der Verfasser

Inhaltsverzeichnis

Einleitung

Isobutylen, der Grundbaustein der in diesem Buche beschriebenen Polymerisationsverbindungen, gehört zu den chemischen Substanzen, die zwar schon sehr lange bekannt sind, deren chemisch-technische Verwendung jedoch erst in jüngerer Zeit entwickelt worden ist.

Das erste, aus Isobutylen hergestellte technische Großprodukt war das Diisobutylen, das durch Hydrierung in den hochklopffesten Motortreibstoff Isooctan umgewandelt werden kann. Diesem Schritt der Dimerisierung des Isobutylens folgte bald in der I. G. Farbenindustrie Aktiengesellschaft die Polymerisation zu hochmolekularenVerbindungen, den Polyisobutylenen. Zu ihrer Herstellung mußte eine besondere Polymerisationstechnik entwickelt werden. Das Verfahren hat unter dem Namen „Tieftemperaturpolymerisation" in die Literatur Eingang gefunden.

Zwischen der I. G. Farbenindustrie Aktiengesellschaft und der Standard Oil Development Company war im Rahmen ihrer Verträge 1930 die Joint American Study Company (Jasco) gegründet worden. In sie wurden neue chemische Verfahren auf Basis Erdöl oder Erdgas eingebracht, die zu anderen als den normalen Endprodukten der Erdölindustrie führten[1]. Die Rechte daran gehörten beiden Gesellschaften zu gleichen Teilen. Auf diese Weise erhielt die Standard Oil Development Company Kenntnis vom Polyisobutylen und stellte es großtechnisch für die Mineralölverbesserung her[2].

Die I. G. Farbenindustrie Aktiengesellschaft arbeitete Verfahren zur technischen Herstellung der kautschukartigen Polyisobutylene aus. Polyisobutylene sind praktisch gesättigte, hochmolekulare Kohlenwasserstoffe. Dem Wunsch nach härteren oder vulkanisierbaren Polyisobutylenen entsprangen Versuche zur Mischpolymerisation von Isobutylen mit anderen polymerisierbaren Verbindungen. Das bedeutendste Ergebnis dieser Bemühungen ist der Butylkautschuk, der von der Standard Oil Development Company zur technischen Reife entwickelt worden ist[3].

---

[1] TER MEER: Die I. G. Farbenindustrie Aktiengesellschaft. S. 66. Düsseldorf: Econ-Verlag G. m. b. H. 1953.

[2] TER MEER: Die I. G. Farbenindustrie Aktiengesellschaft. S. 87. Düsseldorf: Econ-Verlag G. m. b. H. 1953.

[3] TER MEER: Die I. G. Farbenindustrie Aktiengesellschaft. S. 94. Düsseldorf: Econ-Verlag G. m. b. H. 1953.

In Mittel- und Ostdeutschland vorhandene Anlagen zur Herstellung von Polyisobutylen sind 1945—1946 nach Rußland gebracht worden, so daß dort auch Polyisobutylen hergestellt wird[1]. Die Butylkautschuk-Herstellung ist in Rußland Ende 1956 angelaufen[2].

---

[1] JELSCHIN u. SELJANIN: Chim. nauka i Prom., Moskva **2** (3) 358, (1957).
[2] ULBRICH: Gummi u. Asbest **12**, 146—156 (1959).

I. Isobutylen

Isobutylen ist zuerst von BUTLEROW[1] beschrieben worden. Zwar haben schon vor ihm FARADAY[2] und WURTZ[3] Butylen in Händen gehabt. Aber erst BUTLEROW hat bei seinen Arbeiten zur Konstitutionsaufklärung die Struktur des Isobutylens erkannt, so daß er als sein Entdecker bezeichnet werden muß.

Für die Herstellung und Gewinnung von Isobutylen gibt es verschiedene Wege, die z. T. durch klassisch-wissenschaftliche Arbeiten vorgezeichnet gewesen sind. Da die Gewinnung häufig eine Art Reinigungsprozeß ist, soll die Reinigung des Isobutylens in diesem Abschnitt mitbesprochen werden.

Ausgangsstoffe für Isobutylen sind

A. solche, in denen das Kohlenstoffgerüst des Isobutylens schon vorgebildet ist, z. B. Isobutan, Isobutylalkohol, Tertiärbutylalkohol, Tertiärbutylchlorid, Diisobutylen, Triisobutylen;

B. solche, aus denen das Isobutylen durch Isomerisierung ihres Kohlenstoffgerüstes gebildet werden kann, z. B. Normalbutan, Normalbutylen, Normalbutylalkohol;

C. Stoffgemische, aus denen es durch Trennungs- und Reinigungsprozesse gewonnen wird, z. B. Crackgase, Raffineriegase.

A. Herstellung von Isobutylen aus Verbindungen, die das Isobutylen-Kohlenstoffgerüst vorgebildet enthalten

1. Herstellung von Isobutylen aus Isobutan

In der Erdgas-, Erdölgas- und Kohlehydrierungsindustrie fallen große Mengen von Isobutan an.

[Isobutan $(CH_3)_3CH$; MG 58,12; D^{20} 0,5572; K_p —11,73°; F —159,60°]

Spaltet man daraus Wasserstoff ab, so entsteht Isobutylen:

$$CH_3\text{—}\underset{\underset{CH_3}{|}}{\overset{\overset{CH_3}{|}}{CH}} \quad -H_2 \quad = \quad CH_2\text{=}\underset{\underset{CH_3}{|}}{\overset{\overset{CH_3}{|}}{C}}$$

Diese Trennreaktion der C—H-Bindung verbraucht Energie und verläuft am besten bei Temperaturen von 500—600° C. PEASE und DURGAN[4]

---

[1] Liebigs Ann. Chem. **144**, 1—32 (1867).
[2] Poggendorffs Ann. Phys. u. Chem. **5**, 303—334 (1825).
[3] Liebigs Ann. Chem. **104**, 242—249 (1857).
[4] J. Amer. chem. Soc. **52**, 1262—1267 (1930).

erkannten sie als homogene Gasreaktion 1. Ordnung. Ihre Geschwindigkeitskonstante ermittelten PAUL und MAREK[1] zu $\log_{10} k = 14{,}89 - \dfrac{66{,}040}{2{,}3\,RT}$.

Die Differenz zwischen den freien Energien von Isobutan und Isobutylen beträgt nach PARKS[2] und nach THOMAS, EGLOFF und MORRELL[3] rund 20000 cal. Die Anwendung zu hoher Temperaturen verursacht unerwünschte Crackreaktionen. Katalysatoren begünstigen die Einstellung des Gleichgewichts, unter Umständen aber auch Isomerisierungsreaktionen. HURD und SPENCE[4] haben beim Durchleiten von Isobutan durch ein Pyrex-Glasrohr bei 600° rein thermisch an Olefinen zur Hauptsache Isobutylen und Wasserstoff neben wenig Propylen und Methan erhalten. Bei 700° war die Propylenmenge größer als die des Isobutylens. EGLOFF, THOMAS und LINN[5] haben den Einfluß des Druckes bei der pyrogenen Dehydrierung studiert und bei Isobutan folgende Höchstausbeuten gefunden:

Tabelle 1.

$$\text{i-}C_4H_{10} \rightleftarrows \text{i-}C_4H_8 + H_2$$

$\log K_p$	α (%)
$-13{,}6_7$	$1{,}5 \cdot 10^{-5}$
$-\ 8{,}44$	$6{,}0 \cdot 10^{-3}$
$-\ 5{,}29$	$0{,}23$
$-\ 3{,}21$	$2{,}4_8$
$-\ 1{,}6_8$	$14{,}_3$
$-\ 0{,}56$	$46{,}_0$
$+\ 0{,}31$	$82{,}_0$
$+\ 1{,}0_1$	$95{,}_4$
$+\ 1{,}9_5$	$99{,}_4$
$+\ 2{,}82$	$99{,}_9$

$$\Delta H_0^0 = 26\,300 \text{ cal/Mol}$$
$$\Delta H_{298}^0 = 28\,180 \pm 930$$

Druck at	Temperatur °C	Verweilzeit sec	Umgesetztes Isobutan %
1	650	21	50
7	650	12	45

HEPP und FREY[6] haben eine Verringerung der Dehydrierung von Isobutan zu Isobutylen bei stark ansteigendem Druck festgestellt. Über die Lage des Gleichgewichtes gibt die Tab. 1 Auskunft, die von ZEISE[7] nach vorgängigen Arbeiten von KASSEL[8] und PITZER[9] aufgestellt worden ist.

Der Einfluß von Katalysatoren bei der Dehydrierung ist von FREY und HUPPKE[10] untersucht worden. Sie arbeiten mit Chromoxyd-Gel unter Bedingungen, bei denen nur geringe Nebenreaktionen auftreten. Bei 400° und 1 ata beträgt die Dissoziation von Isobutan 9,2%. Ebenfalls mit einem Chromoxyd-Katalysator dehydrieren DEMENTJEWA, SSEREBRJAKOWA und FROST[11] Isobutan bei 525°, 1 ata Druck und einer

---

[1] Ind. Engng. Chem. **26**, 454—457 (1934).

[2] Chem. Reviews 18, 325—334 (1936).

[3] Ind. Engng. Chem. **29**, 1260—1267 (1937).

[4] J. Amer. chem. Soc. **51**, 3353—3362 (1929).

[5] Ind. Engng. Chem. **28**, 1283—1293 (1936).

[6] Ind. Engng. Chem. **45**, 410—415 (1953).

[7] Z. Elektrochem. **46**, 293—296 (1940).

[8] J. chem. Physics 4, 435—441 (1936).

[9] J. chem. Physics **5**, 473—479 (1937).

[10] Ind. Engng. Chem. **25**, 54—59 (1933).

[11] Chem. festen Brennstoffe (russ.) 8, 331—337 (1937).

Durchsatzgeschwindigkeit von 39,2 l/Std./l Katalysator. Die Ausbeute beträgt zu Beginn 14—16%, nach 12 Tagen noch 8,5% Isobutylen. Daß auch Schwefel dehydrierend auf Isobutan wirkt, haben RASMUSSEN, HANSFORD und SACHANEN[1] gezeigt. Sie haben aus Isobutan und Schwefeldampf bei 700° Isobutylen erhalten. GROSSE und IPATIEFF[2] arbeiten mit einem Mischkatalysator aus aktiviertem Aluminiumoxyd und Chromsesquioxyd und erzielen folgende Ergebnisse:

Temp. °C	Druck kg/cm²	Verweilzeit sec	Umsatz %	C_4H_8-Konz. im Abgas %	Vol. C_4H_8 bei 25° u. 750 mm pro Vol. Reaktionsraum u. Stunde
600	1	2	41	31	156
600	1	1	31	25	239
600	1	0,5	20	17	310

OBOLENZEW, WERSCHININA und SKWORZOWA[3] haben die Dehydrierung von Isobutan an einem Chromtrioxyd-Aluminiumoxyd-Katalysator bei 553° untersucht und dabei festgestellt, daß der Katalysator isomerisierend wirkt, während BLOCH und SCHAAD[4] bei der Dehydroisomerisierung von Normalbutan außer dem dehydrierend wirkenden Chromoxyd-Aluminiumoxyd noch einen siliciumoxydhaltigen, isomerisierend wirkenden Katalysatorbestandteil verwendet haben.

Sie haben ferner, im Gegensatz zu GROSSE und IPATIEFF[2], gefunden, daß die Dehydrierungsreaktion eine Induktionsperiode hat.

Für die technische Ausführung der Dehydrierung von Isobutan zu Isobutylen liegen zahlreiche Patente vor, von denen die wichtigsten in Tab. 2 zusammengestellt worden sind. Alle Verfahren arbeiten praktisch bei einer Temperatur von etwa 600° und einem Druck von 1 ata. Die Katalysatoren spielen bei der Reaktion eine entscheidende Rolle. Sie sollen selektiv arbeiten, d. h. nur die C—H-Bindung, nicht aber die C—C-Bindung trennen. Sie bestehen in der Regel aus Metalloxyden, besonders Chromoxyd, die auf Trägerstoffen, vor allem Aluminiumoxyd, niedergeschlagen worden sind. Für die Aktivierung und Erhöhung der Lebensdauer hat sich der Zusatz weiterer Metalloxyde als vorteilhaft erwiesen. Jedoch sind solche Verbindungen zu vermeiden, die Nebenreaktionen wie Cracken und Isomerisieren begünstigen, z. B. im Aluminiumoxyd als Verunreinigung enthaltenes Siliciumoxyd. Der Katalysator kann fest angeordnet sein oder mit dem Isobutan durch den Reaktionsraum bewegt werden. Letzteres erleichtert das Regenerieren des Katalysators, das mit entscheidend für eine rationelle Arbeitsweise ist. Dabei kann eine nur teilweise Regenerierung der Kohlenstoffneubildung am Kontakt entgegenwirken.

---

[1] Ind. Engng. Chem., ind. Edit. **38**, 376—382 (1946).
[2] Ind. Engng. Chem., ind. Edit. **32**, 268—272 (1940).
[3] J. allg. Chem. (russ.) **21**, (83), 1800—1806 (1951).
[4] Ind. Engng. Chem., ind. Edit. **38**, 144—147 (1946).

1*

Tabelle 2. Dehydrierung

Patentnummer	Patentdatum	Firma	Erfinder	Ausgangsstoff
E. P. 330623	11. 3. 29	IG Farbenindustrie Aktiengesellschaft		Gemisch von Propan und Isobutan mit Methan-Überschuß (1—9 Raumteile) als Schutzgas
A. P. 2069624	9. 5. 34	Dow Chemical Company	PRUTTON u. ROUSH	Isobutan, auf Reaktionstemp. (350—600°) vorgewärmt
A. P. 2122786	30. 6. 34	Universal Oil Products Company	TROPSCH	Isobutan
A. P. 2122787	25. 1. 35/ 14. 1. 37	Universal Oil Products Company	TROPSCH	Isobutan
A. P. 2148140	15. 1. 35	Universal Oil Products Company	TROPSCH	Isobutan
A. P. 2217865	26. 4. 35/ 4. 7. 39	Shell Development Company	GROLL u. BURGIN	Isobutan
A. P. 2122788	12. 7. 35	Universal Oil Products Company	TROPSCH	Isobutan
A. P. 2122789	12. 7. 35	Universal Oil Products Company	TROPSCH	Isobutan
A. P. 2198195	15. 7. 35/ 9. 4. 38	Shell Development Company N. V. de Bataafsche Petroleum Maatschappij	GROLL u. BURGIN	Isobutan, auf 475° vorgewärmt

von Isobutan

Katalysator	Temperatur °C	Druck at	Durchsatz	Verweilzeit	Umsetzungs-produkte	Um-satz %
Bimsstein + Zinkoxyd oder MgO, CaO, UO_2, AgO	600—700		10 l/Std. über 200 cm³ Kontakt im V2A-Stahl-rohr		Propylen, Iso-butylen, Äthylen, Methan	54—62
Aktivierte Holzkohle, durch elektrischen Strom geheizt, bei 700° mit Dampf regenerierbar	500—600		5,15 pounds/hr	bis zu 0,5 min im Silica-Rohr	Isobutylen, bei 100—150° mit HCl u. Kaolin, $SbCl_3$ oder $BiCl_3$ zu t-Butyl-chlorid umgesetzt	28
90—95% Magnesium-oxyd, aktiviert mit 5—10% Zink- oder Chromoxyd	300—700 speziell 600	normal oder 3,5—7	40—50 l/Std. Raum-geschwindig-keit[1]		24,5% Isobutylen, 6% Butylene u. Propylen 2% Äthylen	50
Magnesiumoxyd, aktiviert mit weniger als 10% Chromat und eines Metallsalzes einer sauerstoff-haltigen Säure, z. B. Schwefel-, Salpeter- und Essigsäure	400—750 speziell 600	normal oder 3,5—7	50—70 l/Std. Raum-geschwindig-keit	weniger als 20 sec	24,6% Isobutylen 6% Butylene u. Propylen 2,2% Äthylen	50
Magnesiumoxyd, aktiviert mit weniger als 10% Metallat, z. B. Chromat, Molybdat, Aluminat, Titanat, Uranat, Permanganat, Perrhenat	400—750 speziell 630	normal oder 3,5—7	50—80 l/Std. Raum-geschwindig-keit	3—6 sec, höch-stens 20 sec	24,6% Isobutylen 6% Butylene u. Propylen 2,2% Äthylen	50
Aluminiumoxyd mit 6—40, speziell 15—25% Chrom-oxyd, zwischen 400 und 700° mit sauer-stoffhaltigen Gasen regenerierbar	500—700 speziell 550	normal oder leicht ver-mindert	600—800 l/Std. über 1 l Katalysator, speziell 756		Isobutylen	34
Aluminiumoxyd, aktiviert mit Chromat und dem Salz von Schwefel-, Salpeter- oder Essig-säure	400—750 speziell 600	normal oder 3,5—7	50—70 l/Std. Raum-geschwindig-keit	4—8 sec, höch-stens 20 sec	24,8% Isobutylen 5,5% Butylene u. Propylen 2% Äthylen	50
95% Aluminiumoxyd, aktiviert mit 5% Bleichromat u. Zink-sulfat, regenerierbar mit sauerstoff-haltigen Gasen bei Dehydrierungstemp.	400—750 speziell 600	normal oder 3,5—7	1 Gew.-Teil Isobutan/ 6 Gew.-Teile Katalysator/ Std.	3—6 sec, höch-stens 20 sec	20,7% Isobutylen 2,4% Butylen 9,1% Propylen 1,1% Äthylen	48,5
Aluminiumoxyd, aktiviert. H_2O oder H_2O-bildende O_2-haltige Gase sind auszuschließen. Regenerierbar mit Luft bei 500—800°	500—800 speziell 600		Raum-geschwindig-keit 200 bis 300, speziell 198, evtl. mit Schutzgas N_2, H_2, CO_2, Dampf		21,6% Isobutylen 7,0% niedere Olefine	35 maxi-mal

[1] Raumgeschwindigkeit = Volumen Gas bei 0° und Atmosphärendruck/Volumen Katalysator/Stunde.

Tabelle 2

Patentnummer	Patentdatum	Firma	Erfinder	Ausgangsstoff
A. P. 2 122 790	24. 8. 35	Universal Oil Products Company	Tropsch	Isobutan
A. P. 2 167 650	11. 11. 35	Universal Oil Products Company	Grosse	Isobutan, auf Reaktions-temperatur vorgeheizt. Wasserdampf soll vermieden werden
A. P. 2 131 089	9. 12. 35	N. V. de Bataafsche Petroleum Maatschappij	Beeck, Groll u. Burgin	Isobutan, vermischt mit Wasserdampf und/oder Schwefel-, Selen- oder Tellurwasserstoff
A. P. 2 126 817	3. 6. 36	Standard Oil Development Company	Rosen	Isobutan vermischt mit einem Oxyd des Schwefels oder Stick-stoffs, speziell SO_2
DBP 869 059	10. 6. 36	Badische Anilin- u. Soda-Fabrik (I. G. Farbenindustr. Aktiengesellschaft „In Auflösung")		Isobutan
E. P. 483 184	30. 3. 37 A. Prior. v. 17. 9. 36	Universal Oil Products Company		Isobutan
A. P. 2 261 159	8. 1. 37	Union Oil Company	Huppke	Isobutan

(Fortsetzung)

Katalysator	Temperatur °C	Druck at	Durchsatz	Verweilzeit	Umsetzungsprodukte	Umsatz %
Magnesiumoxyd, mit weniger als 10% Chromtrioxyd aktiviert	400—750 speziell 600	normal oder 3, 5-7	Raumgeschwindigkeit 50 bis 80/Std.		24,6% Isobutylen 5,6% Butylene u. Propylen 2,2% Äthylen	50
Aktiviertes Aluminiumoxyd, gemischt mit bis zu 10% Chromsesquioxyd, vorteilhaft 4%, regenerierbar mit O_2-haltigen Gasen und anschließender Reduktion	400—770 speziell 500—600	normal oder leicht erniedrigt	Raumgeschwindigkeit 500 bis 800/Std.	höchstens 50 sec, besser 0,5 bis 10 sec	Isobutylen	50
Metalle und/oder nicht metallische Katalysatoren, mit Wasserdampf, Schwefel-, Selen- oder Tellurwasserstoff bei 200 bis 800° während 15 bis 120 min behandelt	500—800 speziell 600		Raumgeschwindigkeit 210		Isobutylen	42 maximal, über mit H_2S behandeltem aktiviertem Aluminiumoxyd und 0,03 Vol.-% H_2O im Isobutan
Oxyd eines Metalls der 6. Gruppe des period. Systems, evtl. auf Trägerstoff, speziell Mischung aus Chromoxyd + Aluminiumoxyd auf stoneware	345—620		46 Vol. Isobutan + 40 Vol. SO_2/Vol. Katalysator/ Std.		Isobutylen	46
Chromoxyd, aktiviert mit Halogeniden, insbes. Chloriden der Alkali- u. Erdalkalimetalle, in Mengen bis zu 20%	400—650 speziell 600		260 Vol. Isobutan/1 Vol. Katalysator		Isobutylen	38
Trägersubstanz, z. B. Al_2O_3, MgO, Bauxit, Ton, Kieselgur u. a., aktiviert mit bis zu 10% Oxyden des Titans, Zirkons, Cers, Hafniums und Thoriums	450—700 speziell 600	0,25 bis 7 spez. 0	Raumgeschwindigkeit 40—50/Std.	0,1—7 sec	24—25% Isobutylen 5—6% Propylen u. Butylen 2—4% Äthylen	50
Molare Mengen von Uran- und/oder Vanadiumoxyd in reduzierter Form, gemischt mit molaren Mengen eines Geles aus Aluminium-, Thorium- oder Zirkoniumoxyd als Träger, und 30—60% Zinkoxyd als Beschleuniger	455—510			1 sec		18—30

Tabelle 2

Patentnummer	Patentdatum	Firma	Erfinder	Ausgangsstoff
DRP 753 753	4. 7. 37	I. G. Farbenindustrie Aktiengesellschaft	CONRAD	Isobutan, auf Reaktionstemperatur vorgeheizt
A. P. 2 231 424	9. 8. 37	Union Oil Company	HUPPKE	Isobutan, auf Reaktionstemperatur vorgewärmt
A. P. 2 408 987	9. 11. 37/ 18. 3. 41	Phillips Petroleum Company	MATUSZAK	Isobutan
A. P. 2 184 235	6. 12. 37	Shell Development Company	GROLL u. BURGIN	Isobutan
A. P. 2 193 815	13. 12. 37	Standard Oil Company	HEARD	Isobutan
DBP 869 940	18. 1. 39	Badische Anilin- u. Soda-Fabrik (I. G. Farbenindustr. Aktiengesellschaft „In Auflösung")	STÖWENER u. GERMANN	Isobutan

(Fortsetzung)

Katalysator	Temperatur °C	Druck at	Durchsatz	Verweilzeit	Umsetzungs-produkte	Um-satz %
Aktive Kohle mit 3,5% Eisen als Oxyd, durch den Reaktionsraum bewegt, in dem die Temperatur in Richtung der Bewegung so ansteigt, daß der Umsetzungsgrad erhalten bleibt	500—650 speziell 495—566		24 l Isobutan/ 120 cm³ Katalysator/ Std.		14% Isobutylen 1,6% Propylen 0,4% Äthylen	22
Molare Mengen von Zink- und Zirkonoxyd in so fein verteilter Form[1], daß der Katalysator im Isobutan suspendiert werden und mit demselben durch die Reaktionszone geleitet werden kann. [1] entionisiert, regenerierbar	455		4000 cm³ Isobutan/1 cm³ Katalysator/ Std.			15—16
Chromoxyd, hergestellt durch Erhitzen ammoniakhaltiger Salze der Chromsäure in reduzierender Atmosphäre, regenerierbar mit Luft	450		Raumgeschwindigkeit 2000		Isobutylen	17
Aktiviertes Aluminiumoxyd, mit in die Oberfläche eingelagertem katalytisch aktivem Metall oder Metallverbindung aus den Übergangsgruppen des periodischen Systems nach BOHR, in Mengen von 0,5 bis 40%, besonders 0,5—10%, regenerierbar mit Luft und Dampf bei 350 bis 850°, evtl. anschließende Reduktion mit Wasserstoff	350—850 besonders 500—700 speziell bei Isobutan	normal oder 3-7	Raumgeschwindigkeit 100 bis 10000, besonders 150 bis 3000, speziell bei Isobutan 198			60,6
7,5—25 Mol Borat eines Metalls der 2., 3. und 8. Gruppe des periodischen Systems nach MENDELEJEFF, speziell von Calcium, Kobalt und Eisen, gemischt mit 1 Mol Nickelborat, regenerierbar mit Luft und Dampf oder Inertgas bei 175—540°	315—560 speziell 400—540	normal oder —2,1	Raumgeschwindigkeit 0,1 bis 4 Vol. Flüssigkeit/ 1 Vol. Katalysator/Std.			
Poröse Oxyde oder basische Salze solcher Metalle, die in mindestens 3 wertiger, insb. 3 u. 4 wertiger Form auftreten können, hergestellt durch Erhitzen oder Fällen nicht gealterter Hydroxyde mit pH 2—7 (5—6)	450—650				Isobutylen	Ausbeute 80

Tabelle 2

Patentnummer	Patentdatum	Firma	Erfinder	Ausgangsstoff
DRP 764283	7. 2. 39	I. G. Farbenindustrie Aktiengesellschaft	MÜLLER-CUNRADI, CANTZLER u. KREKELER	1 Gew.-Teil Isobutan mit 1—10 Gew.-Teilen Halogenwasserstoff
A. P. 2257082	18. 3. 39	Texas Company	YARNALL	Isobutan mit 0,5—2 Mol Kohlenmonoxyd
A. P. 2375021	25. 3. 39	Universal Oil Products Company	MORRELL	Isobutan, auf Reaktionstemperatur vorgewärmt, frei von Wasserdampf
E. P. 530642	16. 6. 39	Imperial Chemical Industries	SYKES	Isobutan
A. P. 2379081	15. 1. 40	Union Oil Company	HUPPKE u. VERMEULEN	Isobutan vorgewärmt
DRP 740634	21. 1. 40	I. G. Farbenindustrie Aktiengesellschaft	STÖWENER	Isobutan
E. P. 570551	21. 6. 40	Imperial Chemical Industries	BREMNER, REYNOLDS u. TAYLOR	80% Isobutan 20% n-Butan

(Fortsetzung)

Katalysator	Temperatur °C	Druck at	Durchsatz	Verweilzeit	Umsetzungsprodukte	Umsatz %
	550—700 speziell 650, im Stahlgußrohr				30% Isobutylen 30% n-Butylen	27
Oxyde der 6. Gruppe allein oder in Mischung mit Oxyden von Metallen der 3. u. 4. Gruppe des periodischen Systems, speziell Mischung aus Aluminiumoxyd und Chromoxyd, evtl. in Mischung mit einer Mischung aus 86—87% Kobaltoxyd, 8—10% Magnesiumoxyd und 4—5% Thoriumoxyd als Beschleuniger	350—600 besonders 450—575	normal oder — 28	0,5—1,5 Vol. Flüssigkeit/ 1 Vol. Katalysator/Std.			
Aluminiumoxyd gemischt mit Oxyden von Elementen der linken Hälfte der 4. Gruppe des period. Systems, z. B. Titan, Zirkon, Cer, Hafnium und Thorium; regenerierbar mit sauerstoffhaltigen Gasen	450—700 speziell 500—600	0,25 bis 7 spez. 0	Raumgeschwindigkeit 500—600/ Std.	0,1—10 sec, speziell 4 sec	33% Butylene	50
Mischung aus Al_2O_3 und Chromsesquioxyd, andere Metalloxyde auf Trägern	400—700 speziell 500—600		Raumgeschwindigkeit 480—1800		Isobutan mit 30% Isobutylen	
Geschmolzenes Boroxyd mit 1—5%, speziell 2% Metalloxyd wie ZnO, Fe_2O_3, CuO, V_2O_3 oder WO_2 aktiviert	595—705			0,1—5 sec, speziell 1 sec		
Trägerstoffe mit unlöslichen Oxyden oder Metallen, hergestellt aus Metallverbindungen und solchen stickstoffhaltigen Derivaten der Kohlensäure oder ihren S-, Se- oder Tehaltigen Analogen, bei denen mindestens eines der vorhandenen N-Atome an C gebunden ist					Isobutylen	
Eisenfreie Mischung aus Aluminium- und Chromoxyd, versetzt mit 0,05—5% einer Verbindung der Alkalimetalle und 0,05—10% einer Zinkverbindung; regenerierbar mit Stickstoff und Luft	500—600 speziell 540—580		2000 l/l Katalysator/Std.		16—22% Butylene	

Tabelle 2

Patentnummer	Patentdatum	Firma	Erfinder	Ausgangsstoff
DRP 734026	14. 9. 40	I. G. Farbenindustrie Aktiengesellschaft	STRÄTZ	Isobutan
A. P. 2408131	21. 10. 41	Standard Oil Development Company	VOORHIES JR.	Isobutan
DBP 871002	4. 2. 42	Badische Anilin- u. Soda-Fabrik (I. G. Farbenindustr. Aktiengesellschaft „In Auflösung")	DONATH	Kohlenwasserstoffe mit 2—4 C-Atomen, die umgewälzt werden, so, daß die Menge der zurückgeführten Kohlenwasserstoffe mindestens das 10fache der frisch eingeführten beträgt
A. P. 2379172	5. 2. 42	Phillips Petroleum Company	MATUSZAK	Isobutan
E. P. 579102	27. 7. 43	Houdry Process Corporation		Isobutan

2. Herstellung von Isobutylen aus Isobutylalkohol

Isobutylalkohol entsteht bei der durch Hefe verursachten alkoholischen Gärung aus der Aminosäure Valin

$$\overset{\overset{\displaystyle CH_3}{|}}{}\ \overset{\overset{\displaystyle NH_2}{|}}{}$$
$$CH_3 \cdot CH \cdot CH \cdot COOH$$

als Bestandteil des Fuselöls und kann daraus gewonnen werden. Für seine chemisch-technische Fabrikation gibt es zwei Synthesen:

1. Die Isobutylölsynthese[1], eine Variante der Methanolsynthese liefert Isobutylalkohol aus Kohlenoxyd und Wasserstoff bei hohem Druck

---

[1] GIESEN u. HANISCH: In WINNACKER u. WEINGÄRTNER, Chem. Technologie, Org. Technologie, Bd. I, S. 458, 1952.

(Fortsetzung)

Katalysator	Temperatur °C	Druck at	Durchsatz	Verweilzeit	Umsetzungsprodukte	Umsatz %
Aluminiumoxyd mit 5% Chromoxyd, mit 2,5 Std. Verweilzeit durch den Umsetzungsraum bewegt, und mit 4,5% C beladen infolge nur teilweiser Regenerierung durch mit N_2 verdünnte Luft	575		180 Vol./1 Vol. Katalysator/ Std.			23
96% Aluminiumoxyd, 2% Chromoxyd, 2% Nickeloxyd, auf 980—1040° erhitzt; regenerierbar	580		175 Vol./1 Vol. Katalysator/ Std.			26
Aluminiumoxyd, mit Oxyden der Metalle der 2.—8. Gruppe, speziell Chrom, Va, Mo, W, oder Chrom in Verbindung von Metallen der 1. und 2. Gruppe des period. Systems aktiviert; regenerierbar mit Luft	350—700 speziell 450—650	beliebig spez. 0		0,5 bis 20 sec, speziell 1,5 bis 10 sec		
Metalloxyde, besonders Chromoxyd in Gelform, nach einem 2-Stufen-Verfahren hergestellt. 1. Stufe = Solbildung, 2. Stufe = Gelbildung. Andere Oxyde sind Al_2O_3, Zi_2O_3, CuO, UO_2	350—750 speziell 445	1	Raumgeschwindigkeit 2000 Vol./ 1 Vol. Katalysator/Std.		Isobutylen	
Al_2O_3, mit H_2CrO_4 getränkt, bei 99° getrocknet, auf 760° erhitzt, vor Gebrauch mit H_2 reduziert						

(200 at) und hoher Temperatur (400°) über Zinkoxyd-Chromoxyd als Katalysator.

2. Die Oxosynthese[1] ergibt aus Kohlenoxyd, Wasserstoff und Propylen bei hohem Druck und hoher Temperatur mit Co-haltigem Katalysator ein Gemisch von C_4-Alkoholen und -aldehyden, aus dem nach der vollständigen Hydrierung der Isobutylalkohol durch Destillation gewonnen werden kann.

Eine andere Synthese nach SCHILLER und NIENBURG[2] geht vom Äthylen aus und nimmt folgenden Weg:

[1] GIESEN u. HANISCH: In WINNACKER u. WEINGÄRTNER, Chem. Technologie, Org. Technologie, Bd. I, S. 454, 1952.
[2] BASF DBP 903576 v. 26. 9. 51.

$$C_2H_4 + CO + H_2 \xrightarrow[\text{Co-Katalysator}]{160°,\ 700\ at} CH_3 \cdot CH_2 \cdot CHO + HCHO \longrightarrow$$

Äthylen   Propionaldehyd   Formaldehyd

$$\xrightarrow[\text{Kieselgel} + \text{Na-Silicat}]{320°} \overset{\displaystyle CH_3}{CH_2{:}\,C} \cdot CHO + H_2$$

α-Methylacrolein

$$\xrightarrow[\text{Kupferchromitkatalysator}]{160°,\ 200\ at} \overset{\displaystyle CH_3}{CH_3} \cdot CH_2 \cdot CH_2OH$$

Isobutylalkohol

[Isobutylalkohol $(CH_3)_2CH \cdot CH_2OH$; MG 74,12; D^{20} 0,80186; K_p 107, 89; F $-108°$; latente Verdampfungswärme 138,25 cal/g (bei 106,84° C), spez. Wärme 0,6034 (bei 30° C)]

Der Wasserentzug aus Isobutylalkohol, also die Trennung einer C—H- und einer C—OH-Bindung, gemäß der Gleichung

$$\overset{\displaystyle CH_3}{\underset{\displaystyle CH_3}{HO\text{—}H_2C\text{—}CH}} \quad -H_2O \quad = \quad \overset{\displaystyle CH_3}{\underset{\displaystyle CH_3}{H_2C{=}C}}$$

verbraucht Energie und verläuft in brauchbarer Weise nur bei erhöhter Temperatur.

Die Wasserabspaltung kann mit verschiedenen Mitteln auf nassem oder trockenem Wege ausgeführt werden.

a) Die Wasserabspaltung aus Isobutylalkohol auf nassem Wege

Das geeignetste Hilfsmittel ist die Schwefelsäure. Nach SENDERENS[1] bewirkt Erhitzen des Isobutylalkohols mit 3—4 Vol-% Schwefelsäure bis zu seinem Siedepunkt keine Umsetzung. Erst bei 140—145° tritt sehr heftige Reaktion ein. Der Zusatz von Aluminiumsulfat führt, wie SENDE-RENS[2, 3] gefunden hat, zu einer gemäßigten Wasserabspaltung bei auf 120—125° erniedrigter Temperatur. KONOWALOFF[4] erhitzt 200 Gew.-Teile Isobutylalkohol, 200 Gew.-Teile Schwefelsäure, 50 Gew.-Teile Wasser und 10 Gew.-Teile Talk bis zur gleichmäßigen Gasentwicklung und erhält ein Gas mit $^2/_3$ Isobutylen und $^1/_3$ β-Normalbutylen. LERMONTOFF[5] empfiehlt die gleiche Mischung, tauscht aber Talk gegen Glaspulver aus. HELL und ROTHBERG[6] bestätigen das Lermontoffsche Rezept und empfehlen außer Glaspulver Quarzsand. SCHESCHUKOW[7] trennt Isobutylen und β-Normalbutylen durch Absorption unter Kühlung in bei 0° gesättigter Jodwasserstoffsäure und Eintropfen der Jodide in siedendes Wasser, wobei nur das Tertiärbutyljodid Isobutylen abspaltet, während das Sekundärbutyljodid unverändert bleibt. NEF[8] bestätigt diese Trennungsmethode.

[1] C. R. Acad. Sci. (Paris) **154**, 777—779 (1912).
[2] C. R. Acad. Sci. (Paris) **151**, 392—394 (1910).
[3] Bull. Soc. chim. France (4) **9**, 370—374 (1911).
[4] Ber. dtsch. chem. Ges. **13**, 2395—2396 (1880).
[5] Liebigs Ann. Chem. **196**, 116—122 (1879).
[6] Ber. dtsch. chem. Ges. **22**, 1737—1742 (1889).
[7] Ber. dtsch. chem. Ges. **19**, Ref. 544—546 (1886).
[8] Liebigs Ann. Chem. **318**, 1—57 (1901).

b) Die Wasserabspaltung aus Isobutylalkohol auf trockenem Wege

Nevole[1] verrührt Isobutylalkohol mit wasserfreiem Zinkchlorid unter schwachem Erhitzen ohne rechten Erfolg. Le Bel und Greene[2] schmelzen Zinkchlorid in einer Eisenflasche und lassen Isobutylalkohol darauftropfen. Faworsky und Debout[3] haben diese Methode verbessert, indem sie den Isobutylalkohol unter die Oberfläche des geschmolzenen Zinkchlorids geführt und bessere Ausbeuten erhalten haben. Nef[4] hat Phosphorpentoxyd auf Bimsstein verwendet und bei $430-480°$ 72% Isobutylen und 28% α- und β-Normalbutylen gewonnen.

Mailhe und de Godon[5] haben Isobutylalkohol bei $185-190°$ über entwässertem Alaun zu Isobutylen aufgespalten. Die katalytische Wasserabspaltung basiert auf den Arbeiten von Ipatieff, der seine Dehydratationsversuche in mit Zinkchlorid oder Graphittiegelscherben[6] gefüllten, auf $500-600°$ geheizten Rohren angestellt und bald erkannt hat[7], daß der wirksame Bestandteil der Scherben das beigemengte Aluminiumoxyd war. Bei diesen Arbeiten hat er die wichtige Beobachtung[8,9] gemacht, daß Art und Zusammensetzung des Katalysators für die Bildung von Normalbutylenen verantwortlich zu machen sind. Die Ursache hat er in der Bildung mehr oder weniger großer Mengen von Methyl-trimethylen

$$CH_3-CH_2-CH=CH_2 \qquad \text{Normalbutylen}$$

$$CH_3-CH-CH_2$$
$$| \quad CH_2$$

$$CH_3-C=CH_2 \qquad \text{Isobutylen}$$
$$|$$
$$CH_3$$

Methyl-trimethylen

als Zwischenprodukt, das in verschiedener Weise zu Iso- oder Normalbutylen aufgespalten wird, gesehen. Diese Theorie erhält dadurch eine Stütze, daß man in den Destillationsrückständen des aus Isobutylalkohol hergestellten Roh-Isobutylens (s. S. 18) Methyl-cyclopropan findet.

Ähnliche Ergebnisse hat Sabatier mit seiner Schule erzielt. In groß angelegten, systematischen Arbeiten[10,11,12] hat er die Einwirkung von Metallen und Metalloxyden auf primäre Alkohole geprüft. Dabei hat er die Gruppe der wasserabspaltenden Oxyde, blaues Wolframoxyd, Thorerde und auch Aluminiumoxyd gefunden, mit dessen Hilfe er bei $300-340°$ aus Isobutylalkohol Isobutylen hergestellt hat.

[1] Bull. Soc. chim. France (2) **24**, 122—124 (1875).
[2] Bull. Soc. chim. France (2) **29**, 306—309 (1878).
[3] J. prakt. Chem. (2) **42**, 149—155 (1890).
[4] Liebigs Ann. Chem. **318**, 137—230 (1901).
[5] Bull. Soc. chim. France (4) **27**, 121—126 (1920).
[6] Ber. dtsch. chem. Ges. **35**, 1057—1064 (1902).
[7] Ber. dtsch. chem. Ges. **36**, 1990—2003 (1903).
[8] Ber. dtsch. chem. Ges. **36**, 2003—2013 (1903).
[9] Ber. dtsch. chem. Ges. **40**, 1827—1830 (1907).
[10] C. R. Acad. Sci. (Paris) **147**, 106—110 (1908).
[11] Ann. Chim. et Phys. (8) **20**, 289—352 (1910).
[12] Ber. dtsch. chem. Ges. **44**, 1984—2001 (1911).

Aluminiumoxyd hat auch als Katalysator bei der Herstellung von radioaktivem Isobutylen gedient. ANDRIANOWA und ANDREJEW[1, 2] haben durch Hydrieren von ^{14}C-markiertem Isobuttersäureäthylester am Adkinsschen Kupfer-Chromoxyd-Kontakt bei 250° und 410 at ^{14}C-markierten Isobutylalkohol hergestellt und aus diesem durch Wasserabspaltung an Aluminiumoxyd bei 400—500° radioaktives Isobutylen erhalten.

$$(CH_3)_2 : CH \cdot {}^{14}COOC_2H_5 \longrightarrow (CH_3)_2 : CH \cdot {}^{14}CH_2OH \longrightarrow (CH_3)_2 : C = {}^{14}CH_2.$$

An der Diskussion über die Isomerisierungsvorgänge an Aluminiumoxyd-Katalysatoren verschiedener Herkunft und Herstellungsart haben sich außer IPATIEFF und SABATIER mehrere Chemiker beteiligt. MATIGNON, MOUREU und DODÉ[3] haben festgestellt, daß im Aluminiumoxyd enthaltene saure Bestandteile die Isomerisierung bewirken. PINES[4] sieht dagegen bei den genannten Chemikern als Isomerisierungsursache die Destillation des bei der Analyse der Matignonschen Spaltprodukte hergestellten Isobutylendibromides an. KOMAREWSKY, JOHNSTONE und YODER[5] halten ebenfalls die Dibromidbestimmungsmethode der Butylene für unzuverlässig und wollen wie PINES aus Isobutylalkohol über Aluminiumoxyd als Katalysator 100%iges Isobutylen erhalten haben, wobei ihnen als Nachweis die Podbielnak-Destillation gedient hat.

Auch HARDY[6] hat sich mit dem Problem der Isomerisierung auseinandergesetzt. Wenn er bei der Umsetzung von Normal- und Sekundärbutylalkohol mit Kohlenoxyd am Kupferphosphatkontakt Trimethylessigsäure erhalten hat, so ist das nach seiner Ansicht nur möglich aus durch Isomerisierung intermediär entstandenem Isobutylen. Mit Wolframsäure als Katalysator haben MÜLLER-CUNRADI und PIEROH[7] die Spaltung von Isobutylalkohol in 55% Iso- und 45% Normalbutylen erreicht. Andererseits hat die Japanese Volatile Oil Co.[8] aus Butanol über mit Thoriumsulfat gemischtem Säureton 97—100% Butylene erhalten, wovon 28% Isobutylen sind.

Bimsstein als Träger für Aluminiumoxyd benutzen READ und PRISLEY[9]. Ihre Spalttemperatur liegt bei 450—475°. COFFIN und MAASS[10] spalten über Tonerde bei 250—300°. Die letzten Reste des abgespaltenen Wassers entfernen sie durch Ausfrieren. Die Trocknung mit Phosphorpentoxyd versagt, weil teilweise Polymerisation des Isobutylens eintritt. NEUMANN und ALBERT[11] haben Tonerde auf Aluminium als Träger dadurch erzeugt, daß sie das Metall elektrolytisch oberflächlich oxydiert haben. Durch Überleiten von Isobutanoldampf bei 390° haben sie 99%iges Isobutylen erhalten.

[1] Ber. Akad. Wiss. UdSSR (N. S.) **86**, 1105—1108 (1952).
[2] Ber. Akad. Wiss. UdSSR (N. S.) **87**, 45—47 (1952).
[3] C. R. Acad. Sci. (Paris) **196**, 973—977 (1933).
[4] J. Amer. chem. Soc. **55**, 3892—3893 (1933).
[5] J. Amer. chem. Soc. **56**, 2705—2707 (1934).
[6] J. chem. Soc. (London) **1936**, 362—364.
[7] BASF DBP 890953 v. 21. 8. 38.
[8] JVOC Jap. P. 163171.
[9] J. Amer. chem. Soc. **46**, 1512—1515 (1924).
[10] Trans. roy. Soc. Canada (3) 21. Sect. **3**, 33—40 (1927).
[11] Langbein-Pfanhauser-Werke AG. DRP 743160 v. 23. 5. 41.

Natürliche Tone von Saratow sind von SLISSARENKO und TSCHEN[1] geprüft worden. Vorbehandlung mit Alkali verschlechtert ihre Aktivität, Säurevorbehandlung hat keinen Einfluß. Isobutylalkohol gibt bei 450° 79,1 % Isobutylen.

Eine ganz andere Katalysatorart hat die Badische Anilin- u. Soda-Fabrik AG.[2] vorgeschlagen. Sie verwendet für die Wasserabspaltung aus Isobutylalkohol Festsäuren auf Kunstharzbasis, z. B. Polykondensate aus Phenolen und Formaldehyd, die freie Sulfosäure- bzw. Aminogruppen tragen und als Ionenaustauscher bekannt sind. Mit solchen Katalysatoren tritt die Wasserabspaltung schon bei 160° ein.

Für die großtechnische Ausführung kommt nur das katalytische Verfahren mit γ-Aluminiumoxyd in Betracht. Über die Herstellung von γ-Aluminiumoxyd auf dem Weg

$$Al(OH)_3 \xrightarrow{150°\,C} AlO(OH) \xrightarrow{300—450°\,C} Al_2O_3$$

$$\text{Hydrargillit} \qquad \text{Böhmit} \qquad \gamma\text{-Aluminiumoxyd}$$

ist sehr viel gearbeitet worden.

Es bewährt sich z. B. aktiviertes Aluminiumoxyd, wie man es etwa nach dem von STÖWENER und GERMANN[3] entwickelten Verfahren herstellen kann. Danach erhält man ein poröses Oxyd, wenn man gefälltes, nicht gealtertes Hydroxyd körnt und dann so auswäscht, daß es nach dem Erhitzen auf 450—650° ein p_H von 5—6 aufweist. Für die gute wasserabspaltende Wirkung von Aluminiumoxyd ist sein Gefüge von entscheidender Bedeutung. FEACHEM und SWALLOW[4] haben darauf hingewiesen, daß die Herstellung einer möglichst reinen γ-Tonerde, frei von Alkali und mit möglichst kleiner Kristallinität anzustreben ist. Dadurch erreicht

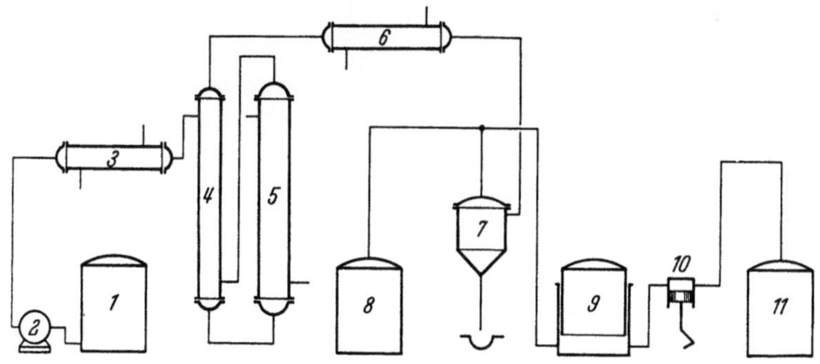

Abb. 1. Herstellung von Isobutylen aus Isobutylalkohol

man höchste Aktivität und geringste Neigung zur Begünstigung von Nebenreaktionen wie Isomerisierung, Dehydrierung, Cracken und Ätherbildung. Von der Güte der Aktivtonerde hängt außerdem die Spalttemperatur ab. Bei guten Kontakten liegt sie zwischen 300 und 400°.

---

[1] J. angew. Chem. (russ.) **23**, 812—815 (1950).
[2] BASF DBP 887040 v. 11. 1. 44.
[3] BASF DBP 869940 v. 18. 1. 39.
[4] J. chem. Soc. (London) **1948**, 267—272.

Nach Möglichkeit wird man so arbeiten, daß man bei niedrigster Spalttemperatur und günstigster Wärmeausnutzung, also schonendster Behandlung aller Reaktionsprodukte möglichst hohe Umsätze und Ausbeuten bekommt.

In der I.G. Farbenindustrie Aktiengesellschaft[1, 2, 3] ist folgendes Verfahren entwickelt worden (s. Abb. 1).

Aus dem Isobutylalkoholtank 1 wird Isobutylalkohol mit einer Pumpe 2 über einen Verdampfer 3 und einen Wärmeaustauscher 4 in den Spaltofen 5 gepumpt, in dem die Bildung von Isobutylen und Wasser erfolgt. Die Reaktionsprodukte werden im Kühler 6 abgekühlt und im Wasserabscheider 7 getrennt. Arbeitet man unter Druck (3—6 atü), so fällt im Tank 8 Rohisobutylen flüssig an. Arbeitet man drucklos, so kann man über den Gasometer 9 durch Verdichtung im Verdichter 10 das Rohisobutylen im Tank 11 sammeln. Die Ofentemperaturen liegen zwischen 300 und 400° C. Durchsatz und Umsatz regeln sich nach den Gesamtbedingungen. So kann z. B. bei 350° ein Durchsatz von Isobutylalkohol : Kontakt = 2 : 1 bei 100 % Umsatz erreicht werden. Die Automatisierung einer solchen Wasserabspaltungsanlage beschreiben JELSCHIN und SELJANIN[4].

Das so gewonnene Isobutylen enthält geringe Mengen α- sowie Cis- und Trans-β-Normalbutylen. Die Erklärung ihrer Entstehung durch IPATIEFF wurde schon Seite 15 beschrieben. Nach neueren Vorstellungen[5] spielt sich folgender Mechanismus ab:

Aus dem Isobutylalkohol nimmt der Katalysator das abgespaltene $OH^{\ominus}$-Anion auf:

$$CH_3\!-\!\underset{\underset{\textstyle CH_3}{|}}{CH}\!-\!CH_2OH \longrightarrow CH_3\!-\!\underset{\underset{\textstyle CH_3}{|}}{CH}\!-\!CH_2^{\oplus} + OH^{\ominus}\ \text{(Katalysator)}$$

Das entstandene Carbenium-Kation spaltet entweder das benachbarte $H^{\oplus}$ ab und gibt Isobutylen:

$$CH_3\!-\!\underset{\underset{\textstyle CH_3}{|}}{CH}\!-\!CH_2^{\oplus} \longrightarrow CH_3\!-\!\underset{\underset{\textstyle CH_3}{|}}{C^{\ominus}}\!-\!CH_2^{\oplus} \longrightarrow CH_3\!-\!\underset{\underset{\textstyle CH_3}{|}}{C}\!=\!CH_2 + H^{\oplus}$$

Oder es erfolgt zunächst Wanderung eines $CH_3^{\ominus}$-Anions:

$$CH_3\!-\!\underset{\underset{\textstyle CH_3}{|}}{CH}\!-\!CH_2^{\oplus} \longrightarrow CH_3\!-\!CH^{\oplus}\!-\!\underset{\underset{\textstyle CH_3}{\uparrow}}{CH_2}$$

und dann erst Abspaltung des neben dem neu entstandenen Carbenium-C-Atom stehenden $H^{\oplus}$ unter Bildung von α- oder β-Normalbutylen:

[1] LIVINGSTON: P. B. Report Nr. 1891 (1945).
[2] German Plastics Practice **1946**, 4—5.
[3] GIESEN u. HANISCH: In WINNACKER u. WEINGÄRTNER: Chem. Technologie, Org. Technologie, Bd. I, S. 466, 1952.
[4] Chim. nauka i Prom., Moskva **2** (3), 356—357 (1957).
[5] Eine Diskussion um dieses Thema verdanke ich Herrn Prof. Dr. B. EISTERT.

$$CH_3—CH^\oplus—CH_2$$
$$CH_3$$

$$CH_2^\ominus—CH^\oplus—CH_2—CH_3 \qquad CH_3—CH^\oplus—CH^\ominus—CH_3$$
$$\downarrow \qquad\qquad\qquad \downarrow$$
$$CH_2{=}CH—CH_2—CH_3 \qquad CH_3—CH{=}CH—CH_3$$
$$+\,H^\oplus \qquad\qquad\qquad +\,H^\oplus$$

Auch Spuren von Isobutyraldehyd und -äther können im Roh-isobutylen aus Isobutylalkohol enthalten sein. Zur Reinigung wird das Rohisobutylen in einer Druckdestillation destilliert, denn alle Verun-reinigungen, die bei der Wasserabspaltung aus Isobutylalkohol im Iso-butylen enthalten sein können, sieden höher als Isobutylen, wie die folgende Tabelle zeigt:

Substanz	K_p °C
Isobutylen	—6,90
α-Normalbutylen	—6,26
Trans-β-Normalbutylen	+0,88
Cis-β-Normalbutylen	+3,72
Isobutyraldehyd	+ 61
Isobutyräther	+122

Der Erfolg hängt von der Güte der Destillationskolonne ab.

3. Herstellung von Isobutylen aus Tertiärbutylalkohol

Tertiärbutylalkohol wird aus dem in Crackgasen enthaltenen Isobuty-len durch Wasseranlagerung über den Schwefelsäureester gewonnen.

[Tertiärbutylalkohol $(CH_3)_3 \cdot C \cdot OH$; MG 74,12; D^{20} 0,7857; K_p 82,57; F +25,66°; latente Verdampfungswärme 127,97 cal/g bei 82,5° C; spez. Wärme 0,725 cal/g (bei 26,8° C); Schmelzwärme 21,88 cal/g.]

Die Herstellung von Isobutylen aus Tertiärbutylalkohol beruht auf folgender Umsetzung:

$$CH_3$$
$$CH_3—\overset{|}{\underset{|}{C}}\cdot OH \qquad —H_2O \quad = \qquad CH_2{=}\overset{|}{\underset{|}{C}}$$
$$CH_3 \qquad\qquad\qquad\qquad CH_3$$

Die Trennung der C—OH-Bindung ist hier leichter durchführbar als beim Isobutylalkohol, eine Tatsache, die lange bekannt ist und bei anderen Umsetzungen mit Tertiärbutylalkohol häufig in unerwünschter Nebenreaktion zu Isobutylen geführt hat.

Die Dehydratisierung von Tertiärbutylalkohol ist historisch bedeu-tungsvoll, weil mit ihrer Hilfe BUTLEROW[1] 1868 zum ersten Male Iso-butylen nach einer Wasserabspaltungsreaktion hergestellt hat. Sie ist

---

[1] Liebigs Ann. Chem. **145**, 277 (1868).

Gegenstand vieler Untersuchungen gewesen, die früh gezeigt haben, daß man Tertiärbutylalkohol leicht dehydratisieren kann und dabei Isobutylen von hohem Reinheitsgrad erhält, weil im Gegensatz zur Wasserabspaltung aus Isobutylalkohol keine Nebenreaktionen auftreten.

a) Die Wasserabspaltung aus Tertiärbutylalkohol auf nassem Wege

BUTLEROW[1] hat als wasserabspaltendes Mittel verdünnte Schwefelsäure verwendet. Ebenso hat SENDERENS[2] bei 83° in Gegenwart von 3—4 Vol-% Schwefelsäure aus Trimethylcarbinol glatt reines Isobutylen erhalten. DEANESLY und ENGS[3] spalten drucklos mit höchstens 50%iger, besser 10—30%iger wäßriger Schwefelsäure oder ihren sauren Salzen bei 70—85° C. Zusatz von 0,02—0,5 Mol der Sulfate von zweiwertigen Metallen erhöht die entwickelte Isobutylenmenge und vermindert die Neigung zur Bildung von Polymerisationsprodukten wie Di- oder Triisobutylen. Die Universal Oil Products Company[4] und IPATIEFF und MONROE[5] benutzen höchstens 5 gew.-%ige wäßrige Lösungen starker Säuren oder von Salzen, die zu vergleichbaren p_H-Werten (3—7) hydrolysieren, außerdem Temperaturen von 100—400° und Drucke bis zu 300 at. Aus Tertiärbutylalkohol haben sie in Gegenwart sehr geringer Mengen an $NiCl_2$ bei 200° und 112 at 84% Isobutylen erhalten.

b) Die Wasserabspaltung aus Tertiärbutylalkohol auf trockenem Wege

Bei seinen Versuchen, Alkohole durch pyrogenetische Kontaktreaktionen umzuwandeln, hat IPATIEFF[6] in Glas- oder Porzellanröhren über Graphittiegelscherben bei 480—500° aus 70 g Trimethylcarbinol innerhalb 16 min 18 l Gas, die aus fast reinem Isobutylen bestanden, erhalten. Mit Tonerde als Katalysator haben IPATIEFF und SDZITOWECKY[7] nur Isobutylen erhalten. Gleichzeitig hat SENDERENS[8] grundlegende Versuche über die katalytische Dehydratation der Alkohole auf trockenem Wege durchgeführt und für die Wasserabspaltung aus Tertiärbutylalkohol Aluminiumphosphat, -silicat und -sulfat als Katalysator verwendet. MARTINEAU und PRÉVOST[9] haben versucht, die katalytische Dehydrierung von Trimethylcarbinol an Kupfer, das auf Thorium- oder Aluminiumoxyd niedergeschlagen war, auszuführen. Es trat jedoch Dehydratisierung zu Isobutylen ein.

Wie beim Isobutylalkohol kann man auch beim Tertiärbutylalkohol säureregenerierte Kationenaustauscher zur Wasserabspaltung verwenden. SUSSMANN[10] dehydratisiert Tertiärbutylalkohol zu Isobutylen

[1] Liebigs Ann. Chem. **145,** 277 (1868).
[2] C. R. Acad. Sci. (Paris) **154,** 777—779 (1912).
[3] Shell A. P. 2012785 v. 18. 3. 35.
[4] E. P. 576480 v. 29. 10. 43, A. Prior. v. 31. 10. 42; A. P. 2478270 v. 19. 3. 45.
[5] J. Amer. chem. Soc. **66,** 1627—1631 (1944).
[6] Ber. dtsch. chem. Ges. **35,** 1057—1064 (1902).
[7] Ber. dtsch. chem. Ges. **40,** 1827—1830 (1907).
[8] Ann. Chim. et Phys. (8) **25,** 449—529 (1912).
[9] C. R. Acad. Sci. (Paris) **205,** 154—156 (1937).
[10] Ind. Engng. Chem., ind. Edit. **38,** 1228—1230 (1946).

mit Zeo-Karb H, einem sulfonierten Kohletypus von Kationenaustauschern, in siedendem Xylol. Nach SWISTAK und MASTAGLI[1] kann man Tertiärbutylalkohol durch Erhitzen mit Kationenaustauschern, die durch Polykondensation sulfonierter Phenole mit Formaldehyd gewonnen sind, zu 73% zu Isobutylen dehydratisieren.

Die technische Wasserabspaltung aus Tertiärbutylalkohol kann mit Aluminiumoxyd als Katalysator nach dem gleichen Verfahren vorgenommen werden, das beim Isobutylalkohol (s. S. 18) beschrieben worden ist. Nur müssen Tank 1, Pumpe 2 und Leitungen bis zum Verdampfer 3 geheizt werden, damit der bei $+25{,}66°$ schmelzende Tertiärbutylalkohol flüssig bleibt. Will man die Heizung der Apparate bis zum Verdampfer umgehen, so kann man den Tertiärbutylalkohol mit solchen geringen Mengen von Wasser versetzen, daß man eine auch in der Kälte flüssige, pumpbare Mischung erhält. Da Tertiärbutylalkohol eine größere spezifische Wärme als Isobutylalkohol besitzt, ist der Vorwärmung besondere Aufmerksamkeit zu schenken. Dann kann die Ofenleistung ohne Schwierigkeit verdoppelt werden.

4. Herstellung von Isobutylen aus Isobutylchlorid

Die Chlorwasserstoffabspaltung aus Isobutylchlorid verläuft nach der Gleichung:

$$CH_2Cl-\underset{\underset{CH_3}{|}}{\overset{\overset{CH_3}{|}}{CH}} \quad -HCl \quad = \quad CH_2=\underset{\underset{CH_3}{|}}{\overset{\overset{CH_3}{|}}{C}}$$

[Isobutylchlorid $(CH_3)_2 \cdot CH \cdot CH_2Cl$; MG 92,57; D^{20} 0,8773; K_p 68,85°; F $-130{,}3°$.]

SABATIER und MAILHE führten die Abspaltung mittels Nickel und Wasserstoff bei $240°$[2] oder mittels Bariumchlorid bei $300°$[3] aus. SENDERENS[4, 5] erhielt mit Aluminiumoxyd bei $250-350°$ bis zu 95% Isobutylen. NEF[6] beobachtete völlige Dissoziation des Isobutylchlorids über Bimsstein bei $500°$. Der Nachteil aller Verfahren besteht im Auftreten von Nebenreaktionen. Bei hohen Temperaturen tritt Isomerisierung des Isobutylens ein. In allen Fällen bildet sich infolge Wiedervereinigung von Isobutylen und Chlorwasserstoff Tertiärbutylchlorid. Diese Schwierigkeiten umgehen BRITTON, COLEMAN und MOORE[7], indem sie Isobutylchlorid unter milden Bedingungen mit Wasser und basischen Salzen behandeln. Bei Verwendung relativ unlöslicher Basen, z. B. Calcium-, Barium- oder Magnesiumhydroxyd unter Druck über $300°$ spalten die intermediär entstandenen Hydrolyseprodukte Iso- und Tertiärbutylalkohol zu Isobutylen auf.

[1] C. R. Acad. Sci. (Paris) **239**, 709—711 (1954).
[2] C. R. Acad. Sci. (Paris) **138**, 407—409 (1904).
[3] C. R. Acad. Sci. (Paris) **141**, 238—241 (1905).
[4] C. R. Acad. Sci. (Paris) **146**, 1211—1213 (1908).
[5] Bull. Soc. chim. France (4) **3**, 823—829 (1908).
[6] Liebigs Ann. Chem. **318**, 1—57 (1901).
[7] DOW A. P. 2067473 v. 18. 4. 34.

5. Herstellung von Isobutylen aus Tertiärbutylchlorid

Aus Gasgemischen, z. B. Crackgasen aus der Erdöl- und Kohle-chemie, die Isobutylen enthalten, kann man es dadurch isolieren, daß man die Gase mit Chlorwasserstoff behandelt (s. Abschnitt I C 5, S. 46). Dabei entsteht aus Isobutylen Tertiärbutylchlorid, das man auf geeignete Weise abtrennen kann.

[Tertiärbutylchlorid $(CH_3)_3 \cdot C \cdot Cl$; MG 92,57; D^{20} 0,8420; K_p 50,7; F —25,4°.]

Durch Chlorwasserstoffentzug kann aus ihm das Isobutylen zurückgewonnen werden:

$$
\begin{array}{ccccc}
& CH_3 & & & CH_3 \\
& | & & & | \\
CH_3-C\cdot Cl & & -HCl & = & CH_2{=}C \\
& | & & & | \\
& CH_3 & & & CH_3
\end{array}
$$

NEF[1] hat beim Leiten über 400—500° heißen Bimsstein in Röhren Isobutylen und Salzsäure neben wenig zurückgebildetem Tertiärbutylchlorid erhalten. Tauscht man den Bimsstein gegen Ätzkalk aus, so entsteht nur Isobutylen. STERN und FRIEDRICHSEN[2] empfehlen zur Gewinnung von Isobutylen aus Tertiärbutylchlorid die katalytische Abspaltung von Halogenwasserstoff oder die Verseifung des Alkylchlorids mit Wasser und Wasserabspaltung aus dem gebildeten Tertiärbutylalkohol. WEINRICH[3] zersetzt das Tertiärbutylchlorid thermisch bei maximal 260° C in Gegenwart eines inerten Kohlenwasserstoffes, z. B. Propan, der tiefer siedet als das freiwerdende Isobutylen und in einer Zersetzungs- und Destillationskolonne das Abdestillieren des entstehenden Chlorwasserstoffes ermöglicht, so daß kein Tertiärbutylchlorid zurückgebildet werden kann. FINDLAY[4] nimmt die Zersetzung von Tertiärbutylchlorid bei Temperaturen zwischen 54,4 und 260° C in einem Spaltturm vor, der mit Paraffinöl oder anderen gesättigten Kohlenwasserstoffölen gefüllt ist und so arbeitet, daß der abgespaltene Chlorwasserstoff über Kopf abzieht, während das Isobutylen im Paraffinöl gelöst bleibt und anschließend herausfraktioniert wird.

6. Herstellung von Isobutylen aus Tertiärbutylmercaptan

In Kohlenwasserstoffgemischen enthaltenes Isobutylen kann selektiv mit Schwefelwasserstoff zu Tertiärbutylmercaptan (s. Abschnitt I C 6, S. 48) umgesetzt werden.

[Tertiärbutylmercaptan $(CH_3)_3 \cdot C \cdot SH$; MG 90,18; D_4^{20} 0,80020; K_p 64,2; F +1,11°.]

Die SH-Gruppe haftet ähnlich locker am tertiären C-Atom wie das Chlor im Tertiärbutylchlorid, so daß man das Isobutylen aus dem

---

[1] Liebigs Ann. Chem. **318**, 1—57 (1901).
[2] IG DRP 703067 v. 19. 7. 36.
[3] PhPC A. P. 2491786 v. 13. 12. 45.
[4] PPC A. P. 2466092 v. 21. 6. 46.

Mercaptan leicht gewinnen kann:

$$CH_3-\underset{\underset{CH_3}{|}}{\overset{\overset{CH_3}{|}}{C}}-SH \quad -H_2S \quad = \quad CH_2{=}\underset{\underset{CH_3}{|}}{\overset{\overset{CH_3}{|}}{C}}$$

BADERTSCHER, CROWLEY und FEASLEY[1] haben ein Verfahren zur Zersetzung von Tertiärbutylmercaptan entwickelt. Sie erhitzen es allein oder in Gegenwart eines Katalysators, z. B. Phosphorsäure, Schwefelsäure, rotem Phosphor, Phosphorsulfid u. a., auf Temperaturen von mindestens 100°, besser 230—400°. Die Verweilzeit liegt zwischen mehreren Sekunden und mehreren Minuten. Die Zersetzungsprodukte werden mit Trikaliumphosphat gewaschen, um den Schwefelwasserstoff zu entfernen. Dann erfolgt eine Wäsche mit Natronlauge, um mitgerissenes Mercaptan festzuhalten. Darauf wird das Isobutylen getrocknet und verflüssigt.

7. Herstellung von Isobutylen aus Diisobutylen

Die einfachsten Polymeren des Isobutylens sind Di- und Triisobutylen. Man gewinnt sie aus Isobutylen oder isobutylenhaltigen Gasgemischen, z. B. aus Crackgasen der Kohle- und Petroleumindustrie, dadurch, daß man das Isobutylen selektiv in Schwefelsäure absorbiert und die Lösung erhitzt (s. Abschnitt I C 2, S. 34). Dabei bilden sich etwa 80% Di- und 20% Triisobutylen, die durch Destillation getrennt werden können. Das so gewonnene Diisobutylen besteht aus einem Gemisch von 2,4,4-Trimethylpenten-(1) und 2,4,4-Trimethylpenten-(2) im Verhältnis 4:1.

[Diisobutylen $(CH_3)_3C \cdot CH_2(CH_3) \cdot C{=}CH_2$, bzw. $(CH_3)_3C \cdot CH{=}C(CH_3)_2$; MG 112,21; D_4^{20} 0,7204; K_p 101,4 bzw. 104,9; F—93, 48 bzw. —106, 33]

Diisobutylen kann zu Isobutylen aufgespalten werden:

$$CH_3-\underset{\underset{CH_3}{|}}{\overset{\overset{CH_3}{|}}{C}}-CH_2-\overset{\overset{CH_3}{|}}{C}{=}CH_2$$

$$CH_3-\underset{\underset{CH_3}{|}}{\overset{\overset{CH_3}{|}}{C}}-CH{=}\overset{\overset{CH_3}{|}}{C}-CH_3$$

$$\longrightarrow \quad 2\,CH_2{=}\underset{\underset{CH_3}{|}}{\overset{\overset{CH_3}{|}}{C}}$$

Die Trennung der C—C-Bindung in der Mitte des Moleküls erfordert Energie, so daß man Temperaturen von 250—450° anwenden muß. Die Thermodynamik und die bei der Spaltung zu erwartenden Isobutylenmengen untersuchten THACKER, FOLKINS und MILLER[2].

---

[1] SVOC A. P. 2386773 v. 4. 4. 44.
[2] Ind. Engng. Chem., ind. Edit. **33**, 584—590 (1941).

Man kann die Spaltung rein thermisch vornehmen. HURD und EILERS[1] haben gezeigt, daß dabei in der Hauptsache zwar Isobutylen entsteht, daß aber Nebenreaktionen die Bildung anderer gesättigter und ungesättigter Kohlenwasserstoffe verursachen. Ähnliche Ergebnisse haben MOOR und SCHILJAJEWA[2] gefunden. Besser verläuft die Depolymerisation, wenn man mit Katalysatoren arbeitet.

LEBEDEW und KOBLIANSKY[3] haben die Depolymerisation polymerer Formen des Isobutylens untersucht. Dabei haben sie die glatte Zerlegung von Diisobutylen über Floridin als Katalysator bei 175—200° C in Isobutylen gefunden. EGLOFF, MORRELL, THOMAS und BLOCH[4] haben die Bildung von Isobutylen aus durch Isomerisierung von n-Octen an aktivierten Silica-Alumina-Katalysatoren bei 375—400° entstandenem Isoocten beobachtet. Ebenso haben GREENSFELDER und VOGE[5] bei 350—450° über einem Siliciumoxyd-Zinkoxyd-Aluminiumoxyd-Katalysator gespalten, wobei sie durch Isomerisierung entstandenes n-Butylen beobachtet haben. In einer breit angelegten Arbeit haben CIAPETTA, MACUGA und LEUM[6] die Depolymerisation von Butylenpolymeren untersucht. Sie haben als Katalysatoren einen synthetischen Siliciumoxyd-Aluminiumoxyd-Katalysator, einen mit Phosphorsäure getränkten Kieselgur-Polymerisationskatalysator und Attapulgus-Ton benutzt. Letzterer, bestehend aus 66,02% SiO_2, 12,52% Al_2O_3, 3,78% Fe_2O_3, 10,19% MgO, 3,41% CaO, 4,08 Rest, hat sich am geeignetsten erwiesen, um bei Temperaturen von 375—430° aus Diisobutylen in Ausbeuten von 85—87% 98—100%iges Isobutylen zu liefern. Gleiche Werte erreichen HAARER und ROTTER[7] mit natürlichen oder künstlichen Silicaten, die sie mit Kupfer- oder Nickel-Salzen behandeln.

GRJASEW, KUWSCHINOWA und TARCHANOWA[8] erhalten mit Wolsk-Bleicherde die 2—3fache Isobutylenausbeute gegenüber anderen natürlichen und synthetischen Aluminiumsilicaten.

OBOLENZEW[9] hat die Gasausbeute in Abhängigkeit von der Temperatur und bei Verdünnung mit trägen Lösungsmitteln bestimmt und eine Theorie über die Isomerisierung zu Normalbutylen entwickelt.

Für die technische Ausführung ist es also notwendig, Katalysatoren zu verwenden, die einen möglichst großen Spaltumsatz und eine möglichst geringe Isomerisierung verursachen. Gefördert werden diese Effekte bei Verwendung von Inertgasen. ROBERTSON[10] verwendet 3—25 Vol. Stickstoff, Kohlendioxyd, Methan, Äthan, Äthylen oder Propylen auf 1 Vol. Diisobutylen, Temperaturen von 175—370° und Marsilton, Aktivtonerde, Phosphorsäure auf Trägern wie Kieselgur u. a. als Kata-

[1] Ind. Engng. Chem. **26**, 776—780 (1934).
[2] J. gen. Chem. (UdSSR) **7** (69), 1779 (1937).
[3] Ber. dtsch. chem. Ges. **63**, 1432—1441 (1930).
[4] J. Amer. chem. Soc. **61**, 3571—3580 (1939).
[5] Ind. Engng. Chem. **37**, 983—988 (1945).
[6] Ind. Engng. Chem. **40**, 2091—2099 (1948).
[7] BASF DBP 1002752 v. 5. 5. 55.
[8] J. angew. Chem. (russ.) **29**, 841—847 (1956).
[9] J. angew. Chem. (russ.) **23**, 1223—1226 (1950).
[10] StODC A. P. 2196363 v. 13. 11. 36.

lysatoren. Die Raumgeschwindigkeit beträgt 0,013 l Diisobutylen/kg Katalysator/min.

Bei geeigneter Temperaturwahl ist es möglich, aus Gemischen niedrigmolekularer Polymerisate von z. B. Mono- und Diolefinen diejenigen selektiv zu spalten, die Isobutylen liefern. Leum, Macuga und Kreps[1] haben diese Methode benutzt, um mit Hilfe von Fullererde, aktiviertem Bentonit oder Aluminiumoxyd, Phosphorsäure für sich oder auf Trägern als Katalysatoren bei Temperaturen von 315—425° aus einer Mischung von Polyisobutylen, Polynormalbutylen, einem Mischpolymerisat von Iso- und Normalbutylen, Polybutadien und Mischpolymerisaten von Monobutylenen und Butadien nur das Polyisobutylen zu Isobutylen aufzuspalten, wenn der Durchsatz 0,5—5 Vol./Vol. Katalysator/Std. beträgt.

Wie bei jedem katalytischen Prozeß ist auch hier die Lebensdauer des Kontaktes für die Wirtschaftlichkeit des Verfahrens von entscheidender Bedeutung. Bei der Spaltung von Diisobutylen läßt die Aktivität des Katalysators häufig dadurch sehr schnell nach, daß sich auf der Oberfläche Ruß abscheidet. Offutt[2] verwendet deshalb einen oberflächenaktiven Silicium-Aluminiumoxyd-Katalysator, dessen Neigung zum Cracken z. B. durch Behandeln mit Dampf bei 690° gedämpft wird, und der nach 72 Std. erst 3% seiner Aktivität verloren hat, während ein Attapulgus-Ton schon nach 35 Std. 15% seiner Aktivität eingebüßt hat. Bei einer Raumgeschwindigkeit von 0,8 l flüssigem Diisobutylen/Vol. Katalysator/Std., Temperaturen von 315—355° und 1 ata Druck erzielt er Umsätze von 87 Gew.-%. Bei der wiederholten Regenerierung des Katalysators (Erhitzen im Luftstrom) büßt er nichts von seiner Aktivität und Lebensdauer ein. Eine besonders milde Spaltungsform des Diisobutylens zu Isobutylen hat Johnson[3] entwickelt. Bei der gleichzeitigen Spaltung von Gasölen an einem Fließbettkatalysator (er hat ein synthetisches $SiO_2—Al_2O_3$-Gel mit 12% Al_2O_3 verwendet), der sich in einer wirbelnden Bewegung ähnlich wie eine Flüssigkeit befindet, leitet er das Diisobutylen in diejenige Grenzschicht des Fließbettes ein, die sich zwischen der unteren, dichten und der oberen, verdünnteren Katalysatorphase befindet. Dabei spaltet Diisobutylen bei 525° und einer Gasgeschwindigkeit von 0,5—2 Fuß/sec praktisch ohne Nebenreaktionen zu Isobutylen. Das Verfahren ermöglicht eine besonders günstige Regenerierung des Spaltkontaktes, der laufend mit den Reaktionsgasen abgezogen und nach der Regenerierung des Spaltkontaktes dem Fließbett wieder zugeführt wird. Später hat Murphree[4] dieses Fließbett-Verfahren für die Spaltung von polymeren Olefinen allein ausgebaut und dabei auf eine sorgfältige Temperaturführung zur Vermeidung von Polymerisation einerseits und Cracken andererseits geachtet. Er kann die Lebensdauer des Kontaktes, z. B. Attapulgus-Ton oder ähnliche aktivierte Tone, auf über 100 Std. erhöhen, wenn er

---

[1] ARC A. P. 2433465 v. 23. 7. 43.
[2] GRDC A. P. 2498999 v. 26. 5. 47.
[3] StODC A. P. 2498840 v. 14. 11. 47.
[4] StODC A. P. 2514332 v. 14. 2. 48.

Temperaturen zwischen 260 und 425° einhält. Im Diisobutylen enthaltene Copolymere aus Normalbutylen und Isobutylen und höhere Polymere, die unter den Reaktionsbedingungen nicht spalten, können die Temperaturführung begünstigen. Dabei liegt der Durchsatz bei 1—4 Vol. flüssige Polymere/Vol. Katalysator/Std. Gleichzeitige Druckerhöhung ist günstig. Bei 7 at Druck, 315—345° Temperatur und einem Durchsatz von 2,41 Vol. flüssigem Diisobutylen mit 0,59 Vol. Copolymeren/Vol. Katalysator und Stunde entsteht bei 96,6%iger Spaltung ein 98,7%iges Isobutylen. Auch hier wird der Katalysator mit den Reaktionsprodukten laufend entfernt, regeneriert und dem Reaktionsofen laufend wieder zugeführt.

8. Herstellung von Isobutylen aus Triisobutylen

Wie im vorhergehenden Abschnitt I A 7 gesagt wurde, entsteht das Triisobutylen neben Diisobutylen bei der Absorption von Isobutylen in Schwefelsäure mit nachfolgender Polymerisation. Es besteht aus einem Gemisch von

2,2,4,6,6-Pentamethyl-hepten-(3),
2,2,6,6-Tetramethyl-4-methylen-heptan,
2,2,4,4,6-Pentamethyl-hepten-(5) und
2,2,4,4,6-Pentamethyl-hepten-(6)[1].

Triisobutylen kann zu Isobutylen aufgespalten werden nach der Gleichung

$$C_{12}H_{24} \longrightarrow 3\ CH_2=\underset{\displaystyle CH_3}{\overset{\displaystyle CH_3}{C}}$$

Dabei verläuft die Umsetzung wahrscheinlich über die Zwischenstufe Diisobutylen, das dann seinerseits zu Isobutylen aufgespalten wird. Dafür sprechen die Beobachtungen von LEBEDEW und KOBLIANSKY[2], die mittels Floridin als Katalysator aus Triisobutylen Diisobutylen und Isobutylen erhalten haben, Beobachtungen, die LEBEDEW und LISCHWITZ[3] durch quantitative Untersuchungen ergänzt haben. Sie haben bei 180—190° 27,1% Isobutylen und 65,6% Diisobutylen gefunden. OBOLENZEW[4] hat die mit Aluminiumsilicat-Katalysatoren bei 200, 300 und 367° erhaltenen Zersetzungsprodukte und Gasausbeuten aus Triisobutylen bestimmt. GREENSFELDER und VOGE[5] spalten Triisobutylen bei 350° über einem Siliciumoxyd-Zirkonoxyd-Aluminiumoxyd-Katalysator fast nur zu Isobutylen auf. SCHAAD[6, 7] verwendet als Spalt-

---

[1] WHITMORE, WILSON, CAPINJOLA, TONGBERG, FLEMING, McGREW u. COSBY: J. Amer. chem. Soc. **63**, 2035—2041 (1941).
[2] Ber. dtsch. chem. Ges. **63**, 1432—1441 (1930).
[3] Chem. J. Ser. A. J. allg. Chem. (russ.) **4** (66), 13—22 (1934).
[4] J. angew. Chem. (russ.) **22**, 157—171 (1949).
[5] Ind. Engng. Chem. **37**, 983—988 (1945).
[6] Referatenband XIV. Internat. Kongreß f. rein. und angew. Chemie, S. 294. Zürich 1955.
[7] Petroleum-Refiner **35**, Nr. 3, 205—206 (1956).

kontakt U. O. P. festen Phosphorsäurepolymerisationskatalysator, den
CIAPETTA u. Mitarb.[1] für die Spaltung von Diisobutylen benutzt haben.
Bei Durchsätzen von 0,46—0,96 l/kg Katalysator/Std. erhält er 85%
der theoretischen Menge an Isobutylen und Diisobutylenen. Interessant
ist die Beobachtung von CONDON[2], daß sich beim Erhitzen von Tri-
isobutylen mit 5—12 Gew.-% Jod auf 200—220° für 1—6 Std. und bei
Drucken von 7—35 at neben Paraffinkohlenwasserstoffen 10,7 Gew.-Teile
Isobutylen bilden.

Für die technische Durchführung gelten praktisch die Bedingungen,
die im vorangegangenen Abschnitt über die Depolymerisation von
Diisobutylen beschrieben worden sind. So umfassen die Verfahren von
ROBERTSON[3] (s. S. 24), OFFUTT[4] (s. S. 25) und MURPHREE[5] (s. S. 25)
die Spaltung von Di- und Triisobutylen. ROETHELI und CONN[6] spalten
Triisobutylen entweder thermisch bei 230—260° oder besser katalytisch
mittels Floridaerde oder aktiviertem Ton (Marcil) bei 205—230° zu
Isobutylen ohne Nebenreaktionen (Bildung von Kohlenstoff, Methan,
Wasserstoff oder Kohlenwasserstoffe mit weniger C-Atomen als Iso-
butylen).

Die Temperatur von 426,6° sollte nicht überschritten werden, sonst
tritt die Bildung wesentlicher Mengen von Isoolefinen auf, wie SCHNEIDER
und MISTRETTA[7] gefunden haben.

B. Herstellung von Isobutylen aus Verbindungen, aus denen es durch Umlagerung des Kohlenstoffgerüstes entsteht

1. Herstellung von Isobutylen aus Normalbutan

Normalbutan gibt es ebenso wie Isobutan (s. S. 1) in großen Mengen
in der Erdgas-, Erdölgas- und Kohlehydrierungsindustrie und bei
Crackprozessen.

[Normalbutan $CH_3 \cdot CH_2 \cdot CH_2 \cdot CH_3$; MG 58,12; D^{20} 0,5788; K_p 0,50; F —138,35°.]

Die Standard Oil Development Company[8] hat einen Weg gezeigt,
daraus Isobutylen herzustellen.

$$CH_3 \cdot CH_2 \cdot CH_2 \cdot CH_3 \quad -H_2 \quad = \quad CH_2{=}C\begin{smallmatrix} CH_3 \\ | \\ | \\ CH_3 \end{smallmatrix}$$

Mit Katalysatoren wie Aluminiumoxyd und Aluminiumsilicat in
poröser Form (Bauxit, Ton, Kaolin) allein oder mit Trägern wie Silicagel

[1] Ind. Engng. Chem. 40, 2091—2099 (1948).
[2] PhPC A. P. 2492844 v. 1. 11. 48.
[3] StODC A. P. 2196363 v. 13. 11. 36.
[4] GRDC A. P. 2498999 v. 26. 5. 47.
[5] StODC A. P. 2514332 v. 14. 2. 48.
[6] StODC A. P. 2314457 v. 26. 1. 37.
[7] Jasco A. P. 2414770 v. 19. 12. 40.
[8] StODC E. P. 534151 v. 22. 8. 39; F. P. 859847 v. 1. 9. 39, A. Prior. v. 7. 1. 39.

Tabelle 3. *Isomerisierung*

Patentnummer	Patentdatum	Firma	Erfinder	Ausgangsstoff
Russ. P. 51181	28. 3. 36		FROST, SSERE-BRJAKOWA u. RUDKOWSKIJ	n-Butylene mit 2—4% Isobutylen
F. P. 823545 E. P. 496676	24. 6. 37 7. 6. 37 Holl. Prior. 27. 6. 36	N. V. de Bataafsche Petroleum Maatschappij		Buten-1 Buten-2 im Gemisch mit H_2O-Dampf
A. P. 2220693	5. 6. 37 Holl. Prior. 27. 6. 36	Universal Oil Products Company	V. PESKI u. LORANG	Buten-1 Buten-2, speziell n-Butengemisch mit 3% Isobutylen, evtl. mit Dampfzusatz
E. P. 501896 Holl. P. Anm. 83778	16. 7. 38 Holl. Prior. 14. 8. 37	N. V. de Bataafsche Petroleum Maatschappij		n-Butene + n-Butan 50 : 50

oder Tonscherben, evtl. aktiviert mit Phosphor-, Bor- oder Fluorwasser-stoffsäure, bei Temperaturen von 315—575°, 1 at Druck und Verweil-zeiten von 5—200 sec hat sie aus Normalbutan 27,4% Isobutylen her-gestellt. BLOCH und SCHAAD[1, 2, 3] haben dieses Ergebnis bestätigt. Sie haben eine Katalysatorkombination aus gleichen Volumenteilen einer dehydrierenden Komponente (10% Cr_2O_3 auf Al_2O_3) und einer isomeri-sierenden Komponente (20 SiO_2 : 1 Al_2O_3 : 0,1 ZrO_2[2] oder 20 SiO_2 : 1 Al_2O_3 : 0,1 ThO_2[3]), jede für sich in gekörnter Form, benutzt. Bei Tem-peraturen von 525—575°, Gas-Raum-Geschwindigkeiten von 500 bis 1200/Std. und Atmosphärendruck erfolgt eine Dehydroisomerisierung des Normalbutans. Etwa 25% der Ausbeute an Butylenen bestehen aus Isobutylen.

2. Herstellung von Isobutylen aus Normalbutylen

Normalbutylene finden sich in reicher Menge in den gasförmigen Bestandteilen, die bei der Crackdestillation von Erdölen entstehen.

[α-Normalbutylen $C_2H_5 \cdot CH : CH_2$; MG 56,10; D^{20} 0,5951; K_p —6,26; F —185,35.]

[Cis-β-Normalbutylen $CH_3 \cdot CH : CH \cdot CH_3$; MG 56,10; D^{20} 0,6213; K_p +3,72; F —138,91.]

[Trans-β-Normalbutylen $CH_3 \cdot CH : CH \cdot CH_3$; MG 56,10; D^{20} 0,6042; K_p +0,88; F —105,55.]

Man kann sie unter dem Einfluß geeigneter Katalysatoren zu Iso-butylen umlagern:

$$CH_3 \cdot CH_2 \cdot CH=CH_2$$
$$CH_3 \cdot CH=CH \cdot CH_3 \longrightarrow CH_2=C \begin{matrix} CH_3 \\ | \\ | \\ CH_3 \end{matrix}$$

---

[1] UOPC A. P. 2346657 v. 16. 2. 39.
[2] UOPC A. P. 2389406 v. 20. 1. 44.
[3] Ind. Engng. Chem., ind. Edit. **38**, 144—147 (1946).

von n-Butylenen zu Isobutylen

Katalysator	Temperatur °C	Druck at	Verweilzeit	Umsetzungs-produkte
H_3PO_4, saure Sulfate oder Phosphate, evtl. auf Trägern (Schamotte)	200—400			15—40% Isobutylen
Hydrate von P_2O_5 oder P_2O_3, für sich oder auf Trägern wie Kohle, Silicagel, Diatomeenerde	250—550, speziell 325	0—10, speziell 0	unter 50 sec	33 Vol.-% Isobutylen
Ortho-, Meta- oder Pyro-Phosphorsäure auf Trägern wie Diatomeenerde, Kieselgur, Silicagel, Ton, Tierkohle, u. a.	250—550, speziell 325		2—50 sec, speziell 24,5 sec	40,1 Vol.-% Isobutylen 57,7 Vol.-% n-Buten
Alkali-Aluminiumsilicat, Permutit, Zeolit	275—500, speziell 450	normal oder leicht erhöht, speziell 0	183 sec	33 Vol.-% Isobutylen

Für die Aufklärung dieser Isomerisierung sind sehr viele Arbeiten ausgeführt worden. Rein thermisch ist diese Umsetzung nicht durchführbar, wie HURD und GOLDSBY[1] sowie TROPSCH, PARRISH und EGLOFF[2] gezeigt haben. Für die Isomerisierung muß ein Energiebetrag aufgebracht werden, der von FROST, RUDKOWSKIJ und SSEREBRJAKOWA[3] sowie von SSEREBRJAKOWA und FROST[4] zu 1390 cal/Mol ermittelt worden ist. Die gleichen Forscher haben gefunden, daß bei Verwendung von Phosphorsäure auf Schamotte als Katalysator das Gleichgewichtsgemisch bei 300° aus etwa 50% Normal- und 50% Isobutylen, bei 400° aus etwa 70% Normal- und 30% Isobutylen besteht. EGLOFF u. Mitarb.[5, 6] sprechen dagegen bei der Auswertung von Isomerisierungsversuchen des Normalbutylens zu Isobutylen an Permutit bei 400° von einem Pseudogleichgewicht, in dem nur etwa 25% Isobutylen vorhanden sind, ein Wert, den KOCH und RICHTER[7] durch Isomerisierung von Cis-β-Normalbutylen an reinem Aluminiumoxyd bei 400° bestätigt haben. Nach Ansicht von HAY, MONTGOMERY und COULL[8] sind für die Isomerisierung saure Katalysatoren oder solche, die adsorbierte H-Ionen tragen, notwendig. OBLAD und GORIN[9], OBLAD, MESSENGER und BROWN[10], THOMAS[11], WHITMORE[12] sowie GREENSFELDER, VOGE und GOOD[13] haben diese

---

[1] J. Amer. chem. Soc. **56**, 1812—1815 (1934).
[2] Ind. Engng. Chem. **28**, 581—586 (1936).
[3] C. R. (Doklady) Acad. Sci. URSS **1936** IV, 373—375.
[4] Chem. J. Ser. A. J. allg. Chem. (russ.) **7**, 122—130 (1937).
[5] J. Amer. chem. Soc. **61**, 3571 (1939).
[6] Isomerization of Pure Hydrocarbons (1942). New York.
[7] Öl u. Kohle Gemeinsch. Brennstoff-Chem. **40**, 231—241 (1944).
[8] Ind. Engng. Chem. **37**, 335—339 (1945).
[9] Ind. Engng. Chem. **38**, 822—828 (1946).
[10] Ind. Engng. Chem. **39**, 1462—1466 (1947).
[11] Ind. Engng. Chem. **41**, 2564—2573 (1949).
[12] Chem. Eng. News **26**, 668—674 (1948).
[13] Ind. Engng. Chem. **41**, 2573—2584 (1949).

Tabelle 3

Patentnummer	Patentdatum	Firma	Erfinder	Ausgangsstoff
A. P. 2199133	6. 1. 38	Standard Oil Company	MARSCHNER	Buten-1
Can. P. 388428	21. 6. 38	Shell Development Company	HOOG	n-Butene
F. P. 854042	5. 12. 38		JESSUP	n-Butylene + HCl
A. P. 2386468	11. 1. 39	Universal Oil Products Company	IPATIEFF u. SCHAAD	n-Butene, vorgeheizt, speziell 19,4% n-Butene im Gemisch mit 1,6% Isobuten, 70,7% Butane, u. a.
A. P. 2216285	9. 2. 39	Universal Oil Products Company	THOMAS u. BLOCH	n-Butene, vorgeheizt, speziell 19,4% n-Butene im Gemisch mit 1,6% Isobuten, 70,7% Butane, u. a.
A. P. 2281804	5. 9. 40		RUTHRUFF	Buten-1 und Buten-2, mit Dampf verdünnt
A. P. 2301342	2. 1. 41	Standard Oil Development Company	SUMERFORD u. LAUGHLIN	n-Butene, C_4-cut, z. B. mit 5% n-Butan und 88% n-Butenen
E. P. 601202	10. 1. 41	Anglo-Iranian Oil Company	FAWCETT	n-Butene, evtl. mit Fremdgas wie Dampf, Stickstoff, Wasserstoff, Methan im Verhältnis 1:1 bis 1:10, vorzugsweise 1:2, speziell 1:1
A. P. 2422884	26. 3. 43	Shell Development Company	BURGIN	n-Butylen, mit Dampfzusatz bis zum Verhältnis 1:10
F. P. 933600	3. 7. 46 A. Prior. 30. 8. 45	Standard Oil Development Company	LYNCH	n-Buten
A. P. 2471647	4. 3. 46	Socony-Vacuum Oil Company	OBLAD u. MESSENGER	Buten-1 Buten-2
E. P. 635508	21. 10. 47	Imperial Chemical Industries	McNEIL u. REYNOLDS	Butene, mit geringen Mengen Dampf, speziell Gemisch aus 92,2% Butenen, 6,4% Isobuten und 1,4% Butan

(Fortsetzung)

Katalysator	Temperatur °C	Druck at	Verweilzeit	Umsetzungsprodukte
Al_2O_3, H_3PO_4 auf Infusorienerde oder Silicaten oder Holzkohle, speziell H_3PO_4-Kieselgur	205—425, speziell 250—325, vorzugsweise 300		250 sec	50% Isobutylen im Olefingemisch
Wasserhaltiges Aluminiumsilicat vom Permutit-Typ	275—500, speziell 400—500		120—250 sec	Isobutylen
Metallhalogenide, $AlCl_3$, $FeCl_3$, $BeCl_2$	300—500			Isobutylen neben n-Butylen und sek.-Butylchlorid
Aktivierte Bleicherden wie Tonsil oder Floridin (Aluminiumsilicate), regenerierbar mit O_2-haltigen Gasen	315—538, speziell 500		0,1—4,0 sec, speziell 1,4. Raumgeschwindigkeit 470—500, speziell 470	5,7 Mol-% Isobutylen = 21,1% Isomerisation
Zusammengesetzte Katalysatoren aus SiO_2 + Al_2O_3 + ThO_2 im Verhältnis 200 : 10 : 1, frei von Alkali-Ionen, mit Luft regenerierbar	450—505, speziell 450	0,05—5, speziell 0	Raumgeschwindigkeit von 200 bis 400, speziell 240 (Vol. Gas/Vol. Katalysator/ Std.), 0,01 bis 4 sec, speziell 3 sec	21,9% Isomerisation zu Isobutylen
Metallpyrophosphate, speziell stabilisiertes Kupferpyrophosphat, regenerierbar	250—450, speziell 325	7 speziell 1,6	5—100 sec, speziell 20 sec	Isobutylen
1—50%, vorzugsweise 5—30% B_2O_3, gemischt mit Al_2O_3 oder SiO_2, speziell 10% B_2O_3, regenerierbar mit Luft	205—630, vorzugsweise 315—575, speziell 587	0—56, speziell 0,26	0,05—60 sec, vorzugsweise 0,1—10 sec, speziell 0,14 sec	17,6 Vol.-% Isobutylen
Phosphate aus Metallen der Gruppen I—VIII außer V des period. Systems, allein oder auf Trägern wie Aktivkohle oder Kieselgur, speziell Cu—Cd- oder Cu—Ca-Phosphat	160—600, vorzugsweise 250—400, speziell 300	bis 20, speziell 0	1,5 min	31% Isobutylen
Al_2O_3 mit 4—12% H_2O, 0,3—2% Natrium und einer monomolekularen Schicht von B_2O_3 an der Oberfläche	345—540	0,5—10	Raumgeschwindigkeit (flüssig) 0,5—10	Isobutylen
Al_2O_3, frei von Na_2O, aktiviert mit höchstens 3% Al-Halogenid, Halogenwasserstoff oder Alkylhalogenid, fest angeordnet oder im Fließbett, regenerierbar	370—540, vorzugsweise 480		100—10000 Vol. Gas/Vol. Katalysator/Std., vorzugsweise 200—2000, speziell 500	94% Isobutylen 4% Polymere bei 32% Umsatz
Al_2O_3 mit weniger als 0,1% Natrium, mit HF behandelt, so daß der F-Gehalt, als HF berechnet, 0,5—10 Gew.-% vom Al_2O_3 beträgt	260—510, speziell 455—495		Raumgeschwindigkeit 5—70	Isobutylen
Bororthophosphat, evtl. auf Trägern wie Tonerde, Bimsstein, Graphit, im Fließprozeß oder Fließbettverfahren, kontinuierlich regenerierbar mit Luft bei 700°	350—600, vorzugsweise 500		Raumgeschwindigkeit 250	30,7% Isobuten 59,2% Butene 2,8% Butan 3,2% C_3H_6

säurekatalysierte Olefin-Isomerisierung mittels eines Carbonium-Ionen-Mechanismus erklärt.

Die Tab. 3 enthält einige Patente über die Isomerisierung von Normalbutylen zu Isobutylen mit technischen Angaben über Katalysatoren und Reaktionsbedingungen. Die Isomerisierung ist um so größer, die Polymerisation um so geringer, je kleiner der Partialdruck vom Normalbutylen ist. Der Katalysator soll nicht cracken, nicht dehydrieren, keinen Kohlenstoff bilden, regenerierbar sein, geringen Aktivitätsverlust und lange Lebensdauer haben. Er kann fest angeordnet sein oder im Fließbettverfahren angewandt werden.

Eine Isomerisierung des Normalbutylens zu Isobutylen tritt auch bei der Herstellung von Isobutylen aus Normalhepten ein. MATTOX[1] erhält aus Normalhepten bei 400° C und Atmosphärendruck über einem Katalysator aus 25 Gew.-% Aluminiumsulfat und 75 Gew.-% aktiviertem Al_2O_3 20% Isobutylen im kondensierbaren Gasgemisch. Ein ähnliches Ergebnis haben PLATE und TARASSOWA[2] bei der Untersuchung des Verhaltens von α-Normalhepten an Vanadiumoxyd-Aluminiumoxyd-Katalysatoren bei 400—480° erhalten.

3. Herstellung von Isobutylen aus Normalbutylalkohol

Normalbutylalkohol entsteht bei der Gärung von Stärkemaischen durch den Bacillus amylobacter u. a. Er kann ferner nach der auf S. 12 erwähnten Isobutylölsynthese oder nach der ebenfalls S. 13 genannten Oxosynthese großtechnisch hergestellt werden. Ein ebenfalls großtechnisch ausgeführter Weg nimmt folgenden Verlauf:

$$CH\equiv CH + H_2O \xrightarrow[+\,100°]{HgSO_4} CH_3 \cdot CHO + CH_3 \cdot CHO \xrightarrow[Alkali]{verd.} CH_3 \cdot CHOH \cdot CH_2 \cdot CHO$$

Acetylen   Acetaldehyd   Aldol

$$-H_2O \xrightarrow[+\,140°]{} CH_3 \cdot CH : CH \cdot CHO \quad + H_2 \longrightarrow CH_3 \cdot CH_2 \cdot CH_2 \cdot CH_2OH$$

Crotonaldehyd   Normalbutylalkohol

[Prim. Normalbutylalkohol $CH_3 \cdot CH_2 \cdot CH_2 \cdot CH_2OH$; MG 74,12; D^{20} 0,8094; K_p +117,73; F —89,3.]

[Sek. Normalbutylalkohol $CH_3 \cdot CH_2 \cdot CHOH \cdot CH_3$; MG 74,12; D^{20} 0,8063; K_p +99,5.]

Um aus Normalbutylalkohol Isobutylen zu erhalten, muß außer dem Wasserentzug ähnlich wie bei der Dehydrierung von Normalbutan (S. 28) noch eine Isomerisierung erfolgen:

$$CH_3 \cdot CH_2 \cdot CH_2 \cdot CH_2OH \quad -H_2O \quad = \quad H_2C{=}C\begin{smallmatrix} CH_3 \\ | \\ | \\ CH_3 \end{smallmatrix}$$

SENDERENS[3] hat aus prim. Normalbutylalkohol über $AlPO_4$ als Katalysator bei 300° 27% Isobutylen neben 73% α-Normalbutylen

[1] UOPC A. P. 2340007 v. 26. 12. 42.
[2] J. allg. Chem. (russ.) 20 (82), 1092—1101 (1950).
[3] C. R. Acad. Sci. (Paris) 144, 1109—1111 (1907).

erhalten. IPATIEFF[1] hat sek. Normalbutylalkohol über $ZnCl_2$ im Kupferrohr bei 450° gespalten und ein Gas erhalten, das viel Isobutylen neben β-Normalbutylen enthalten hat.

SATO, ATSUMI, KONO und FUJINO[2] leiten Normalbutylalkohol bei 250—320° dampfförmig über Katalysatoren aus Tonerde und Magnesiumoxyd, saure Erde oder/und Kieselgur. Das dabei durch dehydratisierende Isomerisierung entstandene Isobutylen wird anschließend zu Isoocten polymerisiert und hydriert. Ähnlich arbeiten KYOWA, KAGAKU, KOGYO und KATO[3], indem sie dampfförmigen Normalbutylalkohol über erhitzten Bentonit, der gegebenenfalls mit Tonerde oder Aluminiumsalzen versetzt ist, leiten.

4. Herstellung von Isobutylen aus Sekundärbutylchlorid

Sekundärbutylchlorid tritt als Umsetzungs- und Zwischenprodukt bei der Behandlung butylenhaltiger Gase auf.

[Sekundärbutylchlorid $CH_3 \cdot CH_2 \cdot CHCl \cdot CH_3$; MG 92,57; D^{20} 0,8732; K_p 68,25; F —131,3.]

Um zum Isobutylen zu gelangen, müssen Halogenwasserstoffabspaltung und wie beim Normalbutylalkohol Isomerisierung erfolgen:

$$CH_3CH_2CHCl \cdot CH_3 \qquad -HCl \qquad = \qquad H_2C{=}C\genfrac{}{}{0pt}{}{CH_3}{CH_3}$$

JESSUP[4] erhält aus Sekundärbutylchlorid direkt oder als Zwischenprodukt bei der Behandlung von Normalbutylen mit Chlorwasserstoff bei 300—500° unter dem Einfluß von Metallchlorid-Katalysatoren wie $AlCl_3$, $FeCl_3$ oder $BeCl_2$ Isobutylen, das er mittels 60%iger Schwefelsäure absorbiert.

C. Gewinnung von Isobutylen aus Gasgemischen

1. Herstellung von Isobutylen enthaltenden Gasgemischen durch den Crackprozeß

Ein anderer Weg zum Isobutylen führt über die Petrochemie.

Eine besondere Aufarbeitungsart des Erdöles[5] besteht darin, das nach Abdestillieren des Benzins verbleibende Öl zwecks Gewinnung weiterer klopffester Benzinmengen einer Crackdestillation zu unterwerfen. Dabei werden die hochmolekularen Kohlenwasserstoffe durch

---

[1] Ber. dtsch. chem. Ges. **40**, 1827—1830 (1907).
[2] Jap. Pat. Anm. 15200/38 v. 8. 11. 38/6. 9. 40.
[3] Jap. Pat. Anm. 13490/39 v. 27. 11. 39/5. 11. 41.
[4] F. P. 854042 v. 5. 12. 38
    = SPCTR Belg. P. 441796 v. 19. 6. 41, F. Prior. v. 5. 12. 38
    = ChW A. P. 2303362 v. 16. 11. 39.
[5] HEILMANN: In WINNACKER u. WEINGÄRTNER, Chem. Technologie, Org. Technologie, Bd. I, S. 270—302, 1952.

Spaltung (Cracken) ihrer Kohlenstoffgerüste in niedermolekulare umgewandelt. Diese Spaltreaktion erfolgt thermisch bei Drucken zwischen 20—50 at und Temperaturen von 450—650° in Röhrenerhitzern und geeigneten Reaktionskammern.

Dem gleichen Zweck dienen die katalytischen Spaltverfahren, bei denen zur Hauptsache Aluminium- oder Magnesiumsilicate für sich allein oder im Gemisch mit Metalloxyden, z. B. Chromoxyd, als Katalysatoren in verschiedener Form und Anordnung verwendet werden. Dabei kommt man mit Atmosphären- oder nur wenig erhöhtem Druck und Temperaturen von 450° aus.

Werden als Ausgangsmaterial kohlenstoffreiche Produkte, Erdölrückstände wie Heizöle und Asphalte, Teer, Kohleextrakte oder gar Kohle selbst eingesetzt, so muß man für die Bildung der niedermolekularen Kohlenwasserstoffe den notwendigen Wasserstoff zuführen. Seine Übertragung erfolgt katalytisch mit gegen den im Ausgangsmaterial vorhandenen Schwefel weitgehend unempfindlichen Katalysatoren, z. B. Molybdänsulfid oder Zinnverbindungen, unter etwa 200 at Druck bei Temperaturen von 200—500°.

Bei den genannten Verfahren sind die kleinsten Spaltstücke die Crackgase, gesättigte und ungesättigte Kohlenwasserstoffe, aus denen man einen C_4-Schnitt herausdestillieren kann, der Normal- und Isobutan, die Normalbutylene und Isobutylen sowie Butadien enthält. Isobutylen befindet sich darin in Mengen von 10—20%[1].

Für die Abtrennung des Isobutylens von den übrigen Olefinen bzw. Diolefinen gibt es mehrere Verfahren[2].

Chemische Trennung

Isolierung mit Schwefelsäure als Sulfat
Isolierung mit Kupfersalzen als Doppelverbindungen
Isolierung mit Phenolen als Butylphenole
Isolierung mit chlorhaltigen Verbindungen
Isolierung mit schwefelhaltigen Verbindungen

Physikalische Trennung

Isolierung mittels Absorption
        Extraktion
        Waschen
Isolierung mittels extraktiver und azeotropischer Destillation
Isolierung mittels fraktionierter Destillation

2. Gewinnung von Isobutylen aus Gasgemischen mittels Schwefelsäure

Die gute Löslichkeit von Isobutylen in Schwefelsäure mittlerer und höherer Konzentration ist seit langem bekannt. Sie beruht auf der Bildung von Isobutylsulfat oder Isobutylschwefelsäureester nach der Gleichung:

$$\underset{\underset{CH_3}{|}}{\overset{\overset{CH_3}{|}}{CH_2\!\!=\!\!C}} \quad + H_2SO_4 \quad = \quad \underset{\underset{CH_3}{|}}{\overset{\overset{CH_3}{|}}{CH_3\!\!-\!\!C\!\!-\!\!O \cdot SO_2 \cdot OH}}$$

---

[1] EDGAR: Ind. Chemist **27**, 345—349 (1951).
[2] BORROWS u. SEDDON: Chem. and Ind. **1953**, S 57—S 64.

Im Gegensatz dazu werden Normalbutylene, Propylen und Äthylen von Schwefelsäure mittlerer Konzentration nicht oder wesentlich langsamer aufgenommen, so daß man aus Gasgemischen das Isobutylen selektiv herauslösen kann. Die Ausnutzung dieser Tatsache bei der quantitativen Bestimmung des Isobutylens wird im Abschnitt „Analyse des Isobutylens" (s. S. 58) beschrieben. DOBRJANSKI[1] hat erkannt, daß die Lösungsgeschwindigkeit in Schwefelsäure eine für jedes Olefin charakteristische Größe ist. Für Isobutylen empfiehlt er 63—64%ige Schwefelsäure. Seine Erfahrungen haben HURD und SPENCE[2] verwendet, als sie bei Dehydrierungsversuchen von Isobutan (s. Abschnitt I A 1, S. 2) erhaltenes Isobutylen mit 62,4%iger Schwefelsäure absorbiert, ebenso MARKOWITSCH und DIGULEWSKI[3], die aus beim Cracken von Erdöl entstandenem Kohlenwasserstoffgemisch das Isobutylen mit 63%iger Schwefelsäure selektiv herausgelöst, ferner MARKOWITSCH und MOOR[4], die bei ihren Untersuchungen über die Absorptionsgeschwindigkeit von Olefinen in Schwefelsäure eine Methode zur quantitativen Isobutylenbestimmung ausgearbeitet haben (s. Abschnitt I D, S. 58). DAVIS[5] hat die relative Absorptionsgeschwindigkeit gasförmigen Isobutylens aus Versuchen von MICHAEL und BRUNEL[6] berechnet und gefunden, daß sie proportional der Menge des noch ungelösten Gases ist. Zusammen mit SCHULER[7] hat er zu den Versuchen von MICHAEL und BRUNEL[6] noch einmal kritisch Stellung genommen und die erhaltenen Werte durch Einbeziehen von Betrachtungen über die absorbierende Oberfläche korrigiert.

Bei zahlreichen, in den vorhergehenden Abschnitten beschriebenen Verfahren zur Herstellung von Isobutylen ist seine Isolierung durch selektive Absorption in Schwefelsäure empfohlen worden. Die Schwefelsäure enthält das Isobutylen in Form des Isobutylschwefelsäureesters. Hydrolysiert man ihn, so erhält man Tertiärbutylalkohol. Erhitzt man ihn, so tritt Polymerisation zu Di- und Triisobutylen ein. In diesen Fällen muß man aus den Reaktionsprodukten das Isobutylen nach den in den Abschnitten I A 3, S. 19 und I A 7, S. 23 u. 26 beschriebenen Verfahren herstellen. Nach dem Verdünnen mit Wasser und Erhitzen kann man aus dem Isobutylschwefelsäureester Isobutylen als solches gewinnen.

Die Vorschläge zur technischen Ausführung der Schwefelsäureabsorption von Isobutylen aus Gasgemischen sind in zahlreichen Patenten niedergelegt worden. Die wichtigsten enthält Tab. 4. Die am besten geeignete Säurekonzentration beträgt 65%. Sie absorbiert genügend schnell und verursacht praktisch keine Nebenreaktion. Aus den gleichen Gründen liegt die beste Absorptionstemperatur bei 30—40°. Ein Druck

---

[1] Neftjanoe i slancevoe Chozjajstvo **9**, 565—577 (1925).
[2] J. Amer. chem. Soc. **51**, 3353—3362 (1929).
[3] Neftjanoe Chozjastwo **19**, 425—444 (1930).
[4] Neftjanoe Chozjastwo **19**, 604—613 (1930); National Petroleum News **23**, 27—32 u. 33—38 (1931).
[5] J. Amer. chem. Soc. **50**, 2780—2782 (1928).
[6] Amer. chem. J. **41**, 118—148 (1909).
[7] J. Amer. chem. Soc. **52**, 721—738 (1930).

Tabelle 4. *Gewinnung von Isobutylen*

Patentnummer	Patentdatum	Firma	Erfinder	Ausgangsstoff
A. P. 1810192	11. 6. 21	Texas Company	DE M. TAVEAU	Crackgase, Leuchtgas, Kokereigas, speziell Petroleum-Crackgase im Gegenstrom zur Schwefelsäure
A. P. 1845007	11. 6. 21/ 23. 5. 31	Texas Company	DE M. TAVEAU	Crackgase, Leuchtgas, Kokereigas, speziell Petroleum-Crackgase im Gegenstrom zur Schwefelsäure
E. P. 248375 F. P. 616023	24. 2. 26 24. 2. 26 A. Prior. v. 24. 2. 25	Petroleum Chemical Corporation	DAVIS u. MURRAY	Butylenfraktion aus Crackprozeß
E. P. 340098	14. 11. 29 A. Prior. v. 15. 11. 28	Standard Oil Development Company	BUC	Olefingemische im Gegenstrom zur Schwefelsäure
F. P. 703743	16. 10. 30 D. Prior. v. 31. 10. 29	I. G. Farbenindustrie Aktiengesellschaft		Gemisch aus 1. 85% Isobutylen und 15% Butadien 2. 27% Isobutylen 3% n-Butylen 70% Butadien 3. 7% Isobutylen 3% n-Butylen 20% Butadien 18% Propylen 30% Äthylen 18% Methan u. Wasserstoff aus Spaltung einer naphthenreichen Kohlenwasserstoffmischung
DRP 590483 Holl. P. Anm. 51400	29. 3. 31 Holl. Prior. 28. 4. 30	N. V. de Bataafsche Petroleum Maatschappij		Isobutylen, Technisches Butylen mit 50% Isobutylen
DRP 580929	6. 10. 31 Holl. Prior. 4. 11. 30	N. V. de Bataafsche Petroleum Maatschappij		Isobutylen oder Isobutylen enthaltende Gasgemische
A. P. 2007159	1. 6. 31	Shell Development Company	ENGS u. MORAVEC	C_4-Fraktion, enthaltend Butan, Isobutan, Buten-1, Buten-2 und Isobuten aus der thermischen Spaltung von Petroleum

aus Gasgemischen mittels Schwefelsäure

Lösungsmittel	Temperatur °C	Druck at	Umsetzungsprodukt	Aufarbeitung
60—75%ige Schwefelsäure, speziell 65—66%ig im Überschuß	unter 30	0 evtl. erhöht	50—60%iges Isobutylsulfat	Mischen mit 2,5 Vol. Wasser und Destillation liefert Tertiärbutylalkohol
60—75%ige Schwefelsäure, speziell 65—66%ige im Überschuß in Reaktionstürmen über Quarzkiesel auf Bleisieben	unter 30	0 evtl. erhöht	50—60%iges Isobutylsulfat	Mischen mit 2,5 Vol. Wasser und Destillation liefert Tertiärbutylalkohol
Schwefelsäure 65%ig			Isobutylsulfat	Verdünnung, Neutralisation mit Alkali und Destillation gibt Tertiärbutylalkohol
65%ige Schwefelsäure, evtl. unter Zusatz von 3 Vol. Gasöl oder leichtem Schmieröl in Glockenbödentürmen	30—50, speziell 46		Isobutylsulfat	Hydrolyse ergibt mehr als 150—170 Vol. Tertiärbutylalkohol/100 Vol.
35—65%ige Schwefelsäure, 1. speziell 52—53% im Füllkörperturm 2. 40%ig im verbleiten Rührautoklaven 3. 55%ig im Waschturm	—25 bis + 45, speziell 1. 20—23 2. 25		Isobutylsulfat Isobutylsulfat Isobutylsulfat	1. Erhitzen auf 100° C verursacht Bildung von Diisobutylen 2. wie 1. oder Destillation im Vakuum zu Trimethylcarbinol
1. 50—65%ige Schwefelsäure 2. 60%ige Orthophosphorsäure Sulfonsäuren	18—20		1. Isobutylsulfat mit mindestens so vielen Mol Isobutylen/Mol Schwefelsäure, wie der Basizität der Säure entspricht, maximal 3 Mol 2. Isobutylphosphat mit 3,5 Mol Isobutylen/Mol Phosphorsäure	Destillation oder Verdünnen mit Wasser und Destillation gibt 85% der Theorie an Tertiärbutylalkohol Erhitzen auf 100° gibt Di- und Triisobutylen Nach dem Neutralisieren mit Ammoniak und Destillieren entsteht Tertiärbutylalkohol
Schwefelsäure, Phosphorsäure, Sulfonsäuren, die komplexe Metallcyanverbindungen und Polymerisate ungesättigter Kohlenwasserstoffe enthalten, speziell H_2SO_4 90%ig mit Kaliumferrocyanid und Polyisobutylen, verdünnt auf 60%	20	beliebig	Isobutylsulfat	Hydrolyse
Schwefelsäure, Phosphorsäure, Salzsäure, Benzolsulfonsäuren, speziell 60—70%ige, vorzugsweise 65%ige H_2SO_4 im Gegenstrom zum Gas oder im Rührkessel	unter 30		Isobutylsulfat	Erhitzen auf 80° führt zur Bildung von Polymeren des Isobutylens

Tabelle 4

Patentnummer	Patentdatum	Firma	Erfinder	Ausgangsstoff
A. P. 1938177	31. 8. 31	Shell Development Company	ENGS u. MORAVEC	C_4-Fraktion, enthaltend Butan, Isobutan, Buten-1, Buten-2 und Isobuten, speziell mit 18 Gew.-% Isobutylen
A. P. 2007160	16. 4. 32	Shell Development Company	ENGS u. MORAVEC	C_4-Fraktion, enthaltend Butan, Isobutan, Buten-1, Buten-2 und Isobuten
DRP 712141	3. 10. 34	I. G. Farbenindustrie Aktiengesellschaft		Kohlenwasserstoffgemische, speziell Butan-Fraktion mit 15% Isobutylen, flüssig durch feinporige Filterplatten in die Säure gedrückt
Can. P. 377732	24. 8. 36 A. Prior. v. 9. 9. 35	Shell Development Company	DEANESLY	Isobutylen enthaltende Kohlenwasserstoffe
F. P. 808580 F. P. 808581	29. 6. 36	Phillips Petroleum Company		Butan-Buten-Fraktion aus Crackkolonne mit 23,7% Isobutylen und 37,2% Buten-1 und -2
E. P. 523894	14. 10. 38 A. Prior. v. 29. 3. 38	Standard Oil Development Company		Kohlenwasserstoffgemisch aus Crackprozeß von Petroleumöl, u. ä., speziell C_4-Schnitt mit 12—15 Vol.-% Isobuten 20—25 Vol.-% n-Buten 60—68 Vol.-% Butan u. Isobutan
A. P. 2281911	19. 11. 38	Standard Oil Development Company	BANNON u. SCHNEIDER	Kohlenwasserstoffgemisch mit Isobutylen, speziell C_4-Schnitt
A. P. 2340600	25. 1. 39	Standard Oil Company	LAMB u. BLUNEK	C_4-Schnitt aus Petroleumöl-Crackgasen
A. P. 2428668	15. 9. 43	Standard Oil Development Company	HIBSHMAN u. JONES	C_4-Schnitt mit 19,4% Isobutylen, 35,1% n-Butylenen, 45,5% Paraffinen

(Fortsetzung)

Lösungsmittel	Temperatur °C	Druck at	Umsetzungs-produkt	Aufarbeitung
Schwefelsäure, Phosphor-säure, Salzsäure, Benzol-sulfonsäuren, speziell 60—70%ige, vorzugs-weise 70%ige H_2SO_4 im Rührkessel oder im Gegenstrom zum Gas	50		Bei einem Durchsatz von 0,81 l C_4-Fraktion/min/1 l Reaktionsraum und 0,405 l H_2SO_4 70%ig/min/1 l Reaktionsraum tritt Polymerisation des Isobutylens ein	
Schwefelsäure, Phosphor-säure, Salzsäure, Benzol-sulfonsäuren, speziell 60—75%ige, vorzugs-weise 65—70%ige, speziell 65%ige Schwefel-säure im Rührkessel oder Gegenstromturm	52—57	beliebig	Infolge der hohen Absorptionstemperatur tritt sofort die Bildung von Polymeren ein	
Schwefelsäure, Phosphor-säure 85%ig, Phosphor-säure mit Phosphor-pentoxyd, speziell 70%ige Schwefelsäure	—7		Isobutylsulfat mit höchstens 75, besser nur 40 Vol. Isobutylen auf 100 Vol. Schwefelsäure 70%ig	Gewinnung des Isobutylens nach bekannten Verfahren
Schwefelsäure 40—80%ig mit Maximum an Absorption und Minimum an Polymerisa-tion, teilweise verdünnt mit Absorptionsprodukt			Isobutylsulfat	
Schwefelsäure 55—70%ig, speziell 65%ig	5—35, speziell 25		Polymere	
Schwefelsäure 55—65%ig			Isobutylsulfat	Die Lösung wird, evtl. im Vakuum, als dünner Film schnell über erhitzte Ober-flächen laufen gelassen, die eine Temperatur haben, die mindestens 10° höher als der Siedepunkt des aus der Lösung entstehenden Alko-hols ist. Gewinnung von Isobutylen ohne Polymerisa-tion und Alkoholbildung bei Temperaturen von 90 bis 140° C und einem Druck von 125—380 mm Hg
55—75%ige H_2SO_4	Normal-temperatur		Isobutylsulfat	Die Lösung wird in einer Kolonne im Gegenstrom mit Dampf auf eine Schwefel-säurekonzentration von 45—50%, am besten 48 bis 49% gebracht. Gewinnung von Isobutylen bei nur 2—4% Tertiärbutylalkohol und Polymeren
60—70%ige H_2SO_4, vorzugsweise 65%ig	21—40, vorzugs-weise 29,4		Isobutylsulfat	Polymerenbildung durch Erhitzen
85—98%ige H_2SO_4, speziell 85%ige im Verhältnis 1 Mol H_2SO_4/0,8 Mol Isobutylen in einer Mischdüse mit C_4-Schnitt gemischt	26,7—93,3, speziell 65,5	0,035 bis 0,35	Bei Verweilzeiten von 0,02—3, speziell 2,2 sec Isobutylsulfat	Verdünnen mit Wasser und Erhitzen gibt bei Rück-gewinnung von 50% ein 100%iges Isobutylen

Tabelle 4

Patentnummer	Patentdatum	Firma	Erfinder	Ausgangsstoff
A. P. 2400350	4. 8. 44	Standard Oil Development Company	HALL	C_4-Fraktion aus Crackprozeß
A. P. 2431005	19. 8. 44	Standard Oil Development Company	WILLAUER u. JONES	Kohlenwasserstoffgemisch, z. B. C_4-Schnitt im Gegenstrom zur Schwefelsäure
A. P. 2424186	12. 9. 44	Standard Oil Development Company	PACKIE u. RUPP	C_4-Fraktion mit 35% Isobutylen, die in einem 2-Stufen-Verfahren im Rührkessel oder Gegenstrom isoliert werden. Verweilzeit in jeder Stufe 30 min
A. P. 2400340	1. 12. 44	Standard Oil Development Company	CONE	C_4-Fraktion mit 50% Iso- und Normalbutan 32% Normalbutylenen 18% Isobutylen
A. P. 2443245	24. 8. 46	Standard Oil Development Company	HIBSHMAN	C_4-Fraktion mit Isobutylen
A. P. 2456260	20. 12. 46	Standard Oil Development Company	DRAEGER	C_4-Fraktion mit 50% Iso- und Normalbutan 32% Normalbutylenen 18% Isobutylen

(Fortsetzung)

Lösungsmittel	Temperatur °C	Druck at	Umsetzungs-produkt	Aufarbeitung
65%ige H_2SO_4	60—71		Copolymerisat aus Iso- u. Normal-Butylen	Gelindes Cracken des Co-polymerisats und Absorption des Isobutylens mit kalter Schwefelsäure
65%ige H_2SO_4	18,3		Isobutylsulfat mit Molverhältnis Isobutylen:Säure höchstens 1 : 1	Isobutylsulfat wird im Gegen-strom mit einem Gemisch aus Polymeren, Alkohol und Wasser behandelt, nach dem Abtrennen der Polymeren mit Wasser auf 52—53 Gew.-% Säure verdünnt und mit Dampf auf 71—104,4° erhitzt, wobei weitere Ver-dünnung auf 41—45 Gew.-% Säure erfolgt. Rückgewin-nung von 90% Isobutylen von 97% Reinheit
1. Stufe Gebrauchte H_2SO_4 aus 2. Stufe mit 0,2—0,6 Mol Isobutylen/Mol 100%ige H_2SO_4 *2. Stufe* 60—70%ige H_2SO_4, vorzugsweise 65%ige	*1. Stufe* 32,2—43,3, vorzugs-weise 37,8 *2. Stufe* 12,8—23,9, vorzugs-weise 15,6	7 7	Isobutylsulfat mit 1,0—1,8 Mol Isobutylen/Mol 100%ige H_2SO_4 entsprechend 65—85% des eingesetzten Isobutylens Isobutylsulfat mit 0,2—0,6 Mol Isobutylen/Mol 100%ige H_2SO_4 entsprechend 15—35% des eingesetzten Isobutylens	Aufarbeitung liefert 97% Isobutylen mit 97%iger Reinheit und 3% Normal-Butylene. Vor dem Ent-spannen in die Aufarbeitungs-apparatur werden dem Extrakt zur Verhinderung des Schäumens 0,001—0,5% cyclische Kohlenwasserstoffe oder 0,01—0,5% grüne Sulfonsäure zugesetzt
1. Stufe Gebrauchte H_2SO_4 *2. Stufe* 65%ige H_2SO_4	*1. Stufe* 37,8 *2. Stufe* 21,1	9,8 9,55	Isobutylsulfat	Entspannen des Isobutylen-haltigen Schwefelsäure-extraktes und Erhitzen mit Dampf im Rieselturm (Sumpf 115,5°, Übergang 71°), wobei das Schäumen durch vorheriges Waschen mit 1—20 Vol., vorzugsweise 3,3 Vol. Naphthensäuren aus Petroleum verhindert wird. Gewinnung von Isobutylen, Alkohol und Polymeren
55—75%ige H_2SO_4, speziell 65%ig			Isobutylsulfat mit 1,5 Mol Iso-butylen/1 Mol Schwefelsäure	Gewinnung des Isobutylens aus dem Schwefelsäureextrakt im Gegenstrom mit 7,7 Vol. verdampfter Naphtha mit einem Siedebereich von 93,3—176,6°, speziell 106,4 bis 114,7°. Rückgewinnung 91% Isobutylen
60—75%ige H_2SO_4, speziell 65%ig *1. Stufe* Gebrauchte H_2SO_4 *2. Stufe* 65%ig	*1. Stufe* 37,8 *2. Stufe* 21,1	9,8 9,55	Isobutylsulfat	Der Schwefelsäureextrakt wird bei Atmosphärendruck mit überhitztem Dampf oder t-Butanoldampf auf 48,9 bis 54,4° erhitzt, um n-Butylene und gesättigte Kohlenwasser-stoffe zu entfernen und dann im Rieselturm (Sumpf 115,5°, Übergang 71°) vom Isobutylen befreit, das nur noch 0,5% Buten-1 und 0,1% Buten-2 enthält

Tabelle 4

Patentnummer	Patentdatum	Firma	Erfinder	Ausgangsstoff
A. P. 2 497 191	20. 12. 46	Standard Oil Development Company	STEELE u. EPPS JR.	Isobutylen, Fraktion mit Isobutylen, Buten-1 und -2, Normal- und Isobutan
A. P. 2 509 885	20. 3. 48	Standard Oil Development Company	RUPP u. PACKIE	C_4-Kohlenwasserstofffraktion aus Petroleum mit Isobutylen, Buten-1 und -2, Iso- und Normalbutan, Butadien, wenig C_3- und C_5-Kohlenwasserstoffen
A. P. 2 563 685 A. P. 2 563 686	15. 4. 48	Standard Oil Development Company	MANN JR., MOTTERN, ARCHIBALD u. MISTRETTA	Butan-Buten-Fraktion
A. P. 2 581 065	7. 7. 48	Standard Oil Development Company	ARNOLD	C_4-Kohlenwasserstoff-Fraktion aus Petroleum-Crackung
F. P. 1 157 398	14. 8. 56	Compagnie Française de Raffinage		Isobutylen enthaltendes Kohlenwasserstoffgemisch

bis zu 10 at schadet nicht; höherer Druck begünstigt die Polymerenbildung. Für das Endprodukt ist die Aufarbeitung des Schwefelsäureextraktes entscheidend. Zur Gewinnung von Isobutylen hat es sich als

(Fortsetzung)

Lösungsmittel	Temperatur °C	Druck at	Umsetzungsprodukt	Aufarbeitung
55—70%ige H_2SO_4, vorzugsweise 60—70%ig	40—60		Isobutylsulfat mit 1—1,5 Mol Isobutylen/Mol H_2SO_4	Der Schwefelsäureextrakt wird mit 0,5—5 Gew.-% reinem Isobutylen bei 10—43,3°, vorzugsweise 32,2—37,80° geblasen, um Buten-1 und Isobutan zu entfernen und nach dem Verdünnen mit H_2O oder Alkohol durch Erhitzen vom Isobutylen befreit. Trennung des Isobutylens von Buten-2 und Normalbutan durch Destillation
Mehrbasische Mineralsäuren, speziell Schwefelsäure 55—70%ig	15,6—48,9	5,6—11	Isobutylsulfat mit 1—1,5 Mol Isobutylen/Mol H_2SO_4	Waschen des Schwefelsäureextraktes mit 3—10 Vol. einer leichten, gesättigten Kohlenwasserstofffraktion mit 4—8 C-Atomen im Molekül bei 15,6—48,9°, vorzugsweise 37,8° und 5,6—11 at, um Isobutan und Buten-1 zu entfernen, und Verdünnen mit Wasser oder t-Butanol, um Isobutylen mit nur 0,3 bis 0,8% Isobutan und Buten-1 in einer Rieselkolonne abzutreiben
60—70%ige H_2SO_4				Verdünnen auf 50—60%ige H_2SO_4 und dann Erhitzen in Röhren mit elliptischem Querschnitt auf 140—155°, gibt 80% Isobutylen und 60—70%ige H_2SO_4 zurück
Mehrbasische Mineralsäuren, speziell Schwefelsäure 55—70%ig, vorzugsweise 65%ig	15,6—48,9	5,6—11	Isobutylsulfat mit 1—1,5 Mol Isobutylen/Mol H_2SO_4	Ablassen des Schwefelsäureextraktes in ein Entspannungsgefäß unter gleichzeitigem Einsprühen von 5—20, vorzugsweise 8—12 Gew.-% des Extrakts 80%igem t-Butanol zur Verdrängung von gelösten Fremdgasen und zur Verhinderung des Schäumens beim Entspannen, Entspannen auf 0,07—0,98 at, vorzugsweise 0,7 at, Verdünnen mit Wasser auf 45—48% und Überführung in eine Kolonne, um Isobutylen mit Dampf oder Inertgas auszutreiben
55%ige H_2SO_4	45		Tertiärbutylalkohol-Wasser-Azeotrop	Abdestillieren des Tertiärbutylalkohol-Wasser-Azeotrops aus einer Kolonne und Wiedereinführen desselben in den unteren Teil der gleichen Kolonne, in dem die entgegenfließende Schwefelsäure den Tertiärbutylalkohol zu Isobutylen dehydratisiert.

zweckmäßig erwiesen, den Extrakt zunächst von mitgelösten Fremdgasen zu befreien, dann vorsichtig zu verdünnen und das Isobutylen evtl. im Vakuum abzudestillieren. Auf diese Weise ist es möglich, ein

Isobutylen von 96%iger Reinheit zu gewinnen. BAUMANN und SMITH[1] haben darüber einige wirtschaftliche Angaben veröffentlicht.

PROELL[2] hat die Schwefelsäure gegen Alkansulfonsäure ausgetauscht. Bei etwa 100° C wird Isobutylen sehr schnell von Alkansulfonsäuren, die 1—4 Kohlenstoffatome enthalten, zu 15% Di-, 80% Tri- und 5% Tetra-isobutylen polymerisiert. Die Polymeren werden herausfraktioniert und nach Abschnitt I A 7, S. 23 fg. zu Isobutylen depolymerisiert.

3. Gewinnung von Isobutylen aus Gasgemischen mittels Schwermetallsalzen

Die Bindung von Äthylen an salzsaures Kupferchlorür im Verhältnis $CuCl + 0,17\ C_2H_4$ hat BERTHELOT[3] beobachtet. MANCHOT und BRANDT[4] haben gezeigt, daß nur in wäßriger, ammoniakalischer oder aminbasischer Lösung unter Druck eine leicht dissoziierbare Doppelverbindung im Verhältnis $1\ CuCl : 1\ C_2H_4$ entsteht. WATTS[5] hat diese Methode zur Trennung des Äthylens von seinen Homologen verwendet. Mit festem Kupferchlorür haben TROPSCH und MATTOX[6] Äthylen unter Druck im Autoklaven absorbiert. GILLILAND, SEEBOLD, FITZ HUGH und MORGAN[7] sowie GILLILAND, BLISS und KIP[8] haben gefunden, daß auch Isobutylen mit festen Kupferhalogeniden Doppelverbindungen bildet. GILLILAND[9] hat gezeigt, daß Isobutylen mit festen Kupfer-1-Halogeniden eine Doppel-verbindung im Molverhältnis 1 : 1 bildet, wenn man bei Temperaturen von —23,3 bis —51,1°, evtl. unter Druck, arbeitet. Die an sich sehr langsame Umsetzung hat er[10] dadurch in 15 min beendet, daß er das Kupfer-1-Halogenid in der 1—10fachen Menge eines neutralen organi-schen Lösungsmittels, z. B. „Kerosene", suspendiert hat.

Meistens werden aus Kohlenwasserstoffgemischen mit Kupfersalzen Olefingemische absorbiert, so z. B. mit der Lösung eines Kupfersalzes in 1-Methoxy-2-aminoäthan, wie RAY und BOX JR.[11] gezeigt haben, oder in o-Anisidin[12, 13].

Butadien kann aus dem Gemisch mit Butylenen mittels einer basi-schen Kupfer-1-chlorid-Lösung, die z. B. salzsaure Salze von Hydroxy-alkyl-aminen enthält, entfernt werden[14].

Eine spezielle Trennung für Gemische aus α-Normalbutylen, β-Nor-malbutylen, Isobutylen und Butadien hat FASCE[15] gefunden. Mit einer

[1] Oil Gas J. 53, 71—73 (1954); Petroleum Refiner 33, 156—159 (1954).
[2] StOC A. P. 2576535 v. 10. 2. 48.
[3] Ann. Chim. et Phys. (7) 23, 32—39 (1901).
[4] Liebigs Ann. Chem. 370, 286—296 (1909).
[5] ICI E. P. 393317 v. 2. 12. 31.
[6] J. Amer. chem. Soc. 57, 1102—1103 (1935).
[7] J. Amer. chem. Soc. 61, 1960—1962 (1939).
[8] J. Amer. chem. Soc. 63, 2088—2090 (1941).
[9] StODC A. P. 2289773 v. 29. 12. 38.
[10] StODC A. P. 2209452 v. 29. 12. 38.
[11] PhPC A. P. 2557923 v. 7. 11. 47.
[12] PhPC E. P. 663516 v. 24. 7. 47, A. Prior. v. 25. 4. 46.
[13] PhPC Ray, A. P. 2526971 v. 11. 6. 48.
[14] StODC E. P. 600063 v. 17. 7. 44.
[15] StODC A. P. 2494546 v. 13. 12. 45.

Lösung von Kuproammoniumacetat, die im Liter 3 Mol Cu˙, 4 Mol $CH_3COO˙$ und 11 Mol $NH_4˙$ enthält, hat er bei $-7°$ alles α-Normalbutylen und Butadien absorbiert und zurückbleibendes Isobutylen und β-Normalbutylen destillativ getrennt. PAYNE[1] hat Butadien von Butylenen dadurch getrennt, daß er in einer Lösung von Kupferammoniumacetat mit 3 Mol Cu˙, 10 Mol $NH_4˙$ und 4 Mol Essigsäure im Liter Butadien und Butylene unter Druck gelöst, die Lösung unter Druck (1,4 at) auf $68,3-79,3°$ C erhitzt und dann entspannt hat. Dabei entweichen zuerst die Butylene und dann das Butadien.

FRIEDMANN und STEDMAN[2] trennen Isobutylen von Normalbutylenen mittels einer Lösung von Silberphosphat und Phosphorsäure, wobei gleichzeitig ein größerer Teil des Isobutylens zu Tertiärbutylalkohol hydrolysiert wird. Nicht unerwähnt bleiben soll die Olefinabsorption aus Crackgasen, die SOUDERS JR. und FRENCH[3] entwickelt haben. Mittels der Lösung des Silbersalzes einer Phenolsulfonsäure in Phenol und Wasser oder Äthylenglykol lösen sie bei Temperaturen zwischen 0 bis $26,7°$ Olefine aus Kohlenwasserstoffgemischen heraus. Aus der Lösung können die Olefine mittels Destillation oder Lösungsmittelextraktion gewonnen werden.

4. Gewinnung von Isobutylen aus Gasgemischen mittels Phenolen

Phenole können unter dem Einfluß saurer Katalysatoren in der Wärme mit Olefinen alkyliert werden. So entsteht z. B. aus Phenol und Isobutylen Tertiärbutylphenol:

$$\text{C}_6\text{H}_5\text{OH} + CH_2{=}\underset{CH_3}{\overset{CH_3}{C}H} \longrightarrow \text{C}_6\text{H}_4(\text{OH})\cdot C(CH_3)_2CH_3$$

Geeignete Katalysatoren sind Phosphorsäure[4, 12], Aluminiumchlorid[2], Zinkchlorid[5], Salzsäure[5], Silica-Tonerde[6, 7, 8], FSO_3H[9], Schwefelsäure[10, 11, 12], Tetraphosphorsäure $H_6P_4O_{13}$[13], $POCl_3$[14], $POBr_3$[14], Phenolsulfonsäuren[12], Oleum[12], Schwefelsäure + Essigsäure[12], Borfluorid[13] oder Kationenaustauschharze[15].

---

[1] StODC A. P. 2463902 v. 3. 11. 44.

[2] UOPC A. P. 2363309 v. 28. 9. 42.

[3] Shell A. P. 2449793 v. 22. 9. 47.

[4] IPATIEFF, PINES u. FRIEDMAN: J. Amer. chem. Soc. 60, 2495—2497 (1938).

[5] ISSAGULJANZ u. BAGRJANZEWA: Petroleum-Ind. (russ.) 20, Nr. 2, 36—41 (1939).

[6] PPC SCHULZE u. STOOPS, A. P. 2514419 v. 11. 3. 46.

[7] PPC ROBINSON, A. P. 2578597 v. 22. 11. 48.

[8] GRDC OFFUTT, A. P. 2684389 v. 3. 11. 50.

[9] RChI BRAIWOOD, A. P. 2523939 v. 25. 11. 46.

[10] ICI BASTERFIELD, E. P. 616829 v. 17. 5. 46.

[11] StODC E. P. 655124 v. 16. 6. 48.

[12] ICI KUNZ, E. P. 701264 v. 11. 8. 50.

[13] Lewis Berger a. Sons Ltd., E. P. 655684 v. 14. 1. 48, A. Prior. v. 12. 1. 42.

[14] DOW BRYNER, A. P. 2655547 v. 2. 6. 52.

[15] LOEV u. MASSENGALE: J. org. Chem. 22, 988—989 (1957).

Die Reaktion verläuft sehr rasch, und man hat sie sich bei der Abtrennung von Isobutylen aus Kohlenwasserstoffgemischen zu Nutze gemacht.

STEVENS und GRUSE[1] mischen ein Phenolgemisch bei 20—80° im Gegenstrom mit einem C_4-Schnitt, wobei als Kondensationsmittel 0,01—3 Gew.-% der Phenole Schwefelsäure, Sulfonsäure, Aluminiumchlorid oder Di-sek.-butylsulfat dienen. Nach dem Abtrennen der nicht absorbierten Kohlenwasserstoffe wird das Alkylierungsprodukt für die Gewinnung des Isobutylens bei 100—300° zersetzt. Das Phenol geht in die Alkylierung zurück.

Ähnlich arbeiten MORRELL und SWANEY[2]. Sie verwenden 0,33 bis 1,0 Mol Kresol/Mol Isobutylen und 0,1—10 Mol Alkylierungskatalysator (Kresolsulfonsäure)/Mol Kresol. Einem 18—19% Isobutylen enthaltenden Gasgemisch entziehen sie bei 85—90° das Isobutylen. Dann fügen sie einen neutralen Kohlenwasserstoff, z. B. Pentan, hinzu, der höher als das Isobutylen und niedriger als das Phenol siedet, destillieren zunächst bei 95—100° und 3 atü Druck die nicht absorbierten Kohlenwasserstoffe ab, um dann in einer 2. Destillation bei 200° und 1 ata das Alkylierungsprodukt zu zersetzen und das Isobutylen abzutreiben, wobei das Pentan die bessere Destillation fördert. Ausbeute 93,7%, Reinheit 97,2%. PFENNIG[3] gelangt dadurch zu höheren Umsätzen, daß er einen Teil des von den nicht absorbierten Kohlenwasserstoffen getrennten Alkylierungsproduktes zu weiterer Alkylierung in den Alkylierungsprozeß zurückführt. Mit 4 Mol Kresol/Mol Isobutylen und 0,1% Toluolsulfonsäure als Kondensationsmittel kann Isobutylen bei 65—120° und 0—5,6 at innerhalb 15 min absorbiert werden[4, 5]. Die Zersetzung des Tertiärbutylkresols bei 176,7—215,6° liefert bei einer Ausbeute von 90—92% ein 94—96%iges Isobutylen. GILBERT und MONTGOMERY[6] führen die Zersetzung der Alkylphenole katalytisch mit natürlichen aktiven Tonen bei Temperaturen zwischen 250 und 300° aus. Die Raumgeschwindigkeit liegt bei 0,2—3 Vol. flüssig/Vol. Katalysator/Std. Aus Ditertiärbutyl-meta-kresol z. B. erhalten sie bei 260° und einer Raumgeschwindigkeit von 0,23 an frischem Georgia-Ton 93% Isobutylen.

5. Gewinnung von Isobutylen aus Gasgemischen mittels Chlorwasserstoff

Isobutylen reagiert mit Chlorwasserstoff unter Bildung von Tertiärbutylchlorid:

$$\underset{\overset{|}{CH_3}}{\overset{\overset{CH_3}{|}}{CH_2{=}C}} \;+\; HCl \longrightarrow \underset{\overset{|}{CH_3}}{\overset{\overset{CH_3}{|}}{CH_3{-}C}} \cdot Cl$$

[1] GRDC A. P. 2265583 v. 26. 6. 40.
[2] StODC A. P. 2370810 v. 21. 8. 42.
[3] StODC A. P. 2414764 v. 18. 12. 42.
[4] StODC E. P. 590613 v. 14. 11. 44.
[5] StODC F. P. 913577 v. 24. 8. 45.
[6] GRDC A. P. 2435038 v. 13. 6. 44.

Während ZALESSKY[1] unter BUTLEROW noch der Meinung gewesen ist, daß die Reaktion zwischen Isobutylen und konz. Salzsäure erst bei 100° einsetzt, haben LE BEL[2], PUCHOT[3], IPATIEFF und DECHANOFF[4], COFFIN, SUTHERLAND und MAASS[5] und COFFIN und MAASS[6] gezeigt, daß auch bei tieferen Temperaturen bis zu $-78{,}5°$ die Umsetzung noch augenblicklich und quantitativ abläuft, während die Normalbutylene nicht reagieren, eine Tatsache, die man zur quantitativen Isobutylen-Bestimmung (s. Abschnitt I D, S. 58) verwendet hat. Die Umsetzung wird durch $BiCl_3$[7, 8], $FeCl_3$[9], Aceton + Licht[10] sowie H_2O, Hg oder P_2O_5[11] beschleunigt. KRENZEL und POKOTILO[12] haben an einem Aluminiumsilicat-Katalysator nur Spuren Tertiärbutylchlorid erhalten, weil der Kontakt das Isobutylen polymerisiert. Kinetik und Gleichgewichtsverhältnisse haben KISTIAKOWSKY und STAUFFER[13] sowie WASSERMANN[14] untersucht. STERN und FRIEDRICHSEN[15] behandeln Kohlenwasserstoffgemische, möglichst mit engem Siedebereich, die Isobutylen enthalten, zwischen 50 und 120° mit gasförmigem Halogenwasserstoff und verwenden dabei als Katalysatoren Barium- oder Magnesiumchlorid. Das bei Verwendung von Chlorwasserstoff entstehende Tertiärbutylchlorid wird mit einer Pseudocumolfraktion ausgewaschen und destilliert. MÜLLER-CUNRADI, CANTZLER und KREKELER[16] trennen aus einem aus Isobutan und Chlorwasserstoff bei hohen Temperaturen erzeugten Gasgemisch, welches 30% Isobutylen enthält, letzteres in Form von Tertiärbutylchlorid ab, indem sie das Gemisch mit Halogenwasserstoff über Katalysatoren leiten, die die Umsetzung von Isobutylen und Halogenwasserstoff, nicht aber von Normalbutylen und Halogenwasserstoff begünstigen.

WEINRICH[17] trennt aus einem isobutylenhaltigen C_4-Kohlenwasserstoffgemisch aus Crack- und Dehydrierungsprozessen das Isobutylen ebenfalls als Tertiärbutylchlorid ab, indem er es mit Halogenwasserstoff bei 37,8° und 7 at Druck behandelt. Die Wiedergewinnung des Isobutylens aus Tertiärbutylchlorid ist im Abschnitt I A 5, S. 22 beschrieben worden.

Für die Trennung von Isobutylen und α-Normalbutylen hat DUTCHER[18] die bekannte Addition von Nitrosylchlorid an Alkylene ausgenutzt:

[1] Ber. dtsch. chem. Ges. 5, 480 (1872).
[2] Bull. Soc. chim. France (2) 28, 460—462 (1877).
[3] Ann. Chim. (5) 28, 508—569 (1883).
[4] J. russ. physik.-chem. Ges. 36, 659—669 (1904).
[5] Canad. J. Res. 2, 267—278 (1930).
[6] Canad. J. Res. 3, 526—539 (1930).
[7] DOBRJANSKI u. RUDKOWSKIJ: Ind. org. Chem. (russ.) 1, 537—540 (1936).
[8] RUDKOWSKI u. TRIFEL: Ind. organ. Chem. (russ.) 2, 203—205 (1936).
[9] KHARASCH, KLEIGER u. MAYO: J. org. Chemistry 4, 428—435 (1939).
[10] Shell VAUGHAN u. RUST, A. P. 2398481 v. 23. 2. 42.
[11] MAYO u. SAVOY: J. Amer. chem. Soc. 69, 1348—1351 (1947).
[12] J. angew. Chem. (russ.) 23, 864—868 (1950).
[13] J. Amer. chem. Soc. 59, 165—170 (1937).
[14] Proc. roy. Soc. (London) Ser. A. 178, 370—379 (1941).
[15] IG DRP 703067 v. 19. 7. 36.
[16] IG DRP 764283 v. 7. 2. 39.
[17] PhPC A. P. 2491786 v. 13. 12. 45.
[18] PhPC A. P. 2552669 v. 15. 12. 47.

$$CH_2\!=\!\underset{\underset{\textstyle CH_3}{|}}{\overset{\overset{\textstyle CH_3}{|}}{C}} \quad + NOCl \quad = \quad CH_2NO\!-\!\underset{\underset{\textstyle CH_3}{|}}{\overset{\overset{\textstyle CH_3}{|}}{C}}\!-\!Cl$$

Behandelt man eine C_4-Kohlenwasserstofffraktion mit 1—2 Gew.-% Nitrosylchlorid bei Temperaturen zwischen $-17{,}8$ und $37{,}8°$, vorzugsweise zwischen $15{,}6$ und $26{,}7°$ C, so wird Isobutylen zu einer höher siedenden Additionsverbindung mit Nitrosylchlorid umgesetzt, während α-Normalbutylen unverändert bleibt.

6. Gewinnung von Isobutylen aus Gasgemischen mittels Schwefelwasserstoff

Eine weitere Möglichkeit, Isobutylen selektiv aus Gasgemischen abzutrennen, besteht in der Umsetzung mit Schwefelwasserstoff gemäß der Gleichung:

$$CH_2\!=\!\underset{\underset{\textstyle CH_3}{|}}{\overset{\overset{\textstyle CH_3}{|}}{C}} \quad + H_2S \quad = \quad CH_3\!-\!\underset{\underset{\textstyle CH_3}{|}}{\overset{\overset{\textstyle CH_3}{|}}{C}}\!-\!SH\,,$$

wobei als Reaktionsprodukt Tertiärbutylmercaptan entsteht[1]. Nach VAUGHAN und RUST[2] sollen CO-haltige Verbindungen, z. B. Aceton, und Licht die Umsetzung beschleunigen.

Propylen und Normalbutylene reagieren unter den Bedingungen, unter denen beim Isobutylen die Umsetzung gelingt, mit Schwefelwasserstoff nicht. JOHANSEN[3] hat in Kohlenwasserstoffgemischen, die durch Cracken eines Petroleum-Destillates hergestellt worden sind, die Olefine dadurch in Mercaptane verwandelt, daß er in die flüssige Mischung bei $0-37{,}8°$ Schwefelwasserstoff eingeleitet und Schwefelsäure, Fullererde, Holzkohle oder Silicagel als Katalysatoren verwendet hat. WILLIAMS und ALLEN[4] sowie ALLEN[5] haben aus Isobutylen und Schwefelwasserstoff im Autoklaven mit Nickelsulfid auf Bimsstein als Katalysator eine Mischung von Butylmercaptanen hergestellt. Nach BADERTSCHER, COONRADT und CROWLEY[6, 7, 8] behandelt man Isobutylen enthaltende Gasgemische, z. B. ein "commercial butane" mit 16 Mol-% Isobutylen, in der Gasphase mit einem geringen Überschuß von Schwefelwasserstoff. Die Temperatur liegt zwischen 25 und 175° C, die Verweilzeit zwischen 1 und 60 sec. Bei Bedarf muß das Gasgemisch getrocknet werden, ehe es über den Katalysator geschickt wird. Bei Verwendung von P_4S_3, P_2S_5 oder H_3PO_4 auf Holzkohle als Katalysator[6] liegt die beste Reaktionstemperatur bei etwa 80°, bei rotem Phosphor auf Holzkohle[7] bei 55°, bei Schwefelsäure oder Benzolsulfonsäure[8] bei 75—80°.

[1] KNUNJANZ u. FOKIN: Fortschr. Chem. (russ.) **19**, 545—564 (1950).
[2] Shell A. P. 2398481 v. 23. 2. 42.
[3] GPC A. P. 1836170 v. 22. 6. 26.
[4] Shell A. P. 2052268 v. 18. 3. 35.
[5] Shell A. P. 2051807 v. 18. 3. 35.
[6] SVOC A. P. 2386769 v. 7. 10. 42.
[7] SVOC A. P. 2386771 v. 29. 6. 43.
[8] SVOC A. P. 2386772 v. 29. 6. 43.

Das gebildete Tertiärbutylmercaptan wird mittels Alkali als Mercaptid aus dem Reaktionsgemisch ausgewaschen und nach der thermischen Zersetzung des Mercaptids durch Wasserdampf zusammen mit Wasser abdestilliert, vom Wasser getrennt und wie im Abschnitt I A 6, S. 23 beschrieben zur Herstellung von Isobutylen verwendet.

7. Gewinnung von Isobutylen aus Gasgemischen mittels Absorption, Extraktion, Waschen

Aus Kohlenwasserstoffgemischen, die beim Cracken von Petroleum oder ähnlichen Reaktionen anfallen, kann man eine enge Fraktion, den C_4-Schnitt, isolieren, der nur Kohlenwasserstoffe mit 4 C-Atomen enthält. Die darin enthaltenen Olefine können daraus z. B. durch Absorption gewonnen werden. KEARBY[1] läßt zu diesem Zweck das Kohlenwasserstoffgemisch im Gegenstrom, evtl. unter Druck, über pulverförmige, *feste* Absorptionsmittel, wie Silicagel, aktivierte Holzkohle oder Aktivtonerde strömen. Die absorbierten Olefine, speziell Butylene, werden mit Wasserdampf ausgetrieben, kondensiert, vom Wasser getrennt und getrocknet. Das Absorptionsmittel geht im Kreislauf zurück.

Mit einem *flüssigen* Absorptionsmittel arbeitet WENZKE[2]. Unter Druck und Kühlung werden höhersiedende von tiefersiedenden Kohlenwasserstoffen getrennt und durch Erhitzen und Destillation aus dem Absorptionsmittel gewonnen. Auf diese Weise gewinnt man z. B. eine butylenreiche C_4-Fraktion.

Mit einem flüssigen Waschmittel arbeitet die I. G. Farbenindustrie Aktiengesellschaft[3]. Mittels eines Waschöles (Mol-Gew. 180, spez. Gew. 0,800 bei 15°), das teilweise in gleicher Richtung mit dem Gasgemisch, teilweise im Gegenstrom dazu geführt wird, kann aus einem Gemisch, bestehend aus 21,3% Methan, 12,1% Propylen, 47,5% Isobutan und 19,1% Isobutylen das gesamte Isobutylen (25,6%) im Gemisch mit 11,2% Propylen und 61,5% Isobutan herausgelöst werden.

LINDSAY[4] verwendet als Wasch- und Absorptionsflüssigkeit für Butan-Butylene, die in Naturgas, Destilliergas u. ä. enthalten sind, bei Temperaturen zwischen 10 und 37,8° und Drucken von 0,7—63 at ein hochsiedendes Absorptionsöl, das aus dem Sumpf einer Destillierkolonne, welche die höhersiedenden Anteile des Gemisches trennt, abgezogen wird. SCHUTT[5] benutzt die beim thermischen Spalten von "clean oil" entstandenen flüssigen Aromaten, um damit aus den gasförmigen C_4-Kohlenwasserstoffen das Isobutylen auszuwaschen. Zur Gewinnung eines Olefin-Extraktes aus einem Kohlenwasserstoffgemisch eignet sich nach DE ROSSET[6] Oxäthyläthylen-diamin. Auch flüssiges Ammoniak kann mit Erfolg zur Extraktion von Monoolefinen aus Kohlenwasserstoffgemischen verwendet werden.

---

[1] Jasco A. P. 2384311 v. 12. 2. 42.
[2] UOPC A. P. 2451136 v. 29. 5. 44.
[3] IG E. P. 491657 v. 5. 2. 37.
[4] FC A. P. 2184596 v. 14. 4. 37.
[5] ALC A. P. 2187631 v. 25. 6. 37.
[6] UOPC A. P. 2363298 v. 17. 10. 41.

Cummings, Sweeny und Fenske[1] erhalten z. B. bei Temperaturen von 4,5—37,8° und Drucken von 3,5—14 kg/cm² aus einem 30% Butylene enthaltenden Ausgangsöl praktisch quantitativ einen 98%igen Butylen-Extrakt, indem sie als Lösungsmittel flüssiges Ammoniak und zur Erhöhung der Löslichkeit Paraffinöl im Verhältnis 10 : 1 verwenden. Ebenso löst Tongberg[2] mit Methylamin als Lösungsverbesserer enthaltendem Ammoniak aus einem C_4-Kohlenwasserstoffgemisch Mono- und Diolefine heraus, die er aus dem Ammoniakauszug durch ein geeignetes Paraffinöl extrahiert und aus diesem durch Erhitzen austreibt. Eine Abwandlung diesesVerfahrens stammt von der Standard Oil Development Company und der Röhm und Haas Company[3]. Sie lösen aus einem Isobutylen-Normalbutan-Isobutan-Gemisch das Olefin mit Ammoniak heraus, das einen Lösungsvermittler, z. B. Wasser, Glykol, Amin u. ä. in solchen Mengen enthält, daß sich zwei Flüssigkeitsphasen bilden, eine olefinfreie Raffinat- und eine olefinhaltige Lösungsmittelextraktphase.

In Monomethylamin ist Isobutylen fast unlöslich. Reeves[4] befreit es dadurch von Butadien und Cis-β-Normalbutylen, daß er die letzteren in einer wäßrigen Lösung von Monomethylamin löst. Eine ähnliche Wirkung zeigt Triäthanolamin. Coghlan und Korpi[5] entfernen aus einem Gemisch von 43% Isobutylen, 50% β-Normalbutylen, 4% Isobutan und 3% Normalbutan fast das gesamte β-Normalbutylen durch Behandeln mit Triäthanolamin bei 82,1°. Hachmuth[6] entfernt aus einem Gemisch von 70,0 Butanen, 27,0 Butenen und 3,0 Butadien die Ungesättigten mittels Äthanolamin, β-Oxypropionitril, Äthylenglykol oder Furfurol bei Atmosphärendruck und gewinnt daraus die Butene nach erneutem Äthanolaminzusatz durch Destillation. Mayland und White[7, 8] erzielen neben der Selektivität eines Lösungsmittels eine erhöhte Lösungsfähigkeit, indem sie ein polares Lösungsmittel hoher Selektivität mit einem nichtpolaren, das aber die Neigung hat, mit den ungesättigten Kohlenwasserstoffen eine Verbindung einzugehen, kombinieren. Verbindungen der ersten Art sind z. B. Äthanolamin, Furfurol, Anilin, Oxypropionitril u. a., Verbindungen der zweiten Art sind Tetraäthylorthosilicat, Paraldehyd u. a. Durch geeignete Mischungen können z. B. aus einem Gemisch von Butanen, Butenen und Butadien die stärker oder schwächer ungesättigten Verbindungen herausgelöst werden.

8. Gewinnung von Isobutylen aus Gasgemischen mittels extraktiver und azeotropischer Destillation

Die im vorangegangenen Abschnitt beschriebenen Trennungsmethoden für eng beieinander siedende Kohlenwasserstoffe können mit einem Destillationsprozeß verknüpft werden. Durch Hinzufügen einer

[1] StODC A. P. 2396301 v. 22. 11. 40.
[2] StODC A. P. 2451050 v. 24. 11. 45.
[3] StODC u. RHC F. P. 925038 v. 29. 3. 46.
[4] StODC A. P. 2436600 v. 31. 10. 42.
[5] TC A. P. 2372176 v. 3. 3. 44.
[6] PhPC A. P. 2515217 v. 2. 1. 48.
[7] PhPC A. P. 2484305 v. 16. 8. 46.
[8] PhPC A. P. 2527951 v. 27. 9. 48.

geeigneten Komponente ändert man die relativen Löslichkeiten der Kohlenwasserstoffe und ermöglicht damit eine Fraktionierung. Bleibt dabei die Zusatzkomponente in der Destillationsblase, so spricht man von extraktiver Destillation mittels eines selektiven Lösungsmittels. Geht die Zusatzkomponente über Kopf ab, so spricht man von azeotropischer Destillation mittels eines "entraining agent"[1].

YOUNG und PERKINS[2] verwenden z. B. eine mit einer Hilfskolonne versehene Hauptkolonne, um darin ein Kohlenwasserstoffgemisch, bestehend aus Butadien, α- und β-Normalbutylenen, Isobutylen, Normal- und Isobutan mittels 1,4-Dioxan im Verhältnis 1 : 25 bei Drucken von $2,8-3,5 \ kg/cm^2$ und gleichzeitiger Destillation selektiv vom Butadien zu befreien. MAYFIELD[3] benutzt für den gleichen Zweck Aceton. Mit $75-90\%$iger wäßriger Aceton-Lösung trennt SOUDERS JR.[4] in einer Destillationskolonne Olefine von Butan. Eine besonders gut wirksame Kolonne für die extraktive Destillation von Butylenen, Butan und 1,3-Butadien mittels Furfurol oder Äthanolamin hat HANSON[5] entwickelt.

Die Gewinnung von Isobutylen bei der Extraktionsdestillation eines C_4-Kohlenwasserstoffgemisches, das hauptsächlich Butadien enthält, mittels Furfurol beschreiben BUELL und BOATRIGHT[6]. Das Gemisch tritt etwa in der Mitte der extraktiven Destillationskolonne ein. Furfurol wird in Nähe des Kolonnenkopfes aufgegeben. Es zerstört das Azeotrop aus Normalbutan und Butadien und löst letzteres, so daß es mit dem Sumpf abgezogen werden kann. Isobutylen geht mit den anderen Butenen und Butanen über Kopf ab und muß mittels der früher beschriebenen Trennmethoden isoliert werden.

Für die azeotropische Destillation zur Trennung von ungesättigten C_4-Kohlenwasserstoffen hat sich Ammoniak als geeignet erwiesen. NUTTING und HORSLEY[7, 8] versetzen eine durch Destillation aus der Ölcrackung gewonnene C_4-Fraktion mit Ammoniak und fraktionieren die azeotropischen Gemische der Olefine bei Drucken zwischen 7 und 31 Atmosphären. Das Butylen-Ammoniak-Azeotrop geht bei etwa $+30°C$ über und ist durch Tiefkühlung in zwei Schichten — Ammoniak und Butylene — zerlegbar. Sie können so z. B. Isobutylen und Butadien-1,3 trennen. Ebenso kann Schwefeldioxyd verwendet werden. Mit seiner Hilfe trennen BRITTON, NUTTING und HORSLEY[9] in einer Kohlenwasserstofffraktion aus einer Ölcrackung enthaltenes α-Normalbutylen von Isobutylen mittels azeotropischer SO_2-Destillation bei Drucken von $7-21$ at, wobei das tiefer siedende α-Normalbutylen-SO_2-Azeotrop zuerst abdestilliert. McKINNIS[10] empfiehlt Alkylnitrite zur azeotropischen

[1] PhPC A. P. 2527951 v. 27. 9. 48.
[2] CCCC A. P. 1948777 v. 15. 7. 31.
[3] PhPC A. P. 2371342 v. 17. 3. 41.
[4] Shell A. P. 2377049 v. 3. 11. 42.
[5] PhPC A. P. 2564970 v. 8. 11. 46.
[6] Ind. Engng. Chem. **39**, 695—705 (1947).
[7] DOW E. P. 526387 v. 14. 3. 39, A. Prior. v. 2. 4. 38.
[8] DOW A. P. 2408947 v. 29. 7. 39.
[9] DOW A. P. 2207608 v. 26. 9. 39.
[10] UOCC A. P. 2388429 v. 22. 2. 43.

Destillation. Er versetzt z. B. 100 Teile einer C_4-Fraktion aus der Petroleumcrackung, die 60 Butadien, 10 β-Normalbutylen, 20 α-Normalbutylen und Isobutylen und 10 Butane enthält, mit 70 Teilen Methylnitrit und destilliert drucklos, wobei nacheinander Butane, α-Normalbutylen und Isobutylen und Butadien übergehen. β-Normalbutylen bleibt im Rückstand.

Der das Isobutylen enthaltende C_4-Schnitt kann durch Methylmercaptan verunreinigt sein. Zu seiner Entfernung wird nach einem Verfahren von HUNT, JAROS und NELSON[1] das durch Extraktion mit 65%iger Schwefelsäure und anschließende Wasserdampfbehandlung bei 250° konzentrierte Isobutylen destilliert. Bei 6,7 at und 53° geht ein azeotropes Gemisch von 76 Mol-% Isobutylen und 22 Mol-% Methylmercaptan über. Aus dem Sumpf der Kolonne kann methylmercaptanfreies Isobutylen abgezogen werden.

Im Isobutylen enthaltenes Wasser kann als Azeotrop über den Kopf der Kolonne abdestilliert werden[2].

Als feste Trockenmittel haben sich Calciumchlorid, Natrium- und Kaliumhydroxyd bewährt.

9. Gewinnung von Isobutylen aus Gasgemischen mittels fraktionierter Destillation

Bei den verschiedenen, in den vorangegangenen Abschnitten beschriebenen Verfahren zur Herstellung und Gewinnung von Isobutylen fällt dasselbe mit unterschiedlichem Reinheitsgrad an. Die Methoden zur Entfernung der Verunreinigungen hängen einerseits von der Art derselben, andererseits von dem Verwendungszweck des Isobutylens ab. Unter Umständen gelingt es schon, durch eine fraktionierte Destillation ein Isobutylen ausreichender Reinheit zu erhalten. Häufig kann man aber auch nur eine grobe Vortrennung zu einer isobutylenhaltigen Fraktion erzielen, aus der das Isobutylen durch extraktive oder azeotropische Destillation, durch Absorption, Extraktion oder Waschen oder mit chemischen Mitteln herausgeholt werden muß.

Siedepunkte von C_4-Kohlenwasserstoffen

Kohlenwasserstoff	Kp. °C
Isobutan	−11,73
Isobutylen	− 6,90
α-Normalbutylen	− 6,26
Butadien-1,3	− 4,45
Normalbutan	− 0,50
Trans-β-Normalbutylen	+ 0,88
Cis-β-Normalbutylen	+ 3,72

Fast immer ist das Isobutylen mit seinen Isomeren α-Normalbutylen, Cis- und Trans-β-Normalbutylen vergesellschaftet. Bei der Gewinnung aus Crackgasen kommen in der Regel noch Isobutan, Normalbutan und Butadien hinzu.

Während es mit Hilfe guter Destillierkolonnen gelingt, Isobutan, Normalbutan, Trans- und Cis-β-Normalbutylen vom Isobutylen zu trennen, sind für die Entfernung von α-Normalbutylen und Butadien-1,3

---

[1] StODC A. P. 2771497 v. 19. 11. 52.
[2] Jasco, GREEN u. MARSHALL, A. P. 2399672 v. 4. 1. 44.

besondere Maßnahmen notwendig, die in dem folgenden Abschnitt beschrieben werden.

CARNEY[1] destilliert aus Petroleumcrackprodukten eine 80—90% α-Normalbutylen und Isobutylen enthaltende Fraktion heraus, indem er das Gemisch in 4 hintereinandergeschalteten Destillierkolonnen, in denen der Druck stufenweise reduziert (15, 12, 8, 6,5 at) wird, auseinanderfraktioniert.

In ähnlicher Weise zerlegt LITTLE[2] ein leichtsiedendes Kohlenwasserstoffgemisch aus Mineralölcrackprodukten, speziell einer Naphthafraktion, durch stufenweises Fraktionieren, wobei in mehreren Stufen mit Temperaturen zwischen 26,7 und 232,2° C und Drucken zwischen 25,5 und 0,35 at eine C_4-Olefine enthaltende Fraktion abgetrennt wird.

SCOVILLE[3] erzielt eine Abtrennung von Isobutylen, α- und β-Normalbutylen aus einem rohen Naphthacrackprodukt durch fraktionierte Destillation in einer Destillationskolonne mit geregelter Temperaturführung.

RUPP und WRIGHT[4,5] trennen Isobutylen aus einem Gemisch mit Alkoholen, Polymeren und Wasser in einer Fraktionierkolonne ab, die in ihrem unteren Teil einen Abtreiber enthält.

Für die Trennung von Isobutylen und α-Normalbutylen hat MATUSZAK[6] ein besonderes Verfahren entwickelt. Er füllt die oberen zwei Drittel einer Fraktionierkolonne mit einem Isomerisierungskontakt, z. B. gekörntem schwarzem Chromoxyd CrO_2, MgO, Cr_2O_3 oder $Mg(OH)_2$ (Brucit), das untere Drittel mit neutralen Füllkörpern und schickt das Gemisch bei Temperaturen zwischen 65,5 und 121° und entsprechendem Druck hindurch. Dabei wird das α-Normalbutylen zu β-Normalbutylen isomerisiert[7,8] und aus dem Sumpf der Kolonne abgezogen, während reines Isobutylen über Kopf abdestilliert. Den gleichen Effekt erzielt ZIMMERMANN[9] mit Phosphorsäure zwischen 10 und 260° und Raumgeschwindigkeiten von 3—50 oder mit Siliciumoxyd-Aluminiumoxyd bei 204,4—537,8° und Raumgeschwindigkeiten von 3—50 Vol. flüssig/Vol. Katalysator/Std. Isomerisierung und Fraktionierung erfolgen in getrennten Kolonnen, im Bedarfsfall mehrfach. DRENNAN[10] isomerisiert[11—18]

[1] Shell A. P. 1957818 v. 29. 7. 31.
[2] PhPC A. P. 2548032 v. 25. 10. 48.
[3] TDC Can. P. 471793 v. 26. 2. 44, A. Prior. v. 15. 1. 43.
[4] StODC A. P. 2411808 v. 14. 7. 43.
[5] StODC A. P. 2411809 v. 14. 7. 43.
[6] PhPC A. P. 2403672 v. 13. 11. 43.
[7] PhPC A. P. 2403671 v. 4. 5. 42.
[8] PhPC A. P. 2502015 v. 4. 12. 42.
[9] UOPC A. P. 2421229 v. 11. 9. 42.
[10] PhPC A. P. 2428516 v. 24. 9. 42.
[11] IG RUNGE u. MÜLLER-CUNRADI DRP 583790 v. 23. 1. 30.
[12] PhPC DRENNAN A. P. 2361612 v. 27. 9. 40.
[13] PhPC DRENNAN A. P. 2330115 v. 30. 9. 40.
[14] PhPC DRENNAN A. P. 2298931 v. 5. 10. 40.
[15] PhPC HILLYER A. P. 2387994 v. 2. 1. 41.
[16] PhPC MATUSZAK A. P. 2403671 v. 4. 5. 42.
[17] PhPC DRENNAN A. P. 2361613 v. 12. 6. 42.
[18] PhPC DRENNAN A. P. 2353552 v. 13. 7. 42.

in einer Mischung aus gleichen Mol-Teilen Isobutylen und α-Normalbutylen in der flüssigen Phase mit aktiviertem Brucit als Katalysator bei 93,3—204,4° und ausreichendem Druck α-Normalbutylen zu β-Normalbutylen, so daß eine Mischung Isobutylen : β-Normalbutylen : α-Normalbutylen = 50 : 45 : 5 entsteht und erhält anschließend durch Fraktionierung in einer 80 Böden-Kolonne mit 48,9° C Kopftemperatur bei einem Druck von 6 kg/cm^2 und einem Rückflußverhältnis 9 : 1 ein Kopfprodukt Isobutylen : α-Normalbutylen : β-Normalbutylen = 89 Mol-% : 9 Mol-% : 2 Mol-%.

Die Wiederholung der gleichen Behandlung — Isomerisieren und Fraktionieren — liefert ein Isobutylen mit einer Reinheit von 96 bis 97 Mol-%.

10. Gewinnung von Isobutylen aus Gasgemischen durch Polymerisation und anschließende Depolymerisation der Polymeren

Eine weitere Möglichkeit, aus Gasgemischen, speziell solchen aus Kohlenwasserstoffen mit gleicher Kohlenstoffzahl und nahe beieinander liegenden Siedepunkten, das Isobutylen abzutrennen, besteht darin, es zu polymerisieren und die gebildeten Polymeren wieder in das Monomere zu zerlegen. LEUM, MACUGA und KREPS[1] gehen dabei folgendermaßen vor. Sie polymerisieren thermisch zwischen 315,5 und 537,8° und Drucken von 35—141 at z. B. in einem C_4-Schnitt enthaltenes Isobutylen, Normalbutylen und Butadien und führen dann die Polymeren in eine stufenweise arbeitende Depolymerisation. In der ersten Stufe werden über geeigneten Katalysatoren, z. B. Fullererde, bei etwa 315,5—426,6° oder über mit Phosphorsäure getränkter Diatomeen-Erde bei 204,4 bis 371,1° die Polymeren des Isobutylens wieder aufgespalten, in einer zweiten Stufe bei etwas erhöhter Temperatur bis zu 482,2° die Polymeren des Normalbutylens. Die Butadienpolymeren bleiben zurück. HALL[2] stellt aus Isobutylen und Normalbutylenen ein Mischpolymerisat her, indem er das Gemisch mit 60—71° warmer, 60—70%iger Schwefelsäure behandelt. Die Mischpolymerisatfraktion wird über Attapulgus- oder natürlichem Ton bei 315,5—482,2° und 1—5 at wieder aufgespalten und das Isobutylen mit kalter Schwefelsäure herausgelöst. Aus der Schwefelsäure wird es nach einer der im Abschnitt I C 2, S. 35 fg. beschriebenen Methoden gewonnen. SCHULZE und MAHAN[3] polymerisieren Isobutylen selektiv aus einem C_4-Kohlenwasserstoffgemisch über mit 0,1—2% Aluminiumoxyd aktiviertem Silicagel bei 51,7—190,6° C, 70—141 at Druck und einem Durchsatz von 4—8 Vol. flüssig/Vol. Katalysator/Std. und zersetzen das gebildete Polymere bei 204,4 bis 398,8° C, 1—7 at Druck und einem Durchsatz von 3—5 Vol. flüssig/Vol. Katalysator/Std. in Gegenwart von 1—3,5 Vol. Dampf/Vol. Kohlenwasserstoff über dem gleichen, gebrauchten Polymerisationskatalysator. PROELL[4] entfernt aus Äthylen die höheren Olefine durch Waschen mit

[1] ARC A. P. 2433465 v. 23. 7. 43.
[2] StODC A. P. 2400350 v. 4. 8. 44.
[3] PPC A. P. 2552692 v. 20. 11. 47.
[4] StOC A. P. 2576535 v. 10. 2. 48.

C_1-C_4-Alkansulfonsäuren bei $10-37{,}8°$. Isobutylen wird dabei in Polymere übergeführt, die nach Abschnitt I A 7 wieder zu Isobutylen aufgespalten werden können.

D. Nachweis und Analyse von Isobutylen

Für den Nachweis von Isobutylen hat Mix[1] eine qualitative Methode angegeben, die nur noch historischen Wert besitzt. Danach soll das zur Unterscheidung von Benzin und Benzol geeignete Dracorubin-Papier in Isobutylen eine ganz schwache Rotfärbung geben.

Sonst eignen sich für den Nachweis von Isobutylen alle eindeutig verlaufenden Reaktionen der Doppelbindung, die bei der Reinigung und Identifizierung stabile Umsetzungsprodukte liefern. Diese Reaktionen sind z. T. auch für die quantitative Bestimmung des Isobutylens verwendet worden.

Dobrjanski[2] hat mit der Bromaddition keine zuverlässigen Ergebnisse erhalten und deshalb die Lösungsgeschwindigkeit in Schwefelsäure verschiedener Konzentration zum Nachweis herangezogen. Bei einer Absorptionsoberfläche von $19{,}9$ cm² fand er eine Lösungsgeschwindigkeit von $3{,}0$ cm³/min für $67{,}2\%$ige und $0{,}013$ cm³/min für eine $22{,}3\%$ige Schwefelsäure. Davis[3] berechnete die relativen Absorptionsgeschwindigkeiten aus den Ergebnissen von Michael und Brunel[4] und entwickelte mit Schuler[5] eine Methode zur Bestimmung des spez. Absorptionskoeffizienten, d. h. der bei konstantem Druck von 1 cm² Säureoberfläche/sec absorbierten cm³ Isobutylen. Hurd und Spence[6] bestätigten die Ergebnisse von Dobrjanski, als sie versuchten, den Nachweis von Isobutylen über sein Bromid und dessen Brechungsindex zu führen. Denigès[7], Winbladh[8] sowie Richard und Mirjollet[9] haben Isobutylen mit Schwefelsäure-Quecksilberoxyd als gelben Niederschlag identifiziert. Nach Hurd und Goldsby[10] bildet sich beim Einleiten von Isobutylen in eine Mercurinitrat-Lösung ein gelber Niederschlag, eine Reaktion, die scharf und spezifisch ist. Sand und Hoffmann[11] haben mit Mercuriacetat einen intensiv roten Niederschlag erhalten. Coffin, Sutherland und Maass[12] beobachteten, daß beim Durchleiten von Chlorwasserstoff durch ein verflüssigtes Butylen-Gemisch bei tiefen Temperaturen Isobutylen augenblicklich reagiert, während die anderen Butylene nicht angegriffen werden.

---

[1] Kolloid-Z. **17**, 7—9 (1915).
[2] Neftjanoe i slancevoe Chozjajstvo **9**, 565—577 (1925).
[3] J. Amer. chem. Soc. **50**, 2780—2782 (1928).
[4] Amer. chem. J. **41**, 118—148 (1909).
[5] J. Amer. chem. Soc. **52**, 721—738 (1930).
[6] J. Amer. chem. Soc. **51**, 3353—3362 (1929).
[7] C. R. Acad. Sci. (Paris) **126**, 1145—1148 (1898).
[8] Ing. Vetensk. Akad., Handl. **138**, 5—143 (1936).
[9] C. R. Acad. Sci. (Paris) **224**, 284—286 (1947).
[10] J. Amer. chem. Soc. **56**, 1812—1815 (1934).
[11] Ber. dtsch. chem. Ges. **33**, 1353—1358 (1900).
[12] Canad. J. Res. **2**, 267—278 (1930).

McMILLAN[1] bestätigte, daß die Chlorwasserstoffaddition für Isobutylen spezifisch ist, so daß sie ebenfalls als Nachweisreaktion geeignet ist. Es bildet sich Tertiärbutylchlorid (s. S. 46). PARKER und GOLDBLATT[2] identifizieren Isobutylen als 4-Tertiärbutylphenol auf folgende Weise: Man erhitzt eine Mischung von 2,17 g Phenol und 0,1 cm³ konz. Schwefelsäure auf 90° und leitet innerhalb einer halben Stunde 500 cm³ über $CaCl_2$ getrocknetes Gas hindurch, erhitzt eine halbe Stunde auf 125°, gießt in 40 cm³ Wasser und reinigt das ausgefallene 4-Tertiärbutylphenol durch Umfällen mit NaOH — HCl; Schmelzpunkt 98—100°.

Auch mit physikalischen Methoden ist Isobutylen nachweisbar. Der Nachweis allein mittels Destillationsmethoden jeder Art wird in der Regel nicht möglich sein, da das meistens als Beimengung vorhandene α-Normalbutylen wegen seines nur 0,6° vom Isobutylen abweichenden Siedepunktes stören wird. GROSSE[3] ermittelt den Brechungsindex bei — 25° zu $n_D = 1{,}3814$. STREIFF und ROSSINI[4] sowie TAYLOR und ROSSINI[5] verwenden zum Nachweis die Gefrierpunktsbestimmung (s. Abb. 2). Schließlich eignen sich für den Isobutylennachweis seine Raman-[6, 7, 8], Ultrarot-[9] (s. Abb. 3) und Massen[10, 11, 12]-spektren. Eine neue Gemischtrennmethode haben

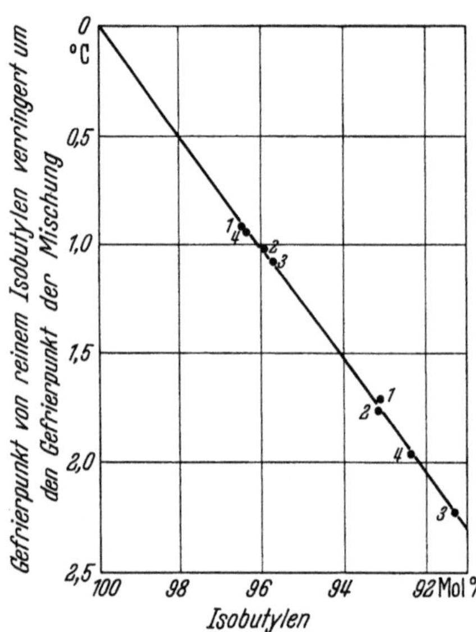

Abb. 2. Gefrierpunkterniedrigung von Isobutylen nach Zugabe bekannter Mengen von bekannten Verunreinigungen. Verunreinigungen: 1. Isobutan, 2. Buten-(1), 3. cis-Buten-(2), 4. trans-Buten-(2)

[1] Ind. Engng. Chem., analyt. Edit. **9**, 511—514 (1937).
[2] Analytic. Chem. **21**, 807—808 (1949).
[3] J. Amer. chem. Soc. **59**, 2739—2741 (1937).
[4] J. Res. nat. Bur. Standards **32**, 185—195 (1944).
[5] J. Res. nat. Bur. Standards **32**, 197—213 (1944).
[6] KIRRMANN: Bull. Soc. chim. France (5) **6**, 841—848 (1939); GOUBEAU u. v. SCHNEIDER: Angew. Chem. **53**, 531—535 (1940).
[7] GOUBEAU, KÖHLER, LELL, NORDMANN u. TSCHENTSCHER: Beih. Z. angew. Chem. Ausg. A u. B Nr. 56 (1948); LUTHER: Erdöl u. Kohle **2**, 179 (1949).
[8] GÄNSWEIN u. MECKE: Z. Physik **99**, 189—203 (1936).
[9] RASMUSSEN u. BRATTAIN: J. chem. Physics **15**, 120—130 (1947); RASMUSSEN BRATTAIN, BEECK u. CRAVATH: Physic. Rev. (2) **64**, 188—189 (1943); MILSOM, JACOBY u. RESCORLA: Analytic. Chem. **21**, 547—550 (1949); LÜTTKE: Angew.Chem. **63**, 402—411 (1951).
[10] WASHBURN, WILEY u. ROCK: Ind. Engng. Chem., analyt. Edit. **15**, 541—547 (1943); MELPOLDER u. BROWN: Analytic. Chem. **20**, 139—142 (1948).
[11] BERRY: J. chem. Physics **17**, 1164—1165 (1949); MILSOM, JACOBY u. RESCORLA: Analytic. Chem. **21**, 547—550 (1949).
[12] Fox u. LANGER: J. chem. Physics **18**, 460—464 (1950); STARR JR. u. LANE: Analytic. Chem. **21**, 572—582 (1949).

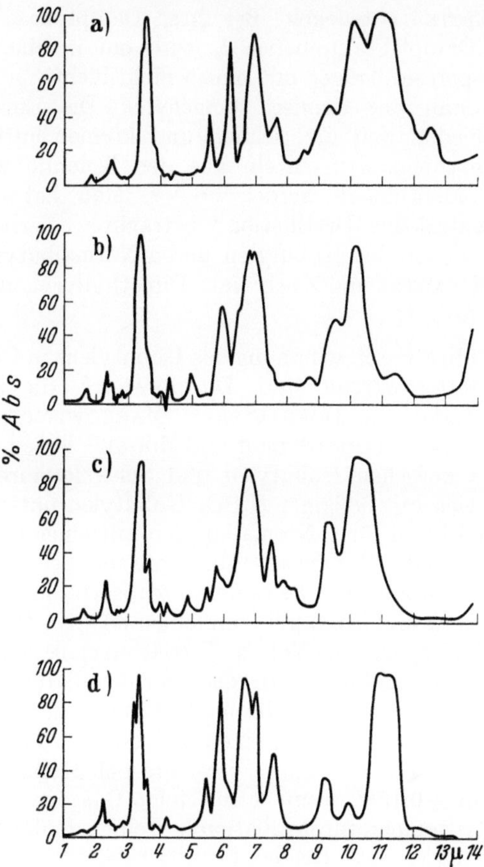

Abb. 3. UR-Spektren der Butylen-Isomeren. $a = \alpha$-Butylen, $b = $ cis-β-Butylen, $c = $ trans-β-Butylen, $d = $ iso-Butylen

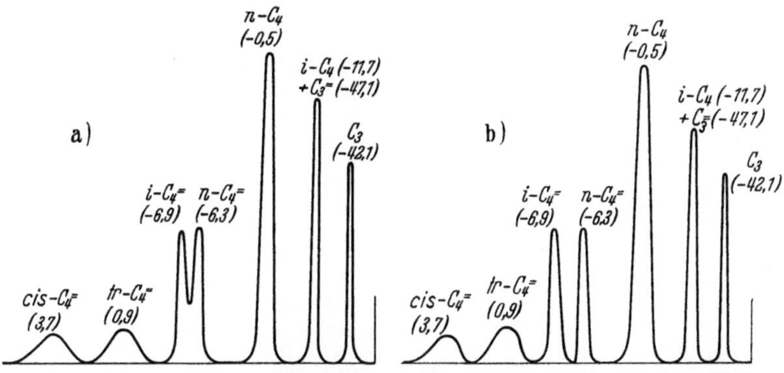

Abb. 4. Trennung gasförmiger C_4-Kohlenwasserstoffe über verschiedenen stationären Flüssigkeiten. Versuchs-Bedingungen. Kolonne: Länge 6′, Innerer Durchmesser $^1/_4''$, Träger Sterchamol 30—100 Siebfeinheit, Flüssigkeit/Träger 40/100 W, Temperatur 0° C, Austrittsdruck 1 atm; Gas N_2: 2000 ml/h. a) Äthyl-acetoacetat, b) Dimethyl-formamid.

JAMES und MARTIN[1] entwickelt. Bei ihrer Dampfphasenchromatographie, besser „Dampf-Fraktometrie"[2], wird ein in eine Kolonne eingefüllter fester poröser Träger mit einem nichtflüchtigen Lösungsmittel getränkt und dann das Gemisch eingeleitet. Die Einzelbestandteile wandern verschieden weit und schnell und können mittels eines neutralen Gases nacheinander einzeln aus der Kolonne wieder herausgetrieben und identifiziert werden[3, 4, 5, 6]. Man hat diese Methode als eine Art „extraktive Destillation" betrachtet. Verbesserungen im Trenneffekt, besonders bei Isobutylen und α-Normalbutylen, erreichten KEULEMANS, KWANTES und ZAAL[7] mit Dimethylformamid und Äthylacetoacetat (s. Abb. 4).

Für die quantitative Bestimmung des Isobutylens in Olefingemischen verwendeten MARKOWITSCH und DIGULEWSKI[8] die Schwefelsäureabsorptionsmethode von DOBRJANSKI[9]. MARKOWITSCH, MOORE und DEMENTJEWA[10] sowie MARKOWITSCH und MOORE[11] haben die Reaktionsgeschwindigkeit zwischen Isobutylen und Schwefelsäure studiert und gefunden, daß sich mit 68%iger H_2SO_4 Isobutylen unter Berücksichtigung von Korrekturen für α-Normalbutylen mit einer Genauigkeit von $2-3\%$ bestimmen läßt. DELAPLACE[12] bediente sich bei der Trennung von Gasgemischen ebenfalls der Schwefelsäureabsorption für Isobutylen. SAVELLI, SEYFRIED und FILBERT[13] empfehlen 60%ige H_2SO_4 mit $CuSO_4$ oder 65%ige H_2SO_4 mit 0,5 Vol.-% Tertiärbutylalkohol. WINBLADH[14] bevorzugte die Bromaddition an Olefine, destillative Trennung der Dibromide und Bestimmung des Bromgehaltes und des Isobutylens vom Isobutylendibromid, wobei er bei einem Zeitbedarf von $2-3$ Tagen nur eine Genauigkeit von $4,5-5,5\%$ erreichte. MCMILLAN[15] erzielt eine Genauigkeit von $\pm 0,15\%$, wenn er aus einem Gasgemisch durch exakte fraktionierte Tieftemperaturdestillation[16, 17] einen Isobutan, Isobutylen und α-Normalbutylen enthaltenden Schnitt herausnimmt und in diesem das Isobutylen durch Umsetzung mit wasserfreiem Chlorwasserstoff volumetrisch bestimmt.

[1] Erdöl u. Kohle 8, 564—565 (1955); Analyst 77, 915 (1952); Brit. med. Bull. 1954, 170.
[2] HAUSDORFF: Vapor Fractometry. The Perkin-Elmer Corporation.
[3] SSOKOLOW u. KUSMINA: Betriebs-Lab. (russ.) 23, 1034—1037 (1957).
[4] TURKELTAUB, SHUCHOWITZKI u. Mitarb.: Betriebs-Lab. (russ.) 23, 1120 bis 1124 (1957).
[5] EGGERTSEN u. NELSEN: Analytic. Chem. 30, 1040—1043 (1958).
[6] PIETSCH: Erdöl u. Kohle 11, 702—705 (1958).
[7] Analyt. chim. Acta 13, 357—372 (1955).
[8] Neftjanoe Chosjaistwo 19, 425—444 (1930).
[9] Neftjanoe i slancevoe Chozjajstvo 9, 565—577 (1925).
[10] Neftjanoe Chosjaistwo 19, 604—613 (1930).
[11] Nat. Petroleum News 23, 27—32 u. 33—38 (1931).
[12] C. R. Acad. Sci. (Paris) 204, 768—770 (1937).
[13] Ind. Engng. Chem., ind. Edit. 13, 868—879 (1941).
[14] Ing. Vetensk. Akad., Handl. 138, 5—143 (1936).
[15] Ind. Engng. Chem., analyt. Edit. 9, 511—514 (1937).
[16] MCMILLAN: J. Instn. Petroleum Technologists 22, 616—645 (1936).
[17] TC MCMILLAN, A. P. 2005323 v. 13. 1. 34.

NEWTON und BUCKLER[1] und MARUSCHKIN und BELENKAJA[2] fällen das Isobutylen mittels Quecksilbernitrat bzw. Quecksilbersulfat als Hg-Isobutylen aus, lösen den Niederschlag nach dem Filtrieren und Waschen in Salpetersäure und titrieren mit Kaliumrhodanid. Äthylen, Propylen, Normalbutylene stören nicht. Verzweigte Pentene dürfen nicht anwesend sein.

Den eben geschilderten chemischen Methoden sind die neueren physikalischen bezüglich Schnelligkeit und Genauigkeit überlegen. Auch hier sind Feindestillationsmethoden nur als vorbereitende Hilfsmittel anzusehen.

GROSSE[3] hat bei tiefen Temperaturen die Brechungsindices der Butane, Butene und des Butadiens gemessen und sie voneinander so verschieden gefunden, daß sie in bestimmten Fällen zur quantitativen Bestimmung verwendet werden können. WACKHER, LINN und GROSSE[4] haben die Werte von GROSSE überprüft und im wesentlichen bestätigt. Die Reinheitsbestimmung des Isobutylens kann ferner durch Messung

Olefin	$n_D^{-25°}$
Isobutylen	1,3814
α-Normalbutylen	1,3803

der Gefrierpunktserniedrigung durchgeführt werden[5, 6]. KROUSKOP, PILCHER und STREIFF[7] haben bekannte Mengen Verunreinigungen zugesetzt und gezeigt, daß die Systeme den Gesetzen der idealen Lösungen gehorchen.

Sehr gute Dienste bei der quantitativen Bestimmung des Isobutylens, besonders im Gemisch mit seinen Isomeren, leistet die Ultrarotspektroskopie. Im Spektralbereich der Wellen $2-15\,\mu$ zeigen die isomeren Butylene charakteristische UR-Spektren (LEHRER, bzw. LUFT, bzw. SIEBERT[8]) mit Banden bei etwa 3,2, $6-7$ und $10-12\,\mu$ (RASMUSSEN, BRATTAIN und BECK, bzw. RASMUSSEN und BRATTAIN, bzw. MILSOM, JACOBY und RESCORLA[9]), deren durch Messung unter Druck verstärkte Intensitäten eine quantitative Bestimmung mit einer Genauigkeit von 0,1% ermöglichen. Gegenüber dieser z. B. mittels eines Ultrarotspektrophotometers der Perkin-Elmer Corp.[10] unter Verwendung von NaCl-Prismen und -Küvetten in etwa 20 min (LÜTTKE[11]) ausführbaren Bestimmung tritt die massenspektroskopische Bestimmung (WASHBURN,

---

[1] Ind. Engng. Chem., analyt. Edit. **12**, 251—254 (1940).
[2] J. analyt. Chem. (russ.) **5**, 358—364 (1950).
[3] J. Amer. chem. Soc. **59**, 2739—2741 (1937).
[4] Ind. Engng. Chem. **37**, 464—468 (1945).
[5] GLASGOW, STREIFF u. ROSSINI: J. Res. nat. Bur. Standards **35**, 355 (1945).
[6] ROSSINI: Chemical Thermodynamics. New York 1950.
[7] Analytic. Chem. **27**, 107—108 (1955).
[8] Z. techn. Physik **18**, 393 (1937); **23**, 169 (1942); Angew. Chem. B **19**, 2 (1947); Z. Elektrochem. **54**, 512 (1950).
[9] Physic. Rev. (2) **64**, 188, 189 (1943); J. chem. Physics **15**, 120—130 (1947).
[10] Siehe BRÜGEL: Einführung in die Ultrarotspektrographie. Darmstadt 1954.
[11] Angew. Chem. **63**, 402—411 (1951).

WILEY und ROCK[1]) zurück. Der Hauptgrund dafür liegt darin, daß die isomeren Butylene ähnliche oder gleiche Massenspektren ergeben, so daß bei ihrer Bestimmung besonders große Fehler (LUTHER und JENCKEL[2]) auftreten. MELPOLDER und BROWN[3] haben die Genauigkeit der Massenspektrometrie von C_4-Olefinen dadurch verbessert, daß sie das Isobutylen nach der S. 58 erwähnten Methode von McMILLAN mit Chlorwasserstoff in Tertiärbutylchlorid überführen und dieses analysieren. In manchen Fällen hat sich die Kombination von Ultrarot- und Massenspektroskopie (MILSOM, JACOBY und RESCORLA[4], bzw. STARR JR. und LANE[5], bzw. O'NEAL JR.[6]) gut bewährt.

Die Ramanspektroskopie kann durch den Ausbau von Registrierverfahren an Bedeutung für die quantitative Analyse gewinnen.

Die unter den qualitativen Nachweisen erwähnte Gas-Chromatographie ist ebenfalls für die quantitative Bestimmung von Isobutylen bzw. seinen Verunreinigungen brauchbar. Vorteil: Gute Genauigkeit bei kleinem Substanzbedarf (wenige Milligramm) und kurzer Bestimmungszeit (30 min).

E. Physikalische Eigenschaften von Isobutylen

Bildungswärme für Gas bei 25°	—4,04 kcal/mol	[7]
Brechungsindex $n_D^{-25,0°}$	1,3814	GROSSE: J. Amer. chem. Soc. **59**, 2739—2741 (1937)
Dampfdruck	Tab. 5 Abb. 6	[7] BEATTIE, INGERSOLL u. STOCKMAYER: J.Amer.chem.Soc.**64**, 546—548 (1942)
	Nomogramm	DAVIS: Ind. Engng. Chem. **33**, 553 (1941) WINN: Petr. Ref. **33**, Nr. 6, 131 bis 135 (1954)
Dichte flüssig bei 20° C	0,5942 Tab. 6 Abb. 5	[7]
Entzündungstemp.	465° C	NABERT u. SCHÖN: Sicherheitstechnische Kennzahlen brennbarer Gase u. Dämpfe. Berlin W 30: Deutscher Eich-Verlag 1953
Explosionsgrenzen, Vol.-% in Luft, 760 Torr, 20° C	1,8—8,8	
Kritische Dichte	0,234 ± 1% g/ml	BEATTIE, INGERSOLL u. STOCKMAYER: J. Amer. chem. Soc. **64**, 546—548 (1942)
Kritischer Druck	39,48 ± 0,05 at	
Kritische Temp.	144,73 ± 0,05° C	
Kritisches Volumen	0,240 ± 1% 1/mol	

[1] Ind. Engng. Chem., analyt. Edit. **15**, 541—547 (1943).
[2] Erdöl u. Kohle **5**, 17—24 (1952).
[3] Analyt. Chem. **20**, 139—142 (1948).
[4] Analytic. Chem. **21**, 547—550 (1949).
[5] Analytic. Chem. **21**, 572—582 (1949).
[6] Analytic. Chem. **22**, 991 (1950).
[7] American Petroleum Institute, Research Project 44. Selected values of properties of hydrocarbons and related compounds.

Molekulargewicht	56,108	
Schmelzpunkt	—140,35° C	[1] s. S. 60, Fußnote 7
Siedepunkt	—6,900° C	[1]
Spezifische Wärme bei 25° C	0,3552	[1]
Verbrennungswärme bei 25° C (H_2O flüssig, CO_2 gasförmig)	645,43 kcal/mol	[1]
Verdampfungswärme am Siedepunkt	5,286 kcal/mol	[1]

Tabelle 5. *Dampfdruck von Isobutylen*

Druck mm Hg	Temperatur ° C	Druck mm Hg	Temperatur ° C	Druck mm Hg	Temperatur ° C
10	—81,95	250	—32,23	750	— 7,238
20	—73,37	300	—28,46	760	— 6,900
30	—67,90	400	—22,23	770	— 6,565
40	—63,79	500	—17,13	780	— 6,234
50	—60,47	600	—12,79	790	— 5,906
60	—57,664	700	— 8,983	800	— 5,581
80	—53,05	710	— 8,626	900	— 2,497
100	—49,31	720	— 8,274	1000	0,333
150	—42,11	730	— 7,925	1200	5,391
200	—36,67	740	— 7,580	1500	11,88

Tabelle 6. *Experimentelle Bestimmung der Dichte von Isobutylen*

Temp. ° C	experim.	ber.
0,0	0,6181	0,6181
—17,0	0,6365	0,6367
—30,9	0,6517	0,6519
—51,4	0,6745	0,6744
—70,0	0,6948	0,6948

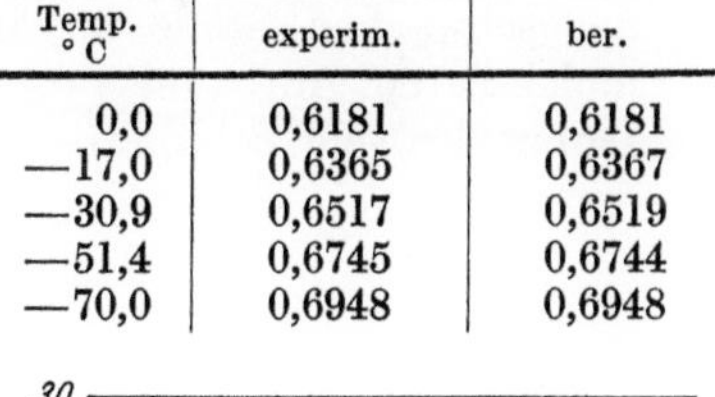

Abb. 5. Dichten von Butanen und Butenen

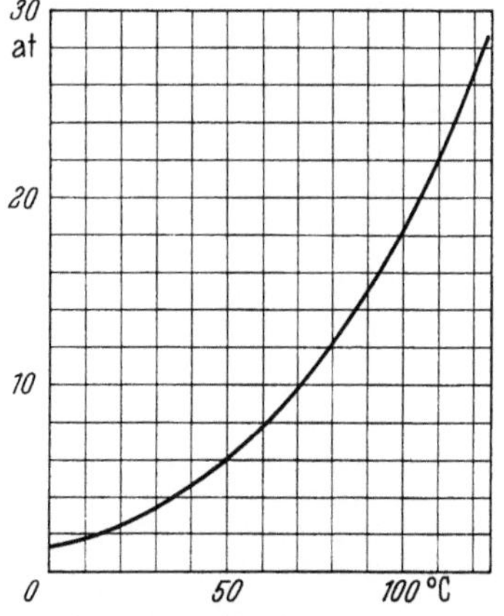

Abb. 6. Dampfdruck von Isobutylen

F. Lagerung und Handhabung

Isobutylen ist brennbar und bildet mit Luft oder Sauerstoff explosive Gemische. Es kann unter Druck verflüssigt und flüssig aufbewahrt und verschickt werden. Infolgedessen unterliegt es der Druckgasverordnung, herausgegeben von der Vereinigung der Technischen Überwachungs-Vereine e. V., Essen, Ausgabe 1956. Seine Aufbewahrung kann bei Normaltemperatur in eisernen Druckbehältern vorgenommen werden. ROPER[1] will zwar beim Stehenlassen von flüssigem Isobutylen Druck-abnahme infolge Polymerisation beobachtet haben. Verfasser hat dagegen auch bei jahrelangem Lagern von Isobutylen für Testzwecke in eisernen Vorrats-Drucktanks und -Fässern niemals Autopolymerisation oder gar Peroxydbildung beobachtet.

Der Versand kann unter Beachtung der in der Druckgasverordnung festgelegten Bedingungen in Druckkesselwagen, Druckfässern oder Stahlflaschen erfolgen.

G. Giftigkeit

Isobutylen übt beim Einatmen eine narkotisierende Wirkung aus. Jedoch sind physiologische Schädigungen bisher nicht beobachtet worden.

II. Polyisobutylen

Die Polymerisation des Isobutylens ist ein Musterbeispiel für eine Polymerisationsreaktion schlechthin. Auf Grund seiner Doppelbindung, der schwachen Stelle im Molekül, und seines stark asymmetrischen molekularen Aufbaues — es ist ein Dimethyl-1,1-Äthylen — ist das Isobutylen sehr polymerisationsfreudig.

$$CH_2 = C \begin{matrix} CH_3 \\ | \\ | \\ CH_3 \end{matrix}$$

Die Polymerisation kann durch Wärme und Druck[1, 2, 3, 4, 5, 6, 7, 8], durch Bestrahlen[9, 10, 11, 12, 13, 14, 15, 16, 17, 18, 19] oder durch Radikale[20, 21, 22, 23]

---

[1] IPATIEFF: Ber. dtsch. chem. Ges. **44**, 2978—2987 (1911).

[2] LEBEDEW u. KOBLIANSKY: Ber. dtsch. chem. Ges. **63**, 103—112 (1930).

[3] MC KINLEY, STEVENS u. BALDWIN: J. Amer. chem. Soc. **67**, 1455—1459 (1945).

[4] GRDC McKINLEY u. STEVENS, A. P. 2415438 v. 29. 12. 44.

[5] KRAUSE, NEMZOW u. SSOSKINA: C. R. Acad. Sci. (russ.) **3**, 262—267 (1934).

[6] KRAUSE, NEMZOW u. SSOSKINA: Chem. J. Ser. A. J. allg. Chem. (russ.) **5** (67), 382—387 (1935).

[7] FLORY: J. Amer. chem. Soc. **59**, 241—253 (1937).

[8] STEPUCHOWITSCH u. MITENKOW: J. allg. Chem. (russ.) **23** (85), 200—203 (1953).

[9] DEMJANOW u. PRJANISCHNIKOW: J. russ. physik. chem. Ges. **58**, 462—473 (1926).

[10] PRJANISCHNIKOW: Ber. dtsch. chem. Ges. **61**, 1358—1363 (1928).

[11] ISOMURA: J. Fuel. Soc. Japan **20**, 771—781 (1941).

ausgelöst werden. Für technische Zwecke sind nur einige Säuren, Oxyde, Silicate und Halogenide brauchbar.

Mittels geeigneter Katalysatoren kann man aus dem monomeren Isobutylen eine vollständige polymer-homologe Reihe von Polyisobutylenen aufbauen, deren Polymerisationsgrad von 2 beim Diisobutylen bis zu etwa 80000 bei den größten Polyisobutylenmolekülen reicht. Der Polymerisationsgrad, oder anders ausgedrückt, das Molekulargewicht oder die Kettenlänge, kann nach Wunsch durch Wahl geeigneter Polymerisationsbedingungen eingestellt werden. Dabei gilt die Grundregel, daß der Polymerisationsgrad um so größer wird, je reiner das Isobutylen ist und je tiefer die Polymerisationstemperatur liegt.

Er ist ferner beeinflußbar durch die Art des Katalysators. Milde wirkende Polymerisationskatalysatoren, z. B. Zinkchlorid, Schwefelsäure, Phosphorsäure, bestimmte Erden und Silicate, die bei tiefen Temperaturen kaum noch wirken, polymerisieren Isobutylen bei Temperaturen zwischen 0 und $+200°$ zu den einfachsten Polymeren Di-, Tri- und Tetraisobutylen. Kräftig wirkende Katalysatoren vom „Friedel-Crafts-Typ", z. B. Borfluorid, Aluminiumchlorid, Titantetrachlorid, liefern bei der „Tieftemperaturpolymerisation" zwischen 0 und $-164°$ die Polyisobutylene vom höchsten Polymerisationsgrad. Eine Mittelstellung nehmen die durch Komplexbildung in ihrer Aktivität geschwächten Friedel-Crafts-Katalysatoren ein. Sie ergeben zugleich bei mittleren Temperaturen um $0°$ herum mittlere Polymerisationsgrade.

Der Polymerisationsgrad ist schließlich noch beeinflußbar durch Regler-Substanzen, die man bewußt zusetzt oder die im Isobutylen auf Grund seines Herstellungs- oder Gewinnungsweges enthalten sein und die polymerisationsgraderhöhend oder -erniedrigend wirken können. Werden die Regler ganz oder teilweise in das Polyisobutylenmolekül eingebaut, so liegt im strengen Sinne keine reine Isobutylen-, sondern eine Mischpolymerisation vor. Durch passende Kombination der genannten Reaktionsmöglichkeiten kann man benzinartige, ölige, halbfeste und kautschukartige Polyisobutylene großtechnisch herstellen. In jedem Falle tritt dabei eine kräftige Polymerisationswärme auf, die mittels Kühlvorrichtungen abgeführt werden muß, wenn man die Polymerisation beherrschen und zu technisch brauchbaren Produkten gelangen will.

[12] KIEFFER u. HOWE: J. Amer. chem. Soc. **64**, 1—7 (1942).

[13] BRASCH, F. P. 1004891 v. 7. 8. 47, A. Prior. v. 7. 5. 42.

[14] GUNNING u. STEACIC: J. chem. Physics **14**, 544—551 (1946).

[15] MUND u. HUYSKENS: Bull. Cl. Sci. Acad. roy. Belgique (5) **36**, 610—615 (1950).

[16] MUND, HERMAN u. HUYSKENS: Bull. Cl Sci. Acad. roy. Belgique (5) **37**, 696—705 (1951).

[17] MUND, GUIDÉE u. VANDERAUWERA: Bull. Cl. Sci., Acad. roy. Belgique (5) **41**, 805—815 (1955).

[18] DAVISON, PINNER u. WORRALL: Chem. and Ind. **1957**, 1274.

[19] WORRALL u. PINNER: Plastics **23**, 345—347, 381—383, 419—421 (1958).

[20] DANBY u. HINSHELWOOD: Proc. roy. Soc. (London) A **179**, 172—193 (1941/42).

[21] RAAL u. DANBY: J. chem. Soc. (London) **1949**, 2222—2225.

[22] NVBPM NOZAKI, F. P. 999594 v. 15. 11. 49, A. Prior. v. 16. 11. 48.

[23] StODC E. P. 589861 v. 5. 2. 44.

A. Herstellung von Di-, Tri- und Tetraisobutylen

1. Herstellung von Di-, Tri- und Tetraisobutylen mit verschiedenartigen Katalysatoren

Die einfachsten Polymeren des Isobutylens sind das Di-, Tri- und Tetraisobutylen:

$$2\,C_4H_8 \longrightarrow C_8H_{16} \qquad 3\,C_4H_8 \longrightarrow C_{12}H_{24} \qquad 4\,C_4H_8 \longrightarrow C_{16}H_{32}$$

BUTLEROW[1] hat das Diisobutylen zuerst bei seinen Versuchen über die Umsetzung von Trimethylcarbinol mit Schwefelsäure erhalten und mit der anschließend beschriebenen Darstellung aus Isobutylen und einer Schwefelsäure mittlerer Konzentration die Grundlage für die später entwickelten großtechnischen Verfahren gegeben.

DOBRONRAWOW und FROST[2] ermittelten die Reaktionswärme zu 13500 cal/mol.

Die Di-, Tri- und Tetramerisierung des Isobutylens erfolgt unter dem Einfluß verschiedenartiger Substanzen, z. B. Zinkchlorid[3, 4] oder seiner Lösung in Alkoholen[5], Magnesiumchlorid[4], einer Lösung von Eisenchlorid in Alkoholen[5], Zinkbromid in alkoholischer Lösung[6], Aluminiumchlorid[4] oder seiner Lösung in Alkoholen[5] oder auf Silicagel als Träger[7], Aluminiumfluorid im Gemisch mit Schwermetallen, deren Oxyden oder Salzen[8], Borfluorid[9] allein oder auf Aluminiumsilicat[10] oder Kohle[10] als Träger, Borfluoriddihydrat[11, 12], -dialkoholat[11, 12] oder Verbindungen von Borfluorid mit organischen Säuren[11, 12], Borfluoridätherat[12], Borfluoridätherat in Chlorbenzol[13], Nitroparaffinen[14] oder auf Bimsstein[15], Difluorphosphorsäure[16] oder der Molekülverbindung aus Monofluorphosphorsäure und Borfluorid[16], Reaktionsprodukten aus Borfluorid, flüssigen Kohlenwasserstoffen und Sauerstoff[17], Borfluorid zusammen mit Sauerstoff oder sauerstoffhaltigen Gasen[18], mit Kupfersulfat oberflächlich

---

1 Liebigs Ann. Chem. **189**, 47 (1877).
2 J. allg. Chem. (russ.) **6** (68), 1796—1800 (1936).
3 KONDAKOW: J. prakt. Chem. **1896**, 442—454.
4 IPATIEFF u. KOMAREWSKY: J. Amer. chem. Soc. **59**, 720—722 (1937).
5 PhPC FITCH, A. P. 2084082 v. 26. 1. 34.
6 PhPC F. P. 808580 v. 29. 6. 36.
7 PhPC FREY, A. P. 2079935 v. 17. 9. 34.
8 BASF KEUNECKE, DBP 870246 v. 17. 3. 38.
9 StODC BANNON, A. P. 2363221 v. 15. 12. 42.
10 PAUSCHKIN u. SCHTSCHERBAKOW: Ber. Akad. Wiss. UdSSR (N. S.) **90**, 795—797 (1953).
11 IG F. P. 793226 v. 1. 8. 35, D. Prior. v. 8. 12. 34.
12 IG MICHEL, DRP 703896 v. 7. 11. 35.
13 GRDC STEVENS u. BOWMAN, A. P. 2588426 v. 4. 12. 47 u. A. P. 2591384 v. 4. 12. 47.
14 RHG SCHREIBER, D. A. S. 1021783 v. 25. 7. 56.
15 TOPTSCHIJEW, TUMERMANN u. ANDRONOW: Ber. Akad. Wiss. UdSSR **74**, 81—83 u. 505—507 (1950).
16 TOPTSCHIJEW u. ANDRONOW: Ber. Akad. Wiss. UdSSR **112**, 279—282 (1957).
17 UOPC WACKHER u. LINN, A. P. 2488752 v. 31. 10. 45.
18 StOC PETERS, A. P. 2552508 v. 15. 12. 48.

überzogenem Kupfersulfid[1], Metallmolybditen[2], Nitro-Kohlenwasserstoffen und Imino-Verbindungen[3], Borfluorid auf Aktivkohle[4], Silicagel[5] oder Aluminiumoxyd[6].

Eine besondere Ausführungsform ist die Hydropolymerisation, bei der die Polymerisation unter gleichzeitiger Mitverwendung von Hydrierkontakten und Wasserstoff durchgeführt wird[7, 8, 9, 10]. Als Endprodukte erhält man Octane und Dodecane.

Für die großtechnische Herstellung von Diisobutylen haben Schwefelsäure, Phosphorsäure und Tonerden und Silicate besondere Bedeutung erlangt. Die Absorption von Isobutylen mit Schwefelsäure ist im Abschnitt I C 2 auf S. 34 fg. behandelt und die Aufarbeitung der Isobutylsulfat-Lösung zu Diisobutylen angedeutet worden.

2. Herstellung von Di- und Triisobutylen aus Isobutylen mit Schwefelsäure

BUTLEROW[11] erkannte, daß sich bei der Dimerisierung des Isobutylens mit Schwefelsäure 2 isomere Octene bilden, das Trimethyl-2,4,4-penten-(1) und das Trimethyl-2,4,4-penten-(2). CUBBIN und ADKINS[12] bestätigten diese Beobachtung. IPATIEFF und PINES[13], McALLISTER[14] sowie MESCHTSCHERJAKOW, BATUJEW und PETROW[15] bestätigten die ebenfalls von BUTLEROW mitgeteilte Erfahrung, daß man milde Bedingungen (65%ige Schwefelsäure, etwa 35° Absorptionstemperatur, schnelles Erhitzen auf 100° für die Polymerisation) wählen muß, wenn Nebenreaktionen (Bildung höherer Polymerer, Depolymerisation und Isomerisierung, „konjugierte Polymerisation" nach IPATIEFF und PINES[13]) vermieden werden sollen. PAUSCHKIN und KURASCHEW[16] benutzen die elektrische Leitfähigkeit der Schwefelsäure zur Kontrolle der Katalysatoraktivität während der Polymerisation.

---

[1] WASSERMANN u. WELLER: Nature (London) **149**, 669 (1942); J. chem. Soc. (London) **1947**, 250.

[2] EIPNC CARNAHAN, A. P. 2634260 v. 18. 11. 49.

[3] Shell v. PESKI, A. P. 2478066 v. 7. 8. 47, Holl. Prior. v. 20. 4. 44.

[4] TOPTSCHIJEW u. ALJAWDINA: Ber. Akad. Wiss. UdSSR **119**, 511—514 (1958).

[5] TOPTSCHIJEW u. ALJAWDINA: Ber. Akad. Wiss. UdSSR **119**, 720—723 (1958).

[6] TOPTSCHIJEW u. ALJAWDINA: Ber. Akad. Wiss. UdSSR **119**, 957—960 (1958).

[7] NAMETKIN u. ABAKUMOWSKAJA: Chem. J. Ser. J. allg. Chem. (russ.) **6** (68), 1166—1176 (1936).

[8] IPATIEFF u. KOMAREWSKY: J. Amer. chem. Soc. **59**, 720—722 (1937).

[9] UOPC F. P. 820579 v. 13. 4. 37.

[10] UOPC IPATIEFF u. KOMAREWSKY, A. P. 2131806 v. 16. 8. 35.

[11] Liebigs Ann. Chem. **189**, 47 (1877).

[12] J. Amer. chem. Soc. **52**, 2547—2550 (1930).

[13] J. org. Chemistry **1**, 464—489 (1936).

[14] Oil Gas J. **36**, Nr. 26, 139—142 (1937).

[15] Nachr. Akad. Wiss. UdSSR, Abt. chem. Wiss. **1950**, 282—286.

[16] Ber. Akad. Wiss. UdSSR (N. S.) **89**, 69—72 (1953); Nachr. Akad. Wiss. UdSSR, Abt. chem. Wiss. **1954**, 133—141.

Tabelle 7. *Polymerisation von Isobutylen*

Patentnummer	Patentdatum	Firma	Erfinder	Ausgangsstoff
E. P. 322101 A. P. 1889952	1. 12. 28 14. 6. 29 D. Prior. 7. 8. 28	I. G. Farbenindustrie Aktiengesellschaft	MUELLER- CUNRADI u. EGGERT	γ-Butylen im Gemisch mit Trimethyläthylen u. a.
Holl. P. Anm. 51400	28. 4. 30	N. V. de Bataafsche Petroleum Maatschappij		Isobutylen, mindestens 2 Mol auf 1 Mol H_2SO_4
F. P. 737743	27. 5. 32 A. Prior. 1. 6. 31	N. V. de Bataafsche Petroleum Maatschappij		Isobutylen im Gemisch mit Butan, Buten, flüssig oder gasförmig
Can. P. 363473	29. 5. 34 A. Prior. 29. 5. 33	Atlantic Refining Company	CLOTHIER JR. u. FIELD	C_4-Fraktion von Crack- gasen
F. P. 803288 E. P. 457158	11. 3. 36 A. Prior. 4. 6. 34 28. 2. 36 A. Prior. v. 4. 6. 35	Standard Oil Development Company u. I. G. Farbenindustrie Aktiengesellschaft		C_4-Fraktion mit 10—30% Isobutylen neben α- und β-Butylen
F. P. 790873	4. 6. 35 D. Prior. 7. 6. 34	I. G. Farbenindustrie Aktiengesellschaft		Isobutylen aus Isobutyl- alkohol
A. P. 2156718	23. 12. 35	Shell Development Company	BENT, MILLAR u. WIK	Tert. Olefine, z. B. Isobuty- len allein oder im Crackgasgemisch
F. P. 802318	25. 1. 36	Anglo-Iranian Oil Company		Butylen-Butan-Fraktion mit 20% Isobutylen
F. P. 808580 F. P. 808581	29. 6. 36 29. 6. 36	Phillips Petroleum Company		Butan-Buten-Fraktion eines Crackgases mit 24% Isobutylen
A. P. 2178808	15. 7. 36	Standard Oil Development Company	ROSEN u. THOMAS	Isobutylen, Crackgase mit 10% Isobutylen
A. P. 2135117	17. 11. 36	Gulf Research and Development Company	STEVENS u. GRUSE	Isobutylen oder „Butan- schnitt" mit 33,9% Isobutylen
DBP 872492	21. 10. 37	BadischeAnilin- u. Soda- Fabrik (I. G. Farben- industrie Aktien- gesellschaft „In Auf- lösung")		Isobutylen flüssig, auch im Gemisch mit gesättigten oder anderen ungesättig- ten Kohlenwasserstoffen
F. P. 840068 DBP 896044	23. 12. 37 30. 11. 38 F. Prior. v. 23. 12. 37 u. 9. 5. 38	Usines de Melle	GUINOT	Crack-Olefine, Isobutylen

zu Di- und Triisobutylen mit Schwefelsäure

Katalysator	Polymerisationstemperatur ° C	Druck at	Reaktionszeit	Umsetzungsprodukt	Aufarbeitung
50—60%ige H_2SO_4 Einwirkungsdauer 7—12 min in einem Waschturm	100 in einem Röhrensystem	normal oder erhöht	$^1/_2$ Std.	80% Diisobutylen, 20% höhere Polymere, besonders Triisobutylen	Abtrennen der abgeschiedenen Polymeren
50—70%ige H_2SO_4, 40—55%ige für Diisobutylen	80—140, speziell 100	erhöht	wenige Minuten, etwa 10 min	Diisobutylen Triisobutylen	Abtrennen der Polymeren
60—70%ige H_2SO_4, vorzugsweise 65%ig bei 32°	80	normal oder erhöht		Polymere	Abtrennen der abgeschiedenen Polymeren
60—90%ige H_2SO_4	30—65				
60—70%ige H_2SO_4, speziell 65%ige	90—120, speziell 120	normal	unter 1 min	80% Diisobutylen, 20% höhere Polymere	Abtrennen der Polymeren-Schichten und Destillieren
1. 50—60%ige H_2SO_4 2. 70%ige H_2SO_4	100 100	normal normal		Diisobutylen Triisobutylen und wenig Diisobutylen	
0,5—45%ige H_2SO_4, vorzugsweise 1—25% bei Isobutylen 3—10%	über 100, vorzugsweise über 125, 150—250 bei Isobutylen	erhöht, bis zu 700		83,2% Diisobutylen 16,8% Triisobutylen	
55—60%ige H_2SO_4 bei 0—40° während etwa 15—45 min	60—115, vorzugsweise 93,3	normal oder leicht erhöht		80% Diisobutylen 20% Triisobutylen	Abtrennen, Waschen mit Soda, Destillieren
55—70%ige H_2SO_4	25			Polymere	
60—75%ige H_2SO_4, speziell 65%ig	65,5—93,3	7—14	1 sec	60—70% Di-, 20—30% Triisobutylen, 5—10% höhere	
65%ige H_2SO_4, am besten 62—63%ig, kontinuierlich durch Bimsstein-gefüllte Türme fließend	100—200	3,5—49		Di- und Triisobutylen	
H_2SO_4, 60%ig durch mit Füllkörpern gefüllte Türme fließend	110	30		73% Diisobutylen 23% Triisobutylen 3% höhere Polymere	Abtrennen der Polymeren und Destillieren
50—60%ige H_2SO_4	90—95	0—7	Polymere werden sofort in Form unterhalb 100° siedender azeotropischer Gemische mit H_2O abdestilliert	Diisobutylen (90—95%) (Alkohole)	Als azeotropes Gemisch mit Wasser bei normalem oder reduziertem Druck abdestilliert

Tabelle 7

Patentnummer	Patentdatum	Firma	Erfinder	Ausgangsstoff
A. P. 2258368	19. 1. 38	Gulf Research and Development Company	STEVENS u. GRUSE	Isobutylen im „Butan"- oder „C_4-Schnitt"
A. P. 2259862	22. 10. 38	Shell Development Company	RUYS u. BOLGER	Isobutylen allein oder in Mischung mit Kohlenwasserstoffen
A. P. 2396753	1. 10. 40	Standard Oil Development Company	ROSEN u. SLOTTERBECK	C_4-Schnitt mit 10—20% Isobutylen, flüssig
E. P. 595827	7. 2. 41	Anglo-Iranian Oil Company	HOWES	C_4-Fraktion mit 15—25% Isobutylen
A. P. 2408725	4. 9. 42	M. W. Kellogg Company	BELCHETZ	Crackprodukte von Kohlenwasserstoffen mit Isobutylen, n-Butylen und Isobutan
A. P. 2444057	19. 1. 46	Standard Oil Development Company	MCGEE	Olefine mit 3—5 C-Atomen, C_4-Schnitt
A. P. 2446947	19. 1. 46	Standard Oil Development Company	MUNDAY u. MCGEE	
A. P. 2641620	18. 3. 50	Standard Oil Development Company	QUELLY u. SANKUS	C_4-Schnitt

(Fortsetzung)

Katalysator	Polymerisationstemperatur °C	Druck at	Reaktionszeit	Umsetzungsprodukt	Aufarbeitung
60—65%ige H_2SO_4 bei 25°. 45—70 g H_2SO_4 in 100 cm³ Isobutylen-H_2SO_4-Lösung geben höchste Ausbeute an Diisobutylen. 90 bis 95 g H_2SO_4 in 100 cm³ Isobutylen-H_2SO_4-Lösung geben höchste Ausbeute an Triisobutylen	80—100	normal oder erhöht auf 4,6 bis 8,1		Diisobutylen, Triisobutylen	Abtrennen der Polymeren, Waschen mit wäßrigem Alkali und Fraktionieren
65%ige H_2SO_4 bei 30—35°	105	normal	5 min	70% Diisobutylen, 30% Triisobutylen, die über Ni-Kaolin in Gegenwart von H_2 bei 275° zu Isooctan aufgespalten werden	Nach dem Abkühlen Abtrennen, Waschen mit Alkali und Destillieren
75—80%ige H_2SO_4 bei möglichst tiefer Temperatur, z. B. 0°	20—100, am besten 60—80	1,8	1,5 bis 2 Std.	Bis zu 90% Triisobutylen, wenn entstandenes Diisobutylen in die Reaktionszone zurückgeführt wird	Abtrennen der Polymeren, Waschen mit Natriumbicarbonat und Wasser, Trocknen mit $CaCl_2$ und Fraktionieren
55—65%ige H_2SO_4 bei 0—40°	150—200			Di- und Triisobutylen	
63—67%ige H_2SO_4 im Mol-Verhältnis zu Isobutylen 0,7 : 1 bis 1,2 : 1	Rasches Erhitzen auf 65,5—110 mit einer Heizflüssigkeit, z. B. Isobutan	bis zu 21	Kurze Einwirkungszeit	Diisobutylen	Nach dem Abkühlen Abtrennen des Polymeren, Neutralisieren mit Alkali und Fraktionieren
55—70%ige H_2SO_4	1. Zone 60—100	2,8—18		Diisobutylen	Abtrennen von der Säure
	2. Zone 37,8—87,8	0—1,1			
70—80%ige H_2SO_4	1,7—60	2,8—7		Triisobutylen	
70—80%ige H_2SO_4, besonders 75%ig	1,7—48,9, besonders 26,7	2,8	höchstens 5 min	Bis zu 80% Triisobutylen bei Rückführung des Diisobutylens in die Polymerisationszone	Abtrennen, Neutralisieren, Fraktionieren
65%ige H_2SO_4				Diisobutylen Triisobutylen	Nachbehandlung mit Holz-, Knochen-, Aktivkohle oder Koks zur Entfernung von S-Verunreinigungen, Neutralisieren mit Alkali und Destillieren

WHITMORE, WILSON, CAPINJOLA, TONGBERG, FLEMING, McGREW und COSBY[1] haben das bei der Einwirkung von kalter Schwefelsäure auf Isobutylen entstehende Triisobutylen sorgfältig destilliert und zwei Fraktionen, eine bei 177—179° und eine bei 183—185° siedende, im Verhältnis 9 : 1 erhalten. Die tiefer siedende besteht aus

> 2,2,4,6,6-Pentamethyl-hepten-(3) und
> 2,2,6,6-Tetramethyl-4-methylen-heptan,

die höher siedende aus

> 2,2,4,4,6-Pentamethyl-hepten-(5) und
> 2,2,4,4,6-Pentamethyl-hepten-(6).

Tab. 7 enthält Patente über die Dimerisierung von Isobutylen unter dem Einfluß von Schwefelsäure. Tab. 8 zeigt die Ausbeuteverhältnisse in Abhängigkeit von der Schwefelsäurekonzentration.

Tabelle 8. *Polymerisation von Isobutylen zu Di- und Triisobutylen mittels Schwefelsäure*

Lösung		Polymerisation			
Spez. Gew.	Gramm H_2SO_4 in 100 cm³ Lösung	Isobutylen %	Polymere %	Diisobutylen %	Triisobutylen %
1,0035	29,75	37,4	62,6	49,7	13,0
1,0097	41,45	13,6	86,4	66,9	19,4
1,172	49,95	5,4	94,5	70,7	23,9
1,226	55,5	5,2	94,8	67,1	23,6
1,2905	63,65	1,4	98,6	70,0	28,6
1,3745	74,8	0,3	99,7	63,3	36,4
1,411	80,3	2,1	97,9	64,6	33,3
1,452	86,3	1,6	98,4	56,8	41,6
1,491	91,6	1,3	98,7	50,3	48,3
1,510	94,6	0,7	99,3	14,0	85,5

WOOG[2] polymerisiert unter normalem Druck mit 67%iger Schwefelsäure, die 2% Silbersulfat enthält. HOWERTON[3] verwendet das Anhydrid der Schwefelsäure in Dampfform in Mengen von unter 0,05 Mol, bezogen auf Isobutylen, bei 25—150° und 0,5—1 at zur Polymerisation von Isobutylen und erhält Di-, Tri- und Tetraisobutylen. WELGE[4] polymerisiert in der Dampfphase über 100° zwischen 5—100 at mit Alkalibisulfat in Gegenwart von wenig Wasserdampf Isobutylen hauptsächlich zu Diisobutylen. ENGS und MORAVEC[5] und Phillips Petroleum Company[6] empfehlen außer Schwefelsäure die Sulfonsäuren des Benzols und seiner Homologen als Katalysatoren. D'ALELIA[7] gelingt es, Isobutylen unter

[1] J. Amer. chem. Soc. **63**, 2035—2041 (1941).
[2] A. P. 2316380 v. 7. 3. 39.
[3] UNDDL A. P. 2670393 v. 10. 1. 52.
[4] A. P. 2255302 v. 30. 8. 38.
[5] Shell A. P. 2007159 v. 1. 6. 31.
[6] PhPC F. P. 808580 v. 29. 6. 36.
[7] KC A. P. 2593417 v. 24. 9. 49.

150° C in Gegenwart kationenaustauschender Harze, z. B. eines sulfonierten Styrol-Divinyl-Mischpolymerisates, zu flüssigen Produkten zu polymerisieren.

3. Herstellung von Di- und Triisobutylen aus Isobutylen mit Phosphorsäure

Anstelle der im vorhergehenden Abschnitt beschriebenen Schwefelsäure kann Phosphorsäure zur Dimerisierung des Isobutylens verwendet werden. IPATIEFF und CORSON[1] fanden einen Reaktionsablauf, der dem mit Schwefelsäure analog ist. Bei milden Reaktionsbedingungen, z. B. 30°, bilden sich nur Di- und Triisobutylen, bei höherer Temperatur (130°) treten höhere Polymere auf. Nach BERTHELOT[2] eignen sich am besten Ortho- und Pyrophosphorsäure sowie Phosphorsäure auf einem Träger. Auch die Phosphorsäurekontakte arbeiten selektiv, wenn man die richtige Temperatur wählt[3]. TSCHIRKOW und WINNIK[4] haben Kinetik und Mechanismus der Isobutylen-Dimerisierung an dünnen Phosphorsäurefilmen studiert. Bei Drucken von 50—150 mm Hg und Temperaturen von 80—90° reagiert Isobutylen bimolekular und unabhängig vom Anfangsdruck, aber proportional der Säurekonzentration. Die Temperaturabhängigkeit der Geschwindigkeitskonstante entspricht unter den genannten Bedingungen der Gleichung von Arrhenius. Die Aktivierungsenergie beträgt —5400 cal/Mol. DESPARMET[5] erhielt Di-, Tri- und Tetraisobutylen durch Absorption von Isobutylen an mit Phosphorpentoxyd beladenem Bimsstein bei Zimmertemperatur und Dessorption der gebildeten Polymeren bei 110°.

Tab. 9 enthält eine Zusammenstellung von Patenten über die Dimerisierung von Isobutylen mit Phosphorsäure.

Besonders bewährt haben sich feste Phosphorsäurekontakte, d. h. Trägersubstanzen, die mit Phosphorsäure beladen sind und die im Festbett angeordnet oder in Breiform oder im Fließ- und Wirbelverfahren verwendet werden[6]. In allergrößtem Maße finden sie Verwendung bei der Mischpolymerisation von Olefingemischen zu Polymerbenzinen (s. Abschnitt III A, S. 109 fg.). Statt der freien Phosphorsäure kann man auch ihre Salze und Ester als Katalysatoren, die im allgemeinen milder als die freie Säure wirken, für die Herstellung der niedrigstmolekularen Polyisobutylene verwenden. Zum Beispiel benutzt SCHÜTZE[7] Magnesiumphosphat bei 80—130° und 50 at. MORRELL[8] verwendet Monometallorthophosphate, z. B. Monocalciumorthophosphat bei 176,7° und 35 at und erhält durch selektive Polymerisation von Isobutylen

<hr>

[1] Ind. Engng. Chem. **27**, 1069—1071 (1935).

[2] Chim. et Ind. **38**, 632—646 (1937).

[3] Rev. petrolifère **1937**, 1191—1192.

[4] Ber. Akad. Wiss. UdSSR (N. S.) **95**, 1243—1246 (1954).

[5] Bull. Soc. chim. France (5) **3**, 2047—2055 (1936).

[6] StODC, CORNER u. LYNCH, A. P. 2642402 v. 20. 5. 50.

[7] BASF DBP 864551 v. 23. 9. 42.

[8] UOPC A. P. 2127001 v. 27. 2. 36.

Tabelle 9. *Polymerisation von Isobutylen*

Patentnummer	Patentdatum	Firma	Erfinder	Ausgangsstoff
A. P. 2007159	1. 6. 31	Shell Development Company	ENGS u. MORAVEC	Isobutylen im Gemisch mit Butan, Buten flüssig oder gasförmig
A. P. 1993513	3. 7. 33	Universal Oil Products Company	IPATIEFF	Olefinische Crackgase
A. P. 2018065	15. 8. 34	Universal Oil Products Company	IPATIEFF	Olefine, Crackgase
F. P. 806886	26. 5. 36 A. Prior. 26. 10. 35	Standard Oil Development Company		C_4-Fraktion mit 10—15% Isobutylen, 25—35% Normalbutylen
DRP 703896 E. P. 474831	7. 10. 35 4. 4. 36	I. G. Farbenindustrie Aktiengesellschaft	MICHEL	Isobutylen oder isobutylenhaltige Gasgemische
F. P. 815379 Can. P. 381907	23. 12. 36 15. 12. 36 A. Prior. 23. 12. 35	N. V. de Bataafsche Petroleum Maatschappij	BENT, MILLER u. WIK	Tertiäre Olefine, z. B. Isobutylen allein oder im Crackgasgemisch
F. P. 808580 F. P. 808581	29. 6. 36 29. 6. 36	Phillips Petroleum Company		C_4-Fraktion
Can. P. 371511	20. 8. 36	Universal Oil Products Company	IPATIEFF	Olefine
DBP 872492	21. 10. 37	Badische Anilin- u. Soda-Fabrik (I. G. Farbenindustrie Aktiengesellschaft „In Auflösung")		Isobutylen flüssig, auch im Gemisch mit anderen Kohlenwasserstoffen
A. P. 2340600	25. 1. 39	Standard Oil Company	LAMB u. BLUNCK	Isobutylen enthaltende Butanfraktion
DRP 864551	24. 9. 42	Badische Anilin- u. Soda-Fabrik (I. G. Farbenindustrie Aktiengesellschaft „In Auflösung")	SCHÜTZE	Isobutylen

zu Di- und Triisobutylen mit Phosphorsäure

Katalysator	Temperatur °C	Druck at	Reaktions-zeit	Aufarbeitung	Umsetzungs-produkte
H_3PO_4				Abtrennen der Polymeren	Polymere
H_3PO_4, gemischt mit Kieselgur, Al_2O_3-haltigem Silicat oder Absorptionserde	bis 250	bis 70			Di- und Trimere
30—80% H_3PO_4 auf Diatomeenerde, Kieselgur, Kieselgel oder Fullererde, Ton, Tonsil	bis 250	erhöht			Di- und Tri-polymere
H_3PO_4 auf Diatomeen-erde oder Holzkohle	50—150, besonders 100	0—7	3—50 sec		80% Diisobutylen 20% Triisobutylen
1. H_3PO_4 konz. mit Triisobutylenzusatz zwecks Zurück-drängen der Tri-isobutylenbildung	80	2			80% Diisobutylen 20% Triisobutylen
2. H_3PO_4 90%ig	150	8			85% Di- und 15% Triisobutylen bei kontinuier-lichem Abdestil-lieren des Di-isobutylens
0,5—45%ige H_3PO_4, vorzugsweise 1—25%ig	über 100, vorzugs-weise 125	erhöht			Di- und Tri-isobutylen
H_3PO_4 85%ig	100		30 min bis 2 Std.	Abtrennen der Polymeren-Schicht, Waschen mit Wasser und Destillieren	Polymere
Calciniertes Gemisch aus Phosphorsäure und Kieselgur oder Adsorptionserde					
H_3PO_4 mittlerer und hoher Konzentration in Rieseltürmen	bis 120	erhöht		Abtrennen der Polymeren und Destillieren	Diisobutylen, höhere Polymere
H_3PO_4 auf Kieselgur	149,9—162,8	46			Isoocten mit etwas Trimeren
H_3PO_4 auf aktiver Holzkohle (Mg-Phosphat)	Beginn 70—90 Ende 100—130	50			Flüssige Kohlen-wasserstoffe vom Benzintyp

Tabelle 10. *Polymerisation von Isobutylen*

Patentnummer	Patentdatum	Firma	Erfinder	Ausgangsstoff
It. P. 360585	26. 3. 38		NATTA u. BACCAREDDA	Isobutylen
DBP 864551	24. 9. 42	Badische Anilin- u. Soda-Fabrik (I. G. Farbenindustrie Aktiengesellschaft „In Auflösung")	SCHÜTZE	Isobutylen
F. P. 913706	25. 8. 45 A. Prior. v. 18. 12. 43	Standard Oil Development Company	CONNOLLY	
A. P. 2406081 A. P. 2427907	7. 11. 44	Porocel Corporation	HEINEMANN u. LANDE JR.	Isobutylen
A. P. 2606940 A. P. 2581228	15. 6. 45/ 23. 12. 46 15. 6. 45	Phillips Petroleum Company	BAILEY u. REID	Isobutylen
A. P. 2452198	30. 10. 45	Sun Oil Company	KENNEDY u. HETZEL	Isobutylen
A. P. 2470171	30. 10. 45/ 17. 4. 47	Sun Oil Company	KENNEDY u. HETZEL	Isobutylen
A. P. 2656398	10. 11. 49	Phillips Petroleum Company	DE VAULT	Isobutylen
A. P. 2794842	13. 4. 53	Phillips Petroleum Company	HOGAN U. BANKS	Olefine aus Raffinerie-Gasen, z. B. Isobutylen

(8 Vol.-%) aus Kohlenwasserstoffgemischen 95%iges Diisobutylen. KRUG[1] arbeitet mit Borphosphat, evtl. auf einer Trägersubstanz, z. B. Aluminiumoxyd, bei 149,9° und 14 at, wobei hauptsächlich Di- und nur geringe Mengen Tri- und Tetraisobutylen entstehen.

Phosphorsäureester als Katalysator hat z. B. die I. G. Farbenindustrie Aktiengesellschaft[2] vorgeschlagen. KOLFENBACH und SMALL[3] erhielten mit Alkylphosphat, z. B. Tributylphosphat, das mit Phosphorpentoxyd gesättigt war, nur Di- und Triisobutylen. DEERING[4] konnte

---

[1] ARC A. P. 2620364 v. 14. 6. 48.
[2] IG E. P. 474831 v. 4. 4. 36.
[3] StODC A. P. 2614136 v. 6. 7. 49.
[4] UOCC A. P. 2583359 v. 7. 5. 49.

zu Di- und Triisobutylen mit Erden und Silicaten

Katalysator	Temperatur °C	Druck at	Reaktionszeit	Auf-arbeitung	Umsetzungs-produkte
Al_2O_3, Bentonit, Kaolin mit 1 Vol.-% HCl (bezogen auf i-C_4H_8)	100—250, besonders 150—200	normal	wenige Sekunden		50—86% Diisobutylen 50—14% Triisobutylen
Aluminiumsilicat					Di- und Tri-isobutylen
Silicagel mit Alumi-niumoxyd präpariert					Polymere
Bauxit, entwässert auf 2—6% Feuchtigkeit	135		Raum-geschwindigkeit 250 Vol./Vol. Katalysator/Std.	Destillation	Di- und wenig Triisobutylen
Silicagel mit 1,5 Gew.-Prozent Aluminium-oxyd					Polymere
Silicagel mit 0,01 bis 10% Al_2O_3 und 0,01—10% Ni oder Co, fest angeordnet oder bewegt	200—400, vorzugs-weise 250—300	2,1—18, vorzugs-weise 4,2—7	0,1270 g Isobuty-len/min/g Kata-lysator		Diisobutylen 82,5%
Silicagel mit 0,01 bis 10% Cr_2O_3 und 0,01—10% Ni oder Co, fest angeordnet oder bewegt	200—400, vorzugs-weise 200—300	2,1—18, vorzugs-weise 4,2—7	0,1270 g Isobuty-len/min/g Kata-lysator		Diisobutylen 82,5%
Silicagel mit einer kleinen Menge Al_2O_3 und 0,01—2, vorzugs-weise 0,02—0,5 Gew.-Prozent Palladium (in Oxydform)	0—250, besonders 25—150				Di- und Tri-isobutylen
50-95 Gew.-% SiO_2, 5-50 Gew.-% Al_2O_3, 0,1-10 Gew.-% $NiSO_4$.	10—149	bis zu 140	Raumgeschwindig-keit 0,5—20		Polymere

einen für die Wasseranlagerung an Olefine entwickelten Kontakt aus Phosphorsäure und einem Carbid eines Elementes der 4. Gruppe des Periodischen Systems mit Erfolg bei 115,5—149,9° und erhöhtem Druck zur Polymerisation von Isobutylen verwenden.

Die schon weiter oben (s. S. 65) erwähnte Hydropolymerisation, d. h. die Polymerisation unter gleichzeitiger Mitverwendung von Hy-drierkontakten und Wasserstoff kann auch mit Phosphorsäure[1], Pyro-phosphorsäure[2] oder Phosphorpentoxyd[3] als Polymerisationskatalysator ausgeführt werden. Die Endprodukte sind Isoparaffine.

---

[1] IPATIEFF u. KOMAREWSKY: Ind. Engng. Chem. **29**, 958—959 (1937).
[2] UOPC F. P. 821136 v. 26. 4. 37.
[3] StODC F. P. 821688 v. 10. 5. 37, E. Prior. v. 14. 5. 36.

4. Herstellung von Di- und Triisobutylen mit Erden und Silicaten

Die Polymerisation des Isobutylens zu seinen einfachsten Polymeren an Erden und Silicaten ist lange bekannt. IPATIEFF[1] erhitzte Isobutylen in einem Eisenrohr in Gegenwart von Tonerde unter Druck auf 380 bis 390° und erhielt neben anderen Reaktionsprodukten ein Gemisch von Di-, Tri- und Tetraisobutylen. Ebenso grundlegend waren die Arbeiten von LEBEDEW und seinen Schülern[2, 3, 4] über die Polymerisation von Olefinen an Floridin (Floridableicherde, ein Magnesium-Aluminium-Silicat). Aus Isobutylen erhielten sie bei $+10°$ Di- bis Heptaisobutylen, bei tieferen Temperaturen höhermolekulare Polyisobutylene. Sie erkannten gleichzeitig die Umkehrbarkeit der Reaktion bei höheren Temperaturen (s. Abschnitt I A 7, S. 24, Herstellung von Isobutylen aus Diisobutylen). Diese Ergebnisse sind von STAUDINGER und BRUNNER[5], STAUDINGER, BERGER und FISCHER[6] sowie von SLOBODIN und MARKOWA[7] bestätigt worden, die sich gleichzeitig Gedanken über den Polymerisationsmechanismus gemacht haben. WATERMAN, LEENDERTSE und DE KOK[8] polymerisieren Isobutylen bei 40° mit Aluminiumoxyd auf Silicagel zu einem Gemisch von Di-, Tri- und Tetraisobutylen, in dem das Tripolymere überwiegt. Die Temperaturabhängigkeit am gleichen Katalysator haben KASANSKI und ROSENGART[9] studiert. SLOBODIN[10] hat Floridin, Caolin, Traß, Kil und Silicagel auf ihre Aktivität geprüft. Silicagel ist inaktiv, Floridin am aktivsten bei Vorerhitzen auf 300°. DOBRONRAWOW und FROST[11] haben die Gleichgewichtskonstante der Lebedewschen Reaktion zwischen 168 und 323° zu

$$\lg Kp = (-2959/T) + 6{,}049 \pm 0{,}067$$

berechnet und die Dimerisierungswärme zu 13500 cal/Mol gefunden.

NATTA und BACCAREDDA[12] polymerisieren Isobutylen drucklos bei 150—200° über Al_2O_3 in Gegenwart von 1 Vol.-% des Isobutylens HCl zu 86% Di- und 14% Triisobutylen. ROBERTI und MINERVINI[13] finden bei dieser Reaktion höhere Umsätze bei völligem Ausschluß von Sauerstoff und bei Verwendung von auf nassem statt auf trockenem Wege gewonnenen Al_2O_3.

Tab. 10 enthält einige Patente über die Di- und Trimerisierung von Isobutylen an Erden und Silicaten.

---

[1] Ber. dtsch. chem. Ges. **44**, 2978—2987 (1911).

[2] Ber. dtsch. chem. Ges. **58**, 163—168 (1925).

[3] Ber. dtsch. chem. Ges. **63**, 103—112 (1930).

[4] Chem. J. Ser. A., J. allg. Chem. (russ.) **5** (67), 1595—1606 (1935).

[5] Helv. chim. Acta **13**, 1375—1379 (1930).

[6] J. prakt. Chem. (N. F.) **160**, 95—119 (1942).

[7] J. allg. Chem. (russ.) **22**, Nr. 1, 102—105 (1952).

[8] Rec. Trav. chim. Pays-Bas **53** (4) (15), 1151—1158 (1934).

[9] Bull. Acad. Sci. USSR, Cl. Sci. Chim. **1941**, 115—120.

[10] Chem. J. Ser. B, J. allg. Chem. (russ.) 8, 35—43 (1935).

[11] J. allg. Chem. (russ.) **6** (68), 1796—1800 (1936).

[12] It. P. 360585 v. 26. 3. 38.

[13] Ric. sci. Progr. tecn. **13**, 548—553 (1942).

B. Herstellung hochmolekularer Polyisobutylene

1. Chemische Grundlagen

Die Grundlage für die gesamte technische Chemie der hochmolekularen Polyisobutylene einschließlich seiner Mischpolymerisate bildet das DRP 641 284 der I. G. Farbenindustrie Aktiengesellschaft vom 26. Juli 1931. Hier haben OTTO und MÜLLER-CUNRADI gefunden, daß man Isobutylen bei Temperaturen unterhalb —10° mit flüchtigen, anorganischen Halogeniden, außer Stickstofftrichlorid, oder deren Lösungen bzw. Doppelverbindungen, besonders Borfluorid, zu hochmolekularen Polyisobutylenen polymerisieren kann.

In Verfolg dieser Erkenntnis haben sie gezeigt[1], daß man besonders bei Verwendung sehr reinen Isobutylens auch oberhalb —10° Isobutylenpolymerisate von der Art des DRP 641 284 mit gasförmigen oder festen Halogeniden der 2., 5., 6. und 8. Gruppe des Periodischen Systems oder mit flüssigen Halogeniden oder mit Aluminiumchlorid erhalten kann. Die höchstmolekularen Polyisobutylene haben sie[2] aus hochgereinigtem Isobutylen bei der Temperatur des flüssigen Äthylens mit in flüssigem Äthylen gelöstem Borfluorid als Katalysator erhalten.

a) Katalysatoren

Als Katalysatoren für die Isobutylenpolymerisation zu hochmolekularen Polymeren eignen sich saure Katalysatoren von der Art Friedel-Craftsscher Substanzen, die durch Bildung von Komplexverbindungen, Doppelverbindungen und teilweisen Austausch des Halogens gegen Hydroxyl, Sauerstoff oder Alkyl abgewandelt worden sind. Die Tab. 11 zeigt die Katalysatoren und ihre Lösungsmittel auf, die im Laufe der Zeit für diese Polymerisation als geeignet befunden worden sind. FAIRBROTHER und SEYMOUR[3] haben folgende Aktivitätsreihe aufgestellt:

Katalysator	BF_3	$\rightarrow AlBr_3 \rightarrow TiCl_4$	$\rightarrow TiBr_4 \rightarrow BCl_3 \rightarrow BBr_3 \rightarrow SnCl_4$
Reaktionszeit	Sekunden $\rightarrow$ 1—5	$\rightarrow$ 0,33—1,17 $\rightarrow$ 12—18	$\rightarrow$ 0,7—2,1
	Minuten	Stunden Stunden	Tage

b) Lösungs-, Kühl- und Verdünnungsmittel

Bei der Polymerisation des Isobutylens tritt eine sehr kräftige Reaktionswärme auf[4]. Sie beträgt etwa 10—20 kcal/Mol[5, 6, 7, 8, 9, 10, 11, 12].

---

[1] IG F. P. 44 501 v. 6. 1. 34, D. Prior. v. 7. 1., 7. 1. u. 28. 1. 33, 16. 2. u. 16. 2. 33; E. P. 421 118 v. 8. 5. 33; Holl. P. 36 210 v. 6. 1. 34, D. Prior. v. 7. 1. 33; E. P. 432 196 v. 13. 1. 34.

[2] IG A. P. 2 203 873 v. 1. 6. 37.

[3] Mitgeteilt von PLESCH, POLANYI u. SKINNER: In J. chem. Soc. (Lond.) **1947**, 257—266.

[4] OTTO: Brennstoff-Chem. 8, 321—323 (1927).

[5] RICHARDSON u. PARKS: J. Amer. chem. Soc. **61**, 3543—3546 (1939).

[6] ROTH u. RIST-SCHUMACHER: Kautschuk 18, 137—142 (1942).

[7] EVANS u. POLANYI: Nature (Lond.) **152**, 738—740 (1943).

[8] BROWN u. BARBARAS: J. chem. Physics 14, 114 (1946).

[9] EVANS u. POLANYI: J. chem. Soc. (Lond.) **1947**, 252—257.

[10] PARKS u. MOSLEY: J. chem. Physics 17, 691—694 (1949).

[11] MAYO u. WALLING: Chem. Reviews **46**, 191—287 (1950).

[12] ROBERTS: J. Res. nat. Bur. Standards **44**, 221—232 (1950).

Tabelle 11. *Katalysatoren für die*

Katalysator	Patentnummer	Patentdatum
Flüchtige, anorganische Halogenide, ihre Lösungen, bzw. Doppelverbindungen	DRP 641 284	26. 7. 31
BF_3, BF_3 + HF, PF_3, PF_5, $AlCl_3$, Al + HCl, Al + $HgCl_2$, $TiCl_4$	E. P. 401 297	3. 3. 32
BF_3, $AlCl_3$, PF_3, PF_5, BF_3 + HF, Al + HCl, ihre Lösungen oder Doppelverbindungen	A. P. 2 130 507 Aust. P. 8861/1932	21. 7. 32/2. 4. 35 D. Prior. v. 25. 7. 31 22. 8. 32
$AlCl_3$, flüchtige, gasförmige oder feste Chloride der Elemente der 2., 5., 6. und 8. Gruppe des periodischen Systems, z. B. $BeCl_2$, $ZnCl_2$, PF_5, AsF_3, UF_6, $FeCl_3$, OsF_8, BCl_3, $TiCl_4$, $SnCl_4$, HF, SbF_5	E. P. 421 118 F. P. 44 501 Holl. P. 36 210	8. 5. 33 6. 1. 34 D. Prior. v. 7. 1., 28. 1., 16. 2., 16. 2. 33 6. 1. 34 D. Prior. v. 7. 1. 33
SO_3 + H_2SO_4, rauchende H_2SO_4 und Halogensulfonsäuren	A. P. 2 131 196	8. 12. 34
BF_3, $TiCl_4$, $TiBr_4$, $AlCl_3$	A. P. 2 139 038	7. 2. 35
BF_3, HF, $AlCl_3$, $ZnCl_2$, $FeCl_3$, BF_3 + HF	A. P. 2 085 524	12. 7. 35
Friedel-Crafts-Katalysatoren und ihre Doppelsalze in polaren, Komplexe bildenden Lösungsmitteln, z. B. $AlCl_3$ in CH_3NO_2 oder Aceton	A. P. 2 085 535	4. 1. 36
BF_3, $AlCl_3$, PCl_3, PCl_5, $SbCl_3$	A. P. 2 125 872	9. 3. 37
BF_3	A. P. 2 203 873	1. 6. 37
BF_3 flüssig	A. P. 2 221 000	11. 8. 37
$AlCl_3$	A. P. 2 243 658	2. 10. 37
Feste Friedel-Crafts-Katalysatoren, z. B. $AlBr_3$	E. P. 505 736	4. 8. 38 A. Prior. v. 6. 10. 37
$Al(CH_3)_2Cl$, $Al(C_2H_5)_2Cl$, $Al(CH_3)Cl_2$, $Al(C_2H_5)Cl_2$, $B(C_4H_9)_2Cl$, $B(C_4H_9)Cl_2$, $Ga(CH_3)_2Cl$, $Ga(CH_3)Cl_2$, $Al(CH_3)_2Cl$. $NH(CH_3)_2$, $Al(C_2H_5)_2$ · OC_2H_5	A. P. 2 220 930	3. 11. 38
$AlCl_3$, $AlBr_3$	A. P. 2 389 693	3. 10. 40
BF_3 · einwertige Alkohole	DBP 868 293	11. 3. 39
BF_3 oder BCl_3, HF, HCl oder HBr oder BF_3 · HF	A. P. 2 418 797	1. 4. 39
BF_3, $AlCl_3$, $TiCl_4$	A. P. 2 243 470	21. 4. 39
Friedel-Crafts-Katalysator · $C_2H_4Cl_2$-Komplex	It. P. 379 029	9. 11. 39
BF_3 · Acetylchlorid, BF_3 · Chloral, BF_3 · Bernsteinsäureanhydrid, BF_3 · Phosphin	A. P. 2 379 656	23. 8. 40

Herstellung hochmolekularer Polyisobutylene

Firma	Erfinder	Lösungsmittel für Katalysator
I. G. Farbenindustrie Aktiengesellschaft	OTTO u. MÜLLER-CUNRADI	Lösungsmittel
I. G. Farbenindustrie Aktiengesellschaft		Phenol, Kresol
I. G. Farbenindustrie Aktiengesellschaft I. G. Farbenindustrie Aktiengesellschaft	OTTO u. MÜLLER-CUNRADI	Phenol, Kresol
I. G. Farbenindustrie Aktiengesellschaft		
Standard Oil Development Company	SCHNEIDER	SO_2, S-Halogenide, CS_2, S-Oxyhalogenide
Standard Oil Development Compnay	RUSSELL	
Shell Development Company	DE SIMÓ u. HILMER	
Shell Development Company	LANGEDIJK u. VAN PESKI	Nitrokohlenwasserstoffe, Ketone, Säurechloride, Alkyl- und Aryl-sulfone, -sulfate und -sulfonate
Standard Oil Company	ARVESON	Nitrobenzol
I. G. Farbenindustrie Aktiengesellschaft	OTTO u. MÜLLER-CUNRADI	C_2H_4
Standard Oil Company	KUENTZEL u. WEBB	Inerte Kohlenwasserstoffe, Hexan
Standard Oil Development Company	THOMAS u. SLOTTERBECK	Niedrigmolekulare Alkylhalogenide mit weniger als 5 C-Atomen
Standard Oil Development Company		CS_2
Standard Oil Development Company	KRAUS	
Jasco, Incorporated	SPARKS u. THOMAS	CS_2
Badische Anilin- und Soda-Fabrik (I. G. Farbenindustrie Aktiengesellschaft „In Auflösung")	OTTO, GÜTERBOCK u. MELAN	Einwertige Alkohole
Standard Oil Company	VOORHEES	
Standard Oil Development Company	MORWAY, TOWNSHIP u. MILLER	CCl_4, andere halogenhaltige Kohlenwasserstoffe
Standard Oil Development Company		
	RUTHRUFF	Butan, Isobutan

Tabelle 11

Katalysator	Patentnummer	Patentdatum
$BF_3 \cdot n\ H_2O$, wobei n 1—5 bedeutet	A. P. 2357926	25. 9. 40
$AlCl_3 \cdot CH_3NO_2$, $AlCl_3 \cdot$ Diisobutylen, $AlCl_3 \cdot C_2H_5NO_2$ und andere Komplexverbindungen	A. P. 2387543	2. 1. 41
$SnCl_4$ + Diisopropylketon, Methylisopropylketon, Isopropylphenylketon, CH_3NO_2 oder $C_6H_5NO_2$, $AlCl_3$ + HCl, BF_3 + HF, $ZrCl_4$ + HCl	A. P. 2403779	30. 4. 41
BF_3 flüssig + Butanol, Äthyläther, 2-Nitropropan	A. P. 2423760	26. 5. 42
BF_3	A. P. 2434552	30. 7. 42
$TiCl_2(OOC \cdot CH_3)_2$	A. P. 2446897	24. 12. 42
$AlOBr \cdot AlBr_3$ und andere Doppelsalze aus Metallhalogenid und Metalloxyhalogenid	A. P. 2481273	1. 1. 43
$MeHal \cdot Me'Alk$, $Me \cdot O \cdot Alk$ oder $MeHal \cdot Me' \cdot O \cdot Alk$, worin Me und Me' ein Friedel-Crafts-Metall (Ti, V, Zr, Si), Hal Halogen und Alk ein Alkyl bedeuten	A. P. 2440498	15. 5. 43
Gemischte Halogenide mehrwertiger Metalle der 2., 3., 4., 5., 6. und 8. Gruppe des periodischen Systems, z. B. $AlClBr_2$, Al_2ClBr_5 oder $BClBr_2$	A. P. 2443287	15. 5. 43
$AlBr_2OH \cdot 2\ AlBr_3$, $AlBr_3 \cdot AlOBr$, evtl. zusammen mit $AlCl_3$	A. P. 2468523	10. 6. 43
$AlCl_3 \cdot$ aliphatischer Kohlenwasserstoffkomplex zusammen mit HCl	A. P. 2407873	13. 11. 43
Freies Radikal, das vollständig durch Arylreste substituiert ist, z. B. Tri-p-tolyl-methyl	E. P. 589861	5. 2. 44
Feste, feinpulverige Katalysatoren, z. B. $AlCl_3$, $FeCl_3$, $TiCl_4$, BF_3, in einer festen, inaktiven oder höchstens schwach katalytischen, porösen Masse, z. B. NH_4Cl, NaCl, KCl, $CaCl_2$, $ZnCl_2$, Na_2SO_4, $MgSO_4$, CO_2-Schnee, Bentonit, Kieselgur, Tonerde dispergiert	Schwz. P. 246478	21. 2. 45 It. Prior. v. 5. 2. 44
$AlOCl$, $AlCl_2OH$, $AlCl_2OH \cdot AlCl_3$	E. P. 585420	8. 8. 44
$AlCl_2OH \cdot AlCl_3 \cdot H_2O \cdot AlCl_3$	F. P. 920080	15. 1. 46
$AlCl_2OH \cdot AlCl_3 \cdot H_2O$	A. P. 2644798	26. 6. 48
Kombinationsverbindung eines nicht gasförmigen Friedel-Crafts-Halogenids und einer aromatischen Verbindung wie z. B. $Al_2Cl_6 \cdot 6\ C_6H_5 \cdot CH_3$	A. P. 2554245	17. 9. 46
$AlBr_3 \cdot$ Kohlenwasserstoffkomplex	A. P. 2458977	19. 9. 46
$AlCl_3 \cdot$ Komplex mit Vinyl- oder Allylchlorid, Methylphenylchloräthylen, Vinylidenchlorid, Trichloräthylen, Styrol u. a.	A. P. 2561729	14. 11. 46
Organische Azoverbindungen, in denen die Azogruppe —N=N— acyclisch und beiderseits an aliphatische C-Atome gebunden ist, von denen wenigstens 1 tertiär ist und dessen Restvalenzen durch O und/oder N abgesättigt sind	A. P. 2471959	15. 1. 48
Homogenes, flüssiges $AlCl_3 \cdot$ Keton-Gemisch, mit z. B. Aceton oder Methyläthylketon, mit so viel $AlCl_3$, daß es die zur Bildung eines festen $AlCl_3$-Ketonkomplexes erforderliche Menge übersteigt, z. B. 55—73%	A. P. 2697694	28. 10. 50

(Fortsetzung)

Firma	Erfinder	Lösungsmittel für Katalysator
Standard Oil Development Company	BANNON	H_2O
Jasco, Incorporated	THOMAS u. NELSON	CH_3Cl, C_2H_5Cl
Phillips Petroleum Company	BAILEY	
Standard Oil Company	ELMORE	Äthylen, Methan
Standard Oil Development Company	ELMORE u. EVANS	CH_3Cl, C_2H_5 Cl; zum Verdünnen der BF_3—CH_3Cl-Lösung flüssige Kohlenwasserstoffe mit 2—3 C-Atomen
Standard Oil Development Company	YOUNG u. KELLOG	CS_2, CH_3Cl
Standard Oil Development Company	YOUNG	Kohlenwasserstoffe
Standard Oil Development Company	YOUNG u. KELLOG	Kohlenwasserstoffe, Alkylhalogenide
Standard Oil Development Company	YOUNG u. ELMORE	Gesättigte aliphatische Kohlenwasserstoffe mit 3—4 C-Atomen
Standard Oil Development Company	THOMAS, YOUNG u. CALFEE	Niedrigsiedende Kohlenwasserstoffe und Alkylhalogenide
Standard Oil Company	EVERING, D'OUVILLE u. CARMODY	Gesättigte, aliphatische Kohlenwasserstoffe
Standard Oil Development Company		Inerte flüssige Kohlenwasserstoffe, Propan, Butan, Pentan, Heptan
Montecatini Soc. Gen. per l'Industria Mineraria e Chimica Anonima		
Standard Oil Development Company Standard Oil Development Company Standard Oil Development Company	CALFEE u. KRAUS	CH_3Cl, C_2H_5Cl, CS_2, Butan, Äthan, Propan, die keine Komplexe bilden
Standard Oil Development Company	DORNTE	CH_3Cl, CH_2Cl_2, CS_2, C_2H_5Cl, $CHCl_3$
Socony-Vacuum Oil Company	CARMODY	Propan, n-Butan, Cyclohexan
Standard Oil Development Company	DORNTE	Alkylhalogenide, z. B. CH_3Cl
E. I. du Pont de Nemours a. Company	HUNT	
Standard Oil Company	SHALIT u. LIEN	

Tabelle 11

Katalysator	Patentnummer	Patentdatum
$ZrCl_4$-Komplex mit nicht cyclischem Äther, z. B. β,β'-Dichloräthyläther	A. P. 2682531	31. 3. 51
$AlCl_3 \cdot$ Aceton-Komplex mit Mol-Verhältnis 1—1,3	A. P. 2681903	16. 4. 52
Trialkylphosphin, -arsin oder -stibin	A. P. 2675372	9. 7. 52
$AlCl_3$ fest	A. P. 2727022	16. 4. 52
$AlCl_3$ fest mit Korngröße unter 0,2 mm	A. P. 2698320	26. 11. 52
$AlCl_3$ fest	A. P. 2739143	29. 12. 52
$AlCl_3$ fest mit Teilchengröße unter 0,2 mm	A. P. 2779753	29. 12. 52
$TiCl_4 + Al(C_2H_5)_3$	Belg. P. 538782	6. 6. 55 It. Prior. v. 8. 6. 54/ 27. 7. 54
$TiCl_4 + Al(C_2H_5)_3$	Ber. Akad. Wiss. UdSSR **111**, 121—124 (1956)	
$TiCl_4$ oder $VCl_4 + AlCl(C_2H_5)(OC_2H_5)$	D. A. S. 1016018	20. 10. 55
$TiCl_4 + Na \cdot$ Amyl	Belg. P. 549570	26. 7. 57 D. Prior. v. 3. 12.55
$TiCl_4 + AlCl(C_2H_5)_2 + Al(C_2H_5)_3$	Belg. P. 546846	7. 4. 56
$TiCl_3(CH_3)$, $TiBr_3(CH_3)$ (+ geringe Mengen Al-organische Verbindungen)	D. A. S. 1026964	16. 1. 55
Alkenylverbindungen + Metallverbindungen	F. P. 1156425	18. 7. 56

Die Umsetzung kann durch Zugabe von Lösungs- und Verdünnungsmitteln gemäßigt und die Reaktionswärme durch Kühlmittel ausgeglichen werden. Lösungs- und Verdünnungsmittel können gleichzeitig als Kühlmittel wirken. Die Abführung der Polymerisationswärme kann durch Innen- oder Außenkühlung erfolgen.

Die Tab. 12 enthält die für die Polymerisation von Isobutylen vorgeschlagenen Lösungs- und Verdünnungsmittel sowie die Kühlmittel.

c) Reglerstoffe

Die Polymerisation des Isobutylens ist ferner durch Reglerstoffe beeinflußbar, die entweder beschleunigen oder hemmen. Dabei spielt der Katalysator eine wichtige Rolle. So kann ein Regler bei Anwesenheit eines bestimmten Katalysators als Beschleuniger, bei Gegenwart eines anderen als Verzögerer wirken. Die Mengenverhältnisse sind von ausschlaggebender Bedeutung. So kann eine in geringer Menge als Beschleuniger wirkende Substanz in größeren Mengen als Vergifter wirken.

(Fortsetzung)

Firma	Erfinder	Lösungsmittel für Katalysator
Standard Oil Development Company	ERNST u. THOMAS	CH_3Cl, CH_3Br, CH_2Cl_2, C_2H_5Cl, CS_2, Propan, Butan, Pentan
Standard Oil Company	LINSK	CH_3Cl, C_2H_5Cl
Eastman Kodak Company	COOVER u. DICKEY	
Standard Oil Company	LINSK	
Standard Oil Development Company	GARABRANT, GOERING u. SCHNEIDER	
Esso Research and Engineering Company	GOERING u. MISTRETTA	5%ige Aufschlämmung in Hexan
Esso Research and Engineering Company	GARABRANT, SCHNEIDER, GOERING u. MOTTERN	
Montecatini Soc. Gen. per l'Industria Mineraria e Chimica Anonima	ZIEGLER	
	TOPTSCHIJEW, KENCEL, BOGOMOLOVA u. GOLDFARB	Isooctan
Badische Anilin- u. Soda-Fabrik Aktiengesellschaft	MÜHLBAUER u. WEBER	aliphatisch oder aromatisch. KW oder Halogen-KW
Badische Anilin- u. Soda-Fabrik Aktiengesellschaft		
Hercules Powder Company		
Farbwerke Hoechst Aktiengesellschaft	BEERMANN u. BESTIAN	
Badische Anilin- u. Soda-Fabrik Aktiengesellschaft		Aliphatische und aromatische Kohlenwasserstoffe

α) *Beschleuniger*

Die eine Art von Reglerstoffen wird „Beschleuniger" genannt. Sie bewirken in kleinen Mengen von 0,001—1% eine Beschleunigung des Reaktionsablaufes, eine Verringerung der Katalysatormenge und eine Erhöhung des Molekulargewichtes. OTTO und MÜLLER-CUNRADI[1] verwendeten für diesen Zweck Flußsäure, deren Wirksamkeit OTTO schon von seinen Arbeiten über die Polymerisation von Olefinen bei F. HOFMANN[2] her kannte. SIMÓ und HILMER[3], VOORHEES[4], BAILEY[5] u. a. haben diese Beobachtung bestätigt.

Entsprechend haben BAILEY[5] und EVERING, D'OUVILLE und CARMODY[6] Chlorwasserstoff bei chlorhaltigen Friedel-Craftsschen Katalysa-

---

[1] IG A. P. 2084501 v. 21. 7. 32/20. 6. 33, D. Prior. v. 25. 7. 31.
[2] HOFMANN, OTTO u. STEGEMANN, DRP 504730 v. 21. 12. 27.
[3] Shell A. P. 2085524 v. 12. 7. 35.
[4] StOC A. P. 2418797 v. 1. 4. 39.
[5] PhPC A. P. 2403779 v. 30. 10. 41.
[6] StOC A. P. 2407873 v. 13. 11. 43.

Tabelle 12. *Lösungs- und Kühlmittel für die*

Lösungs- und/oder Verdünnungsmittel	Kühlmittel[1]
Pentan	Festes CO_2 zur Außen- und Innenkühlung
Pentan, Normalbutylen (α-Butylen)	
Pentan, Normalbutylen (α-Butylen)	
Pentan, Normalbutylen (α-Butylen), Petroläther	
Pentan	Festes CO_2 zur Außen- oder Innenkühlung
Butan, Pentan, gesättigte Kohlenwasserstoffe, Normalbutylen	
Pentan	
Propan, Butan, Pentan, Leichtbenzine, Normalbutylen	Äthan, Äthylen, Propan, Propylen, NH_3, SO_2, CH_3Cl, Mischung aus Alkohol und festem CO_2 zur Außenkühlung
Propan, Pentan, Naphtha, CCl_4, $CHCl_3$, $C_2H_4Cl_2$	Äthan, Propan, leichtflüchtige Kohlenwasserstoffe aus natürlichem Benzin, CH_3Cl, CF_2Cl_2 als Innenkühlung
Propan, Butan, Hexan, Normalbutylen	CO_2-Schnee als Außenkühlung
Propan, Hexan, Naphtha, inerte Kohlenwasserstoffe, Normalbutylen, Butane	Äthan, CO_2-Aceton-Gemisch als Außenkühlung
Äthylen	Äthylen als Innenkühlung
Isobutan, Normalbutan, Normalbutylene, Pentan	Ammoniak, Propan, Äthan, Äthylen, Aceton-CO_2-Gemisch als Außenkühlung
Isobutan, Normalbutylen	CO_2 fest, Äthylen flüssig als Innenkühlung
Propan, Butan, Naphtha, Normalbutylene, Butane	H_2O, Kältesole, Propan, NH_3 als Außenkühlung
Butane, Butylene, Hexan, Propan, Naphtha	Methan, Äthan, CO_2, Äthylen, Äthylen-Propan, CO_2-Aceton als Außenkühlung
CCl_4, Chloroform, Methylenchlorid, CH_3Cl, C_2H_5Cl, Äthylendichlorid, Tetrachloräthan, CH_2F_2, CH_2ClF, höhere Alkylhalogenide, Benzylchlorid	CO_2 fest, Äthylen
Hexan	CO_2 flüssig, zu fein verteiltem CO_2-fest entspannt
	Propan, Äthylen, Äthan, Methan, NH_3, CO_2, SO_2 als Außenkühlung; CO_2, C_2H_4, C_2H_6, CH_4 als Innenkühlung

[1] Innenkühlung = Kühlmittel ist mit Isobutylen gemischt.
    Außenkühlung = Kühlmittel bleibt vom Isobutylen getrennt.

Herstellung hochmolekularer Polyisobutylene

Patentnummer	Patentdatum	Firma	Erfinder
DRP 641284	26. 7. 31	I. G. Farbenindustrie Aktiengesellschaft	OTTO u. MÜLLER-CUNRADI
E. P. 401297	3. 3. 32	I. G. Farbenindustrie Aktiengesellschaft	
A. P. 2130507	21. 7. 32/2. 4. 35 D. Prior. v. 25. 7. 31	I. G. Farbenindustrie Aktiengesellschaft	
F. P. 740407	23. 7. 32, D. Prior. v. 25. 7. u. 3. 11. 31	I. G. Farbenindustrie Aktiengesellschaft	
E. P. 421118	8. 5. 33	I. G. Farbenindustrie Aktiengesellschaft	
F. P. 44501	6. 1. 34 D. Prior. v. 7. 1., 7. 1., 28. 1., 16. 2., 16. 2. 33	I. G. Farbenindustrie Aktiengesellschaft	
Holl. P. 36210	6. 1. 34 D. Prior. v. 7. 1. 33	I. G. Farbenindustrie Aktiengesellschaft	
A. P. 2139038	7. 2. 35	Standard Oil Development Company	RUSSELL
A. P. 2085524	12. 7. 35	Shell Development Company	DE SIMÓ u. HILMER
A. P. 2099090	7. 2. 36	Standard Oil Company	WEBB
A. P. 2269421	30. 9. 36	Standard Oil Company	ARVESON
A. P. 2176194	21. 11. 36	Standard Oil Development Company	BANNON
A. P. 2125872	9. 3. 37	Standard Oil Company	ARVESON
A. P. 2203873	1. 6. 37	I. G. Farbenindustrie Aktiengesellschaft	MÜLLER-CUNRADI u. OTTO
A. P. 2221000	11. 8. 37	Standard Oil Company	KUENTZEL u. WEBB
A. P. 2374272	21. 8. 37	Standard Oil Company	CARPENTER u. FEUCHTER
A. P. 2243470	21. 4. 39	Standard Oil Development Company	MORWAY, TOWNSHIP u. MILLER
E. P. 541076	8. 5. 40	Imperial Chemical Industries Limited	SCOTT, SNOWDON, SYKES u. WHITEHEAD
A. P. 2440498	15. 5. 43	Standard Oil Development Company	YOUNG u. KELLOG

Tabelle 12

Lösungs- und/oder Verdünnungsmittel	Kühlmittel
F-substituierte Kohlenwasserstoffe, z. B. CF_4, C_2F_6, C_3F_8, C_4F_{10}, CHF_3, $C_2H_2F_4$ u. a.	C_2H_4, C_2H_6, CO_2, C_3H_8, C_4H_{10}, SO_2, C_5H_{10}, CH_4 als Außenkühlung
N_2O, SO_2	Äthylen als Innen- oder Außenkühlung
SO_2 und Butan	Butan
SO_2	
Methyl-, Äthyl-, Amylnitrit	CO_2 als Innenkühlung, C_2H_6, C_2H_4 als Außenkühlung
Cycloparaffine wie Cyclopropan, -butan, -pentan, -hexan, 1,1-Dimethylcyclopentan u. a.	
Isopentan	
Isobutylen	
Normale C_5—C_8-Alkankohlenwasserstoffe	
Hexan	

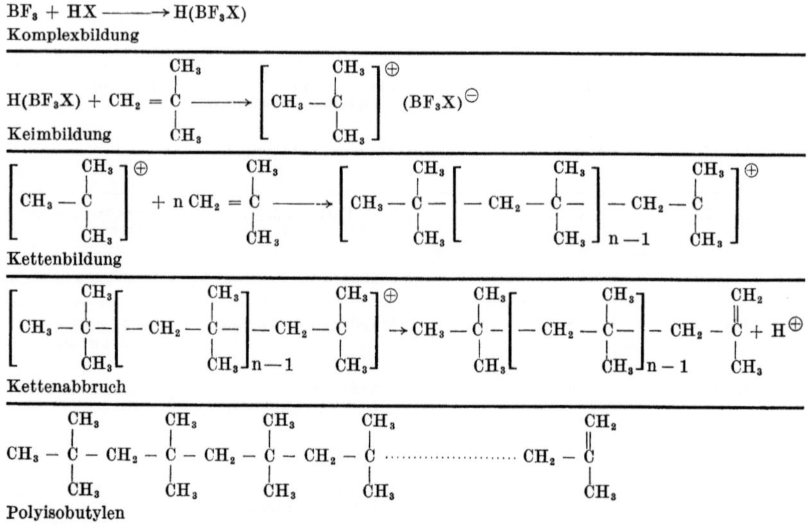

$$BF_3 + HX \longrightarrow H(BF_3X)$$

Komplexbildung

$$H(BF_3X) + CH_2 = \underset{\underset{CH_3}{|}}{\overset{\overset{CH_3}{|}}{C}} \longrightarrow \left[CH_3 - \underset{\underset{CH_3}{|}}{\overset{\overset{CH_3}{|}}{C}} \right]^{\oplus} (BF_3X)^{\ominus}$$

Keimbildung

$$\left[CH_3 - \underset{\underset{CH_3}{|}}{\overset{\overset{CH_3}{|}}{C}} \right]^{\oplus} + n\, CH_2 = \underset{\underset{CH_3}{|}}{\overset{\overset{CH_3}{|}}{C}} \longrightarrow \left[CH_3 - \underset{\underset{CH_3}{|}}{\overset{\overset{CH_3}{|}}{C}} - \left[- CH_2 - \underset{\underset{CH_3}{|}}{\overset{\overset{CH_3}{|}}{C}} - \right]_{n-1} - CH_2 - \underset{\underset{CH_3}{|}}{\overset{\overset{CH_3}{|}}{C}} \right]^{\oplus}$$

Kettenbildung

$$\left[CH_3 - \underset{\underset{CH_3}{|}}{\overset{\overset{CH_3}{|}}{C}} - \left[- CH_2 - \underset{\underset{CH_3}{|}}{\overset{\overset{CH_3}{|}}{C}} - \right]_{n-1} - CH_2 - \underset{\underset{CH_3}{|}}{\overset{\overset{CH_3}{|}}{C}} \right]^{\oplus} \rightarrow CH_3 - \underset{\underset{CH_3}{|}}{\overset{\overset{CH_3}{|}}{C}} - \left[- CH_2 - \underset{\underset{CH_3}{|}}{\overset{\overset{CH_3}{|}}{C}} - \right]_{n-1} - CH_2 - \underset{\underset{CH_3}{|}}{\overset{\overset{CH_2}{||}}{C}} + H^{\oplus}$$

Kettenabbruch

$$CH_3 - \underset{\underset{CH_3}{|}}{\overset{\overset{CH_3}{|}}{C}} - CH_2 - \underset{\underset{CH_3}{|}}{\overset{\overset{CH_3}{|}}{C}} - CH_2 - \underset{\underset{CH_3}{|}}{\overset{\overset{CH_3}{|}}{C}} - CH_2 - \underset{\underset{CH_3}{|}}{\overset{\overset{CH_3}{|}}{C}} \cdots\cdots CH_2 - \underset{\underset{CH_3}{|}}{\overset{\overset{CH_2}{||}}{C}}$$

Polyisobutylen

Abb. 7. Reaktionsmechanismus der Isobutylen-Polymerisation

toren, CARMODY[1], FONTANA, KIDDER und HEROLD[2] Bromwasserstoff bei bromhaltigen Katalysatoren verwendet. Die zwischenzeitliche Bildung von Halogenwasserstoff schien auch die treibende Kraft für eine

(Fortsetzung)

Patentnummer	Patentdatum	Firma	Erfinder
A. P. 2534698	29. 11. 44	Standard Oil Development Company	CALFEE u. THOMAS
A. P. 2485454	27. 9. 45	Standard Oil Development Company	NELSON u. SPARKS
A. P. 2442644	2. 4. 46	California Research Corporation	ELWELL u. MEIER
A. P. 2442645	2. 4. 46	California Research Corporation	ELWELL u. MEIER
A. P. 2507133	13. 7. 46	Standard Oil Development Company	YOUNG u. HINELINE
A. P. 2681903	16. 4. 52	Standard Oil Company	LINSK
A. P. 2727022	16. 4. 52	Standard Oil Company	LINSK
A. P. 2698320	26. 11. 52	Standard Oil Development Company	GARABRANT, GOERING u. SCHNEIDER
A. P. 2779753	29. 12. 52	Esso Research and Engineering Co.	GARABRANT, SCHNEIDER, GOERING u. MOTTERN
A. P. 2739143	29. 12. 52	Esso Research and Engineering Co.	GOERING u. MISTRETTA

Reihe von Beschleunigern zu sein, die die I. G. Farbenindustrie Aktiengesellschaft[3] 1938 gefunden hat. Die genauere Erklärung für ihre Wirkungsweise lieferten später EVANS und POLANYI[4], PLESCH, POLANYI und SKINNER[5], PLESCH[6], EVANS, MEADOWS und POLANYI[7], EVANS und MEADOWS[8] sowie PLESCH[9]. Wie das Schema vom Reaktionsmechanismus (Abb. 7) zeigt, sind diese Beschleuniger (Kokatalysatoren) Protonen-Spender und diese die eigentlichen Katalysatoren. In den Patenten sind folgende chemische Verbindungen genannt:

Schwefelsäure Salpetersäure Capronsäure Trichloressigsäure	Form-aldehyd	Phenol Kresol	Methylalkohol Äthylalkohol Isobutylalkohol Octylalkohol	Cyclo-hexyl-alkohol	Benzyl-alkohol

[1] SVOC A. P. 2458977 v. 19. 9. 46.

[2] Ind. Engng. Chem. **44**, 1688—1695 (1952).

[3] IG DRP 704038 v. 25. 5. 38; DRP 738425 v. 24. 6. 38; DRP 738426 v. 24. 6. 38; DRP 738427 v. 24. 6. 38; DRP 738428 v. 24. 6. 38; DRP 761131 v. 24. 6. 38.

[4] J. chem. Soc. (Lond.) **1947**, 252—257.

[5] J. chem. Soc. (Lond.) **1947**, 257—266.

[6] Nature (Lond.) **160**, 868—869 (1947).

[7] Nature (Lond.) **160**, 869 (1947).

[8] Trans. Faraday Soc. **46**, 327—331 (1950).

[9] J. chem. Soc. (Lond.) **1950**, 543—556.

Beispielsweise bewirken bei Anwendung von Borfluorid als Katalysator 0,05% Methylalkohol im Isobutylen eine Erhöhung des Molekulargewichts von 95000 (Reaktionszeit etwa 400 sec) auf 240000 (Reaktionszeit 30 sec) bei gleicher Katalysatormenge. 0,005% Phenol erniedrigen bei Erzielung gleicher Molekulargewichte und Reaktionszeiten den Katalysatorverbrauch (Borfluorid) von 160 Teilen auf 10 Teile.

SKOOGLUND[1] hat gefunden, daß organische Sulfide wie Schwefelkohlenstoff, Phenolsulfid, Arylsulfid und Alkylsulfide als „Katalysator-Hilfe" geeignet sind. 0,05—2% CS_2 erhöhen das Molekulargewicht des Polyisobutylens von 60—80000 auf über 100000. HOLMES[2] verwendet mit Erfolg z. B. Isopropyläther, Isopropylacetat oder Methylpropylketon als Beschleuniger bei der Isobutylenpolymerisation mittels BF_3.

ELMORE[3] aktiviert Borfluorid mittels 0,001—1% Äthyläther, Normalbutylalkohol, 2-Nitropropan oder Tetradecanol. WALSH JR. und SCHUTZE[4] erzielen mit 6—100 Teilen Tertiärbutylchlorid oder -bromid auf 1000000 Teile Kohlenwasserstoff und $AlCl_3$ als Katalysator Reaktionsbeschleunigung und Verringerung des Katalysatorverbrauchs. SCHNEIDER und BRAKELEY[5] aktivieren mit 0,1% Diäthyläther die Polymerisation stark normalbutylenhaltigen Isobutylens mittels BF_3. Bei dieser Polymerisation kann auch die Zugabe von reinem Isobutylen einen Beschleunigereffekt hervorrufen[5].

Auch Wasser ist als Kokatalysator bei der Isobutylenpolymerisation mit BF_3 geeignet, wie EVANS u. a.[6] gezeigt haben. NORRISH und RUSSELL[7] haben gefunden, daß Wasser als Kokatalysator für Zinntetrachlorid notwendig ist. ELWELL und MEIER[8, 9, 10] haben die aktivierende Wirkung von SO_2 auf BF_3 erkannt, wobei allerdings das Molekulargewicht des Polymerisates etwas gedrückt wird.

β) Vergifter

Die zweite Art von Reglerstoffen trägt die Bezeichnung „Vergifter", „Verzögerer" oder „Kettenabbrecher". Sie bewirken in der Regel das Gegenteil der Beschleuniger, nämlich Erniedrigung des Molekulargewichtes, Verlängerung der Reaktionszeit und häufig Erhöhung des Katalysatorbedarfs. Sie können im Isobutylen von seiner Herstellung oder Aufbereitung her enthalten sein, oder sie können dem Isobutylen nachträglich zugesetzt werden. OTTO und MÜLLER-CUNRADI[11] haben die vergiftende Wirkung des Normalbutylens im Isobutylen daran erkannt, daß sich bei der Polymerisation eines Gemisches von Iso- und Normal-

---

[1] Jasco A. P. 2300069 v. 17. 6. 39.
[2] Jasco A. P. 2384916 v. 15. 6. 40.
[3] StOC A. P. 2423760 v. 26. 5. 42.
[4] StODC A. P. 2581154 v. 1. 7. 48.
[5] StODC A. P. 2637720 v. 30. 9. 49.
[6] Siehe S. 87.
[7] Trans. Faraday Soc. 48, 91—98 (1952).
[8] CRC A. P. 2442643 v. 2. 4. 46.
[9] CRC A. P. 2442644 v. 2. 4. 46.
[10] CRC A. P. 2442645 v. 2. 4. 46.
[11] IG DRP 641284 v. 26. 7. 31.

butylen mit BF_3 ölige Polymerisate bildeten, während unter gleichen Bedingungen polymerisiertes reines Isobutylen ein festes Polymerisat ergibt. OTTO und SCHNEIDER[1, 2] haben die Vergiftung der Isobutylen-polymerisation systematisch untersucht und gefunden, daß organische Schwefelverbindungen, Mercaptane, Sulfide, Polysulfide, Schwefelwasserstoff, Schwefel oder Alkylhalogenide in Mengen unter 1% stark, Olefine mit mehr als 2 Kohlenstoffatomen, Normalbutylen, Propylen oder Halogenwasserstoffe in Mengen bis zu 25% schwächer wirkende Giftstoffe sind. Zum Beispiel eignet sich als Vergifter ein C_4-Schnitt aus gecracktem Petroleum mit hohem Gehalt an Normalbutylenen. Abb. 8 veranschaulicht den Vergiftungseffekt von Normalbutylen im Isobutylen[3]. Später haben SCHNEIDER und BRAKELEY[4, 5] gefunden, daß Cis- und Trans-β-Normalbutylen stärker wirksame Gifte sind als α-Normalbutylen. Ihre Entfernung z. B. durch fraktionierte Destillation ist notwendig, wenn hohe Molekulargewichte der Isobutylenpolymerisate erreicht werden sollen. Daß auch α-Normalbutylen vergiftende Eigenschaften besitzt, zeigen SHALIT und LIEN[6] mit nebenstehender Tab. 13 (Polymerisationstemperatur —75°, Katalysator: $AlCl_3 \cdot$ Aceton).

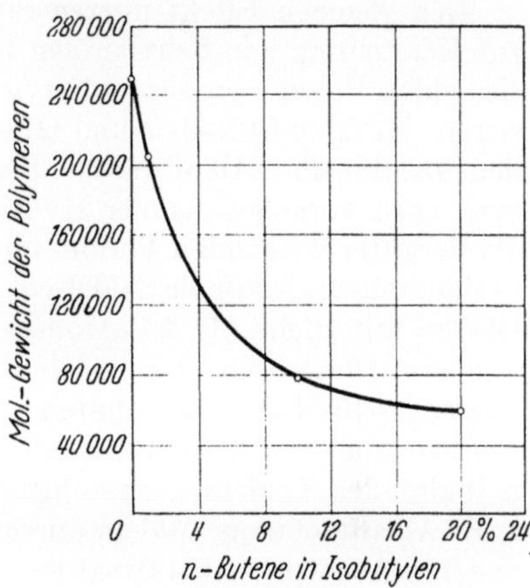

Abb. 8. Einfluß von n-Butenen auf das Molekulargewicht von Polyisobutylenen, die bei —95° mit BF_3 als Katalysator hergestellt worden sind

Tabelle 13

Gew.-% α-Normalbutylen bezogen auf Isobutylen	Gew.-% Polymeren-menge	Molekular-gewicht
0	90	132 000
21	52	100 000
49	46	65 000
117	8	20 000

Auch geringe Mengen von Schmierölen, aromatischen Kohlenwasserstoffen oder von bei Zimmertemperatur flüssigen Olefinen sind als Vergifter geeignet[1, 2]. Das bestätigt BANNON[7], der den Gehalt des im Kreislauf geführten, als Kühl- und Lösungsmittel dienenden Äthylens an Di- und Triisobutylen als Ursache für die zunehmende Vergiftung der Isobutylenpolymerisation erkannt hat.

[1] IG u. StODC A. P. 2172403 v. 29. 3. 35.

[2] Jasco A. P. 2296399 v. 3. 9. 39.

[3] J. Amer. chem. Soc. 62, 276—280 (1940).

[4] StODC A. P. 2637720 v. 30. 9. 49.

[5] EREC A. P. 2775577 v. 23. 12. 52.

[6] StOC A. P. 2697694 v. 28. 10. 50.

[7] StODC A. P. 2176194 v. 21. 11. 36.

Andererseits kann er durch Zugabe von 0,5 bzw. 1 bzw. 2% Diisobutylen zum Isobutylen das Molekulargewicht von 31000 auf 26000 bzw. 16500 bzw. 11000 herabdrücken.

Den gleichen Effekt nutzen SCHNEIDER und BANNON[1, 2], indem sie zur Herstellung von Schmierölen Isobutylen in Gegenwart von niedrigsiedenden Polymeren des Isobutylens (Di- bis Hexaisobutylen) polymerisieren. MÜLLER-CUNRADI und OTTO[3] beschreiben die Reinigungsmethoden, Destillation, Alkaliwäsche, Behandeln mit Kupfer oder Kupferoxyd, evtl. nach vorangegangener Hydrierung, mit denen es möglich ist, alle als Vergifter wirkenden Verunreinigungen des Isobutylens wie Schwefelverbindungen, Alkohole, Aldehyde, organische Säuren, Alkylhalogenide, Olefine mit mehr als 4 C-Atomen und Aromaten auf Spuren zu vermindern. Diese Reihe kann noch durch die von der I. G. Farbenindustrie Aktiengeselllschaft[4] genannten Ketone, Äther und Ester ergänzt werden. Aus dem gleichen Grunde behandelt ANDERSON[5] ein Isobutylen enthaltendes Kohlenwasserstoffgemisch mit einem „Diolefin-Entferner", z. B. Alkalimetallen, Maleinsäureanhydrid, Peroxyden, Walkerde oder anderen Absorptionskatalysatoren, um als Vergifter wirkende Diolefine wie Butadien oder Isopren zu entfernen. HARTVIGSEN[6] erhält mit diolefinhaltigem Isobutylen nur Molekulargewichte von 65000—200000 gegenüber 100000—450000 bei hochgereinigtem Isobutylen. Umgekehrt kann der Diolefingehalt im Isobutylen erwünscht und von entscheidender Bedeutung sein, wovon im Kapitel „Mischpolymerisation", S. 120 fg. berichtet wird. ELWELL und MEIER[7] erreichen die kettenabbrechende Wirkung mit 1—50% Schwefeldioxyd, so daß sie auch bei tiefen Temperaturen schmierölartige Isobutylenpolymerisate erhalten. PLESCH, POLANYI und SKINNER[8] fanden, daß Äthylalkohol und Diäthyläther für die Isobutylenpolymerisation mit $TiCl_4$ echte Gifte sind, ebenso nach PLESCH[9] Essigsäure. Das gleiche Ergebnis erhielten NORRISH und RUSSELL[10] bei $SnCl_4$ als Katalysator für Äthylalkohol, Tertiärbutylalkohol, Diäthyläther und Aceton. HORREX und PERKINS[11] ermittelten Äther, Tertiärbutylalkohol und Diisobutylen als Vergifter bei der Isobutylenpolymerisation mit BF_3.

Bei der technischen Isobutylenpolymerisation spielen die Normalbutylene eine wesentliche Rolle. Sie begleiten das Isobutylen bei fast allen seinen Gewinnungsarten, und man muß ihren Gehalt auf ein Mindestmaß herabsetzen, wenn ihre Vergifterwirkung ausgeschaltet sein soll. Die Methoden dafür, Destillation, extraktive Destillation, Lösungs-

[1] StODC A. P. 2216253 v. 19. 1. 37.
[2] StODC F. P. 831750 v. 6. 1. 38, A. Prior. v. 19. 1. u. 7. 12. 37.
[3] IG A. P. 2203873 v. 1. 6. 37.
[4] IG DRP 704038 v. 24. 5. 38.
[5] StOC A. P. 2182512 v. 10. 6. 37.
[6] Jasco A. P. 2407494 v. 2. 1. 41.
[7] CRC A. P. 2442644 u. 2442645 v. 2. 4. 46.
[8] J. chem. Soc. (Lond.) **1947**, 257—266.
[9] Nature (Lond.) **160**, 868—869 (1947).
[10] Nature (Lond.) **160**, 543—544 (1947).
[11] Nature (Lond.) **163**, 486—487 (1949).

mittelextraktion und Isomerisierung sind bei der Isobutylenherstellung und -reinigung (s. Abschnitt I C) beschrieben worden.

Zusammenfassend kann man also sagen:

Kokatalysatoren (polare Verbindungen in geringen Mengen) sind für die Polymerisationsreaktion des Isobutylens notwendig[1].

Beschleuniger können den Polymerisationsablauf des Isobutylens im Sinne größerer Reaktionsgeschwindigkeit und größerer Kettenlänge beeinflussen[1].

Die Funktionen von Kokatalysator und Beschleuniger können sich überschneiden[1].

Vergifter können den Polymerisationsablauf des Isobutylens im Sinne verzögerter Reaktionsgeschwindigkeit und kürzerer Kettenlänge beeinflussen.

GÜTERBOCK[2, 3] hat durch geeignete Kombination aller drei Reglerstoffarten die Reaktionsbedingungen dem Polymerisationsverfahren weitgehend angepaßt.

2. Technische Verfahren

Für die technische Herstellung hochmolekularer Polyisobutylene sind zahlreiche Verfahren vorgeschlagen worden, die die Tab. 14 im Überblick zeigt. Ihnen allen gemeinsam sind Polymerisationsapparate mit Vorrichtungen zum Mischen des Monomeren allein oder in Lösung mit dem Katalysator als solchem oder in Lösung und zum Kühlen zwecks Abführung der Polymerisationswärme. Sie arbeiten diskontinuierlich, halbkontinuierlich oder kontinuierlich. Die meisten Verfahren arbeiten drucklos. Jedoch sind z. B. zur Aufrechterhaltung der flüssigen Phase oder bei Verwendung gasförmiger Katalysatoren Drucke bis zu 7000 Atm. empfohlen worden[4-13].

Im folgenden werden 2 Verfahren zur Herstellung von Polyisobutylen-Ölen und 2 Verfahren zur Herstellung von festen Polyisobutylenen ausführlicher beschrieben.

---

[1] SCHILDKNECHT: Polymer Processes. S. 200. New York 1956.

[2] BASF DBP 1019088 v. 24. 5. 56.

[3] BASF DBP 1034861 v. 21. 11. 56.

[4] IG E. P. 421118 v. 8. 5. 33.

[5] StOC KUENTZEL u. WEBB, A. P. 2221000 v. 11. 8. 37.

[6] BASF OTTO, GÜTERBOCK u. MELAN, DBP 868293 v. 11. 3. 39.

[7] StOC VOORHEES, A. P. 2481797 v. 1. 4. 39.

[8] StODC BANNON, A. P. 2357926 v. 25. 9. 40.

[9] StODC CALFEE, THOMAS u. FLORY, A. P. 2491710 v. 16. 6. 43.

[10] StOC EVERING, d'OUVILLE u. CARMODY, A. P. 2407873 v. 13. 11. 43.

[11] StOC RUSSUM, A. P. 2677000 v. 27. 2. 51.

[12] StOC FRAGEN, A. P. 2677001 v. 27. 2. 51.

[13] StOC YAHNKE u. HEALY, A. P. 2677002 v. 19. 4. 52.

Tabelle 14. *Verfahren zur Herstellung*

Apparatur[1]	Katalysatorzugabe	Patentnummer
Diskontinuierlich arbeitende Töpfe mit oder ohne Rührer und Innenkühlung	BF$_3$ gasförmig einleiten, TiCl$_4$ zutropfen lassen	DRP 641 284
Rührkessel mit Schnellrührer	Katalysatorzufuhr durch Leitung mit Verteiler am Boden des Gefäßes	A. P. 2 229 661
Kühlschlange in einem Kühlmantel mit Außenkühlung der Reaktionsröhren	Rauchende H$_2$SO$_4$ im Gleichstrom mit Isobutylen	A. P. 2 131 196
Kühlschlange mit mehreren Kühlmänteln und Außenkühlung der Rohrwindungen	Gasförmig, flüssig oder gelöst im Gleichstrom mit Isobutylen	A. P. 2 139 038
Geschlossenes Reaktionsgefäß, in das Isobutylen und Kühlmittel getrennt oder gemischt eingesprüht werden	BF$_3$ + HF gasförmig in Reaktionsgefäß einblasen	A. P. 2 085 524
Geschlossener Rührkessel mit Kühlmantel zur Außenkühlung	BF$_3$ gasförmig einleiten	A. P. 2 269 421
Kontinuierliche Polymerisation in einem geschlossenen Druckgefäß durch kontinuierliche Zugabe von Monomeren, Lösungs- und Kühlmittel sowie Katalysator und gleichzeitige kontinuierliche Abnahme von im Lösungsmittel suspendiertem Polymerisat	Einleiten flüssig oder gasförmig am Boden des Reaktionsgefäßes	F. P. 826 993
Konisches Reaktionsgefäß mit abnehmbarem Deckel für diskontinuierliche Polymerisation mit Innenkühlung	BF$_3$ gasförmig einleiten	A. P. 2 176 194
Kontinuierliche Polymerisation auf einem endlosen, laufenden Band mit Innenkühlung	Katalysatorlösung fließt zu	DRP 697 482
Hochdruckkessel mit innen liegender Kühlschlange	BF$_3$ flüssig oder in inertem Kohlenwasserstoff gelöst wird eingepreßt	A. P. 2 221 000
Werner und Pfleiderer-Kneter	Einleiten von BF$_3$	A. P. 2 360 632
Waagerecht liegender, zylindrischer Behälter mit von innen her gekühlter rotierender Walze, auf deren Oberfläche Isobutylen als dünner Film polymerisiert wird	BF$_3$, evtl. zusammen mit HF, wird unter Druck in den Reaktionsraum eingeblasen	A. P. 2 418 797
Rührkessel, in den zur Kühlung mit CO$_2$-fest CO$_2$-flüssig hinein entspannt wird	BF$_3$ gasförmig einleiten	E. P. 541 076
3 Werner und Pfleiderer-Kneter, kaskadenförmig übereinander angeordnet	Katalysatorzugabe durch Leitung in den 1. Kneter	A. P. 2 435 228
3 Werner und Pfleiderer-Kneter, kaskadenförmig übereinander angeordnet	Katalysatorzugabe durch Leitung in den 1. Kneter	A. P. 2 435 229
Rührkessel innen verglast oder emailliert mit Kühlmantel und Propellerrührer mit Öffnungen in den Flügeln zur besseren Katalysatorverteilung und mit rotierenden Schabern zum Säubern der inneren Kesselwände	Katalysator, gasförmig oder in Lösung, wird durch die Achse des Rührers zugeführt	A. P. 2 407 494

[1] Innenkühlung = Kühlmittel wird mit Isobutylen gemischt.
Außenkühlung = Kühlmittel bleibt vom Isobutylen getrennt.

hochmolekularer Polyisobutylene

Patentdatum	Firma	Erfinder	Polymerisat
26. 7. 31	I. G. Farbenindustrie Aktiengesellschaft	OTTO u. MÜLLER-CUNRADI	ölig, weich-klebrig oder kautschukartig fest
12. 8. 33	Standard Oil Development Company	MANN JR.	
8. 12. 34	Standard Oil Development Company	SCHNEIDER	ölig
7. 2. 35	Standard Oil Development Company	RUSSELL	viscos
12. 7. 35	Shell Development Company	DE SIMÓ u. HILMER	elastisch, kautschukartig, Mol.-Gew. über 10000
30. 9. 36	Standard Oil Company	ARVESON	harzartig, Mol.-Gew. 8000
21. 9. 37 A. Prior. v. 10. 10. 36	Standard Oil Development Company		Mol.-Gew. 150000
21. 11. 36	Standard Oil Development Company	BANNON	Mol.-Gew. 150000—190000
12. 3. 37	I. G. Farbenindustrie Aktiengesellschaft	OTTO, GÜTERBOCK u. HELLEMANNS	
11. 8. 37	Standard Oil Company	KUENTZEL u. WEBB	harzartig, Mol.-Gew. über 2000
7. 1. 39	Jasco, Incorporated	MANN JR. u. TURNER	Mol.-Gew. 10000—60000
1. 4. 39	Standard Oil Company	VOORHEES	
8. 5. 40	Imperial Chemical Industries, Limited	SCOTT, SNOWDON, SYKES u. WHITEHEAD	Mol.-Gew. 50000, besonders 100000—120000
7. 12. 40	Jasco, Incorporated	MANN JR.	fest
23. 6. 44	Jasco, Incorporated	MANN JR.	fest, plastisch, elastisch, kautschukartig
2. 1. 41	Jasco, Incorporated	HARTVIGSEN	fest, Mol.-Gew. 100000 bis 450000

Tabelle 14

Apparatur[1]	Katalysatorzugabe	Patentnummer
Rührkessel mit rotierenden Schabern zum Säubern der Kesselwände und zum Rühren	Katalysator, gasförmig oder in Lösung, wird durch eine Sprühdüse eingeführt	A. P. 2395079
Kugelförmiger Reaktionskessel mit zentral liegendem Polymerisationsgefäß mit Außenkühlung, umschlossen von einem Sieb zum Abtrennen des Polymerisates vom Lösungsmittel	Katalysatorlösung wird durch ein Rohr, das zentrisch im Rohr für die Monomerenzufuhr sitzt, eingeführt	A. P. 2450547
Rührgefäß mit Schnellrührer, Kühlmantel und eingebauten, mit Kühlmantel versehenen Rücklaufrohren. Olefin- und Katalysatorzugabe am Boden des Gefäßes. Polymerisatbrei-Überlauf am Kopf des Gefäßes	Katalysatorzugabe durch Düse, am Boden des Gefäßes eingeführt	Can. P. 463453 E. P. 587080 F. P. 915066
Kontinuierlich arbeitender Rührkessel mit anschließendem Drehfilter zur Entfernung des Polymeren und Rückführung von nicht umgesetzten Monomeren in den Rührkessel	Katalysatorzugabe durch Leitung am Boden des Reaktionsgefäßes	A. P. 2545144
Reaktionskammer, in die Isobutylen und Katalysatorlösung von oben, das Kühlmittel am Boden einfließen	Katalysatorlösung wird durch eine Düse in den Isobutylenstrom eingeführt	A. P. 2491710
Waagerecht liegende, mit Kugeln gefüllte, mit Kühlmantel versehene, rotierende Trommel	Katalysatorlösung wird durch Achse der Trommel zugeführt	A. P. 2479360
Rührkessel mit eingebauten Kühltaschen, abnehmbarem Deckel und 2 Reaktionszonen mit je 1 Rührer, getrennt durch ein mit zentraler Bohrung versehenes Prallblech	Katalysatoreinsprühung durch Düsen am Deckel des Reaktionsgefäßes	A. P. 2507105
Rührgefäß mit konzentrisch angeordneten, ringförmigen Reaktionskammern, die untereinander verbunden sind	Katalysatorzugabe in die innerste Reaktionskammer durch Leitung am Boden des Gefäßes	A. P. 2636026
Reaktionszylinder mit beweglichem Doppelkolbenverschluß zur halbkontinuierlichen Polymerisation, der schräg nach unten geneigt an einer Vorlage zur Aufnahme des Reaktionsgemisches sitzt	Katalysatorzugabe durch Leitung in den unteren Teil des Reaktionszylinders	A. P. 2709642

a) Herstellung von Polyisobutylen-Ölen

Von den verschiedenen Verfahren zur Herstellung öliger Polyisobutylene[1-23] werden ein Verfahren der Badischen Anilin- u. Soda-

[1] OTTO: Brennstoff-Chem. 8, 321 (1927).
[2] NVBPM E. P. 358068 v. 29. 4. 30.
[3] Shell LANGEDIJK u. VAN PESKI, A. P. 2085535 v. 4. 1. 36, E. Prior. v. 29. 4. 30.
[4] IG OTTO u. MÜLLER-CUNRADI, DRP 641284 v. 25. 7. 31.
[5] IG F. P. 44501 v. 6. 1. 34.
[6] IG MÜLLER-CUNRADI u. OTTO, A. P. 2065474 v. 25. 1. 34, D. Prior. v. 28. 1. 33.
[7] IG E. P. 421118 v. 8. 5. 33.
[8] IG E. P. 432196 v. 13. 1. 34, D. Prior. v. 7., 7. u. 28. 1. 33, 16. u. 16. 2. 33.
[9] StODC SCHNEIDER, A. P. 2131196 v. 8. 12. 34.
[10] StODC SCHNEIDER u. BANNON, A. P. 2216253 v. 19. 1. 37.
[11] StODC F. P. 831750 v. 6. 1. 38, A. Prior. v. 19. 1. u. 7. 12. 37.

(Fortsetzung)

Patentdatum	Firma	Erfinder	Polymerisat
6. 9. 41	Jasco, Incorporated	SPARKS u. FIELD	fest, Mol.-Gew. 350000 bis 600000
8. 12. 41/6. 5. 44		GAYLOR	fest, Mol.-Gew. 100000 bis über 300000
8. 4. 43 A. Prior. v. 26. 6. 42 8. 11. 44 25. 9. 45 A. Prior. v. 27. 5. 42 26. 6. 42 15. 7. 44	Standard Oil Company Standard Oil Development Company	BANNON THOMAS, SPARKS, BANNON u. NELSON	fest
21. 4. 43	Standard Oil Development Company	GREEN u. PALTZ	Mol.-Gew. 80000—120000
16. 6. 43	Standard Oil Development Company	CALFEE, THOMAS u. FLORY	fest, Mol.-Gew. 115000 bis 160000
9. 12. 43	Standard Oil Development Company	HOWARD	fest, Mol.-Gew. 80000 und darüber
15. 7. 44	Standard Oil Development Company	HOWARD u. GREEN	
1. 6. 51	Standard Oil Development Company	NELSON	Mol.-Gew. 100000—200000
3. 12. 51	Esso Research and Engineering Company	MANN JR. u. SCHNEIDER	Mol.-Gew. 50000—70000

Fabrik AG.[14, 15] und ein Verfahren der Standard Oil Company[21, 22, 23] geschildert. Beide arbeiten kontinuierlich.

[12] StOC ANDERSON, A. P. 2182512 v. 10. 6. 37.
[13] StOC CARPENTER u. FEUCHTER, A. P. 2374272 v. 21. 8. 37.
[14] BASF OTTO, GÜTERBOCK u. MELAN, DBP 868293 v. 11. 3. 39.
[15] KERN, MURRAY u. SUDHOFF, I. G. Farbenind. AG., Ludwigshafen u. Oppau am Rhein, Miscellaneous Chemicals, PB-Report 485 v. 27. 7. 45, S. 61.
[16] PhPC BAILEY A. P. 2403779 v. 30. 10. 41.
[17] StODC YOUNG u. KELLOG, A. P. 2440498 v. 15. 5. 43.
[18] CRC ELWELL u. MEIER, A. P. 2442643—645 v. 2. 4. 46.
[19] SVOC CARMODY, A. P. 2458977 v. 19. 9. 46.
[20] StODC SCHNEIDER u. GOERING, A. P. 2657246 v. 21. 4. 50.
[21] StOC RUSSUM, A. P. 2677000 v. 27. 2. 51.
[22] StOC FRAGEN, A. P. 2677001 v. 27. 2. 51.
[23] StOC YAHNKE u. HEALY, A. P. 2677002 v. 19. 4. 52.

α) Verfahren der BASF zur Herstellung von Oppanol B 3 (Abb. 9)

Flüssiges Isobutylen (*1*) und flüssiges Isobutan (*2*) als Innenkühlmittel (Mischungsverhältnis etwa 1 : 2 bis 1 : 3) fließen zusammen in ein Reaktionsgefäß (*4*), dem gleichzeitig in Methylalkohol gelöstes Borfluorid (*3*) zugeführt wird. Die Polymerisation erfolgt beim Siedepunkt des Isobutans. Das Reaktionsgemisch fließt in einen Abscheider (*5*), in dem der Katalysator abgetrennt wird, und dann in eine Entgasungskolonne (*6*). Das verdampfte Isobutan kehrt über einen Kompressor (*7*)

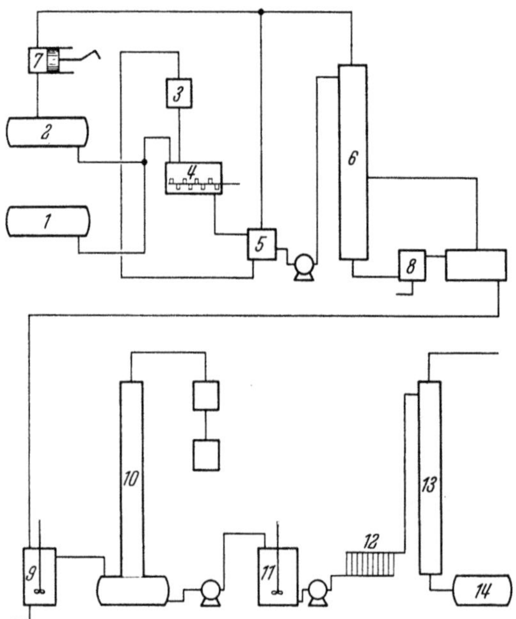

Abb. 9. Verfahren der BASF zur Herstellung von Oppanol B 3

in den Prozeß zurück. Das neutralisierte (*8*) Rohöl wird zur Entfernung der Katalysatorreste gewaschen (*9*) und dann in einer Vakuumkolonne (*10*) von leichter siedenden Anteilen befreit. Nach dem Bleichen (*11*), Filtrieren (*12*) und Trocknen (*13*) ist es handelsfertig (*14*).

β) Verfahren der StOC zur Herstellung von Indopol (Abb. 10)

Ein Butylen-Butan-Gemisch (*1*) fließt nach dem Waschen mit Natronlauge (*2*) und dem Trocknen mit Calciumchlorid (*3*) durch einen Wärmeaustauscher (*4*) in das Reaktionsgefäß (*5*), einen zylindrischen Kessel mit Schnellrührer, Kühlschlangen und Prallblechen. Als Katalysator dient ein Aluminiumchlorid-Kohlenwasserstoff-Komplex[1] (*6*), der im oberen Teil des Reaktionsgefäßes zugeführt wird (*7*). Infolge intensiven Rührens befindet sich zwischen den beiden Prallblechen eine

---

[1] StOC Evering, d'Ouville u. Carmody, A. P. 2407873 v. 13. 11. 43.

kontinuierliche Phase von flüssigem Kohlenwasserstoff, die flüssigen Katalysator dispergiert enthält. Die Kühlschlangen sorgen für schnelle Abfuhr der Reaktionswärme. Unter dem unteren Prallblech (8) sammelt sich der Katalysator, der in den Reaktionsraum zurückgeführt wird. Über dem oberen Prallblech (9) fließt das Reaktionsgemisch ab. Es wird von mitgerissenem Katalysator getrennt (10), mit Natronlauge gewaschen (11), filtriert (12), von nicht umgesetzten Kohlenwasserstoffen befreit (13) und destilliert (14). Die über Kopf abziehenden Leichtpolymeren (15) mit einer Viscosität von unter 14,1° E/99° C werden nach dem Trocknen

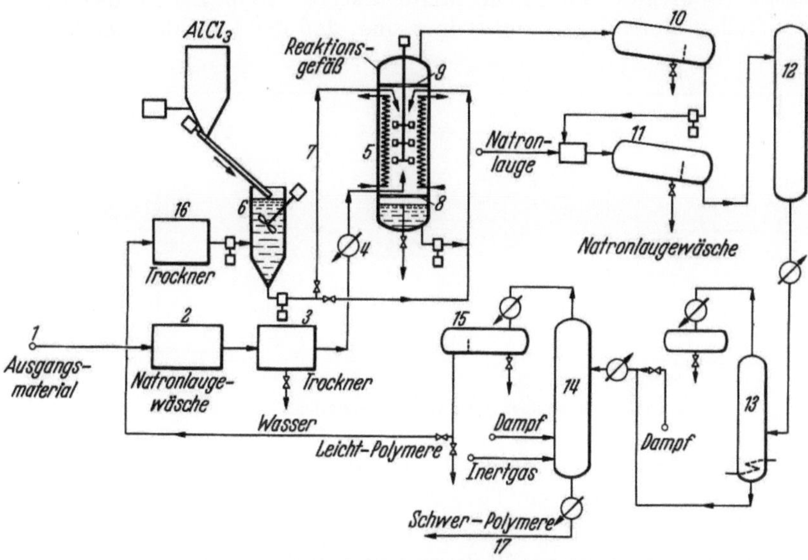

Abb. 10. Verfahren der StOC zur Herstellung von Indopol

(16) zum Herstellen einer Dispersion von fein verteiltem Aluminiumchlorid verwendet, die entweder als solche oder mit der rücklaufenden Katalysatordispersion vermischt zum Aktivieren des Katalysators in das Reaktionsgefäß fließt. Die Schwer-Polymeren (17) mit einer Viscosität von über 14,1° E/99° C und einem Flammpunkt von mindestens 155° C werden am Boden der Destillationskolonne abgezogen. Ihre Menge steigt bei Temperaturerniedrigung, bei Erhöhung der zur Aktivierung verwendeten Aluminiumchloridmenge und bei Erhöhung der rückgeführten Katalysatormenge über das 2,5fache Volumen des zugeführten Butylen-Butan-Gemisches.

b) Herstellung von kautschukartigen Polyisobutylenen

Auch für die Herstellung kautschukartiger Polyisobutylene sind kontinuierliche Polymerisationsverfahren entwickelt worden. Die Badische Anilin- u. Soda-Fabrik AG. hat das Bandverfahren[1] ausgebildet. Es

---

[1] IG OTTO, GÜTERBOCK u. HELLEMANNS, DRP 697482 v. 12. 3. 37.

ist 1945—1946[1-5] preisgegeben worden, und seine Beschreibung erfolgt in enger Anlehnung an diese Veröffentlichungen. Die Standard Oil Development Company hat in zahlreichen Patenten ein Rührtopf-Verfahren[6-17] geschützt, dessen Beschreibung dem Can. P. 463453 und dem E. P. 587080 entnommen worden ist.

α) *Bandverfahren der BASF zur Herstellung von Oppanol B* (Abb. 11)

Der wesentliche Teil (5) des Verfahrens besteht aus einem endlosen, glatten Stahlband von 35 cm Breite und 16—18 m Länge, das über zwei Rollen läuft, die so angeordnet sind, daß der Lauf des Bandes 5°

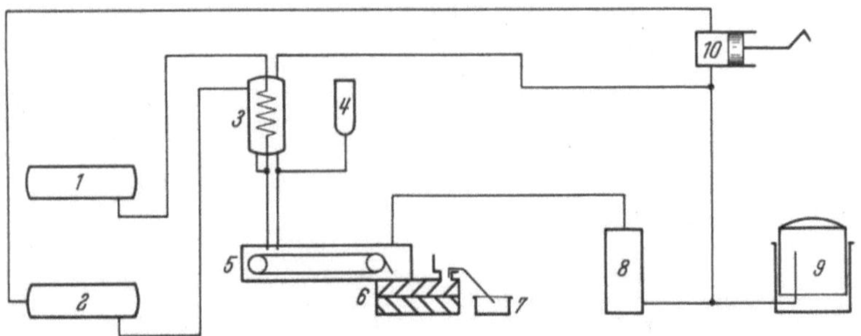

Abb. 11. Bandverfahren der BASF zur Herstellung von Oppanol B

gegen die Horizontale geneigt ist. Im oberen Teil wird das Band zu einem Trog von etwa 10 cm Tiefe geformt.

[1] Livingston: Report on Oppau Works-I. G. Farben Oppau, Germany, near Ludwigshafen, Germany, PB-Report 1891 v. 21. 6. 45, S. 6—7.

[2] Boundy u. Hasche: Technical Report on the Manufacture of Thermoplastics in Plants of the I. G. Farbenindustrie, AG., Germany, Miscellaneous Chemicals, PB-Report 1069 v. 8. 6. 45, S. 71—72 bzw. Manufacture of Polyiso-butylene, I. G. Farbenindustrie, Oppau, CIOS-Report XXVI — 76 v. 8. 6. 45, S. 4, identisch mit PB-Report 399.

[3] Kern, Murray u. Sudhoff: I. G. Farbenindustrie AG., Ludwigshafen and Oppau am Rhein, Miscellaneous Chemicals, PB-Report 485, v. 27. 7. 45, S. 59.

[4] Raine: Polymeric Processes at IG. Ludwigshafen, PB-Report 58 250, S. 4.

[5] De Bell, Goggin u. Gloor: German Plastics Practice, Springfield 1946, S. 140—141.

[6] StOC Bannon, Canad. P. 463453 v. 8. 4. 43, A. Prior. v. 26. 6. 42.

[7] StODC E. P. 587080 v. 8. 11. 44.

[8] StODC F. P. 915066 v. 25. 9. 45, A. Prior. v. 27. 5. u. 26. 6. 42, 15. 7. 44.

[9] StODC Green u. Paltz, A. P. 2545144 v. 21. 4. 43.

[10] StODC Skooglund u. Swoope, A. P. 2451047 v. 14. 5. 43.

[11] StODC Green, A. P. 2463866 v. 25. 11. 43.

[12] StODC Green, A. P. 2557910 v. 25. 11. 43/30. 6. 48.

[13] Jasco Green, Lane u. Marshall, A. P. 2399672 v. 4. 1. 44.

[14] StODC Howard u. Green, A. P. 2507105 v. 15. 7. 44.

[15] StODC Scott, A. P. 2611751 v. 19. 6. 47.

[16] StODC Nelson, A. P. 2636026 v. 1. 6. 51.

[17] EREC Ernst, Small u. McLean, F. P. 1137358 v. 20. 6. 55, A. Prior v. 29. 6. 54.

Flüssiges Isobutylen (*1*), das tief gekühlt (*3*) wird, und die gleiche Menge flüssiges Äthylen (*2*) fließen zusammen auf das laufende Stahlband. Gleichzeitig fließt die gleiche Menge Äthylen, die 0,03% Borfluorid (*4*) enthält, in den Trog.

Die Polymerisation ist in wenigen Sekunden beendet. Die Reaktionswärme wird durch Verdampfen des flüssigen Äthylens abgeführt. Die ganze Apparatur ist in ein gasdichtes Gehäuse eingeschlossen, um Gasverluste zu vermeiden. Das Äthylen wird über Calciumoxyd (*8*) gereinigt und über Gasometer (*9*) und Kompressor (*10*) in den Prozeß zurückgeführt. Das schwammige Polymerisat wird von dem Band abgehoben und fällt in einen dampfbeheizten Knetwolf (*6*), in dem es von eingeschlossenem Äthylen und Borfluorid befreit und aus dem es als Fertigprodukt (*7*) ausgetragen wird.

β) Rührtopfverfahren der StODC zur Herstellung von Vistanex (Abb. 12)

Den Kern der Anlage bildet der "reactor", ein mit Kühlmantel und nach innen gezogenen Kühltaschen versehener Rührtopf (*1*), in dem mittels eines schnell laufenden Rührers eine in senkrechter Richtung wirkende Durchmischung hervorgerufen wird.

Kühlmantel und -taschen werden mit flüssigem Äthylen (*2*) beschickt. Dann führt man Isobutylen, mit Methylchlorid (*3*) gemischt, und in Methyl- oder Äthylchlorid gelöstes Aluminiumchlorid (*4*) durch Düsen in der Nähe des Rührers in das Reaktionsgefäß ein. Der Rührer bewirkt eine intensive Durchmischung, verbunden mit einem kräftigen Umlauf der Reaktionsmischung, so daß eine zuverlässige Abführung der Reaktionswärme erfolgt. Infolge des sehr kräftigen Rührens fällt das Polymerisat als ein aus kleinen Teilen bestehender flüssiger Brei ("slurry") an, der über ein Zwischengefäß (*5*) in den "flash-tank", das Entgasungsgefäß (*6*), überfließt. Hier wird er mit Dampf zerstäubt[1] und mit heißem Wasser verrührt[2], so daß alle flüchtigen Bestandteile, die zur Aufarbeitung geführt werden, entfernt werden. Die wäßrige

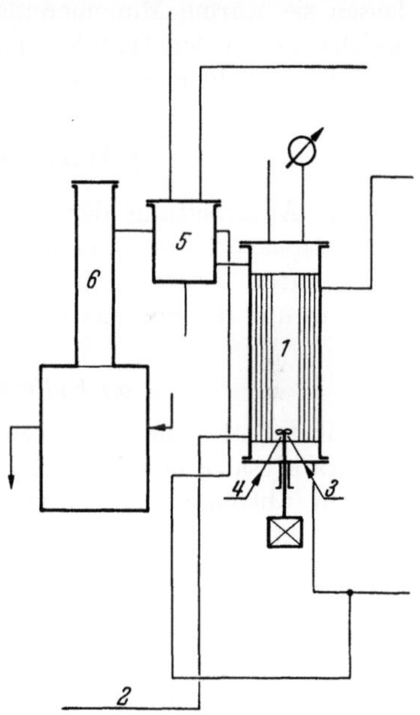

Abb. 12. Rührtopfverfahren der StODC zur Herstellung von Vistanex

Aufschlämmung der Polymerisatteilchen wird in einer anschließenden Aufbereitung (s. Abschnitt II B 2 *γ*, S. 102) verarbeitet.

Bei dem Verfahren ist das Arbeiten unter —80 bis —85° von entscheidender Bedeutung. Nur so erhält man einen feinkörnigen, flüssigen

---

[1] EREC KELLEY, F. P. 1141216 v. 9. 2. 56, A. Prior. v. 22. 3. 55.
[2] EREC E. P. 791920 v. 6. 6. 55, A. Prior. v. 29. 6. 54.

Polymerisatbrei, der während seines Transportes durch sorgfältige Temperaturführung unter der angegebenen Temperatur gehalten werden muß, damit er nicht zusammenklumpt und nicht die Anlage verstopft. Völlig kann das Ankleben des Polymerisates auf den Wandungen des Reaktionsgefäßes nicht verhindert werden, so daß die Anlage von Zeit zu Zeit gereinigt werden muß. DE SIMÓ und HILMER[1] haben dafür die Methoden angegeben: Lösen in für das Polymerisat geeigneten Lösungsmitteln oder Abwaschen mit Nichtlösern, die gegenüber der Gefäßoberfläche eine stärker benetzende Kraft besitzen als das Polymerisat und die gleichzeitig als Trägerflüssigkeit dienen. BANNON[2] empfiehlt als Lösungsmittel von 37,8—204,4° siedende Paraffin-Kohlenwasserstoffe. GOULD und WANLESS[3] reinigen die Wände des Polymerisationsgefäßes durch Abwaschen mit flüssigem Isobutylen zwischen —6 und +30° C und Nachwaschen mit Lösungsbenzin. SMALL u. SELLEN[4] unterbrechen die Polymerisation durch Abstellen der Katalysatorzufuhr und Hinzufügen einer den Katalysator inaktivierenden Substanz. Nach Wegnahme der zur Abführung der Polymerisationswärme verwendeten Kühlung lassen sie warme Monomerenlösung in das Reaktionsgefäß einfließen, welche die an den Wänden haftenden Polymerisatteilchen solvatisiert, so daß sie leicht mechanisch durch Rühren entfernt werden können.

c) Aufarbeitung der Polymerisate

Die Aufarbeitung der Polymerisationsprodukte hängt vom Polymerisationsverfahren und vom Polymerisat ab. In jedem Falle müssen Katalysator, Lösungs- und Kühlmittel und nicht umgesetzte Stoffe entfernt und die Polymerisate handelsfertig gemacht werden.

α) Entfernen des Katalysators

Führt die Polymerisation zu flüssigen Polymeren, so kann man häufig den Katalysator oder seine Lösung absitzen lassen und dann als untere Schicht abtrennen. Noch verbliebene Reste werden mit Alkali und Wasser ausgewaschen, und das Polymere wird nach dem Trocknen fraktioniert destilliert[5]. Man kann auch den Katalysator im Reaktionsgemisch zerstören oder neutralisieren. Dafür sind viele Vorschläge gemacht worden, z. B. Zersetzen und Abtreiben mit Wasserdampf[6], Zersetzen mit 50%igem wäßrigem Isopropylalkohol[7, 8, 9, 10], Alkohol[8, 9, 10, 11, 12, 13, 14, 15, 16, 17, 18, 19], Glykol[8], Glycerol[8], Äthyläther[8, 9, 17, 18], Methyläther[8], Methylalkohol[8, 9, 15, 20, 21], Aceton[8, 14], Methyläthylketon[8],

[1] StODC A. P. 2530144 v. 29. 12. 44.
[2] Shell A. P. 2085524 v. 12. 7. 35.
[3] StODC A. P. 2580019 v. 9. 10. 46.
[4] StODC A. P. 2563624 v. 30. 8. 47.
[5] NVBPM E. P. 358068 v. 29. 4. 30.
[6] IG OTTO u. MÜLLER-CUNRADI, DRP 641284 v. 26. 7. 31.
[7] StODC F. P. 771272 v. 6. 4. 34, A. Prior. v. 6. 6. 33.
[8] StOC WEBB, A. P. 2099090 v. 7. 2. 36.
[9] StODC BRAKELEY JR. u. YOUNG, A. P. 2474571 v. 28. 3. 46.
[10] SVOC ORIOLO, A. P. 2521940 v. 22. 5. 48.

Furfural[8], Acetaldehyd[8, 9, 16], alkoholischer Natronlauge[14], wäßriger Natronlauge[9, 10, 14, 15, 16, 17, 19, 21], Propylalkohol[9, 10, 15], Wasser[10, 12, 14, 15, 16, 17, 18, 19, 21, 22], NH_3[8, 9, 14, 15, 16, 17, 18], NH_4OH[14, 15], Säure[9, 16, 17, 21], SO_2[18], Butylalkohol[9, 10], KOH[9, 10], Methylamin[9], Äthylamin[9], Propylamin[9], Ton[19], Bentonit[19], $Ca(OH)_2$[10], NH_3 in Isopropanol[23]. Man kann die Zersetzung des Katalysators mit der gleichzeitigen Zugabe eines Lösungsmittels[17] für das Polymerisat verbinden und anschließend die Polymerisatlösung waschen, trocknen und fraktioniert fällen[24]. Man kann so die Nachpolymerisation und die damit verbundene Bildung niedriger molekularer Polymerisate verhindern.

Einen besonders engen Molekulargewichtsbereich erhält man, wenn man die Polymerisation am Höhepunkt der Reaktion dadurch unterbricht, daß man den Katalysator durch Zugabe von Isopropylalkohol zerstört[9]. Bilden sich während der Polymerisation stabile Komplexe, z. B. aus Borfluorid und Kohlenwasserstoffen, so ist es notwendig, sie auf Temperaturen über 121° C zu erhitzen[25]. Dann zerfallen sie, und das Borfluorid kann erneut zur Polymerisation verwendet oder mit einem der vorher erwähnten Mittel neutralisiert werden.

β) Wiedergewinnung des Katalysators

Mit diesen unter α) genannten Verfahren sind zugleich die der Wiedergewinnung des Katalysators gegeben. Borfluorid kann unter Umständen einfach durch Destillation im Vakuum[14] abgetrennt und dann wieder zum Polymerisieren verwendet werden. Mercaptan oder flüssiges Alkylsulfid bilden mit Borfluorid einen Komplex[26], der bei höheren Temperaturen wieder gespalten werden kann. Das gleiche kann man mit Aminen[27], z. B. Pyridin, Chinolin, Tetraäthylen-pentamin, Dimethylanilin, Aminodiphenyl u. a., auch mit solchen geringer Basizität[28], z. B. Tritolylamin, Mononitroanilin u. a. erreichen. Eine weitere Möglichkeit besteht in der Absorption des Borfluorids mittels eines Fluorborsäurehydrates[29] und

[11] StODC Russell, A. P. 2139038 v. 7. 2. 35.
[12] StOC Arveson, A. P. 2269421 v. 30. 9. 36.
[13] StOC Arveson, A. P. 2125872 v. 9. 3. 37.
[14] StOC Carpenter u. Feuchter, A. P. 2374272 v. 21. 8. 37.
[15] Jasco Thomas u. Nelson, A. P. 2387543 v. 2. 1. 41.
[16] Jasco Hartvigsen, A. P. 2407494 v. 2. 1. 41.
[17] Jasco Thomas u. Field, A. P. 2408007 v. 30. 8. 41.
[18] StODC Howard u. Green, A. P. 2507105 v. 15. 7. 44.
[19] SVOC Carmody, A. P. 2458977 v. 19. 9. 46.
[20] StOC Shalit u. Lien, A. P. 2697694 v. 28. 10. 50.
[21] StODC Leary u. Welch, A. P. 2683139 v. 9. 10. 51.
[22] StODC Bannon, A. P. 2176194 v. 21. 11. 36.
[23] EREC E. P. 799198 v. 24. 10. 56, A. Prior. v. 10. 11. 55.
[24] StODC Kunc u. Miller, A. P. 2255388 v. 21. 9. 38.
[25] StOC Gerhart u. Hull, A. P. 2148115 v. 19. 6. 36.
[26] PhPC Axe, A. P. 2378968 v. 5. 12. 42.
[27] StOC Burk, A. P. 2400874 v. 6. 1. 43.
[28] StOC Hughes u. Bartleson, A. P. 2400875 v. 6. 1. 43.
[29] StOC Hughes, A. P. 2440543 v. 27. 4. 44.

Austreiben aus demselben durch Erhitzen. Dialkyläther-Borfluorid-Komplexe können mit flüssigen Kohlenwasserstoffen ausgewaschen werden[1]. Komplexe aus Aluminiumchlorid und 2—6 Mol Methylalkohol sind z. B. mittels eines paraffinischen Kohlenwasserstoff-Lösungsmittels (Solventnaphtha) ausfällbar und filtrierbar[2]. Bei den S. 94 fg. beschriebenen Verfahren zur Herstellung von öligen Polyisobutylenen wird die Katalysatorlösung abgetrennt, regeneriert und wiederverwendet. Beim Bandverfahren der BASF (S. 98) wird das als Katalysator verwendete Borfluorid mit gebranntem Kalk neutralisiert und verworfen. Beim Rührtopfverfahren der StODC (S. 99) wird das als Katalysator verwendete Aluminiumchlorid mit warmem Wasser hydrolisiert und vernichtet.

γ) Entfernen von Lösungs- und Kühlmitteln, von nicht umgesetzten Stoffen und Handelsfertigmachen der Polymerisate

Nach dem Entfernen des Katalysators erfolgt die Aufarbeitung der öligen Polyisobutylene in der Regel durch Destillation. Bleichen und Trocknen können angeschlossen werden. Die Beschreibung dieser Vorgänge ist in den Patenten zur Herstellung der flüssigen Polyisobutylene (s. Abschnitt II B 2 a, S. 94) enthalten.

Beim Bandverfahren der BASF (S. 98) erfolgt die Aufarbeitung des Polyisobutylens mittels des Knetwolfes[3] in einem Arbeitsgang. Er entfernt Reste des Katalysators, des Kühl- und Lösungsmittels — monomeres Isobutylen braucht nicht ausgetrieben zu werden, weil die Umsetzung 100%ig verläuft — und wirft das Polyisobutylen fertig geknetet als Handelsprodukt aus.

Das Rührtopfverfahren der StODC (S. 99) erfordert eine kompliziertere Aufarbeitung, die in zahlreichen Patenten[4-15], die z. T. schon im Abschnitt II B 2 b, S. 98 aufgeführt worden sind, beschrieben worden ist.

Schließlich hat sich folgende Arbeitsweise herausgebildet[14]:

Die in dem Entgasungsgefäß (s. Abschnitt II B 2 b β, S. 99) erhaltene, wäßrige Aufschlämmung der Polymerisatteilchen wird über Drehfilter, Schüttelsiebe oder ähnliche Vorrichtungen filtriert. Der Filterkuchen wird auf einem Wanderrost mit Wasser oder alkalischen Flüssigkeiten gewaschen, über Quetschwalzen entwässert und im Wärmekanal

[1] StODC Schneider, Van Sielen u. Brakeley jr., A. P. 2628991 v. 14. 9. 49.
[2] StODC Leary u. Welch, A. P. 2683139 v. 9. 10. 51.
[3] Kiesskalt: Gummi u. Asbest 1954, Nr. 1, S. 12 u. 14.
[4] StODC Green, Can. P. 463236 v. 4. 12. 42.
[5] Jasco Van Gilder u. Evans, A. P. 2395086 v. 11. 10. 41.
[6] Jasco Gerlicher, A. P. 2436767 v. 31. 12. 41.
[7] StODC Murphree, Waterman u. Green, Can. P. 466592 v. 13. 7. 44.
[8] StODC DBP 863262 v. 18. 8. 50, A. Prior. v. 4. 1. 44.
[9] StODC Green, A. P. 2401754 v. 19. 2. 44.
[10] StODC E. P. 589353 v. 17. 11. 44.
[11] Jasco Frolich, A. P. 2523289 v. 14. 8. 45.
[12] StODC Wurth u. Lane, A. P. 2472037 v. 16. 1. 46.
[13] StODC Nelson u. Tegge, A. P. 2542559 v. 6. 4. 46.
[14] StODC Scott, A. P. 2611751 v. 19. 7. 47.
[15] StODC Hippkin u. Horwitz, A. P. 2607763 v. 16. 10. 47.

getrocknet. Anschließend erfolgt Homogenisieren auf Walzen und Strangpressen, Abkühlen und Verpacken.

Bei diesem Aufarbeitungsprozeß besteht die Gefahr, daß die Polymerisatteilchen, besonders solche mit niederen Molekulargewichten, schon im Entgasungsgefäß zusammenkleben. Zusätze von Stearinsäure, Zinkstearat[1, 2, 3] oder anderen zweiwertigen Metallsalzen von Fettsäuren, Tonen, Pigmenten oder Ruß[2, 3], 1—4% einer unlöslichen Seife einer Fettsäure mit 6—18 Kohlenstoffatomen im Molekül und eines Metalles wie Magnesium, Zink, Aluminium oder Calcium[4], die besonders wirksam ist, wenn man sie in Form einer alkoholischen Dispersion[5] hinzufügt, verhindern das Zusammenkleben. Dem Verkleben der der Aufarbeitung dienenden Apparate und Maschinen kann man dadurch begegnen, daß man ihre Flächen, besonders wenn sie heiß sind, mit einem Film aus nichttrocknenden Fetten, Fettsäurewachsen oder fetten Ölen mit niederem Dampfdruck[6] oder mit einer Emulsion[7] bedeckt, die aus einem unlöslichen, fetten Öl, z. B. Ricinusöl, Maisöl, Rapssamenöl, Baumwollsamenöl, Sojabohnenöl, Fischölen, Tierölen, Schmalz, Wasser und einem Emulgator besteht. Der Emulgator kann z. B. zusammengesetzt sein aus 60% Natriumsalz von wasserlöslichen Petroleumsulfonsäuren, 25% Isopropylalkohol und 15% Wasser. Eine geeignete Emulsion enthält z. B. 40% Ricinusöl, 40% Wasser und 20% des angegebenen Emulgators.

BANNON[8] empfiehlt, die Flächen des Trockenapparates mit einem Überzug aus Natriumseife und Aluminiumstearat zu schützen.

δ) Stabilisieren

Um die Polymerisate während der Aufarbeitung, besonders in den heißen Homogenisierungsmaschinen, zu schützen, müssen sie stabilisiert werden. ROSEN und THOMAS[9, 10] verwenden 0,1—5% aromatische Verbindungen von phenolischer Natur, z. B. Tertiäramyl-phenol-sulfid, Tertiäramyl-phenol-disulfid oder Ditertiärbutyl-kresol, die den Polymerisaten nach der Polymerisation zugesetzt werden. OTTO, GÜTERBOCK und SCHWARZ[11] haben als geeignet gefunden Stoffe, die Amin-, Sulfid- oder aromatische Hydroxylgruppen enthalten, z. B. Di-(2-oxy-5-butylphenyl)-sulfid oder -disulfid, Phenyl-β-naphthylamin, Kondensationsprodukte aus Aldol und α-Naphthylamin, Polyvinyläthylsulfid oder Polyvinylbutylsulfid. THOMAS und SPARKS[12] benutzen 0,01—3% elementaren Schwefel, der dem Polymeren im Kneter, auf der Walze oder in

---

[1] Jasco THOMAS u. FIELD, A. P. 2408007 v. 30. 8. 41.
[2] StODC GREEN, A. P. 2463866 v. 25. 11. 43.
[3] StODC GREEN, A. P. 2557910 v. 25. 11. 43/30. 6. 48.
[4] Jasco FROLICH, A. P. 2456265 v. 30. 1. 42.
[5] Jasco FROLICH, A. P. 2523289 v. 14. 8. 45.
[6] StODC BANNON u. LANE, A. P. 2532985 v. 18. 9. 46.
[7] StODC SCOTT, A. P. 2611751 v. 19. 7. 47.
[8] EREC A. P. 2766224 v. 18. 11. 52.
[9] StODC A. P. 2160172 v. 25. 7. 36.
[10] StODC A. P. 2244021 v. 25. 11. 38.
[11] IG DRP 689997 v. 31. 7. 36.
[12] Jasco A. P. 2356955 v. 21. 12. 39.

Lösung beigemischt wird, als Stabilisator gegen den thermischen Abbau des Polyisobutylens. BAIRD und FORSYTH[1] stabilisieren Polyisobutylen, besonders in Mischung mit Polyäthylen, mit sekundären bzw. tertiären aromatischen Aminen oder mit Phenolen mit einem Molekulargewicht von mindestens 250, z. B. Di-o-kresylpropan. GREEN[2, 3] empfiehlt Phenyl-β-naphthylamin, Diphenylamin oder Schwefel. VAN GILDER[4, 5] polymerisiert polyalkylierte Phenole, deren phenolischer Charakter „gehemmt" ist und die deshalb mit den zur Polymerisation notwendigen Friedel-Crafts-Katalysatoren nicht reagieren, z. B. 2,4,6-Trimethylphenol, 2,4,6-Tritertiärbutylphenol oder 2,6-Ditertiärbutyl-4-methylphenol, die in Mengen von 0,1—5% als Stabilisatoren wirksam sind, in das Polyisobutylen ein. Im Gegensatz dazu fügt NELSON[6] diese Stabilisatoren wie auch andere, z. B. aromatische Amine, Aminophenole oder schwefelhaltige Amine, erst nach der Polymerisation zu. Zur besseren Verteilung werden sie dem im Entgasungsgefäß des Standard-Verfahrens (s. Abschnitt II B 2 b β, S. 99) enthaltenen warmen Wasser zusammen mit dispergierenden und emulgierenden Stoffen zugesetzt. Die Standard Oil Development Company[7] verwendet Polyalkylphenole, die sie einpolymerisiert oder nach der Polymerisation hinzufügt. WANLESS und ADAMS[8] verwenden Phenyl-β-naphthylamin nach der Polymerisation. BROICH, KOPETZ, PAUL und LIST[9] empfehlen Dianile.

C. Herstellung von Polyisobutylen durch Emulsionspolymerisation

Die Möglichkeit, Isobutylen in emulgiertem Zustand zu polymerisieren, hat die I. G. Farbenindustrie Aktiengesellschaft[10] frühzeitig angedeutet. Jedoch ist trotz angestrengter Bemühungen kein technisch brauchbarer Weg gefunden worden, Isobutylen in Emulsion oder zu einer Emulsion zu polymerisieren.

Das haben auch Versuche von BACHMANN, HASS und KAHLER[11, 12] bestätigt. Sie haben nach einem Lösungsmittel für die Tieftemperatur-Emulsionspolymerisation von Isobutylen gesucht, das folgende Eigenschaften haben sollte: Schmelzpunkt unter —70°, Inaktivität gegenüber den Polymerisationskatalysatoren (z. B. $AlCl_3$ oder BF_3) und Unmischbarkeit mit den Kohlenwasserstoffmonomeren bei der Polymerisationstemperatur. Sie haben die Emulsionspolymerisation von Isobutylen mit

[1] ICI E. P. 571943 v. 2. 4. 43.
[2] StODC A. P. 2463866 v. 25. 11. 43.
[3] StODC A. P. 2557910 v. 25. 11. 43/30. 6. 48.
[4] StODC A. P. 2470447 v. 11. 7. 45.
[5] StODC A. P. 2500780 v. 11. 7. 45/29. 12. 48.
[6] StODC A. P. 2462123 v. 14. 8. 45.
[7] StODC E. P. 610129 v. 27. 3. 46.
[8] PC Can. P. 486769 v. 4. 6. 48.
[9] CHWH D. A. S. 1028330 v. 10. 8. 56.
[10] IG E. P. 421118 v. 8. 5. 33.
[11] Rubber Age **61**, 574 (1947).
[12] Ind. Engng. Chem. **41**, 135—136 (1949).

Hilfe von flüssigen Fluorkohlenwasserstoffen, z. B. Perfluor-m-xylol oder einer Mischung aus einem Teil Perfluormethylnaphthalin und drei Teilen Perfluormethylcyclohexan, als dispergierendem Mittel und Außenkühlung mit Trockeneis-Trichloräthylen ausgeführt und dabei Polymerisate erhalten, die sie aus dem Reaktionsgemisch abfiltriert haben. Es handelt sich also bei ihren Versuchen um eine unter Rühren ausgeführte Lösungsmittelpolymerisation.

D. Herstellung niedriger molekularer Polyisobutylene aus höheren durch Abbau in der Wärme

OTTO und MÜLLER-CUNRADI[1, 2, 3, 4] haben in den Grundpatenten über die Polymerisation von Isobutylen zu hochmolekularen Kohlenwasserstoffen schon darauf hingewiesen, daß Polyisobutylen bei Temperaturen zwischen 300 und 350° ohne oder mit Katalysator zu Isobutylen und seinen niederen Polymeren aufgespalten werden kann. Diese Depolymerisation des Polyisobutylens ist Gegenstand vieler Untersuchungen[5—13] gewesen und bildet in ihrer einfachsten Form, der Spaltung von Diisobutylen zu Isobutylen (s. Abschnitt I A 7, S. 23) eine Möglichkeit, Isobutylen herzustellen.

REIS und BAILEY[6] haben aus einem öligen Polyisobutylen unter milden Bedingungen Monoolefine, unter scharfen tiefsiedende

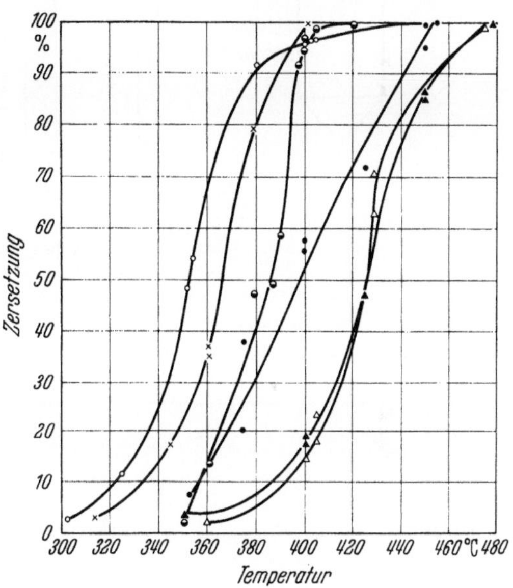

Abb. 13. Thermischer Abbau von Polymeren.
○ Polyisopren, × Polyisobutylen, ◐ Polystyrol,
● GR-S, ▲ Polybutadien, △ Polyäthylen

[1] IG DRP 641284 v. 26. 7. 31.
[2] IG A. P. 2130507 v. 21. 7. 32/2. 4. 35, D. Prior. v. 25. 7. 31.
[3] IG F. P. 740407 v. 23. 7. 32, D. Prior. v. 25. 7. u. 3. 11. 31.
[4] IG E. P. 401297 v. 3. 3. 32.
[5] SLOBODIN u. MATUSSEWITSCH: J. allg. Chem. (russ.) **16**, 2077—2082 (1946).
[6] REIS u. BAILEY: Ind. Engng. Chem. **40**, 349—351 (1948).
[7] MADORSKY: Science 111, 360—361 (1950).
[8] PENN: Plastics **15**, Nr. 152, 18—21 (1950).
[9] HOPFF: Kunststoffe **42**, 423—426 (1952).
[10] GOLUBZOWA: Ber. Akad. Wiss. UdSSR (N. S.) **84**, 701—703 (1952).
[11] MADORSKY, STRAUSS, THOMPSON u. WILLIAMSON: J. Res. nat. Bur. Standards **42**, 499—514 (1949).
[12] MADORSKY, STRAUSS, THOMPSON u. WILLIAMSON: J. Polymer Sci. **4**, 639, (1949).
[13] MADORSKY u. STRAUSS: J. Res. Nat. Bur. Standards **53**, 361—370 (1954).

gesättigte und hochsiedende ungesättigte Produkte erhalten. SLOBODIN und MATUSSEWITSCH[1] haben auch bei Dauererhitzen unter 315° keine

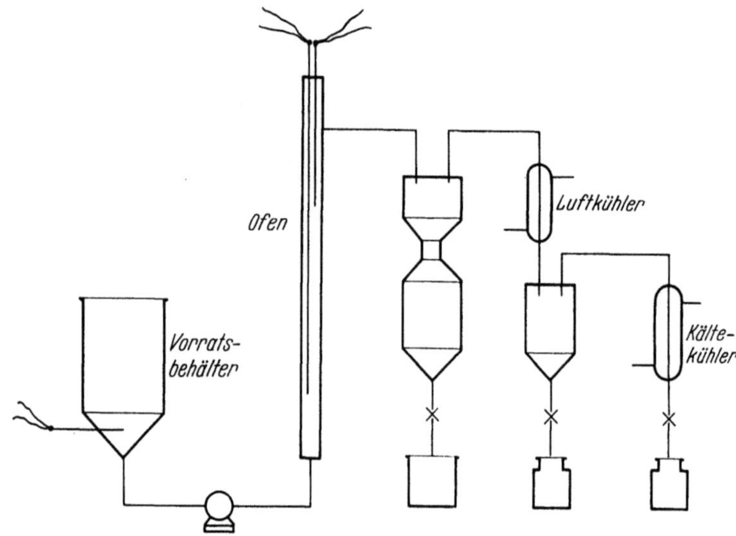

Abb. 14. Apparatur zum Abbau von Polyisobutylen

Depolymerisation eines Polyisobutylens vom Molekulargewicht 100000 beobachtet. Dagegen hat GOLUBZOWA[2] schon bei 270—290° Polyisobutylene vom Molekulargewicht 77000 bzw. 107000 in 2 Std. auf 11000—13000 abgebaut. Nach Untersuchungen von MADORSKY, STRAUSS, THOMPSON und WILLIAMSON[3] erreicht die Pyrolyse von Isobutylen bei 400° 100% (Abb. 13).

Eigene Versuche haben gezeigt, daß es möglich ist, bei einer Fahrweise, die die Abb. 14 veranschaulicht, ein Polyisobutylen vom Molekulargewicht 14000 zu Produkten von nur wenig erniedrigtem Molekulargewicht abzubauen (Abb. 15).

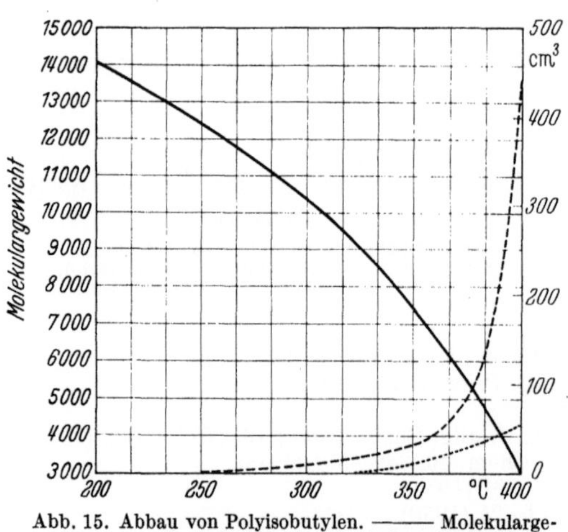

Abb. 15. Abbau von Polyisobutylen. ——— Molekulargewicht, ... Im Luftkühler kondensierbare Bestandteile, - - - - - Im Kältekühler kondensierbare Bestandteile

[1] J. allg. Chem. (russ.) **16**, 2077—2082 (1946).
[2] Ber. Akad. Wiss. UdSSR (N. S.) **84**, 701—703 (1952).
[3] J. Res. nat. Bur. Standards **42**, 499—514 (1949).

E. Eigenschaften von öligen Polyisobutylenen

Farbe	hellgelb
Spezifisches Gewicht	0,83—0,91 g/cm³
Viscosität bei 37,8° C	3,32—4000° E
Viscosität bei 98,9° C	1,34—530° E
Viscositätsindex	70—120
Flammpunkt	110—263° C
Stockpunkt	—54 bis + 21° C
Ausdehnungskoeffizient	0,00076—0,00035
Dielektrizitätskonstante	2,2—2,25 bei 25° C
Dielektrischer Verlustfaktor	0,189—0,0006 bei 25° C
Spezifischer Widerstand	$11,2 \cdot 10^{12} - 4930 \cdot 10^{12}$ Ω cm bei 25° C
Durchschlagfeldstärke	30—35 kV/2,5 mm bei 80° C

Löslichkeit	löslich in Kohlenwasserstoffen, Chlorkohlenwasserstoffen, Äther, n-Butylacetat teilweise löslich in n-Butanol unlöslich in Äthanol, Isopropanol, Aceton, Methyläthylketon, Eisessig

Lichtbeständigkeit	geringe Farbänderung nach 270stündiger UV-Bestrahlung bei 40,6° C

Wärmebeständigkeit Oxydationsbeständigkeit	} gut	Bei stärkerer Beanspruchung Stabilisatorzusatz

F. Eigenschaften von hochmolekularen Polyisobutylenen bei + 20° C

Farbe	praktisch farblos
Geruch	praktisch geruchlos
Geschmack	praktisch geschmacklos
Giftigkeit	physiologisch unbedenklich
Spezifisches Gewicht	0,91—0,93 g/cm³
Zerreißfestigkeit	20—60 kg/cm²
Zerreißdehnung	über 1000%
Versprödungstemperatur	—65° C

Wärmebeständigkeit	mechanisch unverändert bis + 100° C verarbeitbar bei 150—200° C Zersetzung über + 300° C

Brennbarkeit	brennbar ähnlich wie Kautschuk
Dielektrizitätskonstante	2,3 ε (10³ Hertz)
Dielektrischer Verlustfaktor	0,0004 tg δ (10³ Hertz)
Spezifischer Widerstand	$> 10^{15}$ Ω · cm
Durchschlagfeldstärke	23 kV/mm
Wärmeleitzahl	0,10—0,12 k cal/m h ° C
Wasserdampfdurchlässigkeit	$2 \cdot 10^{-9}$ g/h cm Torr

Löslichkeit	löslich bis stark quellbar in aliphatischen, aromatischen und Chlorkohlenwasserstoffen quellbar in Äther, Butylacetat, tierischen und pflanzlichen Fetten und Ölen unlöslich in niederen Alkoholen, Estern und Ketonen

Lichtbeständigkeit . . . . beständig bei Anwesenheit von Sauerstoff in diffusem Licht
unbeständig bei Anwesenheit von Sauerstoff in Sonnen- oder UV-Licht

Oxydationsbeständigkeit . . . . . beständig bei Normaltemperatur gegen Sauerstoff und Ozon

Chemikalienbeständigkeit . . . . beständig gegen die meisten Säuren, Laugen und Salze
bedingt beständig gegen Salpeter- u. Nitriersäure
nicht beständig gegen Chlor, Brom, Chlorsulfonsäure

III. Isobutylen — Mischpolymerisate

Mischpolymerisate aus Isobutylen und anderen ungesättigten Verbindungen

Aus dem Studium der Veröffentlichungen über die Mischpolymerisation des Isobutylens mit anderen ungesättigten Verbindungen, deren eingehende Beschreibung ein Buch für sich allein füllen würde, erhellt, daß ihre chemischen Grundlagen und technischen Verfahren mit denen der reinen Polyisobutylene praktisch gleich sind. Aus diesem Grunde sollen diese Reaktionen unter Hinweis auf die entsprechenden Kapitel des Polyisobutylens nur im Überblick behandelt werden. Eine Ausnahme bilden die unter dem Einfluß sauerstoffabgebender Katalysatoren hergestellten Mischpolymerisate, denen ein besonderes Kapitel gewidmet ist.

Bei der Herstellung echter Mischpolymerisate des Isobutylens mit anderen ungesättigten Verbindungen liegt eine grundsätzliche Schwierigkeit darin, das sehr polymerisationsfreudige Isobutylen und die trägere Mischkomponente zu vereinigen. Durch geeignete Wahl der Polymerisationsbedingungen ist es jedoch gelungen, auch in technischem Maßstabe wertvolle Mischpolymerisate des Isobutylens herzustellen.

Die einfachste Mischpolymerisation des Isobutylens mit aliphatischen Monoolefinen wie Propylen, Butylen und Amylenen führt zu höheren Olefinen, die nach dem Hydrieren klopffeste Kohlenwasserstoffe liefern. Diese Reaktionen werden großtechnisch bei der Herstellung von Polymerbenzinen durchgeführt.

Ölige Mischpolymerisate aus Isobutylen und vor allem Normalbutylenen sind ebenfalls bekannt. Aus Crackgasen hergestellte Polybutene sind in der Regel solche.

Eine weitere bedeutende Gruppe stellen die hochmolekularen Mischpolymerisate aus Isobutylen und Polyolefinen, speziell Diolefinen, dar. Der aus Isobutylen und Isopren mischpolymerisierte Butylkautschuk ist das wichtigste Nachfolgeprodukt des Polyisobutylens.

Demgegenüber treten die Mischpolymerisate aus Isobutylen und aromatischen, ungesättigten Verbindungen, z. B. mit Styrol, an Bedeutung zurück.

Außer mit einer kann Isobutylen auch mit zwei Komponenten mischpolymerisiert werden. Bei der Herstellung dieser Tri- oder Terpolymeren kommt dem Divinylbenzol als vernetzend wirkender Verbindung eine Sonderstellung zu.

A. Herstellung von Mischpolymerisaten aus Isobutylen und aliphatischen Monoolefinen

Für die einfache Mischpolymerisation des Isobutylens mit aliphatischen Monoolefinen nach den Gleichungen

$$\text{Isobutylen} + \text{Propylen} \longrightarrow \text{Heptylen}$$
$$\text{Isobutylen} + \text{Butylen} \longrightarrow \text{Octylen}$$
$$\text{Isobutylen} + \text{Amylen} \longrightarrow \text{Nonylen}$$

können alle bei der Herstellung von Diisobutylen (s. Abschnitt II A 1, S. 64) besprochenen Verfahren verwendet werden. Nur müssen wegen der trägeren Reaktionsfähigkeit der Monoolefine die Reaktionsbedingungen verschärft werden. Als Folge davon tritt aber erhöhte Isomerisierung auf, und daher finden sich z. B. im Reaktionsgemisch aus Isobutylen und Normalbutylenen verschiedene Octene, z. B. 2,2-Dimethylhexen[1, 2, 3, 4], 2,2,3-Trimethylpenten[1, 2, 3, 4] und 2,3,4-Trimethylpenten[1, 2, 3].

Die besten Katalysatoren sind Schwefelsäure[5, 6] und Phosphorsäure[1, 2, 3, 7, 8], letztere besonders auf festen Trägersubstanzen, die leicht regenerierbar sind. Die Verwendung anderer Verbindungen ist möglich, z. B. von Schwermetallsulfiden (am besten CuS)[9], von in flüssigem Fluorwasserstoff gelösten Alkalimetallfluoriden oder -sulfaten[10], von einem Gemisch aus Borfluorid und Fluorsulfonsäure[11], von Borfluorid[12], von Benzolsulfonsäure in Gegenwart von Glycerin[13], von Metallfluorid-BF$_3$-Komplexen[14], von Oxalsäure auf Silicagel[15], von OH-Gruppen und Sulfonsäuregruppen enthaltendem porösem Harzgel[16] oder von in ihrer Aktivität stark gedämpften Friedel-Crafts-Katalysatoren, z. B. Dihydroxyfluoborsäure H$_3$BO$_2$F$_2$ allein[4] oder auf A-Kohle[17]. Die geeignetsten

---

[1] IPATIEFF u. SCHAAD: Ind. Engng. Chem. **30**, 596—599 (1938).

[2] IPATIEFF u. SCHAAD: Petroleum **34**, Nr. 24, 1—5 (1938).

[3] IPATIEFF u. SCHAAD: Chim. et Ind. **40**, 211—216 (1938).

[4] BROOKS: Ind. Engng. Chem. **41**, 1694—1696 (1949).

[5] ALLISTER: Oil Gas J. **36**, Nr. 26, 139—142 (1937).

[6] ALLISTER: Refiner natur. Gasoline Manufacturer **16**, 493—496 (1937).

[7] BERTHELOT: Chim. et Ind. **38**, 632—646 (1937).

[8] SHERWOOD: Riv. Combustibile **10**, 830—836 (1956); Petroleum (Lond.) **20**, 56—59 (1957).

[9] INGOLD u. WASSERMANN: Trans. Faraday Soc. **35**, 1022—1024 (1939).

[10] UOPC LINN, A. P. 2436929 v. 31. 5. 45.

[11] UOPC IPATIEFF u. LINN, A. P. 2421946 v. 30. 6. 45.

[12] StOC GERHART u. HULL, A. P. 2148115 v. 19. 6. 36.

[13] GRDC STEVENS u. GRUSE, A. P. 2090905 v. 17. 11. 36.

[14] EREC BOHLBRO, E. P. 737026 v. 31. 3. 53.

[15] EREC SMITH JR. u. KIRSHENBAUM, A. P. 2772317 v. 28. 3. 52.

[16] NVBPM F. P. 1083962 v. 23. 9. 53, Holl. Prior. v. 25. 9. 52.

[17] EREC BOHLBRO, A. P. 2728805 v. 26. 11. 52.

Tabelle 15. *Mischpolymerisation von Isobutylen und*

Patentnummer	Patentdatum	Firma	Erfinder	Ausgangsstoff
A. P. 2181 640	26. 8. 35	Shell Development Company	DEANESLY u. WACHTER	Olefingemisch mit einem tertiären Olefin
F. P. 814 360	30. 11. 36 A. Prior. v. 31. 12. 35	Standard Oil Development Company		Raffineriegase, Naphtha-Crackgas mit Normal-butylen und Isobutylen (C_4-Fraktion), trocken und mercaptanfrei
F. P. 827 123	25. 9. 37 A. Prior. v. 24. 10. 36	Standard Oil Development Company		Isobutylen oder seine Mischungen mit Propy-len, Normalbutylenen, Amylenen oder anderen Olefinen
A. P. 2090 905	17. 11. 36	Gulf Research and Development Company	STEVENS u. GRUSE	Butan-Schnitt aus Raffineriegas mit 32% Isobutylen und 32% Buten-1 und -2
A. P. 2174 247	26. 3. 37	Shell Development Company	MCALLISTER	Petroleum-Crackgase, Butan-Buten-Fraktion mit 18,5% Isobutylen und 28,2% Normalbuten-1 und -2
A. P. 2259 862	22. 10. 38	Shell Development Company	RUYS u. BOLGER	Isobutylen und Normal-butylene
A. P. 2440 286	16. 10. 44	Shell Development Company	MCALLISTER	C_4—C_5-Fraktion aus olefinhaltigen Kohlen-wasserstoff-Crackgasen
A. P. 2436 238	4. 11. 44	Standard Oil Development Company	WADLEY u. HORECZY	Mischung aus 5,5 Mol Propylen und 1 Mol Isobutylen, flüssig
A. P. 2436 571	8. 12. 45	Standard Oil Development Company	HEINRICH	Mischung aus Propylen und Isobutylen
F. P. 922 494	16. 2. 46	Standard Oil Development Company		C_4-Fraktion mit 17,6% Isobutylen und 29,4% Normalbutylenen
A. P. 2468 507	16. 7. 46	Texas Company	MOORE u. PEVERE	n-Butan und Buten-2-freie C_4-Fraktion mit 33,3% Isobutylen und 16,7% Buten-1

Normalbutylenen zu Octenen mit Schwefelsäure

Katalysator	Polymerisationstemperatur ° C	Druck at	Reaktionszeit	Umsetzungsprodukt	Aufarbeitung
95%ige H_2SO_4	60—250	7—70			Neutralisieren Trocknen Destillieren
60—75%ige H_2SO_4, in die die C_4-Fraktion flüssig in fein verteilter Form eingeführt wird	65—149, speziell 93—107, nicht über 135	mindestens 14, nicht über 42	1—56 Std.	8—25% Diisobutylen, 30—80% Octene aus Iso- u. Normalbutylen, 10—25% höhere Polymere	Abtrennen der Polymerschicht u. Destillation derselben oder Hydrieren zu Benzinen
50—80%ige H_2SO_4 in 1,5—4 m hoher Schicht, in die das flüssige Olefingemisch durch feine Düsen eingepreßt wird	93—149	21—42	1—2 min	Di- und Trimere	Abtrennen der Polymerisate
80—100%ige H_2SO_4 mit 25—50 Vol.-% Glycerin oder Glykol	bis 130	35—70		etwa 60% Polymere mit etwa 70% Dimeren, 20% Trimeren und 10% höheren	
55—80%ige H_2SO_4, speziell 63—72%, in der z. B. mittels Pumpe des Olefingemisch emulgiert wird	70—120, speziell 80—105	20	1—25 min, speziell 3—13	Octene	Abtrennen der Polymeren und Fraktionieren
65—85%ige H_2SO_4, 0,5—1,5 Mol/Mol Butylen	80—110		3—10 min	Dimere und höhere Polymerisationsprodukte	
60—80%ige H_2SO_4, in der bei —10 bis +20° C Absorptionstemperatur zuerst 0,2—0,8 Mol Isoamylene/Mol H_2SO_4 absorbiert werden. Dann erfolgt Umsetzung mit C_4-Fraktion bei 60—110°	60—110		10—40 min	Isooctylene, Isononylene, Decylene	Fraktionieren nach dem Abtrennen der Polymerschicht und Waschen mit Wasser oder Alkali
85 Gew.-% 65%ige H_2SO_4 u. 15 Gew.-% BF_3, Volumverhältnis Olefine : Katalysator 4 : 1	49—71	Aufrechterhaltung der flüssigen Phase bei Reaktionstemperatur	30 min	64 Vol.-% C_7-Kohlenwasserstoffe	Abtrennen und Destillieren
60—85%ige H_2SO_4, vorzugsweise 60 bis 70%ige mit 5—15% Isopropyläther	60—107, vorzugsweise 82	15,5	30 min	96% Polymere	Abtrennen, Alkalibehandlung und Destillieren
50—75 Gew.-% H_2SO_4, vorzugsweise 60—70%ig	51—121, vorzugsweise 71—79	10,5—31,5	2—30 min, vorzugsweise 10—20 min	Isomere Octene mit Kp. über 107°	Abtrennen, Alkaliwäsche, Wasserwäsche, Trocknen
75—85%ige H_2SO_4, vorzugsweise 80%ig, und zwar 1,28 Vol. Olefine/1 Vol. H_2SO_4/Std.	49—60, vorzugsweise 60	7—14, vorzugsweise 14	25 min	50,2% Polymere	Abtrennen, Fraktionieren

Tabelle 16. *Mischpolymerisation von Isobutylen und*

Patentnummer	Patentdatum	Firma	Erfinder	Ausgangsstoff
A. P. 2176354	29. 2. 36	Universal Oil Products Company	NELSON	C_4-Fraktion aus Crackgasen mit 14% Isobutylen und 30% Normalbutylenen
F. P. 818930	8. 3. 37 A. Prior. v. 11. 3. u. 16. 10. 36	Universal Oil Products Company		A. Isobutylen-Propylen-Gemisch B. Isobutylen-Normalbutylen-Gemisch 1 : 3
A. P. 2171207	19. 6. 36	Shell Development Company	BOULTBEE	C_4-Fraktion mit 20% Isobutylen und 30% Normalbutylen
F. P. 48524	10. 6. 37	I. G. Farbenindustrie Aktiengesellschaft		C_4-Fraktion von Crackgasen, speziell Gemisch aus 80% Iso- und 20% α-Butylen
E. P. 499066	30. 11. 37 A. Prior. v. 21. 8. 37	Universal Oil Products Company		Crackgase mit 8—25% Olefinen (Propen, Butene), von Schwefel befreit, mit 2—5% Wasserdampf zur Erhöhung von Aktivität und Lebensdauer des Kontaktes
DRP 767797	17. 4. 38	Ruhrchemie Aktiengesellschaft	HAGEMANN u. TRAMM	C_3- und C_4-Olefine enthaltendes Kohlenwasserstoffgemisch aus der Kohlenoxyd-Hydrierung mit 93,2 Gew.-% Olefinen, verdünnt mit C_3- und C_4-Paraffinen auf 59,1 Gew.-%
E. P. 571909	23. 12. 40	Anglo-Iranian Oil Company	STRANG	Kohlenwasserstoffgemisch mit Iso- und Normalbuten sowie 60—130 Gew.-% vom Isobuten an Propen, speziell mit 12 Gew.-% Propen, 16,1 Gew.-% Isobuten, 32,2 Gew.-% Normalbuten
A. P. 2470904	23. 4. 47	Universal Oil Products Company	SHANLEY	Olefinhaltige Crackgase, besonders C_3—C_4-Fraktion mit 30 Mol-% Propen und 25 Mol-% Butenen einschließlich Isobuten und Normalbutenen und 0,2—3,5 Mol-% des Gemisches an Wasserdampf
A. P. 2628981	29. 11. 47	Standard Oil Company	BURNEY u. SHOEMAKER	Gemisch mit 30% sek. Butylenen und 15% Isobutylen

Normalbutylenen zu Octenen mit Phosphorsäure

Katalysator	Polymerisationstemperatur ° C	Druck at	Reaktionszeit	Aufarbeitung	Umsetzungsprodukte
Fester, körniger Phosphorsäurekontakt, d. h. Ortho- oder Pyrophosphorsäure auf Silicatträger	135—163	39	5 min	Destillation	Octen-Fraktion Dodecen-Fraktion
Fester Phosphorsäurekontakt (1—5% Wasserdampf zur Erhöhung der Lebensdauer sollen anwesend sein) mit etwa 65% P_2O_5 als Pyrophosphorsäure	93—105 135—165	34—41, speziell 37,5 30—45, speziell 37,5	500—900 sec = 50 l Gas/kg Kontakt, speziell 800 250—350, spez. 300 sec = 5,36 l flüssige Olefine/l Kontakt	Fraktionieren Fraktionieren	Isoheptene, Decene Isooctene, Dodecene
Phosphorsäure	149—204, vorzugsweise 177—190,5	40	40 l flüssig/1 kg Katalysator/ Std.		
Phosphorsäure auf Aktivkohle, Kieselgur, Kieselgel, Bleicherde u. ä.	100—250, vorzugsweise 150—200, speziell 190	15—25, speziell 20	70 l/Std./8 l Kontakt		Polymerisat
Fester Phosphorsäurekontakt, z. B. aus Phosphorsäure und Kieselgur	150—288, vorzugsweise 177—232, in mehreren Reaktionstürmen hintereinander ansteigend	6,8—24		Wasser- oder Alkaliwäsche Desodorieren Entgasen Fraktionieren	Polymerbenzine
Phosphorsäurekontakt aus 70% Phosphorsäure und 30% Kieselgur	150	60	1 kg Kohlenwasserstoffgemisch/1 kg Kontakt/Std. in mehreren Reaktionsstufen	Fraktionieren	Polymerbenzin
Kupferphosphat, Kadmiumphosphat und Phosphorsäure	130—250, vorzugsweise 150—190, speziell 160	17,5—98, speziell 98	1250 l/kg Katalysator/Std.		26,5 Gew.-% Polymere
Fester Phosphorsäure-Kontakt mit zunehmender Schichtdicke in mehreren, hintereinander geschalteten Reaktionstürmen zwecks besserer Temperaturbeherrschung	204—260	7—141		Fraktionieren	Polymere
Fester, körniger Kontakt aus an Ton absorbierter Phosphorsäure	177—260	40			67% Polymere, bestehend aus 85% Dimeren und 15% Trimeren

Tabelle 16

Patentnummer	Patentdatum	Firma	Erfinder	Ausgangsstoff
A. P. 2593720	18. 11. 48	Universal Oil Products Company	BIELAWSKI	Olefin-Kohlenwasserstoff-Gemisch, speziell Butan-Butylen-Gemisch
E. P. 690387	17. 4. 50 A. Prior. v. 28. 5. u. 1. 6. 49	Standard Oil Development Company		Kohlenwasserstoffe mit 30—50% Olefinen, z. B. 24,2% Propen, 12,8% Normalbuten, 8,3% Isobuten
A. P. 2704747	29. 7. 49	Universal Oil Products Company	BIELAWSKI	wie A. P. 2593720
A. P. 2626289	30. 3. 50	Standard Oil Development Company	RUSSELL	Olefingemisch mit Äthylen, Propylen und Butylen
A. P. 2626290	30. 3. 50	Standard Oil Development Company	FELL u. LESLIE	C_3—C_4-Kohlenwasserstoff-Fraktion mit 25% Propylen, 25% Butylen
A. P. 2721889	28. 7. 50	Esso Research and Engineering Company	MURPHREE u. KEARBY	Olefine in regelmäßig wechselnder Strömungsrichtung
A. P. 2626291	19. 10. 50	Standard Oil Development Company	BETTS u. LESLIE	
A. P. 2694686	1. 12. 50	Standard Oil Development Company	REEVES u. KEARBY	Olefine
A. P. 2682565	6. 1. 51	Standard Oil Development Company	KEARBY	Olefinhaltige Gase mit Propylen, Butylenen und Pentylenen

(Fortsetzung)

Katalysator	Polymerisa-tionstempe-ratur ° C	Druck at	Reaktionszeit	Aufarbeitung	Umsetzungs-produkte
Fester H_3PO_4-Kontakt aus 59—75 Gew.-% H_3PO_4, 20—49,5 Gew.-% Diatomeenerde und 0,5 bis 5 Gew.-% Kiefernharz	177—288, speziell 135—163	7—141, speziell 35—105			Misch-polymere
50% Phosphorsäuren auf Silicagel, aktiviert mit 0,1—15 Gew.-% Ni- oder Cu-Phosphat, in Gegenwart geringer Mengen Wasser, als bewegter Brei oder Fließkontakt angewandt	150—482, vorzugs-weise 204—260	3,5—105, vorzugs-weise 21—70	0,5—15 Vol. Flüssiggas/ Vol. Kontakt pro Std.	Wasserwäsche Kondensieren Reinigen	Polymere
Fester Kontakt aus über 50 Gew.-% H_3PO_4, Diatomeenerde und 0,5—10% einer Co-Verbindung	177—288, speziell 121—163	7—105, speziell 35—105			
50—90% H_3PO_4 auf Silicagel, mit 1—5% Ni- oder Co-Phosphat aktiviert, fein verteilt als bewegte Suspension in einer 1. Zone und mit erhöhter Aktivität als praktisch ruhender Kontakt in einer 2. Zone	177—316, vorzugs-weise 204—260	7—70, vorzugs-weise 56—70			Polymere
Kontakt aus A. P. 2626289 wird mit 10—50% fein-verteiltem Silicagel, Bauxit, Aktivtonerde o. ä., mit Schweröl an-geteigt, verdünnt, um Zusammenbacken im Fließbett zu verhindern					
Silicagelbett mit H_3PO_4 und H_2O-Zusatz zum Regenerieren bei Strömungsumkehrung	204,4—260	21—70			
Kontakt aus A. P. 2626289, gemäß A. P. 2626290 verdünnt mit Silicagel, Bauxit oder Aktivton-erde, die aber noch relativ kleine H_3PO_4-Mengen (20% weniger als der Kontakt) enthalten					
Kieselgel-H_3PO_4 für Fest-bett, Wirbelbett, Sumpfverfahren					
99—110%ige H_3PO_4, vor-zugsweise 100—105%ige, im Rieselturm im Gegen-strom mit Gasgemisch	163—218, vorzugs-weise 171—193	1—18—70	5 Vol. H_3PO_4/ 1 Vol. Kohlen-wasserstoff-gemisch, flüssig bei 50% Olefinen im Gemisch	Destillieren	Polymere mit 5—9 C-Atomen

8*

Tabelle 16

Patentnummer	Patentdatum	Firma	Erfinder	Ausgangsstoff
A. P. 2686210	9. 1. 51	Standard Oil Development Company	KIRSHENBAUM u. SKARSTROM	Gasgemisch mit C_3 und C_4-Olefinen, gemischt mit Hydraten von Co-, Cu- oder Ni-Phosphat
A. P. 2708682	19. 6. 51	Esso Research and Engineering Company	DAUBER, MUELLER u. FELL	C_4-Gemisch mit 40—47% Butylenen und weniger als 1 p. p. m. gebundenem Stickstoff
A. P. 2778804	31. 7. 51	Esso Research and Engineering Company	CORNER u. LYNCH	Kohlenwasserstoffgemisch mit C_3—C_4-Olefinen
A. P. 2758143	1. 10. 51	Esso Research and Engineering Company	ARUNDALE u. VANDERBILT	Crackgas-Gemisch mit C_3- und C_4-Olefinen
E. P. 722262	2. 10. 51	Standard Oil Development Company	FELL, BETTS, SWEETSER, MACLAREN u. LESLIE	
A. P. 2759033	17. 3. 52	Esso Research and Engineering Company	KARCHMER u. BETHEA	Olefine mit 2—6 C-Atomen
A. P. 2824149	31.7.51/8.12.53	Esso Research and Engineering Company	CORNER u. LYNCH	Kohlenwasserstoffgemisch mit C_3—C_4-Olefinen

Rohstoffe für diese Verfahren sind die olefinhaltigen Gasgemische, die als Crackgase bekannt sind und aus der Kohle und Mineralölveredlungsindustrie stammen.

Diese katalytische Polymerisation spielt im Ablauf der neuesten Verfahren zur Herstellung hochklopffester Benzine eine entscheidende Rolle[1, 2].

---

[1] HEINEMANN, WALSER, SCHALL u. OBLAD: Erdöl u. Kohle 8, 621—625 (1955).
[2] KIMBERLIN JR.: J. chem. Educat. 34, 569—574 (1957).

(Fortsetzung)

Katalysator	Polymerisa-tionstempe-ratur ° C	Druck at	Reaktionszeit	Aufarbeitung	Umsetzungs-produkte
Fester Phosphorsäure-kontakt, dessen Lebens-dauer durch Zufuhr von Wasser erhöht wird, das aus dissoziierbaren, wasserhaltigen Ver-bindungen, z. B. Hydra-ten des Co-, Cu- oder Ni-Phosphates stammt	etwa 204 bei festem Kontakt-bett 260—343 bei Fließ-kontakt	70 unter 7			
Phosphorsäure-Kieselgur-Kontakt als Brei	204—232	70	4,2—7,6 l/1 kg Kontakt/Std.	Abtrennen des Kontaktes, Destillation	85—90% Polymere
H_3PO_4-Silicagel-Kontakt, fein verteilt als Brei in fließendem Zustand unter Zusatz von H_2O, im Gegensatz zu E. P. 690387 hergestellt aus einem Silicahydrosol mit etwa 98% H_2O, Zusatz von H_3PO_4, Umwandlung in ein Gel und Trocknen	150—482, vorzugs-weise 177—316 oder 232—260	21—70	0,15—3 m/sec Fließ-geschwindig-keit 0,5 bis 15 Vol. flüs-siges Gemisch pro Vol. Kontakt/Std.	Abscheidung des Fließ-kontaktes in Cyclonen, Raffinieren	Dimere und Trimere
Flüssiger Kontakt aus 95—105 Gew.-%iger H_3PO_4 und 20—70 Gew.-%, vorzugsweise 40—60 Gew.-% eines neutralen Phosphorsäureesters, z. B. Trikresyl- oder Trixylenylphosphat	93—232, speziell 116—182	0—70, speziell 0—35	0,1—2,5 Vol. flüssiges Olefin/Vol. Kontakt/Std.	Destillation	Polymere
Kontakt wie in A. P. 2626289—2626291, im Wirbelschichtverfahren angewandt					
Flüssiges Gemisch aus 75—110%iger, vorzugs-weise 100—105%iger Phosphorsäure und Paraffinöl im Verhältnis zwischen 10 : 1 und 1 : 10	121—260, vorzugs-weise 160—182	0—70, vorzugs-weise 21—53		Destillation	Polymere
H_3PO_4-Silicagel-Kontakt mit etwas Ni, fein verteilt in Suspension angewandt	177-316, speziell 232	70	6,7 Vol. Ausgangs-gemisch/Vol. Kontakt/Std.		

1. Mischpolymere aus Isobutylen und Propylen, Butylenen und Amylenen mittels Schwefelsäure (Tab. 15)

Ein Vergleich der Tab. 7 u. 15 zeigt die Unterschiede bei der Her-stellung von Di- und Triisobutylen und der Herstellung ähnlicher Misch-polymerer mittels Schwefelsäure. Für die erste Reaktion genügt eine 60—65%ige Schwefelsäure, die im drucklosen Kaltsäureprozeß bei Temperaturen bis höchstens 100° angewandt wird. Für die Misch-polymerisation wird im Heißsäureprozeß bei Drucken bis zu 40 at und

Tabelle 17. *Mischpolymerisation von Isobutylen und*

Patentnummer	Patentdatum	Firma	Erfinder	Ausgangsstoff
A. P. 2138541	17. 8. 36	Phillips Petroleum Company	FREY	Kohlenwasserstoffgemisch mit Propylen und Butylenen
A. P. 2129649	7. 10. 36	Standard Oil Development Company	CROSS JR. u. FULTON	Natürliche oder Raffineriegase mit C_3- und C_4-Olefinen
A. P. 2129732	7. 10. 36	Standard Oil Development Company	FULTON u. CROSS JR.	C_4-Schnitt mit 35% Butylenen
A. P. 2129733	7. 10. 36	Standard Oil Development Company	FULTON u. CROSS JR.	Natürliche oder Raffineriegase mit C_3- und C_4-Olefinen
A. P. 2350282	14. 3. 42	Attapulgus Clay Company	LA LANDE JR.	Crack-Olefine
A. P. 2406081	7. 11. 44	Porocel Corporation	LA LANDE JR. u. HEINEMANN	Isobutylen-Normalbutylen-Gemisch 1 : 1
A. P. 2452198	30. 10. 45	Sun Oil Company	KENNEDY u. HETZEL	Propylen-Butylene-Gemisch
A. P. 2470171	30. 10. 45/ 17. 4. 47	Sun Oil Company	KENNEDY u. HETZEL	Propylen-Butylene-Gemisch
A. P. 2458818	9. 11. 45	Standard Oil Development Company	YOUNG	C_4-Schnitt mit 15% Isobuten und 25% Normalbutenen
Can. P. 487391	26. 7. 46	Atlantic Refining Company	GIAPETTA u. BUCK	Olefine einschließlich Isoolefinen
A. P. 2667521	4. 11. 48	Phillips Petroleum Company	HARNEY	Gemisch aus Olefinen mit 3—5 C-Atomen und Paraffinen mit 2—5 C-Atomen
A. P. 2678904	13. 7. 50	Standard Oil Development Company	KEARBY, KIRSHENBAUM u. SMITH	Crackolefine
A. P. 2688646	27. 7. 50	Standard Oil Development Company	RUSSELL	Gasförmige Olefine

Normalbutylenen zu Octenen mit Silicaten

Katalysator	Polymerisationstemperatur ° C	Druck at	Reaktionszeit	Aufarbeitung	Umsetzungsprodukte
Aktiviertes Aluminiumsilicat	66—288	14—35			Kohlenwasserstoffe vom Siedebereich des Benzins
Silicagel mit Aluminiumoxyd und 0,5—3% Zink- oder Kadmiumoxyd	200—400	0—35			Höher siedende Polymere
Silicagel mit 1—5% Zirkon- und Zinkoxyd zur Erhaltung der Kontaktaktivität, mit geringen Mengen Halogenwasserstoff oder -alkyl	200—400	0—35			Höher siedende Polymere
Silicagel mit 0,5—10% Lanthan-, Indium- oder Thalliumoxyd zur Erhaltung der Kontaktaktivität, mit geringen Mengen Halogenwasserstoff oder -alkyl	200—400	0—35			Höher siedende Polymere
Wasserhaltiges Magnesiumsilicat mit eingeschlossenem Alkali, mit Calciumchlorid behandelt	510—620	über 46			
Durch Erhitzen aktivierter Bauxit mit höchstens 2—6% Feuchtigkeit	unter 350	7—140	250 Vol./Vol. Katalysator/Std.	Destillation	Polymere und Copolymere
80—99,98% Silicagel, 0,01—10% Aluminiumoxyd, 0,01—10% Nickel oder Kobalt	200—400, vorzugsweise 250—375	2,1—18, vorzugsweise 4,2—11	1—12 g Gas/100 g Kontakt/min		Di- und Trimere
80—99,98% Silicagel, 0,01—10% Chromoxyd und 0,01—10% Nickel oder Kobalt	200—400, vorzugsweise 250—375	2,1—18, vorzugsweise 4,2—11	1—12 g Gas/100 g Kontakt/min		Di- und Trimere
Gel von Siliciumoxyd, Aluminiumoxyd oder Magnesiumoxyd, mit fein verteiltem Titanoxyd imprägniert	100—300, speziell 165	0—45	8 Vol. Flüssiggas/Vol. Katalysator/Std.	Destillation	40,3% Polymere
Co-imprägnierter Al_2O_3—SiO_2-Katalysator	100—350, speziell 200—300	unter 35, speziell unter 7			
SiO_2—Al_2O_3-Teilchen mit 20 μ bis 10 mesh für Wirbelbett	135—287,7	9—84	Strömungsgeschwindigkeit 0,1 bis 5 Fuß/sec		
13% Al_2O_3 + 87% SiO_2 mit 1 Gew.-% HCl als Beschleuniger	177—399, vorzugsweise 232—343	unter 7, gewöhnlich 0,07—2,1	0,3—1,5 Vol. Gemisch/Vol. Kontakt/Std.	Destillation	Polymere
Fester Katalysator mit höchstens 20 mesh Teilchengröße für Wirbelbett als 1. Stufe u. Festbett als 2. Stufe					

Temperaturen bis zu 120° eine 70—85%ige Schwefelsäure eingesetzt. Ausbeuten und Mengenverhältnisse von Di-, Tri- und höheren Polymeren liegen gleich.

2. Mischpolymere aus Isobutylen und Propylen, Butylenen und Amylenen mittels Phosphorsäure (Tab. 16)

Diese für die technische Herstellung von Polymerbenzin bedeutungsvollste Reaktionsweise unter Verwendung „fester" Phosphorsäurekontakte erfordert, verglichen mit der Di- und Trimerisierung von Isobutylen, ebenfalls verschärfte Bedingungen. Während die Dimerisierung (s. Tab. 9) schon bei 100—150° und mäßigen Drucken verläuft, arbeitet die Mischpolymerisation mit Temperaturen von 150—300° und Drucken bis zu 70 at, wobei Festbett-, Fließbett- und Wirbelschichtverfahren weitere Variationen zulassen.

3. Mischpolymere aus Isobutylen und Propylen, Butylenen und Amylenen mit Silicaten (Tab. 17)

Bei der Verwendung von Silicaten liegen die Temperaturen wie bei der Dimerisierung des Isobutylens (s. Tab. 10) zwischen 200—400°. Die Drucke sind verdoppelt bis auf 35 at.

4. Mischpolymere aus Isobutylen und Octadecen

Aus Isobutylen und Octadecen kann man beim Siedepunkt des als Lösungs- und Kühlmittel verwendeten Methylchlorids mit $AlCl_3$ als Katalysator Mischpolymerisate mit Molekulargewichten von 3000 bis 6000 herstellen[1].

Sie leiten zu den hochmolekularen Mischpolymerisaten des Isobutylens über.

B. Hochmolekulare Mischpolymerisate

Der Herstellung hochmolekularer Polyisobutylene (s. Abschnitt II B, S. 77 fg.) entspricht die Mischpolymerisation des Isobutylens mit anderen polymerisierbaren Verbindungen zu hochmolekularen Stoffen. Außer den schon genannten aliphatischen Monoolefinen sind vor allem Polyolefine (Hauptvertreter: Isopren), einige ungesättigte Verbindungen aus verschiedenen chemischen Gruppen und ungesättigte Aromaten (Hauptvertreter: Styrol) geeignet.

Die chemischen Grundlagen dieser Mischpolymerisation gleichen völlig denen der hochmolekularen Polyisobutylene. Man arbeitet mit den in Tab. 11 aufgeführten Katalysatoren (s. Abschnitt II B 1 a, S. 77, wobei noch zu ergänzen sind Friedel-Crafts-Katalysator + BCl_3 als Zusatzkatalysator[2], Sesquichloride, z. B. $AlCH_3Cl_2 \cdot Al(CH_3)_2Cl$[3], $AlCl_3$ + Alkali-

---

[1] EREC GARBER, HOLLYDAY u. VANDERBILT, A. P. 2746925 v. 29. 9. 51.
[2] EREC ERNST u. SMALL, F. P. 1153908 v. 17. 5. 56, A. Prior. v. 23. 5. 55.
[3] Jasco KRAUS, A. P. 2387517 v. 8. 11. 40.

metall, z. B. Na[1], im Verhältnis 7 : 1 in Butan, $AlCl_3$ + 0,1—2% Al-Metall[2] in CH_3Cl, Friedel-Crafts-Metallhalogenid-Äther-Komplexe[3, 4], z. B. $AlCl_3$, $TiCl_4$ oder BF_3 in 40 Anisol, Diphenyläther, β,β'-Dichlordiäthyläther oder 1,2-Diphenoxyäthan und BF_3 in CH_3Cl[5]. Unter dem Einfluß von Flußsäure lassen sich Isobutylen und Polyolefin, z. B. Butadien-1,3, zu einem ungesättigten Öl polymerisieren[6, 7, 8], das als Grundlage für trocknende Öle dient.

Man verwendet die in Tab. 12 genannten Lösungs- und Kühlmittel. Hier sind noch zu erwähnen Benzolkohlenwasserstoffe[9], Dichlortetrafluoräthan[10], Schwefelkohlenstoff[11], Äthylidendifluorid[12], Chlor-fluorkohlenwasserstoffe[13], Vinylchlorid[14] und hydrierte Naphtha[15].

Die Mischpolymerisation kann durch die gleichen Reglerstoffe (s. Abschnitt II B 1 c, S. 82 fg.) beeinflußt werden wie beim Polyisobutylen. Besonders genannt seien hier einwertige Alkohole[16], Äther[17], Ester[17] und Ketone[17], Methanol[18], sek. Monoolefine[18], Diisobutylen[18, 19, 20], einen nichtmetallischen Substituenten der 5. oder 6. Gruppe des periodischen Systems enthaltende Kohlenwasserstoffe[18], Alkyläther[21], Halogenwasserstoff[22], Tertiärbutylchlorid oder -bromid[23], Wasser[24, 25], α-Normalbutylen[20, 26, 27, 28] oder β-Normalbutylen[20, 26, 27, 29] und Trimethyläthylen[20], schließlich mehrere Gruppen organischer Verbindungen zur Beschränkung der Kettenlänge[30].

---

[1] PhPC Reid, A. P. 2427303 v. 14. 12. 43.
[2] StODC Schutze, A. P. 2581147 v. 23. 3. 50.
[3] StODC Dornte, A. P. 2559062 v. 27. 11. 45.
[4] StODC Sparks u. Young, A. P. 2656340 v. 27. 7. 50.
[5] Jasco Sparks u. Thomas, A. P. 2585867 v. 5. 3. 48.
[6] UOPC West, A. P. 2578214 v. 31. 12. 48.
[7] UOPC Hoffmann, A. P. 2645649 v. 30. 11. 50.
[8] UOPC Bloch u. Hoffmann, A. P. 2582411 v. 31. 3. 49.
[9] BASF Pier u. Christmann, DBP 883354 v. 6. 7. 37.
[10] StODC Saylor jr., A. P. 2494585 v. 30. 1. 44.
[11] StODC Palmer, A. P. 2474592 v. 5. 5. 44.
[12] StODC Welch u. Wilson, A. P. 2548415 v. 8. 12. 48.
[13] StODC Saylor jr., A. P. 2644809 v. 11. 1. 50.
[14] StODC Thomas u. Small, A. P. 2694054 v. 1. 5. 51.
[15] EREC Arey jr., A. P. 2744084 v. 26. 9. 52.
[16] BASF Otto, Güterbock u. Daniel, DBP 911661 v. 24. 6. 38.
[17] Jasco Holmes, A. P. 2384916 v. 15. 6. 40.
[18] StODC Sparks u. Nelson, Can. P. 480753 v. 18. 10. 44, A. Prior. v. 8. 3. 44.
[19] StODC Schutze, Can. P. 469772 v. 19. 11. 48, A. Prior. v. 16. 4. 48.
[20] StODC E. P. 715221 v. 6. 3. 52, A. Prior. v. 4. 9. 51.
[21] StODC E. P. 589393 v. 14. 11. 44, A. Prior. v. 22. 4. 44.
[22] StODC Palmer, A. P. 2471890 v. 22. 6. 46.
[23] StODC Walsh jr. u. Schutze, A. P. 2581154 v. 1. 7. 48.
[24] StODC Walsh jr. u. Schutze, A. P. 2521431 v. 6. 7. 48.
[25] StODC Palmer, A. P. 2488736 v. 28. 8. 48.
[26] StODC Walsh jr., A. P. 2580490 v. 30. 1. 48.
[27] StODC Sparks u. Nelson, A. P. 2625538 v. 8. 6. 51.
[28] StODC Welch, A. P. 2609363 v. 29. 10. 48.
[29] StODC Howe u. Holloway, A. P. 2636025 v. 11. 10. 49.
[30] StODC E. P. 600317 v. 14. 11. 44.

Auch hier kann man wie bei der Isobutylenpolymerisation (s. Abschnitt II B 1 c, S. 91) die Reaktionsbedingungen durch Kombination geeigneter Reglerstoffe dem Polymerisationsverfahren anpassen[1].

Bei weniger tiefen Temperaturen erhält man ölige, bei tiefen Temperaturen feste Mischpolymerisate.

1. Herstellung öliger Mischpolymerisate aus Isobutylen und Propylen, Normalbutylenen oder Amylenen

Mittels Friedel-Craftsscher Katalysatoren können bei mäßig erniedrigten Temperaturen Isobutylen und Normalbutylene zu öligen Mischpolymerisaten zusammenpolymerisiert werden[2-10]. Die im Abschnitt II B 2 a, S. 94 fg. angegebenen Herstellungs- und Aufarbeitungs-Verfahren sind ohne weiteres auf diese Mischpolymerisation übertragbar.

Diese Öle können durch Hydrieren in ihren Eigenschaften verbessert werden.

2. Mischpolymerisate aus Isobutylen und Polyolefinen

Versuche zur Herstellung hochmolekularer Mischpolymerisate aus Isobutylen und Polyolefinen sind lange bekannt. So berichtet OSTRO-MYSSLENSKI[11], daß er aus 10% Isobutylen und 90% Isopren unter dem Einfluß von Natrium einen kautschukartigen Körper hergestellt hat. Ähnliche Ergebnisse erhielt Lwow bei der Polymerisation von Isobutylen mit Butadien[12] und Isopren[13, 14], wobei er gleichzeitig fand, daß reines Isobutylen durch Natrium nicht polymerisiert wird. Die N. V. de Bataafsche Petroleum Maatschappij[15], bzw. die Shell Development Company[16] stellten als Vorprodukte für Zusatzstoffe zu Schmierölen Mischpolymerisate aus Isobutylen und Butadien, Isopren oder z. B. chlorhaltigen Diolefinen[17] her bei −10 bis −100° und $AlCl_3$, $AlCl_3 \cdot$ Nitrobenzol, BF_3, $BF_3 \cdot HF$, Floridaerde oder Silicagel als Katalysator.

WIEZEVICH, später umgetauft in GAYLOR[18], entwickelte ein Verfahren zur Herstellung von Polymerisationsprodukten, indem er aliphatische

---

[1] BASF GÜTERBOCK, DBP 1046881 v. 20. 2. 57.

[2] StOC F. P. 800185 v. 31. 12. 35, A. Prior. v. 31. 12. 34.

[3] BASF FLEMMING u. BAUMEISTER, DBP 867992 v. 12. 3. 36.

[4] IG HÄUBER u. HIRSCHBECK, DRP 746304 v. 7. 7. 37.

[5] StOC GAY, A. P. 2219867 v. 6. 2. 39.

[6] StOC EVERING, D'OUVILLE u. CARMODY, A. P. 2407873 v. 13. 11. 43.

[7] StODC ELMORE u. YOUNG, A. P. 2519034 v. 7. 9. 44.

[8] CRC LEVINE u. FOLSONI, A. P. 2484384 v. 11. 2. 46.

[9] StODC GARBER, SPARKS u. YOUNG, A. P. 2559498 v. 9. 3. 46.

[10] StODC HEINRICH, A. P. 2469725 v. 7. 3. 47.

[11] J. Russ. Phys.-Chem. Ges. 48, 1071—1114 (1916).

[12] Chem. J. Ser. A. J. allg. Chem. (russ.) 7(69), 928—946 (1937).

[13] Kautschuk u. Gummi (russ.) **1940**, Nr. 7, 16—19.

[14] Oil Gas J. (russ.) **42**, 38—39 (1943).

[15] NVBPM Holl. Pat. 43011 v. 24. 3. 36.

[16] Shell HUIJSER u. DE NOOIJER, Can. P. 379134 v. 2. 3. 37, Holl. Prior. v. 24. 3. 36.

[17] Shell HUIJSER u. DE NOOIJER, Can. P. 381742 v. 2. 3. 37, Holl. Prior. v. 24. 3. 36.

[18] StODC A. P. 2213423 v. 9. 4. 37.

Olefine mit mehr als 2 C-Atomen im Gemisch mit anderen polymerisierbaren Kohlenwasserstoffen in Gegenwart von anorganischen, sauer
reagierenden Halogeniden unterhalb 0° polymerisierte. Ähnlich arbeitete
SMYERS[1]. Gleichzeitig entdeckten PIER und CHRISTMANN[2] ein Verfahren
zur Herstellung von Polymerisationsprodukten, wobei sie Butylene im
Gemisch mit Verbindungen mit konjugierten ungesättigten Bindungen
mittels anorganischer, sauer reagierender Halogenide oder großober-
flächiger Stoffe in Gegenwart von Lösungsmitteln für die zu polymerisierenden Stoffe polymerisierten.

THOMAS und SPARKS[3, 4] spezialisierten diese Verfahren auf die
Mischpolymerisation von Isobutylen mit Butadien-1,3 unter —50° mit
in C_2H_5Cl gelöstem $AlCl_3$ und erhielten kautschukartige Produkte.
Sie[5, 6, 7, 8] dehnten diese Versuche auf Isopren (Methyl-2-butadien-1,3)
und Dimethyl-2,3-butadien aus, verwendeten als Katalysator eine
Lösung von $AlCl_3$ in CH_3Cl und schufen damit die Grundlage für die
technische Butylkautschuk-Herstellung.

Wie beim reinen Isobutylen ist auch bei der Mischpolymerisation von
Isobutylen und Diolefinen die Herstellung öliger Polymerisate[9, 10, 11, 12]
möglich.

Als für die Mischpolymerisation mit Isobutylen geeignet erwiesen
sich außer den schon genannten z. B. noch folgende Polyolefine:

Pentadien-1,3, Piperylen[5, 6, 7, 8, 13],
Cyclopentadien[2, 3, 4, 5, 6, 7, 8, 14, 15], Methyl-cyclopentadien[14],
Dimethyl-1,1-, 1,2-, 1,3- und 1,4-butadien-1,3[5, 6, 7, 8],
Hexadien-1,3[5, 6, 7, 8],
Äthyl-2-butadien-1,3[5, 6, 7, 8],
Polypropylsubstituiertes Butadien[16],
Dimethallyl[17],
Myrcen[18],
Dimethyl-2,6-methylen-4-heptadien-2,5[18],
Methyl-2-hexatrien-1,3,5[18],

---

[1] StODC A. P. 2274749 v. 17. 7. 37.
[2] BASF DBP 883354 v. 6. 7. 37.
[3] Jasco A. P. 2356127 v. 29. 12. 37.
[4] StODC Austral. P. 109187 v. 23. 11. 38, A. Prior. v. 29. 12. 37.
[5] Jasco A. P. 2356128 v. 20. 10. 39.
[6] StODC Austral. P. 112875 v. 6. 3. 40, A. Prior. v. 20. 10. 39.
[7] Jasco A. P. 2356129 v. 30. 8. 41.
[8] Jasco A. P. 2356130 v. 6. 9. 41.
[9] SpEC E. P. 683382 v. 12. 1. 48, A. Prior. v. 30. 1. 47.
[10] UOPC WEST, A. P. 2578214 v. 31. 7. 48.
[11] UOPC BLOCH u. HOFFMANN, A. P. 2582411 v. 31. 3. 49.
[12] UOPC HOFFMANN, A. P. 2645649 v. 30. 11. 50.
[13] StODC E. P. 715221 v. 6. 3. 52, A. Prior. v. 4. 9. 51.
[14] StODC GARBER, A. P. 2521359 v. 27. 11. 45.
[15] Jasco SPARKS u. THOMAS, A. P. 2577822 v. 26. 4. 50.
[16] StODC FIELD u. DAHLKE, Can. P. 469102 v. 11. 5. 43, A. Prior. v. 30. 7. 42.
[17] Jasco THOMAS u. SPARKS, A. P. 2322073 v. 21. 12. 39.
[18] StODC SPARKS u. THOMAS, A. P. 2418912 v. 5. 9. 41.

Methyl-2-heptadien-1,6[1],
Dimethylallen[2],
Vinyl-1-cyclohexen-3[3],
Methyl-4-pentadien-1,3[4],
Dimethyl-6,6-fulven[5],
Cyclohexadien-1,3[6],
Dihydrobenzol[7],
Dihydronaphthalin[8],
Divinylsulfid[9].

Auch anders substituierte Polyolefine sind vorgeschlagen worden,
z. B.

Chloropren[10],
Methoxy-2-butadien[11], Halogensubstitutionsprodukte von Butadien,
Isopren, Dimethylbutadien, Cyclopentadien, Dihydrobenzol[7],
Diäthoxy-2,3-butadien[12],
Di-n-propyl-thiophen-sulfon[13],
Pentachlorphenyl-1-butadien-1,3[14],
(Tetrachlor-2′,3′,5′,6′-methyl-4′-phenyl)-1-butadien-1,3[14],
Vinyl-4-pyridin[15].

Polymerisiert man unter milderen Bedingungen, z. B. mit Bor-
trifluoridätherat als Katalysator bei —30 bis + 100° C ein Gemisch aus
etwa 25% Monoolefin und 75% konjugiertem Diolefin in einem Alkyl-
halogenid als Lösungsmittel[16], so entstehen trocknende Öle. Solche
trocknenden Öle erhält man auch durch Mischpolymerisation von 5—40
Gew.-% Isobutylen und 60—95 Gew.-% Butadien-1,3 in N.N-Dimethyl-
formamid als Lösungsmittel, mit 5—25 Gew.-% des Olefingemisches HF
als Katalysator und bei 0 bis —40° C Reaktionstemperatur[17]. Mischpolymerisate aus Monoolefin und konjugiertem Diolefin sollen in Gegenwart von SO_3 bei der Polymerisation sulfonierbar sein[18].

Die größte praktische Bedeutung hat von den Polyolefinen das für die
Herstellung von Butylkautschuk verwendete Isopren erlangt.

---

[1] StODC Sparks u. Thomas, Can. P. 467049 v. 30. 4. 45.
[2] StODC E. P. 593744 v. 18. 7. 44.
[3] BFGC Parrish, A. P. 2568656 v. 2. 3. 46.
[4] StODC Schutze, A. P. 2565398 v. 15. 7. 48.
[5] BFGC Parrish, A. P. 2628955 v. 8. 6. 50.
[6] Jasco Sparks u. Thomas, A. P. 2577822 v. 26. 4. 50.
[7] BASF Pier u. Christmann, DBP 883354 v. 6. 7. 37.
[8] StODC Lieber, A. P. 2545522 v. 4. 4. 45.
[9] PhPC Pritchard, A. P. 2769802 v. 8. 12. 52.
[10] StODC Wiezevich, A. P. 2213423 v. 9. 4. 37.
[11] StODC Young u. Elmore, A. P. 2445378 v. 22. 7. 43.
[12] StODC Young u. Elmore, A. P. 2445379 v. 24. 6. 44.
[13] StODC Young, A. P. 2456354 v. 2. 12. 44.
[14] SpEC Ross, A. P. 2591611 v. 5. 10. 48.
[15] BASF Schuster, DBP Anm. B 21491/39c v. 5. 8. 52.
[16] EREC Serniuk, A. P. 2780664 v. 16. 10. 52.
[17] UOPC Geiser, A. P. 2818460 v. 26. 9. 55.
[18] UOPC Bloch, Hoffmann u. Mammen, A. P. 2677702 v. 5. 10. 50.

a) Technische Herstellung von Butylkautschuk

Butylkautschuk [1, 2, 3], über den McSweeney und Mueller[4] eine umfangreiche, wenn auch durchaus nicht vollständige Bibliographie veröffentlicht haben, ist das Tieftemperatur-Mischpolymerisat aus Isobutylen und etwa 1—5% eines Diolefins, vor allem Isopren. Den Einfluß der Diolefintype und -konzentration haben Welch, Nelson und Wilson [5, 6] eingehend studiert. Auch mit wechselnden Mengen nur eines Diolefins kann man die Eigenschaften des Butylkautschuks etwa so variieren, daß höherer Diolefingehalt ein Mischpolymerisat liefert, das schneller vulkanisiert und ein elastischeres Vulkanisat ergibt, dessen Zerreißfestigkeit und Alterungsbeständigkeit jedoch etwas vermindert sind. Thomas und Sparks[7, 8] haben sehr früh gezeigt, daß die Zerreißfestigkeit in Abhängigkeit von der Diolefinmenge durch ein Maximum läuft, das beim Isopren bei 1,1 bis 1,2% liegt (Abb. 16).

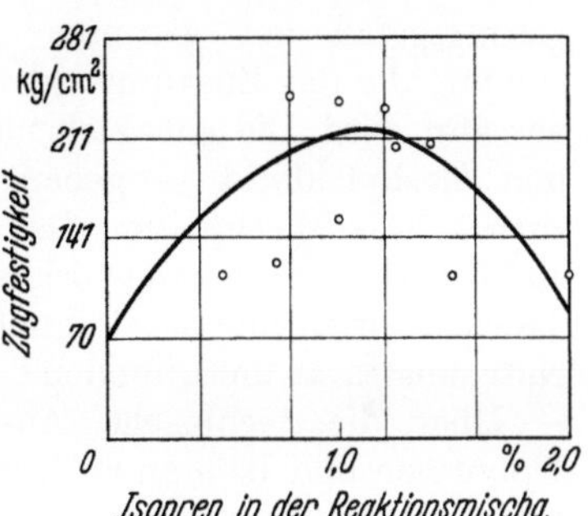

Abb. 16. Zugfestigkeit von Isobutylen-Isopren-Mischpolymerisaten, 15 min bei 155° C gehärtet

Für eine einwandfreie Butylkautschuk-Herstellung ist die größtmögliche Reinheit sämtlicher Chemikalien Grundbedingung. Zum Beispiel darf der α-Normalbutylen-Gehalt im Isobutylen nicht über 0,5% betragen[9, 10]. Das als Lösungsmittel verwendete Methylchlorid muß unter besonderen Vorsichtsmaßnahmen getrocknet werden[11, 12].

Für die Polymerisation wird Isobutylen mit 1—5% Isopren und etwa der 3 fachen Menge Methylchlorid gemischt, unter sehr kräftigem Rühren[13] und Außenkühlung mit flüssigem Äthylen auf unter —95° abgekühlt und dann mit einer in der Kälte hergestellten[14], etwa 0,2%igen Lösung von $AlCl_3$ in Methylchlorid polymerisiert. Die Reaktion wird kontinuierlich derart durchgeführt, daß dem Rührgefäß am Boden in Rührernähe ständig Monomeren- und Katalysator-Lösung zugeführt werden, während oben aus dem Rührgefäß durch ein Überlaufrohr ständig die Polymerisatsuspension abfließt. Durch intermittierende

[1] Thomas, Lightbown, Sparks, Frolich u. Murphree: Refiner natur. Gasoline Manufacturer **19**, 47—57 (1940).
[2] Thomas: India Rubber World **130**, 203—206 (1954).
[3] The Butyl Story, Rubber Age **76**, 721—725 u. 771 (1955).
[4] Rubber Age (New York) **38**, 247—252 (1954).
[5] India Rubber Wld. **118**, 1948 (1948).
[6] Ind. Engng. Chem. **41**, 2834—2840 (1949).
[7] Jasco A. P. 2356128 v. 20. 10. 39.
[8] StODC Austral. P. 112875 v. 6. 3. 40, A. Prior. v. 20. 10. 39.
[9] StODC Howe u. Holloway, A. P. 2636025 v. 11. 10. 49.
[10] StODC Sparks u. Nelson, A. P. 2625538 v. 8. 6. 51.
[11] StODC McAteer, Morrell, Small u. Yowell, A. P. 2530129 v. 2. 12. 44.
[12] StODC E. P. 597643 v. 15. 11. 44.
[13] StODC Bannon, A. P. 2596975 v. 1. 9. 49.
[14] EREC Small u. Ernst, A. P. 2830977 u. 2849428 v. 24. 6. 53.

Zugabe von alkalischen Substanzen, z. B. Ammoniak oder Aminen wie Di-n-butylamin, β-Naphthylamin, können die Eigenschaften des Polymerisates verbessert werden[1].

Bei sorgfältiger Temperaturführung bei der Polymerisation[2] und beim Weitertransport der Umsetzungsprodukte erhält man einen feinkörnigen fließbaren Polymerisatbrei, der nach Zusatz von 5—20% zwischen 15 und 175° C siedenden Cyclohexanen oder -heptanen, z. B. Methylcyclohexan, an den Gefäß- und Rohrwänden keine Abscheidungen bildet[3] und der in einem dem Polymerisationsgefäß nachgeschalteten Entgasungsgefäß mit warmem Wasser und einer Substanz, z. B. Zinkstearat, die das Zusammenkleben der Polymerisatteilchen verhindert[4], verrührt wird. Die entweichenden Gase — nicht umgesetztes Isobutylen und Methylchlorid — gehen nach der Aufarbeitung in den Prozeß zurück. Das Mischpolymerisat wird abfiltriert, gewaschen, getrocknet, stabilisiert und homogenisiert. Das Ankleben an den Wänden der Trockeneinrichtung wird durch einen Überzug aus Aluminiumstearat-Natriumstearat unterbunden[5].

Über die technische Ausführung der Mischpolymerisation von Isobutylen und Isopren zu Butylkautschuk gibt es eine sehr große Zahl von Patenten, die Polymerisationsapparaturen mit Rühr- und Kühleinrichtungen, Aufarbeitungsapparaturen, Start, Lenkung und Abschluß der Polymerisation, Reinigung der Apparate umfassen. Sie aufzuzählen würde den Rahmen dieses Buches weit überschreiten. Es genügt, darauf hinzuweisen, daß das im Abschnitt II B 2 b β, S. 99 beschriebene Rührtopfverfahren der Standard Oil Development Company die technische Ausführungsform für die Polymerisation, das im Abschnitt II B 2 c γ, S. 102 beschriebene Aufarbeitungsverfahren die technische Ausführungsform für die Aufbereitung des Butylkautschuks darstellen.

Die Reihe der Stabilisatoren (s. Abschnitt II B 2 b δ, S. 103fg.), die sich auch für Butylkautschuk eignen, kann noch durch folgende Substanzen, die teilweise nicht verfärbende Eigenschaften besitzen, ergänzt werden:

Monosubstituierte Harnstoffe[6],
Aromatische Ester der arsenigen Säure[7],
2-p-Chinondioxim[8],
Kondensate aus Diolefin und mehrwertigem Phenol[9],
2-(2'-Thiazylthio)-1,4-hydrochinon und Abkömmlinge[10],
2,2-Bis-(2'-oxy-3'-tert. butyl-5'-methylphenyl)-propan[11],

[1] StODC E. P. 592306 v. 13. 10. 44.
[2] PCL McKenzie u. Killey, A. P. 2834762 v. 27. 12. 54.
[3] EREC Rose u. Ernst, A. P. 2834761 v. 24. 6. 53.
[4] StODC Lewis, Bird u. Page, A. P. 2688004 v. 30. 10. 51.
[5] EREC Bannon, A. P. 2766224 v. 18. 11. 52.
[6] USRC Sterrett, A. P. 2444881 v. 1. 12. 44.
[7] USRC Howland u. Hunter, A. P. 2466810 v. 26. 3. 46.
[8] StODC Turner u. Smith, A. P. 2548805 v. 29. 8. 46.
[9] StODC Arey jr. u. Wood, A. P. 2650208 v. 18. 10. 49.
[10] USRC Newby, A. P. 2616871 v. 7. 4. 49.
[11] StODC Young, A. P. 2628212 v. 10. 12. 49.

Acyl-p-aminophenol[1],
Salz eines Alkyl-phenol-sulfids mit 2-wertigem Metall[2],
N-Lauroyl-p-aminophenol[3] (nicht verfärbend),
2,6-Di-(tert. butyl-)-p-kresol[4, 5, 6],
Triphenyl-antimon[7] (zur Verbesserung der Wasserdampfbeständigkeit),
Metallhalogenide wie $AlCl_3$, $AlBr_3$, $FeCl_3$, $ZnCl_2$, $TiCl_4$, $ZrCl_4$ oder $CrCl_3$[8],
Wasserunlösliche Bis-(p-oxyphenylamide) von Dicarbonsäuren[9],
1,1-Dicyclohexyl-3-(p-phenetyl)-harnstoff u. ä.[10],
Polydiphenylalkanverbindungen[11],
p-Dimethylamino-azobenzol u. ä.[12].

3. Mischpolymerisate aus Isobutylen und ungesättigten Verbindungen außer aliphatischen Monoolefinen, Polyolefinen und ungesättigten Aromaten

In den Patenten von WIEZEVICH[13] und SMYERS[14] sind zahlreiche Verbindungsgruppen und Verbindungen genannt worden, die mit Isobutylen Mischpolymerisate bilden sollen, z. B. Vinylverbindungen, Acrylverbindungen, Acetylenverbindungen, Alkylenoxyde, Aldehyde, Allen, Allylen, Cyclohexen und Terpene. Ähnliche Angaben machen PIER und CHRISTMANN[15]. Diese Verbindungen tauchen in späteren Anmeldungen wieder auf, z. B.

Vinylmethacrylat[16],
Vinylchlorid[13],
Methylacetylen[17],
Olefinische Äther, z. B. Dimethallyläther[18],
Vinyl-cyclopropan[19, 20],
Vinyläther[21, 22],

[1] StODC YOUNG u. COTTLE, A. P. 2654722 v. 16. 9. 50.
[2] StODC McLEAN u. HAWKINS, E. P. 716711 v. 15. 3. 51.
[3] SUMMER: Chem., Chem. Eng. News **33**, 4228 (1955).
[4] StODC VAN GILDER, A. P. 2470447 v. 11. 7. 45.
[5] StODC NELSON, A. P. 2462123 v. 14. 8. 45.
[6] StODC NELSON, A. P. 2471887 v. 21. 8. 45.
[7] USRC MILLS, A. P. 2803620 v. 31. 3. 53.
[8] StODC NELSON, F. P. 1013752 v. 11. 2. 50, A. Prior. v. 16. 3. 49.
[9] StODC YOUNG u. COTTLE, A. P. 2683132 v. 11. 7. 51.
[10] MCC ZERBE, A. P. 2788338 v. 9. 2. 53.
[11] EREC YOUNG, COTTLE u. FISHER, A. P. 2716096 v. 27. 3. 51/23. 8. 55.
[12] EREC EBY, A. P. 2810709 v. 25. 6. 54.
[13] StODC A. P. 2213423 v. 9. 4. 37.
[14] StODC A. P. 2274749 v. 17. 7. 37.
[15] BASF DBP 883354 v. 6. 7. 37.
[16] ICI HUEBNER u. FEAREY, E. P. 573845 v. 18. 5. 42.
[17] ICI HUEBNER u. FEAREY, E. P. 573844 v. 18. 5. 42.
[18] StODC SPARKS u. THOMAS, A. P. 2412921 v. 9. 7. 43.
[19] PhPC JONES, A. P. 2540949 v. 25. 2. 46.
[20] PhPC JONES, A. P. 2540950 v. 23. 6. 50.
[21] GAFC SCHILDKNECHT, A. P. 2513820 v. 21. 2. 45.
[22] StODC YOUNG, Can. P. 486097 v. 6. 6. 46, A. Prior. v. 29. 12. 45.

Acrylsäurechlorid[1],
Allylfumarat, -maleat, -citraconat[2],
Isopropenylmethylketon[3],
Divinylsulfid[4].

Praktische Bedeutung haben diese Mischpolymerisate nicht erlangt.

4. Mischpolymerisate aus Isobutylen und ungesättigten Aromaten

Die Grundpatente von WIEZEVICH[5], SMYERS[6] und PIER u. CHRIST-
MANN[7] umfassen auch die Tieftemperaturmischpolymerisation von
Isobutylen und ungesättigten Aromaten. Als geeignet werden folgende
Substanzen genannt:

Styrol[5, 6, 7],
Alkylstyrole[7],
Eugenol[5],
Safrol[5],
Inden[6, 7]
Cumaron[6, 7],
Divinylbenzol[5, 6, 8, 9].

Später fanden andere Autoren noch folgende Verbindungen:

Halogenstyrole[10, 11, 12],
α- oder p-Methylstyrol[13],
α, p-Dimethylstyrol[13],
Phenylacetylen[14],
Propenylbenzol[15],
Divinyltoluol[8],
Divinylnaphthalin[8],
Acenaphthylen[16].

Die Mischpolymerisation von Isobutylen und Styrol ist aus dieser
Gruppe die wichtigste. Bei Normaltemperatur erhält man aus Mischungen
von 60—90 Gew.-% Isobutylen und 40—10 Gew.-% Styrol mit BF_3 als
Katalysator viscose Öle[17], mit $AlCl_3$, $TiCl_4$ oder $ZrCl_4$ in CH_3Cl oder

---

[1] BFGC BROWN, A. P. 2671074 v. 24. 11. 50.
[2] COON u. RUST, A. P. 2459501 v. 19. 6. 44.
[3] MRC RUST, A. P. 2469788 v. 5. 6. 44.
[4] PhPC PRITCHARD, A. P. 2769802 v. 8. 12. 52.
[5] StODC A. P. 2213423 v. 9. 4. 37.
[6] StODC A. P. 2274749 v. 17. 7. 37.
[7] BASF DBP 883354 v. 6. 7. 37.
[8] StODC WELCH, A. P. 2609363 v. 29. 10. 48.
[9] EREC WELCH, A. P. 2815335 v. 29. 8. 52.
[10] SpEC BROOKS u. NAZZEWSKI, A. P. 2406319 v. 19. 11. 43.
[11] StODC GARBER, A. P. 2557094 v. 29. 9. 45.
[12] StODC HOLLYDAY JR. u. SPARKS, A. P. 2561796 v. 9. 11. 46.
[13] StODC SPARKS, FROLICH u. YOUNG, F. P. 914371 v. 11. 9. 45, A. Prior.
     v. 30. 8. 41, 2. u. 17. 6. 44.
[14] StODC SPARKS u. MUESSIG, A. P. 2255396 v. 21. 12. 39.
[15] EC COHEN, GIRAITIS u. ZIETZ, A. P. 2773052 v. 1. 7. 53.
[16] JONES: J. appl. Chem. 1, 568—576 (1951).
[17] StODC YOUNG u. SMYERS, A. P. 2474881 v. 12. 12. 45.

C_2H_5Cl Harze[1]. Bei tiefen Temperaturen bis $-100°$ entstehen feste, thermoplastische Mischpolymerisate[2-8]. Die brauchbarsten enthalten etwa gleiche Teile Isobutylen und Styrol. Geringere Styrolgehalte von $0{,}5-4{,}5\%$ Styrol ergeben kautschukähnliche Mischpolymerisate[9].

Die technische Durchführung wird nach dem Rührtopfverfahren der Standard Oil Development Company (s. Abschnitt II B 2 b β, S. 99) vorgenommen. Dabei hat sich herausgestellt, daß man ein Mischpolymerisat mit den besten Eigenschaften erhält, wenn man die Mischpolymerisation in 2^{10} oder $3^{11, 12}$ Stufen derart durchführt, daß man in der ersten Stufe nur $23-38\%$ Styrol, in der 2. Stufe $75-80\%$, in der 3. Stufe $80-85\%$ Styrol einpolymerisiert, so daß ein Endprodukt mit $58-62\%$ Styrol im Durchschnitt entsteht. Konstanthalten der Polymerisationsbedingungen führt zu hoher Transparenz der Mischpolymerisate[13].

Die Aufarbeitung der Reaktionsmasse erfordert andere Maßnahmen als beim Polyisobutylen oder Butylkautschuk, weil sich beträchtliche Mengen des Mischpolymerisates in dem als Lösungsmittel für die Monomeren verwendeten CH_3Cl lösen. SPARKS und YOUNG[2] hydrolysieren das $AlCl_3$ mit Isopropylalkohol, verdampfen das CH_3Cl und waschen mit Wasser. VICKERS[14] kocht mit Wasser aus und trocknet in geeignet konstruierten Spritzgußmaschinen. JASPER und WELCH[8] fällen statt mit Isopropylalkohol mit Methylalkohol. GREEN[15] erhitzt den Ansatz unter Druck bis zur völligen Lösung, rührt dann Wasser hinzu und versprüht bei erniedrigtem Druck. Unter Verflüchtigung aller tiefsiedenden Bestandteile bildet sich eine Suspension des Mischpolymerisates, die eingedampft und dann ähnlich wie beim Butylkautschuk aufgearbeitet wird. NELSON, SEARY, GREEN und OHSOL[16] erhitzen die Polymerisatlösung unter Druck, entspannen und sammeln das Mischpolymerisat auf beheizten, rotierenden Metallflächen. KELLEY, SMALL und McKEMIE[17] versprühen die Lösung des Copolymerisates in Dampf,

---

[1] StODC SCHNEIDER, YOUNG u. GOERING, A. P. 2604465 v. 20. 5. 50.

[2] StODC SPARKS u. YOUNG, A. P. 2491525 v. 24. 5. 44.

[3] StODC E. P. 601226 v. 27. 11. 44.

[4] StODC SPARKS, FROLICH u. YOUNG, F. P. 914371 v. 11. 9. 40, A. Prior. v. 30. 8. 41, 2. u. 17. 6. 44.

[5] StODC MAHAN, A. P. 2631139 v. 4. 12. 45.

[6] StODC SPARKS u. GARBER, A. P. 2529520 v. 8. 7. 46

[7] StODC LEARY, A. P. 2641595 v. 31. 12. 49.

[8] StODC JASPER u. WELCH, A. P. 2615006 v. 30. 8. 50.

[9] StODC SPARKS u. YOUNG, A. P. 2656340 v. 27. 7. 50.

[10] EREC NELSON, LEARY u. WELCH, A. P. 2800465 v. 29. 12. 53.

[11] StODC TEGGE, A. P. 2643993 v. 13. 9. 49.

[12] StODC NELSON, LEARY u. WELCH, A. P. 2666046 v. 22. 12. 50.

[13] EREC LEARY, A. P. 2730519 v. 8. 6. 53.

[14] StODC F. P. 1106031 v. 10. 6. 54, A. Prior. v. 17. 6. 53.

[15] StODC A. P. 2537130 v. 24. 8. 46.

[16] StODC F. P. 1112148 v. 9. 9. 54, A. Prior. v. 17. u. 18. 9. 53.

[17] EREC F. P. 1151999 v. 29. 6. 56, A. Prior. v. 8. 7. 55.

Tabelle 18. *Herstellung*

Olefine	Patentnummer	Patentdatum	Firma	Erfinder
Isobutylen Butadien Styrol	DBP 883354	6. 7. 37	Badische Anilin- u. Soda-Fabrik (I. G. Farbenindustrie Aktiengesellschaft „In Auflösung")	PIER u. CHRISTMANN
Isobutylen Butadien Styrol	A. P. 2438340	27. 4. 44	Sun Oil Company	JOHNSON
Isobutylen Butadien Styrol n-Butylen	A. P. 2513183	9. 2. 45	Sun Oil Company	KURTZ JR.
Isobutylen Isopren Styrol	Can. P. 464086	7. 11. 44 A. Prior. v. 21. 8. 44	Standard Oil Development Company	SPARKS u. YOUNG
Isobutylen Isopren Styrol	A. P. 2609359	21. 3. 46	Standard Oil Development Company	SPARKS u. YOUNG
Isobutylen Isopren Styrol	Can. P. 469103	9. 8. 46 A. Prior. v. 30. 11. 45	Standard Oil Development Company	SPARKS u. YOUNG
Isobutylen Isopren Styrol	A. P. 2676950	29. 11. 51	Standard Oil Development Company	SPARKS u. YOUNG
Isobutylen Halogeniertes Styrol Isopren	A. P. 2479450	30. 12. 44	Standard Oil Development Company	YOUNG u. SPARKS
Isobutylen p-Chlorstyrol Styrol	A. P. 2557094	29. 9. 45	Standard Oil Development Company	GARBER
Isobutylen Butadien-1,3 Diacetyl-amino-2-buta- dien-1,3	A. P. 2458355	22. 12. 45	Eastman Kodak Company	DICKEY
Isobutylen Isopren α-Methyl-styrol	A. P. 2539523	14. 2. 47	Atlantic Refining Company	REID JR.
Isobutylen Isopren α-p-Dimethylstyrol	F. P. 943402	18. 3. 47 A. Prior. v. 11. 4. 45	Standard Oil Development Company	SPARKS u. THOMAS
Isobutylen Propylen Styrol	A. P. 2683138	20. 8. 49	Standard Oil Development Company	GOERING u. ROCCA
Isobutylen Isopren Divinylbenzol	E. P. 642050	25. 3. 48 A. Prior. v. 6. 6. 47	Standard Oil Development Company	WELCH, WILSON u. TURNER
Isobutylen Isopren Divinylbenzol	DBP 815844	3. 5. 50 A. Prior. v. 6. 6. 47	Standard Oil Development Company	

von Tripolymeren

Lösungsmittel	Polymerisations-temperatur ° C	Katalysator	Umsetzungsprodukte
Propan	—100	BF_3	Elastisches, vulkanisierbares Polymerisat
Gesättigter flüssiger Kohlenwasser-stoff	—40	7%ige Lösung von $AlBr_3$ in n-Heptan	Kautschukartiges, vulkanisier-bares Polymeres
Gesättigte C_3—C_4-Kohlenwasser-stoffe	—10 bis —78	2,5%ige Lösung von $AlCl_3$ in C_2H_5Cl	
	unter —10	Friedel-Craftssche Katalysatoren	Harzartiges, thermoplastisches Tripolymeres mit Mol.-Gew. von 2000—100000, Jodzahl 1—20, Fp. 51,7—79,3° C
	—103	$AlCl_3$ in CH_2Cl_2	Mit Schwefel vulkanisierbares tripolymeres Produkt
Alkylhalogenid	unter —80	$AlCl_3$ in Alkylhalogenid	Polymeres mit Jodzahl 0,2—20, vulkanisierbar
Propan, Äthan, CH_3Cl	unter —10	Friedel-Crafts-Katalysatoren	Vulkanisierbares Polymeres
Kohlenwasserstoffe, halogenierte Kohlenwasser-stoffe	—40 bis —164	BF_3, $TiCl_4$, $AlCl_3$, evtl. in Lösung	Festes, plastisches Misch-polymerisat
CH_3Cl	—100	$AlCl_3$ in CH_3Cl	Harzartiges Mischpolymerisat
	—50	BF_3	Zähe, elastische, vulkanisier-bare Masse
Chlorbenzol	—110	1%ige Lösung von $AlCl_3$ in Chlorbenzol	Plastische Masse
CH_3Cl	—103	0,3%ige Lösung von $AlCl_3$ in CH_3Cl	Kautschukartiges Polymerisat
	0 bis —44	BF_3, $AlCl_3$ und C_2H_5Cl	Harzartiges Polymeres
CH_3Cl	0 bis —164	0,2%ige Lösung von $AlCl_3$ in CH_3Cl	Kautschukartiges, vulkanisier-bares Polymeres
	—40 bis + 50	Friedel-Crafts-Katalysator	Kunstkautschuk

Tabelle 18

Olefine	Patentnummer	Patentdatum	Firma	Erfinder
Isobutylen Isopren 0,1—0,8% Divinylbenzol	A. P. 2781334	1. 5. 52	Esso Research and Engineering Company	WELCH, WILSON u. TURNER
Isobutylen Isopren 1—4% Divinylbenzol	A. P. 2729626	1. 5. 52	Esso Research and Engineering Company	WELCH, WILSON u. TURNER
Isobutylen Isopren Divinylbenzol	A. P. 2671774	28. 7. 52	Standard Oil Development Company	MCCRACKEN u. CHANEY
Isobutylen Isopren Butadien	F. P. 1073666	31. 1. 53 A. Prior. v. 1. 2. 52	Standard Oil Development Company	WILSON, ROBINSON u. SMITH
Isobutylen Butadien oder Isopren Dimethallyl	A. P. 2671073	30. 9. 50	Standard Oil Development Company	WELCH, NELSON u. WILSON
Isobutylen Cyclopentadien Divinylbenzol	A. P. 2626940	23. 8. 51	Standard Oil Development Company	SPARKS u. THOMAS
Isobutylen Isopren Dimethyl-6,6-fulven	A. P. 2628955	8. 6. 50	B. F. Goodrich Company	PARRISH
Isobutylen Diene Acrylsäurechlorid	A. P. 2671074	24. 11. 50	B. F. Goodrich Company	BROWN
Isobutylen Styrol Divinylbenzol	A. P. 2830973	9. 12. 55	Esso Research and Engineering Company	LEARY

entspannen dann in Wasser und erhalten unter Verdampfen des Lösungsmittels eine feinkörnige wäßrige Copolymerisat-Dispersion.

Als besonders gut geeigneter Stabilisator für die Isobutylen-Styrol-Mischpolymerisate hat sich 1% Oxykresylcamphen[1] erwiesen.

5. Mischpolymerisate aus Isobutylen und Divinylbenzol

Eine besondere Wirkung bei der Mischpolymerisation mit Isobutylen zeigt das Divinylbenzol. Schon ganz geringe Mengen, die in den Mischpolymerisaten enthalten sind, bewirken eine starke Vernetzung, die sich in völliger Unlöslichkeit der Mischpolymerisate zeigt. Führt man die Mischpolymerisation von Isobutylen und Divinylbenzol in Gegenwart von 10—20% α-Normalbutylen[2] durch, so wird die Vernetzung soweit gehemmt, daß man noch gut verarbeitbare und vulkanisierbare Mischpolymerisate erhält.

---

[1] EREC CLAYTON JR., A. P. 2752326 v. 29. 3. 52.
[2] StODC WELCH, A. P. 2609363 v. 29. 10. 48.

(Fortsetzung)

Lösungsmittel	Polymerisations-temperatur ° C	Katalysator	Umsetzungsprodukte
CH_3Cl	0 bis —164	$AlCl_3$ in CH_3Cl	Kautschukartiges Misch-polymerisat mit Mol.-Gew. von 25 000—100 000
Alkylhalogenid	unter —40	Friedel-Crafts-Katalysator in nicht komplexbildendem Lösungsmittel	
CH_3Cl, C_2H_5Cl	0 bis —164	$AlCl_3$ in CH_3Cl	Vulkanisierbare Misch-polymerisate
Hexan	0 bis —164	Friedel-Crafts-Katalysatoren	Mischpolymerisat mit Jodzahl 40 und mehr
Aliphat. Halogen-kohlenwasser-stoffe, CS_2	0 bis —164	Friedel-Crafts-Katalysator, $AlCl_3$, $AlBr_3$, $TiCl_4$	Stärker vernetztes Misch-polymerisat mit Jodzahl 1—50 und Mol.-Gew. über 25 000
	—70 bis —110	Friedel-Crafts-Katalysator	Vulkanisierbare Misch-polymerisate
C_2H_5Cl	—10 bis —160	Friedel-Crafts-Katalysator, $AlCl_3$ in CH_3Cl	Vulkanisierbare, kautschuk-ähnliche Substanz
		Friedel-Crafts-Katalysator	Mischpolymerisate mit Mol.-Gew. über 200 000
CH_3Cl	0 bis —40	$AlCl_3$ in CH_3Cl	Klares, farbloses, festes Tripolymeres

C. Herstellung von Tri- oder Terpolymeren

Der Name Tri- oder Terpolymere ist für Mischpolymerisate geprägt worden, die aus 3 polymerisierbaren Verbindungen hergestellt werden. Im Falle des Isobutylens handelt es sich also um die Mischpolymerisation des Isobutylens mit zwei anderen polymerisierbaren Verbindungen.

Die Herstellungsbedingungen entsprechen denen bei der Misch-polymerisation von Isobutylen mit einer anderen polymerisierbaren Ver-bindung.

So ist bei der Herstellung von Polymerbenzinen (s. Abschnitt III A, S. 109 fg.) aus Crackgasen, die Olefingemische (z. B. Propylen, Butylene und Amylene) enthalten, mit der Bildung von Tripolymeren zu rechnen.

Ebenso bilden sich Tripolymere bei der Herstellung öliger Poly-merisate, besonders wenn die als Rohstoff verwendeten Crackgase Diolefine enthalten.

Schließlich erlaubt die Tieftemperaturmischpolymerisation die Her-stellung von Tripolymeren aus Isobutylen und den in den Abschnitten III B 2, 3, 4 u. 5 genannten Substanzen. Von besonderem Interesse sind

Tripolymere aus Isobutylen, konjugierten Diolefinen und Styrol oder Divinylbenzol. Dabei wirken Normalbutylene ähnlich wie bei den Dipolymeren als Regler.

Die Tab. 18 enthält einige Patente über die Herstellung von Tripolymeren aus Isobutylen, Dien und 3. Komponente.

BROWN[1] hat Tetrapolymere aus 95,2% Isobutylen, 2,4% Isopren, 1,4% 6,6-Dimethylfulven und 1,5% Acrylsäurechlorid durch Tieftemperaturpolymerisation in Äthylchlorid unter dem Einfluß von $AlCl_3$ als Katalysator hergestellt.

D. Herstellung von Mischpolymerisaten des Isobutylens mit Hilfe sauerstoffabgebender Katalysatoren

Trotz umfangreicher Versuche ist es bisher nicht gelungen, Isobutylen unter dem Einfluß sauerstoffabgebender Katalysatoren etwa nach Art der Butadien-Polymerisation zu polymerisieren, wenngleich in einigen Patenten[2-5] Isobutylen zusammen mit Verbindungen aufgezählt wird, von denen sicher ist, daß sie peroxydisch polymerisieren. Ebenso findet sich Isobutylen unter den Stoffen, die in den Patenten über die Hochdruckpolymerisation des Äthylens[6-8] genannt werden.

Um so bemerkenswerter ist es, daß Isobutylen mit einigen ungesättigten Verbindungen mittels Peroxyden, notfalls noch unter Anwendung höheren Druckes, mischpolymerisiert werden kann.

1. Mischpolymerisate aus Isobutylen und einer ungesättigten Verbindung

HOPFF und RAUTENSTRAUCH[9] emulgieren z. B. ein Gemisch aus Isobutylen und Butadien, Isopren oder β-Chlorbutadien in wäßriger Lösung und polymerisieren es unter Rühren bei 40° mittels Ammoniumpersulfat und Wasserstoffsuperoxyd als Katalysator. Dabei verwenden sie Acetylenalkohole als Beschleuniger und Aldehyde als Regler. Ähnlich arbeiten ZWICKER[10], MARPLE[11], RHINES[12], Comp. Française des Procédés Houdry[13], SMITH[14, 15] und WOLF[16, 17]. VANDENBERG[18] ermöglicht eine

[1] BFGC BROWN, A. P. 2671074 v. 24. 11. 50.
[2] EIPNC BRUBAKER u. JACOBSON, A. P. 2462354 v. 17. 9. 42.
[3] EIPNC F. P. 919134 v. 18. 12. 45.
[4] NVBPM DE NIE, Holl. P. 59166 v. 5. 1. 46.
[5] EIPNC LARSON, A. P. 2449489 v. 3. 7. 47.
[6] EIPNC HANFORD, A. P. 2387755 v. 4. 3. 43.
[7] EIPNC ROEDEL, A. P. 2462678 v. 9. 8. 44.
[8] EIPNC F. P. 922496 v. 16. 2. 46.
[9] IG DRP 746084 v. 4. 12. 38.
[10] BFGC A. P. 2386764 v. 9. 9. 41.
[11] Shell A. P. 2388167 v. 12. 10. 42.
[12] USRC A. P. 2481876 v. 8. 11. 45.
[13] CFPH F. P. 921707 v. 6. 2. 46.
[14] BFGC A. P. 2473548 v. 11. 10. 47.
[15] BFGC A. P. 2473549 v. 11. 10. 47.
[16] BFGC F. P. 988786 v. 18. 6. 49, A. Prior. v. 3. 7. 48.
[17] BFGC A. P. 2564291 v. 3. 7. 48.
[18] HPC A. P. 2682528 v. 11. 3. 53.

Tieftemperaturmischpolymerisation bei Temperaturen von —5 bis —70° in wäßriger Emulsion durch Zusatz eines Gefrierschutzmittels. Als Katalysator dient dabei ein Redoxmittel.

In analoger Weise sind in wäßriger Emulsion unter Verwendung peroxydischer Katalysatoren oder organischer Azoverbindungen mit Isobutylen auch folgende Verbindungen mischpolymerisierbar, wobei man bei starken Unterschieden in der Polymerisationsfreudigkeit erst die eine Komponente anpolymerisiert und dann die zweite hinzufügt:

1. Acrylverbindungen[1-4]

   a) Acrylnitril[5-12],

   b) Acrylsäureester[13],

   c) Methacrylsäureester[13],

   d) Cyanacrylsäurederivate[14].

2. Fumarsäureverbindungen[1, 3, 4, 15]

3. Maleinsäureverbindungen[3, 4]

   a) Maleinsäureanhydrid[10, 11, 16],

   b) Maleinsäureester[1, 17],

   c) Chlormaleinsäureanhydrid[16],

   d) Maleinsäure[1].

4. Vinylverbindungen[1, 2]

   a) Vinylacetat[5, 11, 18],

   b) Vinylchlorid[3, 4, 19-27],

---

[1] BFGC Smith, A. P. 2473548 v. 11. 10. 47.

[2] BFGC Smith, A. P. 2473549 v. 11. 10. 47.

[3] BFGC Wolf, F. P. 988786 v. 18. 6. 49, A. Prior. v. 3. 7. 48.

[4] BFGC Wolf, A. P. 2564291 v. 3. 7. 48.

[5] EIPNC Brubaker u. Jacobson, A. P. 2531196 v. 20. 10. 42.

[6] AVC Lytton, A. P. 2537146 v. 16. 11. 43.

[7] USRC Dunn, A. P. 2606176 v. 17. 9. 47.

[8] AVC Lytton, A. P. 2549913 v. 10. 7. 48.

[9] KC Robbins, A. P. 2575750 v. 25. 8. 48.

[10] MCC Hedrick u. Mowry, F. P. 1079019 v. 27. 1. 53, A. Prior. v. 22. 7. 52.

[11] EIPNC Hunt, A. P. 2471959 v. 15. 1. 48.

[12] EREC Banes u. Garber, A. P. 2749330 v. 6. 12. 52.

[13] StODC Sparks u. Gleason, A. P. 2411599 v. 9. 11. 40.

[14] EKC Dickey u. Duennebier, A. P. 2439081 v. 5. 5. 44.

[15] IG Hopff u. Steinbrunn, DRP 671378 v. 5. 3. 37.

[16] HPC Carpenter, A. P. 2538761 v. 19. 8. 48.

[17] HPC Hulse, A. P. 2534447 v. 24. 12. 48.

[18] EIPNC Sperati, A. P. 2421971 v. 6. 11. 44.

[19] EIPNC Arnold, Brubaker u. Dorough, A. P. 2404781 v. 23. 1. 42.

[20] EIPNC Plambeck jr., A. P. 2462422 v. 17. 9. 42.

[21] NVBPM Schwz. P. 244057 v. 5. 4. 44, Holl. Prior. v. 10. 4. 43.

[22] Lewis u. Walling: J. Amer. chem. Soc. 70, 1527—1529 (1948).

[23] NVBPM F. P. 902528 v. 9. 3. 44, Holl. Prior. v. 10. 4. 43.

[24] DC Staudinger, Tuerck u. Brighton, E. P. 570198 v. 11. 11. 40; E. P. 570207 v. 8. 10. 41.

[25] DC Staudinger, Cooke u. Bennett, E. P. 581484 v. 6. 9. 43.

[26] DC Staudinger u. Cooke, E. P. 589337 v. 6. 9. 43.

[27] DC Staudinger u. Bennett, E. P. 578849 v. 6. 9. 43.

   c) Vinyldibenzofuran[1],

   d) Vinylpyridin[2, 3], -carbazol[2, 3], -ester[2, 3],

   e) Vinylacetylen[4],

   f) Vinyläthinyldiäthylcarbinol[2, 3, 4],

   g) Vinylmethylketon[2, 3].

5. Vinylidenchlorid[2, 3, 5–14]

  Vinylidencyanid[15].

6. Styrole[4]

   a) Styrol[2, 3, 16, 17],

   b) Halogenstyrol[2, 3].

7. Andere ungesättigte Verbindungen

   a) Ungesättigte Äther[18],

   b) Ungesättigte Acetale[19],

   c) Aldehyde[20],

   d) Ungesättigte Säuren[21],

   e) Schwefligsäureanhydrid[22, 23, 24, 25].

Die Mischpolymerisation von Isobutylen und Schwefligsäureanhydrid unter dem Einfluß von γ-Strahlen haben MOEREMANS D'EMAUS, BRAY, MARTIN und ENDERSON[26] sowie JOBARD[27] untersucht.

2. Mischpolymerisate aus Isobutylen und 2 ungesättigten Verbindungen

Die peroxydische Mischpolymerisation des Isobutylens mit anderen ungesättigten Verbindungen erlaubt ähnlich, wie bei der Polymerisation

[1] GEC KERN, A. P. 2527223 v. 11. 12. 44.

[2] BFGC WOLF, F. P. 988786 v. 18. 6. 49, A. Prior. v. 3. 7. 48.

[3] BFGC WOLF, A. P. 2564291 v. 3. 7. 48.

[4] BFGC SMITH A. P. 2473548 u. 2473549 v. 11. 10. 47.

[5] NVBPM F. P. 902528 v. 9. 3. 44, Holl. Prior. v. 10. 4. 43.

[6] NVBPM METTIVIER-MEIJER u. DE NIE, Holl. P. 61145 v. 23. 3. 44.

[7] EIPNC BRUBAKER u. JACOBSON, A. P. 2531197 v. 29. 3. 46.

[8] DC STAUDINGER, TUERCK U. BRIGHTON, E. P. 570198 v. 11. 11. 40; E. P. 570207 v. 8. 10. 41.

[9] DC STAUDINGER, COOKE u. BENNETT, E. P. 581484 v. 6. 9. 43.

[10] DC STAUDINGER u. COOKE, E. P. 589337 v. 6. 9. 43.

[11] DC STAUDINGER u. BENNETT, E. P. 578849 v. 6. 9. 43.

[12] DC STAUDINGER u. FAULKNER, F. P. 947424 v. 31. 5. 47, E. Prior. v. 12. 7. 43, 27. 6. u. 18. 8. 44, 10. 8. 45.

[13] DC STAUDINGER u. FAULKNER, E. P. 590322 v. 12. 7. 43.

[14] EIPNC HUNT, A. P. 2471959 v. 15. 1. 48.

[15] BFGC ARDIS, A. P. 2615865 v. 13. 9. 49.

[16] RCA ROSENTHAL, A. P. 2533629 v. 18. 4. 45.

[17] LONGWORTH u. PLESCH: Proc. chem. Soc. **1958**, 117.

[18] USA SWERN, A. P. 2516928 v. 16. 1. 48.

[19] EIPNC IZARD, A. P. 2467430 v. 6. 3. 45.

[20] SCHMID, Öster. P. 164814 v. 8. 9. 48.

[21] GAFC HOPFF, STARCK u. BILLIG, A. P. 2228270 v. 26. 5. 38, D. Prior. v. 31. 5. 37.

[22] PhPC CROUCH, COTTEN u. HARRIS, A. P. 2645631 v. 16. 2. 48.

[23] CCA NOETHER u. ROSS, A. P. 2698317 v. 10. 10. 51.

[24] PhPC CROUCH, A. P. 2686171 v. 28. 4. 49.

[25] PhPC CROUCH, A. P. 2602787 v. 29. 7. 49.

[26] Ind. Engng. Chem. **49**, 1891—1896 (1957).

[27] J. Polymer Sci. **29**, 275—280 (1958).

mittels Friedel-Craftsscher Katalysatoren beschrieben, die Herstellung von Tripolymeren aus Isobutylen und 2 ungesättigten, polymerisierbaren Verbindungen.

Folgende Kombinationen wurden durchgeführt:

Isobutylen, Butadien, Piperylen[1];
Isobutylen, Butadien, Acrylnitril[2];
Isobutylen, Butadien, Styrol[3];
Isobutylen, Butadien, Dichlorstyrol[4];
Isobutylen, Butadien, Vinylidenchlorid[5];
Isobutylen, Butadien, Vinylidencyanid[6];
Isobutylen, Pentadien, Dichlorstyrol[4];
Isobutylen, Dimethylfuran, Dichlorstyrol[4];
Isobutylen, Isopren, Vinylidenchlorid[5];
Isobutylen, Acrylnitril, Methylmethacrylat[2];
Isobutylen, Acrylnitril, Vinylidenchlorid[7];
Isobutylen, Acrylsäure, Vinylidenchlorid[7];
Isobutylen, Vinylester, Vinylidenchlorid[7];
Isobutylen, Vinylketon, Vinylidenchlorid[7];
Isobutylen, Vinylchlorid, 2-Äthyl-hexylacrylat[8];
Isobutylen, Vinylchlorid, Vinylidenchlorid[10];
Isobutylen, Vinylchlorid, Acrylverbindungen[9];
Isobutylen, Dichlorstyrol, trocknende Öle mit konjugierten Doppelbindungen[4];
Isobutylen, cyclische Terpene, Ester aus Ricinusöl und Maleinsäureanhydrid[11];
Isobutylen, Vinylacetat, Dimethylfumarat oder -maleat[12];
Isobutylen, Styrol, Vinylidencyanid[13];
Isobutylen, Vinylidenchlorid, Vinylidencyanid[13];
Isobutylen, Acrylnitril, Styrol[14].

E. Mischpolymerisate aus Isobutylen und Äthylen oder Tetrafluoräthylen

Die Mischpolymerisate des Isobutylens mit Äthylen oder Tetrafluoräthylen bilden eine Gruppe für sich. Unter den bisher beschriebenen

---

[1] BFGC Fryling, A. P. 2384545 v. 13. 9. 41.
[2] FTRC Eberly u. Reid, A. P. 2537626 v. 13. 12. 44.
[3] PhPC Fryling, A. P. 2685576 v. 26. 12. 50.
[4] Works u. Michalek, F. P. 919624 v. 31. 12. 45, A. Prior. v. 9. 1. 45.
[5] DOW Stanton u. Lowry, A. P. 2463571 bis 2463575 v. 16. 5. 46.
[6] BFGC Gilbert u. Miller, A. P. 2716105 u. 2716106 v. 26. 1. 52.
[7] DC Staudinger u. Faulkner, E. P. 591863 v. 11. 8. 44.
[8] BFGC Wolf, A. P. 2594375 v. 1. 2. 50.
[9] NVBPM Schwz. P. 244057 v. 5. 4. 44, Holl. Prior. v. 10. 4. 43.
[10] NVBPM F. P. 902528 v. 9. 3. 44, Holl. Prior. v. 10. 4. 43.
[11] USRC Tawney, A. P. 2551353 v. 18. 3. 49.
[12] EIPNC Hunt, A. P. 2471959 v. 15. 1. 48.
[13] BFGC Gilbert u. Miller, DBP 1010277 v. 21. 1. 53, A. Prior. v. 26. 1. 52.
[14] EC Haefner, A. P. 2833746 v. 23. 12. 53.

Polymerisationsbedingungen polymerisiert das Äthylen nicht. Um es zur Mischpolymerisation mit Isobutylen zu zwingen, sind hohe Drucke und hohe Temperaturen wie bei seiner Eigenpolymerisation notwendig, wobei Röntgenstrahlen[1, 2, 3, 4] oder geringe Mengen von Sauerstoff, Peroxyden oder Hydrazinen als Katalysator wirken. Das gleiche gilt für Tetrafluoräthylen.

Beschreibungen für die Mischpolymerisation von Isobutylen mit Äthylen enthalten z. B. folgende Patente:

ICI PERRIN, FAWCETT, PATON u. WILLIAMS, DBP 912267 v. 21. 4. 38, E. Prior. v. 22. 4. 37.

EIPNC HANFORD, A. P. 2396785 v. 15. 3. 41.
EIPNC SQUIRES, A. P. 2395381 v. 25. 2. 43.
EIPNC HANFORD, A. P. 2405950 v. 27. 3. 43.
EIPNC LARSON, A. P. 2414311 v. 30. 7. 43.
EIPNC F. P. 924296 v. 16. 2. 46.
EIPNC F. P. 923314 v. 21. 2. 46.
EIPNC F. P. 922940 v. 26. 2. 46.
StODC F. P. 924462 v. 26. 3. 46.
EIPNC F. P. 939020 v. 26. 3. 46.
EIPNC SQUIRES u. KRASE, F. P. 941195 v. 26. 3. 46, A. Prior. v. 19. 1. 43.
EIPNC KRASE u. LAWRENCE, A. P. 2396791 v. 19. 12. 42.
EIPNC ROEDEL, A. P. 2519791 v. 18. 7. 45.

Die Mischpolymerisation des Isobutylens mit Tetrafluoräthylen wird in folgenden Patenten beschrieben:

EIPNC HANFORD u. ROLAND JR., A. P. 2468664 v. 28. 8. 45.
EIPNC JOYCE u. SAUER, A. P. 2479367 v. 21. 4. 45.
EIPNC F. P. 920043 v. 14. 1. 46.
EIPNC F. P. 921695 v. 25. 1. 46.

Die Mischpolymerisation von Isobutylen mit Trifluorchloräthylen beschreibt

MWKC BARNHART, A. P. 2753328 v. 23. 7. 52.

F. Mischpolymerisate aus Isobutylen, Kohlenoxyd und Alkohol

CAIRNS, COFFMANN, LARCHER und McKUSICK[5] haben Isobutylen, Kohlenoxyd und einen Alkohol, z. B. Methanol, in Gegenwart von t-Butylperoxyd Drucken von etwa 8000 at ausgesetzt. Sie erhielten Mischpolymerisate mit eingebauten Alkoxygruppen.

G. Telomerisation

Unterwirft man Isobutylen zusammen mit Tetrachlorkohlenstoff[6] unter dem Einfluß von Perverbindungen sowie erhöhten Temperaturen und Drucken polymerisierenden Bedingungen, so entstehen Telomere, deren durchschnittliche Kettenlänge 8,6 Mol Isobutylen auf 1 Mol CCl_4 enthält.

---

[1] MCL ROBERTS, E. P. 768666 v. 30. 1. u. 13. 5. 53.
[2] MCL ROBERTS, E. P. 768667 v. 30. 1. 53.
[3] MCL ROBERTS, E. P. 768670 v. 30. 1., 13. 5. u. 31. 12. 53.
[4] MCL ROBERTS u. SKINNER, E. P. 777847 v. 4. 8. 54.
[5] J. Amer. chem. Soc. 76, 3024—3028 (1954).
[6] EIPNC F. P. 938984 v. 18. 2. 46.

IV. Verarbeitung

A. Polyisobutylen

1. Verarbeitung ohne Zusätze

Die Verarbeitung der Polyisobutylene[1-10] ist durch ihre Beschaffenheit gegeben.

Auf die Verarbeitung der öligen Polyisobutylene einzugehen erübrigt sich.

Die halbfesten Polyisobutylene mit Molekulargewichten von etwa 8000—20000 können in Rühr-, Misch- und Knetmaschinen für teigartige Substanzen verarbeitet werden. Bei der Herstellung ihrer Mischungen hängt es von der Mischkomponente ab, ob man das Polyisobutylen oder die Mischkomponente vorgibt. In den meisten Fällen erhält man homogene Mischungen, wenn man das Polyisobutylen heiß vorarbeitet und die Mischkomponente allmählich hinzufügt.

Die festen kautschukartigen Polyisobutylene können ohne Zusätze auf den in der Gummiindustrie bekannten Maschinen, z. B. im Kneter, auf der Walze oder dem Kalander, in der Presse oder Spritzmaschine, verarbeitet werden. Wird dabei die Temperatur niedrig gehalten, so erfolgt infolge mechanischer Zerkleinerung der langen Fadenmoleküle ein Abbau zu weicheren Produkten mit niederem Molekulargewicht. Dieser Abbau ist in Knetern vom Werner- und Pfleiderer-Typ[11] gering. Zusätze von Benzoylperoxyd[12], Aryl- oder Polymersulfonen[13] oder Trichlorthiophenol[14] verstärken ihn. Ist er unerwünscht, so ist es notwendig, die Verarbeitungsmaschinen so zu beheizen, daß infolge erhöhter Plastizität die Fadenmoleküle des Polyisobutylens der mechanischen Beanspruchung ausweichen. Diese Temperaturen liegen bei

160—200° C auf der Walze,
150—190° C in der Presse,
150—200° C (abgestuft) in der Strang- oder Schneckenpresse.

Der Gummikneter ist die gegebene Maschine zum Vorarbeiten des Polyisobutylens, z. B. zum Entfernen von Luftblasen[15] für die Verarbeitung auf oder in Verformungsmaschinen. Wie SPARKS, LIGHTBOWN,

---

[1] SCHWARZ: Kunststoffe **29**, 9—14 (1939).
[2] MIENES: Kunststoffe **30**, 225 (1940).
[3] CRAEMER: Kunststoffe **30**, 340 (1940).
[4] SPARKS, LIGHTBOWN, TURNER, FROLICH u. KLEBSATTEL: Ind. Engng. Chem. **32**, 731 (1940).
[5] KRANNICH: Kunststoffe **31**, 192—194 (1941).
[6] NOWAK: Kunststoffe **31**, 284 (1941).
[7] BARRON: Modern synthetic rubbers **1942**, 201—203.
[8] THINIUS: Kautschuk u. Gummi **4**, 94—95, 128—129 (1951).
[9] Enjay Company, Inc., Vistanex 1948.
[10] Badische Anilin- u. Soda-Fabrik AG., Oppanol B, Ausgabe 1954.
[11] StODC F. P. 861018 v. 20. 10. 39, A. Prior. v. 27. 10. 38.
[12] StODC REHNER JR. u. FLORY, A. P. 2430993 v. 3. 3. 44.
[13] GAFC BUSSE, A. P. 2522776 v. 11. 10. 46.
[14] FGC MEYER u. LEILICH, DBP 829797 v. 2. 10. 48.
[15] BASF EICHSTÄDT, DBP 851126 v. 4. 7. 41.

TURNER, FROLICH und KLEBSATTEL[1] gezeigt haben, tritt dabei z. B. durch Bearbeitung in einem geschlossenen Kneter bei 140° während 20 min bei aus dem Material hergestellten Preßkörpern eine Verfestigung von 37 kg/cm² auf 105 kg/cm² ein.

Auf dem Walzwerk oder dem Kalander können Folien und Bänder ausgezogen werden. Ferner können darauf Gewebe, Papier u. ä. kaschiert und doubliert werden. In der Presse sind Platten, Ringe, Scheiben und ähnliche Formkörper herstellbar. Der Preßvorgang erfolgt zweckmäßig in der Weise, daß das im Kneter auf etwa 100° vorgewärmte Material in der 150—190° C warmen Presse verpreßt wird, wobei der Druck längere Zeit bei dieser Temperatur einwirken muß. Die Entnahme erfolgt nach Abkühlung der Form, die zur Verhinderung des Anklebens des Formlings leicht mit Schmierseife bestrichen werden kann.

Auf Schnecken- und Strangpressen ist die Herstellung von Schläuchen, Bändern, Profilen und ähnlichem möglich. Hierbei ist es vorteilhaft, eine längere Spritzdüse (Düsenkanal von einigen Zentimetern Länge) zu verwenden. Zur Vermeidung von Blasen- und Hohlraumbildung kann der erhitzte, aus der Matritze der Strangpresse austretende Strang durch einen Raum geführt werden, in dem mittels gasförmigen oder flüssigen Kühlmittels auf den Strang ein starker Druck[2] ausgeübt wird.

Die mit den genannten Maschinen aus reinem Polyisobutylen ohne Zusätze hergestellten Artikel müssen zur Beseitigung des Klebens gepudert werden. Die Art des Pudermittels — Talkum, Quarzmehl, Polyäthylen, Zinkstearat u. a. — hängt vom Verwendungszweck der Artikel ab.

Das Verschweißen von Polyisobutylenbahnen und -folien, für das verschiedene Verfahren entwickelt worden sind[3, 4], erfordert besondere Sorgfalt. Wesentlich ist, daß die zu verschweißenden Flächen absolut sauber sind. So empfiehlt z. B. LÖBLEIN[5], sie mit einer leicht abziehbaren Schutzlackschicht aus weichmacherhaltigem Polystyrol oder Polyamid abzudecken.

GEIGER und RAEITHEL[6] schrägen die Stoßstellen der Folien ab, überlappen die Stoßstellen, erwärmen sie von der Unterseite her mit messerartigem Gerät oder mit heißen Gasen und pressen sie dann zusammen.

Die Deutsche Celluloidfabrik Aktien-Gesellschaft[7] legt die Folienränder aufeinander und verschweißt sie durch Erhitzen mit einem Bügeleisen auf 300° für die Dauer von 2—2¹/₂ min. BECK[8] verschweißt die unpolaren Polyisobutylenflächen im elektrischen Hochfrequenzfeld unter Zuhilfenahme einer polaren, thermoplastischen Zwischenschicht aus Polystyrol mit polarem Weichmacher oder Mischpolymerisaten aus

[1] Ind. Engng. Chem. **32**, 731 (1940).
[2] ICI Schwz. P. 266447 v. 24. 12. 47, E. Prior. v. 3. 11. 41.
[3] PISCHKE: Schweißen u. Schneiden **3**, 137—142 (1951).
[4] Kunststoffmarkt **12**, 5—6 (1956).
[5] DCF DDRP 7189/39 b v. 1. 8. 42.
[6] BASF DBP 852763 v. 6. 8. 40.
[7] DCF F. P. 896664 v. 22. 7. 43, D. Prior. v. 31. 7. 42.
[8] BASF DBP 824388 v. 27. 10. 49.

Styrol und Acryl- oder Methacrylsäureestern. SCHÖLLER[1] erhält nicht oder wenig klebende, flächenartige Gebilde aus Polyisobutylen durch Nachbehandeln mit wäßrigen, kolloidalen Kieselsäurelösungen und anschließendes Trocknen.

Polyisobutylenfolien kann man vor dem Zusammenkleben bewahren, wenn man sie, statt sie zu pudern, durch dünne hydrophile Folien aus Cellulosehydrat, stark verseifter Acetylcellulose, Polyamiden, Polyvinylalkoholen oder Polyvinylacetalen mit freien OH-Gruppen trennt, die vor Gebrauch der Polyisobutylenfolien entfernt und beliebig oft wieder verwendet werden können[2].

2. Verarbeitung in Lösung

Polyisobutylen kann für die verschiedensten Zwecke in Lösung verarbeitet werden.

Die Herstellung von Polyisobutylenlösungen wird mit den in der Kautschukindustrie gebräuchlichen Maschinen vorgenommen. Bewährt haben sich Knetmischer, Kreiselmischer und für die hochmolekularen Polyisobutylene auch Knetmaschinen. Dabei sind die Bedingungen so zu wählen, daß eine möglichst geringe mechanische Schädigung des Polyisobutylens eintritt. Man knetet z. B. das Polyisobutylen warm vor und gibt das Lösungsmittel allmählich in dem Maße zu, wie es aufgenommen wird. Zur Beschleunigung des Lösevorganges in Rührmaschinen ist 24—36stündiges Vorquellen des Polyisobutylens, das auf der Walze zu dünnen Walzhäuten ausgezogen oder in der Schneidmühle zu Krümeln zerschnitten worden ist, zweckmäßig. VICKERS und JAROS[3] stellen Öllösungen von hochmolekularen Polyisobutylenen für die Mineralölindustrie dadurch her, daß sie das Polyisobutylen durch eine Reihe hintereinander angeordneter Düsenplatten mit abnehmendem Düsenquerschnitt und Mischkammern drücken und das Öl in den Mischkammern zufügen. HAWKINS und JENSEN[4] benutzen für den gleichen Zweck Kugelmühlen. Bei der Herstellung auftretende Trübungen können nach POPKIN[5] durch Erhitzen und Durchblasen von Wasserdampf beseitigt werden.

VAN GILDER und HARNEY[6] verrühren Teilchen einheitlicher Größe unter 0,635 cm Durchmesser bei etwa 150° C in dem zu lösenden Öl.

Die besten Lösungsmittel sind Benzin und Tetrachlorkohlenstoff. Auch Dihydropyran hat sich als gutes Lösungsmittel erwiesen[7]. Bei gleichem Prozentgehalt an Polyisobutylen werden die Lösungen um so zähflüssiger, je größer das Molekulargewicht des Polyisobutylens ist[8] (Abb. 17).

---

[1] BASF DBP 897989 v. 19. 10. 51.
[2] DCF DDRP 4558/39b v. 10. 3. 43.
[3] StODC A. P. 2639275 v. 28. 7. 50.
[4] StODC E. P. 728220 v. 1. 8. 51.
[5] EREC A. P. 2703783 v. 28. 4. 50.
[6] EREC A. P. 2771458 v. 5. 1. 53.
[7] PW TRAUTMANN, MIELEK u. MOLDENHAUER, DBP 859950 v. 2. 12. 44.
[8] STAUDINGER, BERGER u. FISCHER: J. prakt. Chem. **160**, 95—119 (1942).

Daß es sich bei höherkonzentrierten Lösungen nicht mehr um echte Lösungen, sondern um Quellungen handelt, zeigt die Tatsache, daß man eine durch Quellung hergestellte Lösung ohne Abbau des Polyisobutylens in ihrer Viscosität erniedrigen kann, wenn man sie mechanisch durcharbeitet[1].

Die Lösungen des Polyisobutylens sind vor allen Dingen zum Streichen von Textilien, Papier, Leder usw. sowie zur Herstellung von einfach oder mehrfach doublierten Artikeln geeignet. Zur vollständigen Entfernung des verwendeten Lösungsmittels ist eine Nachtrocknung bei höheren Temperaturen angebracht. Bei Streichstoffen aus Polyisobutylen empfiehlt es sich, eine Deckschicht aus gefülltem Polyisobutylen oder gefülltem Polyvinylisobutyläther, Schellack oder Überzugslack zu verwenden, um ein nachträgliches Kleben zu verhindern.

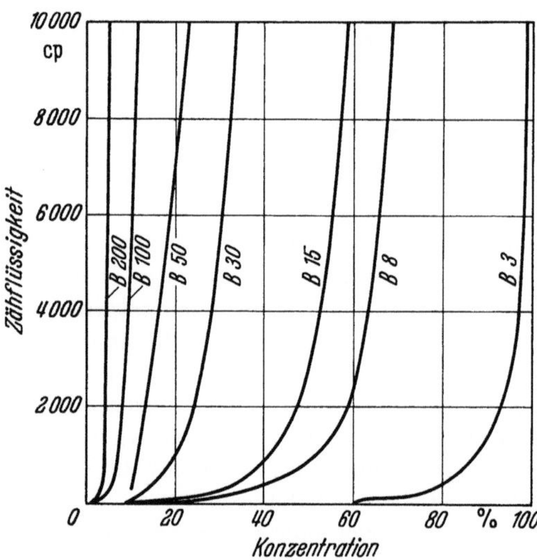

Abb. 17. Viscosität verschiedener Oppanol B-Typen, in Benzin 65/95° gelöst

Weiterhin können Lösungen von Polyisobutylen zur Herstellung von hochgefüllten Massen Verwendung finden, bei denen Polyisobutylen als Bindemittel für die verschiedenartigsten Füllstoffe dienen kann.

3. Verarbeitung in Dispersion

Isobutylen kann in wäßriger Lösung nicht zu einer Dispersion polymerisiert werden. Es ist jedoch möglich, Polyisobutylen zu dispergieren. Dafür gibt es drei Wege.

1. Die Lösung des Polyisobutylens in einem organischen Lösungsmittel wird in Wasser, das Emulgator und Schutzkolloid enthält, durch intensives Vermischen emulgiert und dann das organische Lösungsmittel abdestilliert[2-5].

2. Man vermischt Polyisobutylen im Kneter mit Emulgator und Schutzkolloid und fügt allmählich Wasser hinzu[6-14]. Niedermolekulare

[1] KLWW Meier, DBP 964 101 v. 8. 4. 42.
[2] IG Daniel u. Otto, DRP 737 955 v. 5. 7. 38.
[3] IG Bächle, DRP 717 167 v. 8. 7. 38.
[4] StODC Leyonmark u. Arundale, A. P. 2 595 797 v. 16. 6. 49.
[5] EREC Ernst u. Betts, A. P. 2 799 662 v. 18. 3. 53.
[6] Mack, A. P. 2 330 504 v. 29. 3. 41.
[7] Jasco Holmes, A. P. 2 414 740 v. 22. 11. 41.
[8] BASF Daur u. Daniel, DBP 854 573 v. 12. 1. 43.

Polyisobutylene kann man auch direkt in die wäßrige Emulgatorlösung einmischen[15].

3. Man quillt das Polyisobutylen nur mit wenig Lösungsmittel an und verfährt im übrigen wie bei 2. Das Lösungsmittel braucht nicht entfernt zu werden[16-19].

Man erhält eine 50%ige wäßrige Polyisobutylendispersion[20-22], die mittelviscos und gut faser- und füllstoffverträglich[23] und zur Oberflächenbeschichtung von Textilgeweben, Papieren, Pappen u. ä. mittels Walzen-, Gummituch- oder Luftrakel sowie für Kaschierzwecke und als Bindemittel geeignet ist. Sie ist mit Polyäthylen-Dispersionen mischbar[24, 25].

4. Verschäumen von Polyisobutylen

Polyisobutylen ist für sich allein oder in Mischung mit anderen geeigneten Stoffen zu porösen Gegenständen verschäumbar. Geeignete Verschäumungsmittel sind z. B. Alkali- oder Erdalkalicarbonate oder -bicarbonate[26, 27], das Polyisobutylen nicht lösende oder nur wenig quellende Flüssigkeiten von niedrigem Siedepunkt[28] oder mittels Wärme zersetzbare Mischungen aus äquimolekularen Mengen von Oxalsäure und Dicyandiamid, Melamin oder 1-Amidino-guanazol[29]. Man kann das Verschäumen nur auf die Oberfläche des Polyisobutylens beschränken und ihr ein schneeartiges Aussehen geben[30]. Gegenstände aus verschäumtem Polyisobutylen werden schwer brennbar, wenn man sie mit organischen Verbindungen, die mehr als 30% Chlor enthalten, imprägniert oder überzieht[31].

[9] USRC Brown, A. P. 2419816 v. 20. 10. 44.
[10] USRC Brown, A. P. 2450578 v. 29. 1. 47.
[11] USRC Brown, A. P. 2450579 v. 29. 1. 47.
[12] EIPNC Cupery, A. P. 2496989 v. 24. 5. 46.
[13] USRC E. P. 706652 v. 1. 1. 52, A. Prior. v. 13. 1. 51.
[14] Enjay Company, Inc., Vistanex (Polyisobutylene) 1948.
[15] CRC Darragh, A. P. 2728684 v. 23. 10. 51.
[16] KLWW F. P. 885321 v. 20. 4. 42.
[17] KLWW DDRP 6317 v. 16. 10. 42.
[18] CCCC Powell u. Mullen, A. P. 2431078 v. 27. 6. 44.
[19] Sagel, DBP 934499 v. 25. 9. 51.
[20] Badische Anilin- u. Soda-Fabrik AG., Kunststoff-Dispersionen u. -Lösungen, Ausgabe 1953.
[21] Badische Anilin- u. Soda-Fabrik AG., Handbuch der BASF-Kunststoffe, 1953.
[22] Badische Anilin- u. Soda-Fabrik AG., Merkblatt über Oppanol B-Dispersion, 1953.
[23] IG F. P. 894290 v. 27. 4. 43, D. Prior. v. 13. 3. 41.
[24] BASF Herbeck, Daur u. Daniel, DBP 870029 v. 17. 9. 41.
[25] BASF Herbeck u. Daniel, DBP 875864 v. 1. 10. 41.
[26] Se Oe. P. 163166 v. 16. 11. 42.
[27] Electric Storage Battery Co., E. P. 710021 v. 29. 1. 52, A. Prior. v. 16. 5. 51.
[28] BASF Stastny u. Gäth, DBP 845264 v. 28. 2. 50.
[29] FB Müller, Pfeffer u. Hoppe, DBP 851848 v. 24. 8. 50.
[30] BASF Stastny, DBP 916116 v. 15. 3. 51.
[31] BASF Stastny, DBP-Anm. B 20974/39b v. 28. 6. 52.

Nach WALKER und WILLIAMS[1] bewährt sich beim Verschäumen von Mischungen aus Polyisobutylen und Polyäthylen N,N'-Dinitrosopentamethylentetramin in Verbindung mit basischen Aktivatoren.

5. Verarbeitung mit Zusätzen

Die Verarbeitung des hochmolekularen Polyisobutylens auf Verformungsmaschinen ist schwierig und häufig unbefriedigend, weil das Polyisobutylen wegen seiner stark ausgeprägten elastischen Eigenschaften auch bei höheren Temperaturen den verformenden Kräften ausweicht. Die Arbeitsgeschwindigkeit ist gering. Die Formkörper haben eine rauhe Oberfläche und neigen dazu, sich zu verziehen.

Diese Schwierigkeiten können durch Zusätze beseitigt werden, die die Verarbeitung erleichtern, so z. B. Gleit- bzw. Flußmittel, die ein besseres Fließen und daher eine gute Homogenität und beim Spritzen auch eine Erhöhung der Arbeitsgeschwindigkeit vermitteln. Als solche Zusätze sind geringe Mengen von Faktis, Aluminiumstearat, Stearinsäure, Mineralöl, Triäthylenglykol, Diäthylhexoat, Trikresylphosphat[2], schwere Kohlenwasserstofföle[3], Sulfamide[4], Naphthalin[5], Diphenyl[5], Kohleextrakte[6], Wachs, Paraffin, Asphalt, Montanharz und die auf Fettsäurebasis aufgebauten Gleitmittel K, M und Z[7] geeignet. Diese kleinen Zusätze gestatten allerdings keine wesentliche Herabsetzung der Verarbeitungstemperatur, sondern die für reines Polyisobutylen angegebenen Temperaturen müssen auch hier eingehalten werden. Durch diese Zusätze wird die Festigkeit infolge der stärkeren Verschweißung verbessert, wobei die Elastizität geringer, die bleibende Dehnung jedoch erhöht wird.

Ähnlich wirken im Polyisobutylen Zusätze von festen, nicht schmelzenden Füllstoffen und Pigmenten. Bemerkenswert ist die hohe Aufnahmefähigkeit des Polyisobutylens für solche Füllstoffe. Als Füllmittel kommen Kreide, Calciumsilicat, Diatomeenerde, Kaolin[8], Talkum[8], Schiefermehl[8], Graphit[8, 10, 11], Ruß[8, 9, 10, 11, 12], Flugasche[13], Magnesia, Glimmer, Quarz[8], Zinkweiß, Titanweiß und andere in Betracht. Ihre Wirkung ist um so günstiger, je feinkörniger sie sind.

Nach BRAENDLE[14] soll die Mischbarkeit feinstverteilter Kieselerde oder wasserunlöslicher Metallsilicate erhöht sein, wenn sie an der Oberfläche als wesentlichen Bestandteil Methoxygruppen enthalten.

---

[1] EIPNC A. P. 2754276 v. 12. 2. 53.
[2] DYN SCHMIDT, DRP 673393 v. 13. 8. 36.
[3] Jasco LIGHTBOWN u. BEEKLEY, A. P. 2392855 v. 15. 8. 40.
[4] DEHYDAG HENTRICH, ENDRES u. HÖLLERER, DBP 913821 v. 17. 10. 44.
[5] IG F. P. 53557 v. 12. 5. 39.
[6] IG MÜLLER-CUNRADI u. DANIEL, DRP 702411 v. 24. 6. 36.
[7] Badische Anilin- u. Soda-Fabrik AG., Erzeugnisse der BASF, Juli 1955.
[8] IG F. P. 47443 v. 23. 5. 36.
[9] StODC FISHER, A. P. 2248071 v. 22. 6. 37.
[10] IG F. P. 49983 v. 21. 11. 38.
[11] Patentverwertungs-GmbH. „Hermes", Belg. P. 446384 v. 10. 7. 42, D. Prior. v. 10. 7. 41.
[12] SSW MÜLLER u. HEERING DBP 957608 v. 11. 10. 41.
[13] IG MÜLLER-CUNRADI u. DANIEL, DRP 727782 v. 31. 3. 40.
[14] EIPNC A. P. 2751366 v. 9. 5. 52.

Die Verarbeitungstemperaturen von wenig bis stark gefüllten Polyisobutylen-Mischungen liegen tiefer[8] als diejenigen, die für die Verarbeitung von ungefülltem Polyisobutylen erforderlich sind. So werden beispielsweise mit Vorteil die ersten Anteile Füllstoff bei etwa 140° C zugegeben. Bei besonders hochgefüllten Mischungen ist mit steigendem
Füllstoffzusatz eine weitere Ermäßigung der Verarbeitungstemperatur
zweckmäßig.

Mit aktivem Ruß, z. B. Ruß VN 500, als Füllstoff wird eine Ver-
strammung unter Erhöhung der Festigkeit erhalten, wie die folgende
Tab. 19 veranschaulicht:

Tabelle 19

Mischung	Zerreiß-festigkeit kg/cm²	Zerreiß-dehnung %	Bleibende Dehnung nach 24 Std. %	Rückprall-energie	Härtegrad Shore
Oppanol B 200, 170° C, 20′ gepr.	60	1000	4	12	35
Oppanol B 200 + 5% VN 500	70	950	5	11	35
Oppanol B 200 + 10% VN 500	85	900	6	10	39
Oppanol B 200 + 25% VN 500	95	790	9	9	43
Oppanol B 200 + 50% VN 500	105	730	14	8	45

Ein besonders gut wirksames Mittel zur Erhöhung der Standfestigkeit
von Polyisobutylen sind pyrogen in der Gasphase erzeugte Oxyde von
Metallen der 2., 3. und 4. Gruppe des periodischen Systems sowie der
Eisengruppe, z. B. SiO_2 oder TiO_2[1, 2, 3].

Die Verarbeitung des Polyisobutylens wird ferner durch eine Reihe
von Kunststoffen verbessert, die zur Hauptsache ausgesprochene Thermoplasten sind. Dazu gehören Polyäthylensulfide[4, 5, 6], Polyvinylchlorid[4, 5, 6],
Polyvinylacetat[4, 5, 6], Polychloropren[4, 5, 6], Polyvinylmethylketon[7],
Polystyrol[8], Isobutylen-Styrol-Mischpolymerisate, Phenolformaldehyd-
Harze, Petrolharz[9] und Polyäthylen[10]. Beim Polystyrol hat sich besonders gut eine möglichst polymereinheitliche Einstellung von mitt-
lerem Polymerisationsgrad[11, 12] bewährt.

---

[1] DGS KLOEPFER, DBP 849752 v. 1. 1. 49.
[2] DGS WEIHE, DBP 917695 v. 25. 11. 51.
[3] WEIHE: Kunststoffe **44**, 103—104 (1954).
[4] StODC WIEZEVICH, A. P. 2160995 v. 18. 12. 36.
[5] StODC WIEZEVICH, A. P. 2160996 v. 18. 12. 36.
[6] StODC WIEZEVICH, A. P. 2160997 v. 18. 12. 36.
[7] BASF DANIEL, HAASE u. STADLER, DBP 854846 v. 8. 11. 41.
[8] IG F. P. 47443 v. 23. 5. 36.
[9] EREC NELSON u. KAY, F. P. 1132907 v. 6. 6. 55, A. Prior. v. 8. 6. 54.
[10] SAECHTLING: Kunststoffe **40**, 373—375 (1950).
[11] DCF LÖBLEIN, DRP 717123 v. 18. 6. 38.
[12] DCF LÖBLEIN, DDRP 4583/39b v. 17. 3. 42.

Polyäthylen weist eine vorzügliche Verträglichkeit mit Polyisobutylen auf. Es wirkt in kleinsten Zusätzen als Flußmittel und erleichtert die Verarbeitbarkeit von Polyisobutylen auf der Walze und in der Strangpresse bedeutend. Die Zerreißfestigkeit wird gleichzeitig verbessert. Bei höheren Zusätzen von Polyäthylen zu Polyisobutylen tritt neben einer wesentlichen Festigkeitserhöhung vor allem eine beträchtliche Verminderung des „Fließens in der Kälte" ein, das bei einem Gehalt von mehr als 50% Polyäthylen bis auf den bei anderen Thermoplasten üblichen Minimalwert zurückgeht.

Schließlich kann die Verarbeitbarkeit des Polyisobutylens durch Zusätze von Naturkautschuk, Synthesekautschuk und Kautschukregenerat verbessert werden, mit denen es in jedem Verhältnis mischbar ist. Mischungen mit kleinem Zusatz solcher vulkanisierfähiger Stoffe haben polyisobutylenähnliche Eigenschaften wie gute Alterungsbeständigkeit, Wasser- und Chemikalienfestigkeit, gute dielektrische Eigenschaften, wobei durch den Kautschukanteil die Deformationsbeständigkeit und die mechanischen Werte des reinen Polyisobutylens verbessert werden. Weiterhin lassen sich auf diese Weise die für die Verarbeitung des reinen Polyisobutylens notwendigen hohen Verarbeitungstemperaturen wesentlich ermäßigen. Längeres Mastizieren des Polyisobutylens ist nicht notwendig. Sobald es genügend weich ist, kann der Kautschuk zugefügt werden. Mischungen aus Polyisobutylen und mit Zinnchlorwasserstoffsäure behandeltem Kautschuk sind härter als Polyisobutylen allein[1].

Das Einmischen von Zusätzen in das Polyisobutylen wird am besten im Kautschukkneter oder auf der Walze ausgeführt. Dabei erreicht man höchste Homogenität, wenn man das Polyisobutylen möglichst rasch warmknetet oder -walzt und dann den Zusatz hinzufügt. Unter Umständen kann es empfehlenswert sein, die Hauptmischung im Kneter und die endgültige Homogenisierung auf der Walze vorzunehmen. Besonders konstruierte Mischschnecken ermöglichen das kontinuierliche Mischen mit Flüssigkeiten[2].

6. Verarbeitung mit chemischen Umsetzungen

Eine weitere Möglichkeit, die Standfestigkeit des Polyisobutylens zu erhöhen, besteht darin, das Polyisobutylen mit anderen polymerisierbaren Verbindungen, evtl. unter Verwendung neutraler Lösungsmittel, zu mischen oder in ihnen zu lösen und dieselben dann zu polymerisieren. Verwendet man z. B. Butadien oder seine Substitutionsprodukte[3], löst in ihnen Polyisobutylen und polymerisiert mit Natrium oder Peroxyden, so erhält man vulkanisierbare, kautschukartige Polymerisationsprodukte. Mit in das Polyisobutylen eingearbeitetem und in der Wärme polymerisiertem Vinylcarbazol[4] erreicht man folgende Verfestigungen:

[1] StODC E. P. 504041 v. 21. 10. 37, A. Prior. v. 18. 12. 36.
[2] WEI STREET, E. P. 770688 v. 30. 9. 54.
[3] IG MÜLLER-CUNRADI u. DANIEL, DRP 677433 v. 23. 1. 37.
[4] IG MÜLLER-CUNRADI u. DANIEL, DRP 673129 v. 15. 4. 37.

Tabelle 20

Mischung	Zerreiß-festigkeit kg/cm²	Zerreiß-dehnung %	Spannung (Modulus bei 300%)	Spannung (Modulus bei 500%)	Rück-prall-elastizität	Härtegrad Shore
Polyisobutylen	70	1280	3	3	9	40
Polyisobutylen + 2% Vinylcarbazol	77	1110	5	6	9	40
Polyisobutylen + 7,5% Vinylcarbazol	92	1080	5	6	10	50
Polyisobutylen + 20% Vinylcarbazol	108	895	6	16	11	50

Polymerisierte Mischungen aus Polyisobutylen und Styrol[1], Styrol und p-Divinylbenzol[2, 3, 4], Styrol und Polydivinylbenzol[5] oder Styrol, ungesättigtem Alkydharz und Divinylbenzol[6] zeigen ebenfalls größere Härte als reines Polyisobutylen.

Diese lange bekannten Umwandlungen, die auch unter dem Einfluß verschiedener Strahlungen durchgeführt werden können[7, 8, 9], tauchen jetzt in einem der jüngsten Zweige der Polymeren-Chemie, der Pfropf-polymerisation, wieder auf.

Beim Bestrahlen des Polyisobutylens allein mit energiereicher Strahlung erfolgt keine Härtung infolge Vernetzung, sondern ein Abbau zu niedrigermolekularen Produkten[10-23].

Die Einwirkung von Schwefelchlorür[24] auf in Chlorbenzol gelöstes Polyisobutylen bei 150° C führt zu einer Härtung und Änderung der Löslichkeit des Polyisobutylens.

[1] IG Daur u. Daniel, DRP 732125 v. 1. 5. 40.
[2] SH Mertens, DBP 945957 v. 16. 4. 37.
[3] SH Mertens, DBP 966186 v. 26. 2. 38.
[4] SH Mertens, DBP 961308 v. 14. 9. 38.
[5] GEC D'Alelio, A. P. 2405817 v. 23. 6. 42.
[6] DOW Rubens u. Boyer, E. P. 715999 v. 8. 7. 52.
[7] Centre National de la Recherche Scientifique (C.N.R.S.), Chapiro, Magat u. Sebban, F. P. 1130099 u. 1130100 v. 31. 5. 55.
[8] Henglein, Schnabel u. Heine: Angew. Chem. 70, 461—468 (1958).
[9] Sebban-Danon, J. Polymer Sci. 29, 367—374 (1958).
[10] Compagnie Française Thomson-Houston, Lawton u. Bueche, F. P. 64191 v. 2. 12. 53, A. Prior 6. 12. 52.
[11] Lawton, Bueche u. Balwit: Nature (Lond.) 172, 76—77 (1953).
[12] Charlesby: Plastics 18, 142—145 (1957).
[13] Miller, Lawton u. Balwit: J. Polymer Sci. 14, 503—504 (1954).
[14] Charlesby: J. Polymer Sci. 14, 547—553 (1954).
[15] Alexander, Black u. Charlesby: Proc. Roy. Soc. (Lond.) Ser. A 232, 31—48 (1955).
[16] Wall: J. Polymer Sci. 17, 141—142 (1955).
[17] Erec Horowitz u. Guthrie, F. P. 1145326 v. 11. 1. 56, A. Prior v. 16. 2. 55.
[18] Wall: SPE Journ. 12, 17—20 (1956).
[19] Soc. Anon. des Manufact. des Glaces et Prod. Chimiques de Saint-Gobain Chauny u. Cirey, F. P. 1166793 v. 16. 2. 57.
[20] Chapiro: Ind. Plast. Mod. 9 Nr. 1, 41—47, Nr. 2, 34—41 (1957).
[21] Gehman: Rubber Wld. 136, 213—219 (1957).
[22] Lundberg u. Nelson: Nature (Lond.) 179, 367—368 (1957).
[23] Stirrat, Miller u. Lawton: Techn. Papers, 14. Nat. Techn. Conf. SPE 4, 42—54 (1958).
[24] StODC Thomas, A. P. 2152828 v. 11. 12. 36.

Erhitzt man Polyisobutylen mit mindestens 1 Gew.-% Schwefel und 1 Gew.-% Butylperoxyd[1, 2], evtl. auch in Gegenwart von mindestens 0,5 Gew.-% Chinondioxim oder Nitrosoverbindungen, auf 165,5° C, so tritt eine Härtung ein, die die folgende Tabelle zeigt:

Tabelle 21

Mischungsbestandteile	A	B	C	D	E
Polyisobutylen	100	100	100	100	100
Ruß	50	50	50	50	50
Schwefel		5	5	2	2
Tert. Butylperoxyd			5	5	5
Chinondioxim					2
Physikalische Eigenschaften	**A**	**B**	**C**	**D**	**E**
Zugfestigkeit	37,10	46,55	103,60	93,10	96,60
Prozent Dehnung kg/cm^2	1350,0	1330,0	1130,0	850	730
Elastizitätsmodul, S-300% kg/cm^2 . .				14,0	25,20
Elastizitätsmodul, S-500% kg/cm^2 . .	3,50	3,85	7,0	34,30	61,25
Elastizitätsmodul, S-1000% kg/cm^2 .	9,10	11,20	42,70		
Bleibende Verformung				0,45	0,28

Während bei den bisher genannten chemischen Umsetzungen der Charakter des Polyisobutylens noch weitgehend erhalten bleibt, greifen die im folgenden beschriebenen so tief in den Aufbau des Polyisobutylens ein, daß neue Umwandlungsprodukte entstehen.

Mit Halogenen, speziell Chlor, ist Polyisobutylen halogenierbar, bzw. chlorierbar. Die Chlorierung kann in Lösung unter dem Einfluß von Katalysatoren vorgenommen werden[3]. Geeignete Lösungsmittel sind Äthylendichlorid, Chloroform oder Tetrachlorkohlenstoff. Als Katalysatoren sind verwendbar Sonnenlicht, ultraviolette Strahlen, Jod, Eisenchlorid u. a. Genau so lassen sich auch Mischungen aus Polyisobutylen und Naturkautschuk chlorieren[4].

Die Anwesenheit von Oxydationsmitteln, z. B. Salpetersäure oder Ozon, begünstigt die Chloraufnahme[5]. Einfacher und schneller verläuft die Chlorierung des Polyisobutylens mit flüssigem Chlor[6]. Die aufgenommene Menge Chlor hängt von der Einwirkungsdauer ab. Die Chlorierungsprodukte sind harzartige Substanzen, die als Lacke, als Bindemittel[7] oder in Klebemitteln[8] verwendet werden können. Man kann sie durch Erhitzen in Gegenwart von Oxyden der Metalle der

[1] USRC Little, A. P. 2710291 v. 8. 10. 52.
[2] USRC Viohl, A. P. 2748104 v. 8. 10. 52.
[3] StODC E. P. 511418 v. 16. 11. 37.
[4] Jasco, Morrell, Frolich u. Bannon, A. P. 2334277 v. 10. 10. 39.
[5] StODC Sparks u. Muessig, A. P. 2181158 v. 30. 11. 38.
[6] IG Otto u. Stauffer, DRP 754493 v. 21. 4. 41.
[7] StODC Tarr u. Oxley, A. P. 2427077 v. 22. 1. 44.
[8] BBCC Teppema u. Mannin, Can. P. 477416 v. 1. 6. 44.

2. Gruppe des periodischen Systems, Vulkanisationsbeschleunigern und Schwefel härten[1].

Die Sulfonierung[2] des flüssigen Tetraisobutylens führt zum Tetraisobutenylsulfat, das als Netz- und Reinigungsmittel sowie als Emulgator[3] Verwendung findet. Die Behandlung der öligen Polybutene mit Schwefelchlorür und organischen Phosphaten[4], mit Phosphorpolysulfiden[5] oder mit Schwefelchlorür und Phosphorpolysulfiden[6] liefert phosphorhaltige Zwischenprodukte für Mineralölzusätze. Das Umsetzungsprodukt eines öligen Polyisobutylens (Mol.-Gew. 370) mit Naphthalin und Aluminiumchlorid[7] als Katalysator ist als dielektrisches Imprägnierungsmittel geeignet. Läßt man auf aromatische Kohlenwasserstoffe, z. B. Tetrahydronaphthalin oder Anthracen, in Gegenwart von Polyisobutylen stille elektrische Entladungen einwirken, so erhält man trocknende Öle[8].

Bei gleichzeitiger Einwirkung von Schwefeldioxyd und Chlor auf Polyisobutylen in Tetrachlorkohlenstoff unter Bestrahlung mit ultraviolettem Licht[9-11] erfolgt die Bildung von Sulfonylchloriden, die nach dem Behandeln mit Ammoniak[9] oder β,β'-Diaminoäthylamin[10] als Weichmacher zu verwendende Harze ergeben. Mit bei höherer Temperatur (25—175°) und höherem Druck (105 at) eingearbeiteten Füllstoffen (Ruß) sind sie härtbar[12].

Werden Lösungen von Polyisobutylen in Tetrachlorkohlenstoff, Hexachloräthan oder Schwefelkohlenstoff bei 40—70° C in Gegenwart von Pyridin und von Alkalisulfiten oder -pyrosulfiten als Beschleuniger mit Sulfurylchlorid behandelt, so bilden sich vulkanisierbare Chlorsulfonierungsprodukte[13].

B. Mischpolymerisate des Isobutylens

1. Mischpolymerisate aus Isobutylen und Polyolefinen

In dem Abschnitt „Polymerisation" wurde schon betont, daß das bedeutendste Mischpolymerisat des Isobutylens das mit Isopren hergestellte ist. Es ist der Butylkautschuk. Er kann in vielen Fällen anstelle eines reinen Polyisobutylens mit etwa gleichem Molekulargewicht und gleicher Beschaffenheit verwendet werden. In diesem Falle gilt für seine Verarbeitung das in diesem Abschnitt unter A. Polyisobutylen

---

[1] EIPNC LINDSEY JR. u. LE ROY SCOTT, A. P. 2416878 v. 20. 8. 43.
[2] CPPC ROSS, A. P. 2160343 v. 21. 7. 37.
[3] StODC SERNIUK, A. P. 2384969 v. 13. 6. 42.
[4] StODC RUDEL u. KIRSHENBAUM, A. P. 2595170 v. 14. 11. 49.
[5] StODC MIXON u. ROBERTS, A. P. 2507731 v. 17. 10. 47.
[6] StOC BERETVAS, A. P. 2727030 v. 9. 5. 51.
[7] GEC Belg. P. 534977 v. 19. 1. 55, A. Prior. v. 20. 1. 54.
[8] BASF PFIRRMANN u. MEIER, DBP 892043 v. 26. 5. 42.
[9] StODC ELMORE u. GESSLER, A. P. 2458841 v. 20. 9. 44.
[10] StODC E. P. 593036 v. 6. 2. 45.
[11] EIPNC McQUEEN, Can. P. 479096 v. 7. 11. 47.
[12] EIPNC YOUNGQUIST, SMOOK u. BROOKS, A. P. 2659707 v. 23. 3. 51.
[13] PCL BORUNSKY, A. P. 2814609 v. 11. 2. 55.

Gesagte. Auch die Verarbeitung über die Dispersion allein[1-7] oder in Mischung mit Harzen[8] oder Naturkautschuk[9-11] ist möglich. Bei der Verwendung in seinem Hauptanwendungsgebiet, der Gummiindustrie, sind dagegen eine Reihe besonderer Maßnahmen zu beachten, die teils durch seine besonderen Eigenschaften, teils durch die Überführung in seinen Endzustand, die Vulkanisation, bedingt sind.

Butylkautschuk wird nach den in der Gummiindustrie üblichen Methoden verarbeitet[12, 13, 14, 15]. Man muß jedoch auf seinen chemischen Charakter Rücksicht nehmen. Alterungsschutzmittel werden zwar schon bei der Herstellung zugegeben (s. Abschnitt III B 2, S. 126), so daß sich eine Zugabe bei der Verarbeitung erübrigt. Es empfiehlt sich jedoch zur Erhöhung der Alterungsbeständigkeit, besonders der Ozonfestigkeit, noch hochwirksame Alterungsschutzmittel hinzuzufügen. Gegen die Zerstörung durch ultraviolette Strahlen schützen $0{,}1-2\%$ 4-Dimethylaminoazobenzol, 2,4-Dinitrodiphenylamin, 2-Amino-4-nitrophenol u. ä. Substanzen[16]. Auch Polyisobutylen ist als Alterungsschutzmittel geeignet[17]. Vormastizieren ist nicht notwendig. Zur Vermeidung der Vulkanisationsverzögerung ist äußerste Säuberung und Befreien der Mischmaschinen von allen stärker ungesättigten Verbindungen notwendig.

a) Mischen

Die beste Mischmaschine für Butylkautschuk ist der Kneter. Auch die Walze ist verwendbar. Bei letzterer tritt leicht „Gardinen"-Bildung und Abfallen von der Walze ein. Man legt dann zweckmäßigerweise entweder eine kleinere Menge einer vorhergehenden Mischung vor, oder man stellt zunächst bei sehr engem Walzenspalt aus wenig Butylkautschuk und viel Füllstoff eine Vormischung her, die man nach Öffnen des Walzenspaltes mit weiterem Butylkautschuk auf den gewünschten Gehalt einstellt. Blasenbildung wird durch 5—30 minütliches Erhitzen auf $150-200°$ und Bearbeiten im Kneter oder auf der Walze verhindert[18].

Die Zugabe der verschiedenen Substanzen soll in folgender Reihenfolge vor sich gehen: Füllstoff, Weichmacher, Beschleuniger, Aktivator,

[1] TALALAY, E. P. 584798 v. 20. 4. u. 16. 11. 44.
[2] DAC Schwz. P. 259131 v. 18. 2. 47, A. Prior. v. 1. 3. 46.
[3] StODC SINGLETON, A. P. 2478718 v. 2. 1. 47.
[4] USRC E. P. 680273 v. 29. 12. 50, A. Prior. v. 23. 2. 50.
[5] USRC FLICKINGER, E. P. 707484 v. 1. 1. 52, A. Prior. v. 13. 1. 51.
[6] FTRC BROCK, A. P. 2702284 v. 19. 8. 52.
[7] EREC ERNST u. BETTS jr., A. P. 2799662 v. 18. 3. 53.
[8] RPCC ROBINSON u. MYERS, A. P. 2400054 v. 27. 9. 43.
[9] USRC E. P. 679336 v. 29. 12. 50, A. Prior. v. 23. 2. 50.
[10] USRC E. P. 685177 v. 29. 12. 50, A. Prior. v. 23. 2. 50.
[11] USRC ANDERSON, A. P. 2658044 v. 11. 9. 52.
[12] Polymer Corporation Sarnia Canada, Polysar Butyl, 1948.
[13] Esso, Enjay Butyl.
[14] Esso, Butyl-Information Nr. 3 (1957).
[15] Esso, Butyl-Information Nr. 5 (1958).
[16] EREC EBY, A. P. 2810709 v. 25. 6. 54.
[17] StODC SAYKO, A. P. 2620323 v. 31. 3. 49.
[18] Jasco LIGHTBOWN, SPARKS u. THOMAS, A. P. 2494766 v. 17. 12. 47.

Schwefel, übrige Substanzen. Vor Zugabe des Beschleunigers empfiehlt sich das Durchpressen durch einen "strainer".

Besondere Bedeutung kommt dem Heißmischen[1-15] und der dadurch bedingten besseren Füllstoffverteilung zu. Hierbei wird Butylkautschuk mit Füllstoffen, evtl. auch mit geeigneten Aktivatoren, z. B. t-Butylperoxydbenzoat oder 2,2-Bis-(t-butyl-peroxyd)-butan[4], Lithiumnitrat[5] oder -nitrit[6], p-Dinitrosobenzol, p-Chinondioxim oder Schwefel[7], Hexachlorcyclopentadien, Hexachlorphenol oder 1,3-Dichlor-5,5-dimethylhydantoin[8] oder N-Methyl-N-4-dinitrosoanilin (Elastopar)[11], aber ohne Vulkanisationsbeschleuniger, bei Temperaturen zwischen 121 und 232° C während 5—60 min heiß gemischt. Erst dann werden Schwefel und Vulkanisationsbeschleuniger eingearbeitet. Man erreicht dadurch eine wesentliche Verbesserung der meisten Eigenschaften der fertigen Vulkanisate.

b) Walzen mit Friktion

Das Walzen mit Friktion erfordert mindestens 15 Vol.-Teile Füllstoff im Butylkautschuk, die Zugabe eines Plastikators und eine Walzentemperatur zwischen 70 und 105° C, wenn die Mischung geschlossen auf der Walze laufen und ausreichend durchgearbeitet werden soll.

c) Kalandrieren

Für das Kalandrieren gelten die gleichen Bedingungen wie beim Walzen mit Friktion: mindestens 15 Vol.-Teile Füllstoff, Temperaturen 80—105° C. Der beste Füllstoff beim Kalandrieren ist Ruß. Bei Verwendung von Mineralfüllstoffen, besonders weichem Ton, empfiehlt sich die Zugabe von 2—3 Teilen Zinkstearat, um das Ankleben auf den Walzen zu verhindern.

d) Spritzen

Butylkautschuk kann wie Naturkautschuk mit Spritzmaschinen verformt werden. Die günstigsten Bedingungen sind von Fall zu Fall zu ermitteln. Da Butylkautschukmischungen beim Erhitzen quellen, müssen zur Erzielung gewünschter Abmessungen die Maße der Spritzdüse entsprechend kleiner gehalten werden. Zu hohe Spritztemperaturen

[1] StODC Gessler, E. P. 733198 v. 3. 11. 52, A. Prior. v. 1. 12. 51.
[2] EREC, Gessler u. Robinson, A. P. 2811502 v. 1. 4. 52.
[3] StODC Ford u. Gessler, F. P. 1079248 v. 29. 4. 53, A. Prior. v. 2. 6. 52.
[4] USRC E. P. 730267 v. 15. 10. 53, A. Prior. v. 16. 11. 52.
[5] USRC Doak, A. P. 2715618 v. 16. 12. 53.
[6] USRC Doak, A. P. 2715650 v. 12. 1. 54.
[7] Chem. Engng. News 32, 494 (1954).
[8] Doak, Ganzhorn u. Baton: Rubber Chem. Technol. 27, 895—905 (1955).
[9] Walker: Rubber J. 131/132, 39—42 u. 48—52 (1956).
[10] Walker: Rubber Plast. Age 37, 386—393 (1956).
[11] Leeper, Gable, D'Amico u. Tung: Rubber Wld. 135, 413—420 (1956).
[12] Edwards u. Storey: Gummi u. Asbest 10, 262 (1957).
[13] Esso, Butyl-Information Nr. 4 (1957).
[14] EREC Smith u. Gessler, F.P. 1149597 b. 2. 5. 56, A. Prior. v. 2. 5. 55.
[15] EREC Fusco, Gessler, Baldwin u. Robinson, Belg. P. 565930 b. 21. 3. 58, A. Prior. v. 26. 3. 57.

und ungeeignete Weichmacher verursachen schwammiges Spritzgut und sind deshalb zu vermeiden.

Schläuche kann man auch nach einem Wickelverfahren herstellen[1], indem man endlose Bänder mit zwei Metalldrähten auf einen Kern wickelt und mit dielektrischer Hochfrequenzerhitzung verschweißt.

e) Verschäumen

Butylkautschuk ist zu schaumgummiartigen, porösen Massen verschäumbar. Man erreicht die Schaumbildung durch Stoffe, die während der Vulkanisation Gas abspalten, z. B. Diazoaminobenzol oder Carbonate oder Carbonate zusammen mit Stearinsäure, Ölsäure oder Alaun[2], Azide[3] oder N-Nitrosoamide aromatischer Carbonsäuren[4]. Ein anderer Weg besteht im Einvulkanisieren fester Substanzen mit einheitlicher Korngröße, die nach dem Vulkanisieren herausgelöst werden, z. B. Natriumchlorid[5] oder Natriumnitrat[6].

Infolge der geringen Zahl von Doppelbindungen im Molekül vulkanisiert Butylkautschuk langsamer als Naturkautschuk. Unter den verschiedenen Butylkautschuksorten wiederum vulkanisieren die mit geringem Isoprengehalt langsamer als die mit höherem. Infolgedessen ist sehr viel Arbeit darauf verwendet worden, Vulkanisationshilfsmittel zu finden, die die Vulkanisation beschleunigen. Ähnlich ist es mit den Füllstoffen gewesen, die für die Erzielung der höchsten Festigkeiten notwendig sind, und mit den Weichmachern für Verarbeitung und Beeinflussung von Eigenschaften, die in der Schlauchindustrie wesentlich sind. Die geringe Ungesättigtheit des Butylkautschuks ist auch der Grund dafür, daß es nicht möglich ist, Hartkautschuk aus ihm herzustellen.

f) Vulkanisationshilfsmittel

Als Vulkanisationshilfsmittel sind vorgeschlagen worden:

p-Chinondioxim + PbO_2	StODC HAWORTH, Can. P. 463237 v. 22. 12. 42, A. Prior. v. 14. 1. 42
p-Chinondioxim + Pb_3O_4 + + Salicylsäure	USRC BREEK u. EBERS, A. P. 2395778 v. 2. 7. 43
p-Chinondioxim + MnO_2	REHNER JR. u. FLORY: Ind. Engng. Chem., ind. Edit. 38, 500—506 (1946)
p-Chinondioximester + PbO, $PbO \cdot H_2O \cdot (PbO)_2 \cdot H_2O$ oder $(PbO)_3 \cdot H_2O$	StODC BALDWIN, A. P. 2519100 v. 27. 3. 46
p-Chinondioxim + PbO_2 oder organ. Peroxyde + Tetramethylthiuramdisulfid	GEC ROBERTS, A. P. 2391742 v. 1. 4. 43
p-Chinondioximbenzoat + PbO_2 oder organ. Peroxyde + Tetramethylthiuramdisulfid	USRC STERRETT, A. P. 2445283 v. 15. 1. 44

---

[1] GEC GILMORE u. KOGER, A. P. 2516864 v. 24. 8. 48.
[2] StODC SIMPSON u. SMITH, A. P. 2503003 v. 26. 6. 45.
[3] WC CLIFFORD, WAISBROT u. GATES, A. P. 2764599 v. 14. 7. 51.
[4] EIPNC F. P. 1097345 v. 11. 3. 54.
[5] AMDL LJUNGBO, F. P. 960920 v. 10. 2. 48, Schwed. Prior. v. 11. 2. 47.
[6] NCRC WILSON, A. P. 2554485 v. 2. 1. 48.

Tetramethylthiuramdisulfid + + Tetraäthylthiuramdisulfid	GTRC Baker, A. P. 2666755 v. 5. 3. 48
p-Chinondioxim + PbO$_2$ oder organ. Peroxyde + Selendiäthyldithiocarbamat	GEC Roberts, A. P. 2391742 v. 1. 4. 43
Aliphatische oder oxysubstituierte Polyamine	BFGC Sarbach, A. P. 2395505 v. 24. 5. 43
p-Chinondioxim, aromatische Polyamine	USRC Holbrook u. Cutting, A. P. 2524977 v. 12. 12. 47
m- oder p-Dinitrosobenzol	EIPNC Sturgis u. Trepagnier, A. P. 2518576 v. 21. 1. 44; Rehner jr. u. Flory: Ind. Engng. Chem., ind. Edit. **38**, 500—506 (1946) StODC Rehner jr. u. Flory, A. P. 2616876 v. 6. 5. 49;
2,5-Dinitroso-p-cymol	Rehner jr. u. Flory: Ind. Engng. Chem., ind. Edit. **38**, 500—506 (1946)
p-Chinondioxim + Thiazyl-Verbindung	StODC Baldwin u. Smith, A. P. 2619481 v. 28. 4. 49
N-Nitroso-p-nitrosoaniline + + Tetramethylthiuramdisulfid	EIPNC Trepagnier, A. P. 2457331 v. 8. 10. 45
Tetramethylthiuramdisulfid + + aromatische Nitroverbindungen	StODC Baldwin, A. P. 2525061 v. 28. 12. 45
Morphylmorpholinodithiocarbamat	CDC Franz, A. P. 2550342 v. 29. 4. 47
Dialkyltetrahydro-1,2,5-thiadiazin-6-thion	FTRC Shotton u. Donia, A. P. 2514200 v. 30. 3. 49
2-Benzothiazyl-N,N-disubstituierte Thiocarbamylsulfide	Wolf u. de Hilster: Rubber Age **67**, 193—200 (1950)
Ein- oder mehrkernige Phenoldialkohole	USRC Tawney u. Little, A. P. 2701895 v. 12. 1. 52
Alkylphenol-Formaldehyd-Harze	USRC Iknayan, Peterson u. Batts, A. P. 2702287 v. 27. 5. 52
Phenolharz vom Resoltyp + + Chlorbutadienpolymerisat	USRC Batts u. Delang, A. P. 2734877 v. 18. 6. 52
Phenoldialkohole + chloriertes Paraffin (+ Schwermetallsalz)	USRC Peterson u. Batts, A. P. 2727874 v. 31. 12. 52
Phenoldialkohole + Halogenid von Al oder Schwermetall	USRC Peterson u. Batts, A. P. 2726224 v. 2. 1. 53
Phenoldialkohole + sulfochloriertes Polyäthylen	USRC Schäfer, Batts u. Brafford, A. P. 2749323 v. 26. 1. 53
Hydrochinondialkylätherderivate	USRC Tawney u. Little, A. P. 2767156 v. 11. 3. 52
Dimethylolphenole + chlorsulfoniertes Polyäthylen + + Zinkstearat	USRC Peterson u. Batts, A. P. 2734039 v. 30. 12. 52
Dimethylolphenol + organ. Sulfonsäuren	USRC Gunberg, A. P. 2794009 v. 11. 8. 54
p-Nitrosophenol oder p-Nitrosobenzaldehyd	EREC Belg. P. 540014 v. 23. 7. 55, A. Prior. v. 23. 7., 22. 9. u. 17. 6. 54
Umsetzungsprodukte von Piperazinen und Schwefelmonochlorid	MCC D'Amico, A. P. 2808409 v. 24. 2. 54
2,6-Di-(acetoxymethyl)- 4-tert. butylphenylacetat + Schwermetallchlorid	USRC Tawney, A. P. 2825720 v. 27. 9. 55

2,6-Di-(alkoxymethyl-)-4-hydro-carbylphenol + Schwermetall-halogenid	USRC Tawney, A. P. 2829 123 v. 27. 9. 55
2,4,6-Tris-(acetoxymethyl)-phenylacetat + Schwermetall-halogenid	USRC Tawney u. Brice, A. P. 2829 132 v. 27. 9. 55
2,6-Di-(acetoxymethyl)-4-tert. butylphenol + Schwermetall-halogenid	USRC Tawney, A. P. 2830970 v. 27. 9. 55
2,2-Methylen-bis-(4-chlor-6-methylolphenol)	USRC Viohl, Belg. P. 565220 v. 27. 2. 58, A. Prior. v. 11. 3. 57
2,6-Dimethylol-4-hydrocarbyl-phenol	Viohl, Tawney u. Little, Chem. Engng. News **36**, Nr. 21, 23 u. Nr. 23, 36 (1958)

In der Praxis[1, 2] haben sich bewährt bei der

Tieftemperaturvulkanisation:

p-Chinondioxim GMF oder p,p'-Dibenzoylchinondioxim + Pb_3O_4, Selendiäthyldithiocarbamat (Selazate, Selenac), Tellurdiäthyldithiocarbamat[3-13] (Tellurac), Zinkdibutylenthiocarbamat (Butyl Zimate, Butazate, Butason), bei der

Hochtemperaturvulkanisation:

Tetramethylthiuramdisulfid (Methyl Tuads, Thiurad, Thiuram M, Tuex), Tetramethylthiurammonosulfid (Thionex, Monex), Dipentamethylenthiuramtetrasulfid (Tetron A).

Die Anvulkanisation wird durch Thiurame[14, 15] oder Dithiocarbamate[14] verzögert oder verhindert, ebenso durch Salicylsäure[16], aromatische Polycarbonsäuren[17] oder Morpholindisulfid[18].

g) Füllstoffe

Als Füllstoffe sind alle in der Kautschukindustrie gebräuchlichen geeignet. Die Hauptrolle spielt Ruß in seinen verschiedenen Typen. In neuerer Zeit haben hochaktive, siliciumhaltige Füllstoffe geringer

---

[1] Walker: Rubber Plast. Age **37**, 386—393 (1956).
[2] Walker: Rubber J. **131/132**, 39—42 u. 48—52 (1956).
[3] RTVC Edland, A. P. 1875997 v. 29. 3. 30.
[4] RTVC Murrill, A. P. 1884123 u. 1884124 v. 1. 4. 30.
[5] RTVC Murrill, A. P. 1921091 v. 1. 4. 30.
[6] SCI Olin, A. P. 2653924 v. 23. 12. 50.
[7] StODC Clayton jr. u. Thomas, A. P. 2701221 v. 2. 4. 52.
[8] EREC Wilson, Robinson u. Smith, A. P. 2775537 v. 29. 4. 52.
[9] EREC Robinson, A. P. 2754239 v. 1. 10. 52.
[10] USRC Iknayan, Peterson u. Batts, A. P. 2771936 v. 2. 12. 52.
[11] USRC Iknayan, Peterson u. Batts, A. P. 2702286 v. 14. 7. 53.
[12] DCC Polmanteer, A. P. 2781288 v. 30. 8. 54.
[13] EREC Fischer u. Bartlett, A. P. 2782177 v. 6. 12. 54.
[14] GEC Roberts, A. P. 2391742 v. 1. 4. 43.
[15] USRC Sterrett, A. P. 2445283 v. 15. 1. 44.
[16] USRC Breek u. Ebers, A. P. 2395778 v. 2. 7. 43.
[17] USRC Sterrett u. Holbrook, A. P. 2427514 v. 17. 2. 44.
[18] Sibley: Rubber Chem. Technol. **24**, 211—223 (1951).

Teilchengröße Bedeutung für helle Mischungen erlangt. Aber auch mineralische Füllstoffe, z. B. Tone, sind für viele Zwecke brauchbar. Um die z. T. sich widersprechenden Ergebnisse zu prüfen, sind viele Arbeiten ausgeführt worden, von denen die wesentlichen folgende sind:

Einfluß von Ruß

Verstärkung	COHAN u. STEINBERG: Rubber Age Synthetics **25**, 275—278 (1945)
Freier Kohlenstoff	CREADY u. THOMPSON: Ind. Engng. Chem., analyt. Edit. **18**, 522 (1946) LOUTH: Analytic. Chem. **20**, 717—719 (1948) KOLTHOFF u. GUTMACHER: Analytic. Chem. **22**, 1002—1003 (1950)
Oberflächen- und Volumwiderstand	SPERBERG, POPP u. BIARD: Rubber Age (New York) **67**, 561—564 (1950).
Verdichtungseffekt	DANNENBERG, JORDAN u. STOKES: India Rubber Wld. **122**, 663—671 (1950)
Ruß + mit P_2S_5 behandeltes Polyisobutylen als Dispergiermittel	StODC HUBBARD, HILL u. ZAPP, A. P. 2 684 958 v. 12. 9. 51
Ruß mit O_2 beladen und in Mischung vorerhitzt	StODC GESSLER, E. P. 733 198 v. 3. 11. 52, A. Prior. v. 1. 12. 51
Dispersionsgrad	FORD u. GESSLER: Ind. Engng. Chem. **44**, 819—824 (1952)
Ruß mit O_2 beladen und in Mischung mit Aktivator vorerhitzt	StODC FORD u. GESSLER, F. P. 1 079 248 v. 29. 4. 53, A. Prior. v. 2. 6. 52
Torsionshysteresis und elektrischer Widerstand	USRC E. P. 730 267 v. 15. 10. 53, A. Prior. v. 14. 11. 52
Struktur	PETSCHKOWSKAJA, MILMAN u. DOGADKIN: Kolloid-J. (russ.) **14**, 250—259 (1952)
Verstärkung durch Wärmebehandlung, Modul, Dämpfung, Dehnung, Abrieb	GESSLER: Rubber Age (New York) **74**, 59—71 (1953)
Verstärkung durch Oberflächensauerstoff	ZAPP u. GESSLER: Rubber Age (New York) **74**, 243—251 (1953)
Verstärkung durch Beschleuniger	GESSLER u. FORD: Rubber Age (New York) **74**, 397—408 (1953)
Wärmebehandlung, Modul	REHNER JR. u. GESSLER: Rubber Age (New York) **74**, 561—566 (1954)
Mechanische Eigenschaften, elektrischer Widerstand, chemische Beständigkeit	Chem. Engng. News **32**, 494 (1954)
Adsorption	KRAUS u. DUGONE: Ind. Engng. Chem. **47**, 1809—1816 (1955)
Ozonbeständigkeit	EDWARDS u. STOREY: Trans. Proc., Instn. Rubber Ind., Trans. **31**, T45—T69 (1955)
Oxydation	BURGESS u. SWEITZER: Ind. Engng. Chem. **47**, 1820—1824 (1955)
Modul, Abrieb, Festigkeit	MOULIN: Rev. gén. Caoutchouc **33**, 145—147 (1956)
Ozon- u. Wetterbeständigkeit	NEU: Rubber Age (New York) **81**, 287—290 (1957)
Wärmebeständigkeit	WAGGNER: Rubber Age (New York) **81**, 291—293 (1957)
Einfluß der Wärmebehandlung	EDWARDS u. STOREY: Rubber Chem. and Techn. **30**, 122—140 (1957)

Die Wirkung des Rußes hängt von seiner Herstellungsart[1] und von seinen Eigenschaften[2] ab.

Mit Kanal-Rußen erreicht man größte Zerreißfestigkeit und Dehnung sowie den besten Schutz gegen Dünnerwerden und Zerstörung durch Faltung, denen man bei der Schlauchherstellung begegnet. Sie verzögern die Härtung etwas. Die Mischungen erfordern längere Vulkanisationszeiten, um höchste Zugfestigkeit zu erzielen.

Hoch-Modul-Ofenruße geben die höchsten Moduli, beste Alterungsbeständigkeit und sichern glattes Spritzen. Halbverstärkende Ofenruße halten die Mitte zwischen den Thermal- und Kanal-Rußen.

Thermal-Ruße geben höchsten Rückprall, niedrigste Modul-Hysteresis-Eigenschaften und infolgedessen das lebendigste und griffigste Material.

Einfluß heller Füllstoffe

Aluminium-Silicat-Hydrat (Frantax A)	AUGUSTIN: Rev. gén. Caoutchouc **25**, 20—24, 56—62, 85—90 (1948)
Silicagel (Hi-Sil), Teilchengröße 0,025 μ	WOLF u. GAGE: India Rubber Wld. **123**, 565 bis 569 (1951)
Kieselsäurehydrat (Hi-Sil, Ludox), Calciumsilicathydrat (Silene EF), Kaolin (Suprex)	USRC BROOKS u. EWART, F. P. 1065701 v. 27. 8. 52, A. Prior. v. 10. 10. 51
Kieselsäurehydrat, Calciumsilicathydrat oder Kaolin, Teilchengröße $\leq 10\ \mu$, umgesetzt mit Cycloalkenyl-alkylhalogensilan	USRC BROOKS u. LADD, A. P. 2665264 v. 13. 11. 51
Kieselsäurehydrat, Calciumsilicathydrat oder Kaolin, umgesetzt mit Organohalogensilanen	USRC BOGGS, F. P. 1068075 v. 26. 9. 52, A. Prior. v. 12. 12. 51 GESSLER, WIESE u. REHNER JR.: Rubber Age (New York) 78, 73—76 (1955)
Kieselsäurehydrat, Calciumsilicathydrat oder Kaolin, umgesetzt mit 10-Undecenyl-trichlorsilan	USRC LADD, A. P. 2744879 v. 11. 1. 52
Siliciumoxyd 500—600 mμ	BFGC NEWTON u. SEARS, A. P. 2807600 v. 28. 5. 54
Siliciumoxyd 300 mμ	BFGC SEARS, A. P. 2823980 v. 28. 5. 54
Oberflächenveresterte Kieselsäure (Estersil)	Du Pont Report 1954, Nr. 54-4
Kieselsäure	GESSLER u. REHNER JR.: Rubber Age (New York) **77**, 875—883 (1955)
Calciumcarbonat, ohne und mit Oberflächenbehandlung (70 mμ), Kieselsäure (30—160 mμ), Aluminiumsilicat u. Kaolin, Calciumsilicat	LAMM: Rev. gén. Caoutchouc **32**, 784—792 (1955)
Aktive Kieselsäure (Fransil 251)	MARTIN: Rev. gén. Caoutchouc **33**, 1141—1145 (1956)
Aluminiumsilicat (Tubory rosa)	Silice et Kaolin SA.: Rev. gén. Caoutchouc **34**, 10 (1956)

---

[1] SMITH u. BUCKLEY: Encyclopedia of Chemical Technologie. Vol. 3, S. 34—69, 1949.

[2] CARRINGTON: Rubber Age (London) **24**, 104—107 (1943).

Ultra fein gefälltes Calciumcarbonat (80 mμ)
Hi-Sil 223

HENSE: Kautschuk u. Gummi **9**, WT175 bis WT182 (1956)
MOULIN: Rev. gén. Caoutchouc **33**, 145—147 (1956)

Einfluß von Mineralfüllstoffen
Wasserfreies Aluminiumsilicat

SMITH: India Rubber Wld. **129**, 55—60 (1953)
DUMONTHIER: Rev. gén. Caoutchouc **34**, 469 bis 471 (1957)

Magnesiumoxyd, Calciumoxyd, Titandioxyd, Zinkoxyd

EREC E. P. 786016 v. 15. 3. 56, A. Prior. v. 18. 3. u. 29. 12. 55

Silicate, Tone

TREAT u. ALLER: Rubber Wld. **137**, 557—567, 616 (1958)

Silicate + Umsetzungsprodukte aus Halogenorganosilanen und Epoxyden, Alkoholen oder Glykolen

USRC BROOKS u. EWART, A. P. 2831828 v. 1. 2. 55

Hydratisiertes Siliciumoxyd + Alkenyl-Halogensilan

EREC GESSLER, REHNER jr. u. WIESE, F. P. 1165624 v. 13. 12. 56, A. Prior. v. 19. 12. 55

h) Weichmacher

Als Weichmacher sind vorgeschlagen worden:

Teilweise ungesättigte, schwefelsäurelösliche Kohlenwasserstoffe

DS JAENICKE, DBP 932985 v. 9. 8. 42

Aromatische Kohlenwasserstofföle

UGIC SODAY, A. P. 2402189 v. 5. 9. 42

Ester des Alkylphenyläthylalkohols

UGIC SODAY, A. P. 2407183 v. 17. 10. 42

Diester von kernsubstituierten Styrolglykolen

UGIC SODAY, A. P. 2471789 v. 20. 2. 43

Organ. Peroxyde

StODC REHNER u. FLORY, A. P. 2462674 v. 22. 10. 43

Indanolester

UGIC SODAY, A. P. 2411943 v. 12. 2. 44

3-Sulfolanyläther

Shell MORRIS u. SHOKAL, A. P. 2391330 v. 28. 2. 44

Stearinsäure

StODC DUDLEY, A. P. 2557641 v. 4. 10. 44

Arylmercaptane

StODC HAWORTH u. BALDWIN, Can. P. 464084 v. 18. 10. 44, A. Prior. v. 27. 1. 44

Arylmercaptane

StODC E. P. 590192 v. 17. 11. 44

Alkylmercaptane

StODC FROLICH, A. P. 2510808 v. 21. 3. 45

Arylmercaptane, aliphatische Mercaptane, Benzoylperoxyd

StODC BUCKLEY u. CHANEY, A. P. 2466300 v. 28. 4. 45

Azelatester

StODC SMITH, A. P. 2469748 v. 22. 8. 45

Di-(äthyl-hexyl)-sebacat

StODC SMITH A. P. 2561239 v. 26. 10. 45

Aromatische Dinitrosoverbindungen

StODC REHNER JR. u. FLORY, A. P. 2526504 v. 11. 4. 46

Dimethylpolysiloxangummi

GEC SAFFORD, A. P. 2442059 v. 29. 5. 46

Kakaobutter

FTRC HARRISON u. HILL, A. P. 2495099 v. 23. 9. 46

Polyvinyl-n-butyläther, Kautschuk, Polybutadien mit Polyalkylacrylat

StODC GESSLER u. SAYKO, A. P. 2567016 v. 21. 10. 47

Mono- oder dicyclische Arylmercaptane oder deren Salze

StODC HAWORTH u. BALDWIN, A. P. 2466301 v. 21. 11. 47

Ölige Mischpolymere aus C_4—C_6-Diolefinen und Nitrilen ungesättigter Fettsäuren

StODC GESSLER, A. P. 2521361 v. 10. 12. 47

Dimethylnaphthalin-Formaldehydharz

WALKER: Rubber Plast. Age **37**, 386—393 (1956)

i) Ölverstreckung

Butylkautschuk kann mit 10—90 Teilen Mineralöl verstreckt werden. Zu diesem Zweck wird er soweit anvulkanisiert, daß etwa 10—40% der Mischung in Benzol unlöslich sind. Dann wird das Öl eingearbeitet und die Mischung ausvulkanisiert.

Anvulkanisieren	USRC IKNAYAN, PETERSON u. BATTS, F. P. 1068005 v. 12. 9. 52
Anvulkanisieren und Mischen mit Mineralöl	USRC IKNAYAN, PETERSON u. BATTS, F. P. 1068006 v. 12. 9. 52, A. Prior. v. 12. 1. 52
	USRC IKNAYAN, PETERSON u. BATTS, A. P. 2702287 v. 27. 5. 52
	USRC E. P. 725049 v. 29. 5. 53, A. Prior. v. 9. 8. 52
	USRC IKNAYAN, PETERSON u. BATTS, A. P. 2702286 v. 14. 7. 53
Rohe Naphthenölfraktionen mit reduziertem Aromatenanteil	EREC BOGGS, FORD u. McATEER, A. P. 2778807 v. 26. 5. 53
Zugabe des Plastifizieröles in die Polymerisat-Suspension	EREC JAROS u. EBY, F. P. 1145309 v. 9. 1. 56, A. Prior. v. 11. 1. u. 6. 12. 55

j) Aktivator

Als Aktivator wird ausschließlich Zinkoxyd[1, 2] verwendet, und zwar in Mengen von 3—5% des Butylkautschuks.

k) Schwefel

Die normale Schwefelmenge liegt zwischen 1,5 und 2,5 Teilen.

l) Vulkanisationstemperatur und -zeit

Vulkanisationstemperatur und -zeit hängen von Vulkanisationsmischung und -verfahren ab.

Zum Beispiel härten Innenschlauchmischungen mit Mercaptobenzothiazol und Tetramethylthiuramdisulfid als Beschleuniger bei Verwendung von Innenheizluft bei 162° in 8—9 min, bei 170° in 7 min aus. Beim Erhitzen mit Hochdruckdampf in Härtungsformen kann man die Zeit noch verkürzen.

Mischungen für flüssigkeits-, gas-, licht- und staubdichte Artikel mit Tellurdiäthyldithiocarbamat als Beschleuniger brauchen zur Erzielung der besten Eigenschaften 16 Std. bei 93°.

Mischungen für elektrische Isolierung, z. B. weiße Mischungen für Kabelisolierung mit p,p'-Dibenzoyl-chinondioxim und Pb_3O_4 oder schwarze Mischungen für Kabelummantelung mit Mercaptobenzothiazol und Tetramethylthiuramdisulfid als Beschleuniger härten mit 2,1 at-Dampf (122°) in 110 min, mit 2,8 at-Dampf (132°) in 70 min. Für spezielle Anwendungen mit Tellurdiäthyldithiocarbamat als Beschleuniger hergestellte Isolationsmischungen können bei 132° in 40 min vulkanisiert werden.

---

[1] Chem. Age **60**, 22 (1949).
[2] USRC PETERSON u. BATTS, A. P. 2734039 v. 30. 12. 52.

m) Verarbeitung mit chemischen Umsetzungen

Ein mit S_2Cl_2 behandeltes dimeres Mischpolymerisat aus Isobutylen und Normalbutylen ergibt mit Phenol ein schwefelhaltiges Kondensationsprodukt[1].

Durch Erhitzen mit Schwefel kann man polymere C_3—C_4-Olefine mit 35—50% Schwefel herstellen[2].

Die Schwefelung kann auch mit P_2S_5 ausgeführt werden[3, 4].

Die so geschwefelten Mischpolymerisate können zusätzlich mit Mercaptanen behandelt werden[5].

Trocknende Öle erhält man durch Umsetzung von öligen Mischpolymerisaten mit cyclischen Kohlenwasserstoffen[6] oder mehrwertigen Alkoholen und ungesättigten Fettsäuren[7] bei 50—250°.

Die Nachbehandlung von Isoolefin-Diolefinmischpolymerisaten in Lösung (Petroleumnaphtha, Tetrachlorkohlenstoff, Toluol, Benzol u. a.) mit S_2Cl_2 oder SCl_2 bei etwa 85° ergibt geschwefelte Produkte, die schneller vulkanisieren und deren Vulkanisate verbesserte Eigenschaften haben[8].

Die Umsetzung der Mischpolymerisate in Gegenwart von organischen, sauerstoffhaltigen (z. B. Dioxan) und von sauerstoffabgebenden (z. B. Peroxyde) Verbindungen mit anorganischen Säuren oder deren Anhydriden (z. B. SO_2) führt zu Produkten, die nach der Verarbeitung verbesserte Eigenschaften besitzen[9]. Man kann die Umsetzung auch nach der Formgebung der zu behandelnden Mischpolymerisate ausführen[10].

Anoxydierte Isobutylen-Isopren-Mischpolymerisate mit 0,2—2% Sauerstoff sind in Polystyrol einpolymerisierbar[11].

Erhitzen von Isobutylen-Isopren-Mischpolymerisaten mit Acrylnitril, Vinylpyridin, Methacrylsäureestern oder Vinylacetat führt zum Einbau der polaren Moleküle[12].

Die Umsetzung der Mischpolymerisate mit SO_2 wird durch Chloroxyde wie ClO_2 oder Cl_2O_7, besonders nach Vorbehandlung mit milden Oxydationsmitteln, beschleunigt[13].

Isobutylen-Isopren-Mischpolymerisate sind mit Chlorsulfonsäure umsetzbar[14].

---

[1] StODC F. P. 917991 v. 26. 11. 45.

[2] StOC VEATCH u. PARTCH, A. P. 2578865 v. 31. 3. 48.

[3] StOC BARTLESON u. CAMPBELL, A. P. 2655477 v. 27. 3. 46.

[4] StOC MUSSELMAN, A. P. 2606182 v. 7. 6. 47.

[5] StOC BARTLESON u. LANKELMA, A. P. 2566397 u. 2566398 v. 7. 6. 47.

[6] UOPC WEST, A. P. 2578214 v. 31. 12. 48.

[7] UOPC HOFFMANN, A. P. 2645649 v. 30. 11. 50.

[8] Jasco SPARKS u. KELLOG, A. P. 2417093 v. 6. 9. 41.

[9] NVBPM F. P. 888998 v. 10. 12. 42, Holl. Prior. v. 23. 12. 41.

[10] NVBPM F. P. 902496 v. 8. 3. 44, Holl. Prior. v. 9. 4. 43.

[11] MCC FORDHAM, A. P. 2804443 v. 14. 7. 54.

[12] EREC BANES, FITZGERALD, MUESSIG, SMITH JR. u. HUBBARD, F. P. 1145258 v. 30. 12. 55, A. Prior. v. 30. 12. 54, 1. 3. u. 15. 11. 55.

[13] NVBPM E. P. 671499 v. 14. 3. 50, Holl. Prior. v. 24. 3. 49.

[14] DuRuC SEAR, DAS 1049588 v. 15. 5. 56, E. Prior. v. 14. 5. 55.

Setzt man Butylkautschuk unter dem Einfluß einer organischen Verbindung, die Chlor oder Brom an einen 3 wertigen Stickstoff gebunden hält, z. B. 1,3-Dichlor-5,5-dimethylhydantoin, mit Maleinsäureanhydrid bei 150—180° um, so erhält man Derivate, deren durch Zusatz von Metalloxyden hergestellte Vulkanisate gute Torsionshysteresis aufweisen[1].

Umsetzungsprodukte aus Butylkautschuk und Malein- oder Citraconsäureanhydrid begünstigen das Dispergieren von Butylkautschuk[2].

Die wichtigsten Butylkautschukderivate sind diejenigen, die aus Butylkautschuk durch Einführung von Halogen hergestellt werden[3]. Dabei tritt das Halogen teilweise durch Addition, teilweise durch Substitution in das Butylkautschukmolekül ein. Der Halogengehalt soll 3,5 Gew.-% nicht überschreiten. Durch ihn erreicht man höhere Vulkanisationsgeschwindigkeit, geringeren Bedarf an Beschleunigern und die Möglichkeit, die Vulkanisation nur mit mehrwertigen Metalloxyden allein durchzuführen[4, 5]. Halogenhaltiger Butylkautschuk kann mit Naturkautschuk oder synthetischem Kautschuk in jedem Verhältnis gemischt werden und haftet gut auf ihnen. Am geeignetsten haben sich bromhaltige Butylkautschuksorten erwiesen[6].

Die Einführung des Broms kann durch Bromierung in Lösung oder durch trockenes Erhitzen mit bromabspaltenden Verbindungen, z. B. N-Bromsuccinimid oder N-Bromacetamid erfolgen[3, 7]. Mit N-Bromhydantoin verläuft die Bromierung schneller und unter milderen Bedingungen[8]. Für die Chlorierung eignen sich Chlor, Natriumhypochlorit oder Phosphorpentachlorid, die man unter 0° in Lösung einwirken läßt[9]. Schonender erfolgt die Chlorierung mit Chlor- oder Dichlor-hydantoin[10]. Man kann zur Halogenierung auch die Halogenwasserstoffe verwenden[11]. Mit Jodmonochlorid können Chlor und Jod gleichzeitig eingeführt werden[12]. Bei Mischpolymerisaten mit hohem Diolefingehalt (15%) können Jod oder Jodmonochlorid auch dem schon mit Ruß gemischten Polymerisat zugesetzt werden[13].

Die Stabilisierung solcher halogenhaltigen Mischpolymerisate ist durch 1—5% Calcium-, Strontium-, Barium-, Magnesium-, Zink- oder Cadmiumsilicat[14] oder durch epoxydierte Fettsäureester[15] möglich.

[1] USRC Gunberg, A. P. 2845403 v. 2. 6. 54.
[2] EREC Aldridge u. Charlet, F. P. 1153744 v. 5. 6. 56, A. Prior. v. 13. 6. 55.
[3] Morrissey: Ind. Engng. Chem. 47, 1562—1569 (1955).
[4] EREC Baldwin u. Thomas, Belg. P. 560914 v. 18. 9. 57, A. Prior. v. 24. 9. 56.
[5] EREC: Rubber J. Int. Plast. 134, 848 (1958).
[6] Morrissey: Rubber Wld. 128, 7125—732 (1958).
[7] BFGC Crawford u. Morrissey, A. P. 2631984 v. 18. 4. 50.
[8] BFGC Morrissey, A. P. 2816098 v. 3. 5. 54.
[9] BFGC Morrissey u. Frederick, A. P. 2732354 v. 5. 12. 52.
[10] BFGC Hallenbeck, A. P. 2804448 v. 1. 6. 54.
[11] BFGC Frederick u. Morrissey, A. P. 2809372 v. 13. 1. 53.
[12] BFGC Morrissey, F. P. 1099182 v. 15. 2. 54, A. Prior. v. 2. 3. 53.
[13] MCC Leeper, A. P. 2806833 v. 26. 9. 55.
[14] BFGC Crawford u. Morrissey, A. P. 2681899 v. 5. 9. 52.
[15] BFGC E. P. 759339 v. 5. 10. 54, A. Prior. v. 29. 10. 53.

Butylkautschuk bildet mit Acrylsäure oder Styrol unter dem Einfluß von durch Ozonisation aus dem Polymeren entstandenen Peroxyden „Propfpolymerisate"[1].

Die Pfropfpolymerisation von Styrol oder Acrylnitril auf ein bromiertes Mischpolymerisat aus Isobutylen und Isopren wird durch Licht katalysiert[2].

Die Bestrahlung von Butylkautschuk allein mit energiereichen Strahlen bewirkt keine Härtung durch Vernetzung, sondern einen Abbau zu niedrig-molekularen Produkten[3].

2. Mischpolymerisate aus Isobutylen und Styrol

Die Mischpolymerisate aus 40—60% Isobutylen und 60—40% Styrol[4] sind Substanzen mit einer nur ihnen eigenen inneren Zähigkeit und daraus resultierenden kautschukähnlichen und thermoplastischen Eigenschaften zugleich. Sie fangen bei etwa $+40$ bis $+60°$ an zu erweichen und beginnen bei etwa $120°$ in den flüssigen Zustand überzugehen. Damit ist ihr Verarbeitungsbereich umrissen.

a) Kneten, Walzen, Mischen

Die Verarbeitung im Kneter oder auf der Walze kann zwischen etwa 90 und $175°$ vorgenommen werden. Wie beim Polyisobutylen können beträchtliche Mengen an Füllstoffen eingemischt werden, z. B. Asbest, Glimmer, Kreide, Schiefermehl, Ton[5], Ruß, Kork, Holzmehl u. a.

b) Kalandrieren

Um Orientierungseffekte beim Kalandrieren[6] auszuschließen, werden Temperaturen von $150—175°$ empfohlen. So kann man Folien von $0,12—0,25$ mm Stärke kalandrieren, die man ihrerseits wieder auf Trägerfolien aus Papier, Gewebe oder Metall aufkalandrieren kann. Die Anwendung von Weichmachern erübrigt sich. Eine andere Möglichkeit der Beschichtung besteht darin, das Mischpolymerisat aus der Schmelze entweder über eine beheizte Zwischenwalze auf die Unterlage aufzutragen oder die Folie im Schmelzfluß zu bilden und dann sofort auf das Trägermaterial aufzubringen[6, 7].

c) Spritzen

Die Mischpolymerisate aus Isobutylen und Styrol können auch verspritzt werden. Bei Spritztemperaturen von $150—160°$ und Matrizentemperaturen von $65—120°$ hat man Filme von $0,002$ mm Stärke gespritzt. Die für diese Verarbeitung notwendige Körnerform gewinnt man,

---

[1] Polyplastic LANDLER u. LEBEL, Belg. P. 562661 v. 25. 11. 57, F. Prior v. 24. 11. 56, 31. 1., 2. 2. u. 14. 6. 57.
[2] EREC LAMPE u. SCHUTZE, A. P. 2824055 v. 25. 8. 55.
[3] BOPP u. SISMAN: Nucleonics 13, (10), 51—55 (1955).
[4] NEWBERG: India Rubber Wld. 120, 204—209 (1949).
[5] StODC HARDY u. SPARKS, A. P. 2525071 v. 30. 11. 45.
[6] StODC SPARKS u. YOUNG, A. P. 2491525 v. 24. 5. 44.
[7] HAGEN: Chemie-Ing.-Techn. 26, 548—554 (1954).

indem man das Material durch Düsen zu Strängen preßt, die man nach dem Abkühlen in einem Wasserbad durch eine Schneidevorrichtung zerkleinert[1].

Auf Grund ihrer thermoplastischen Eigenschaften können die Mischpolymerisate auch durch Formpressen verarbeitet werden.

Zur Erleichterung des Verarbeitens werden 0,5—3% Gleitmittel in Form von Metallseifen, z. B. Zinkstearat, Octadecylamin o. ä. empfohlen[2].

d) Verarbeitung in Lösung oder Emulsion

Lösungen der Mischpolymerisate aus Isobutylen und Styrol in aliphatischen oder aromatischen Kohlenwasserstoffen können gegossen werden, um selbsttragende Filme herzustellen. Sie können zum Überziehen und Imprägnieren von Papier, Gewebe und Metall verwendet werden oder als Klebemittel dienen.

Aus den Mischpolymerisaten sind wäßrige Emulsionen herstellbar, die ähnlich wie die Lösungen verarbeitbar sind.

e) Mischen mit anderen hochmolekularen Substanzen

Die Mischpolymerisate aus Isobutylen und Styrol sind mischbar mit Paraffinen, Wachsen, Harzen, Phenolharzen, natürlichen und synthetischen Kautschuken, Polystyrol, Polyäthylen, Polyamid u. ä., in denen sie in mannigfacher Weise entsprechend ihren Eigenschaften als Verfestiger oder Weichmacher wirken und die Verarbeitbarkeit verbessern und die Schlagzähigkeit, Zerreißfestigkeit und Alterungsbeständigkeit erhöhen. Beim Spritzguß vermindern sie die Rißbildung, und bei Substanzen, die zur Rekristallisation neigen, unterdrücken sie diese Erscheinung.

f) Heißsiegeln

Die Mischpolymerisate aus Isobutylen und Styrol selbst sowohl als auch ihre Mischungen mit Paraffinen, Wachsen und Thermoplasten sind heißsiegelfähig.

Bei den reinen Mischpolymerisaten liegt die Heißsiegeltemperatur über etwa 105°.

g) Verarbeitung mit chemischen Umsetzungen

Die Mischpolymerisate aus Isobutylen und Styrol können durch Behandeln mit Schwefelchlorür gehärtet oder mit Chlor in Lösung halogeniert werden[3].

Setzt man sie bei erhöhter Temperatur bis 300°, unter Umständen in Lösung, unter dem Einfluß von Friedel-Crafts-Katalysatoren mit Fettsäurehalogeniden, z. B. Stearinsäure- oder Sebacinsäurechlorid um[4], so erhält man acylierte Mischpolymerisate, die in der Mineralölverbesserung Anwendung finden. Die Behandlung mit nitrierenden Verbindungen in

---

[1] StODC E. P. 733720 v. 25. 3. 53, A. Prior. v. 22. 5. 52.
[2] StODC Sparks u. Young, A. P. 2491526 v. 7. 7. 44.
[3] StODC Wiezevich, A. P. 2213423 v. 9. 4. 37.
[4] StODC Lieber u. Smyers, A. P. 2500082 v. 4. 4. 45.

Lösung bei Temperaturen von —50 bis +125° ergibt Nitroverbindungen der Mischpolymerisate[1] mit 0,1—15% N_2.

Die Einwirkung von Dihalogen-Kohlenwasserstoffen bei Temperaturen zwischen 20 und 120° in Gegenwart von Friedel-Crafts-Katalysatoren ergibt Kondensationsprodukte mit klebenden Eigenschaften[2]. Beim Erhitzen mit 95—120%iger Schwefelsäure auf 20—100° in Tetrachlorkohlenstoff-Lösung entstehen Sulfonsäuren für Emulgiermittel[3]. Die Umsetzung mit Phosphor oder Phosphorverbindungen in neutralen Flüssigkeiten zwischen 20 und 250° führt zu Verbindungen, die in der Schmierölverbesserung brauchbar sind[4, 5]. Mit Octadecen oder höheren Monoolefinen kann man die Mischpolymerisate aus Isobutylen und Styrol bei —50 bis +50° in einem neutralen Lösungsmittel in Gegenwart eines Friedel-Crafts-Katalysators alkylieren[6, 7].

Lösungen von Mischpolymerisaten aus Isobutylen und Styrol in Styrol oder anderen polymerisierbaren Verbindungen sind mit peroxydischen Katalysatoren zu „Pfropfpolymerisaten" polymerisierbar[8].

V. Anwendung

A. Polyisobutylen

Die Anwendung der Polyisobutylene[9, 10] beruht auf der Ausnutzung ihrer besonderen Eigenschaften: Gute Kälte- und Wärmebeständigkeit, kautschukelastisches Verhalten der hochmolekularen Typen, sehr gute Isolierfähigkeit, sehr gute Alterungs- und Chemikalienbeständigkeit.

Die Verwendung der Di-, Tri- und Tetraisobutylene in der Oxosynthese für die Herstellung von Aldehyden und Alkoholen, des hydrierten Diisobutylens (Isooctan) als klopffester Treibstoff für Explosionsmotoren und der hydrierten Di-, Tri- und Tetraisobutylene im Polymerbenzin liegen außerhalb des Kunststoffgebietes.

Die Anwendung aller übrigen Polyisobutylene läßt sich in folgende acht Gruppen einordnen:

1. Dichtungsmaterial,
2. Gummiwaren,
3. Isolierungen,
4. Klebstoffe,
5. Oberflächenschutz,
6. Schmierstoffe,
7. Weichmacher,
8. Verschiedenes.

[1] StODC Garber, Young u. Sparks, A. P. 2539824 v. 20. 4. 45.
[2] StODC Sparks u. Young, A. P. 2472495 v. 3. 5. 45.
[3] StODC Young, Smyers u. Sparks, A. P. 2638445 v. 5. 5. 45.
[4] StODC Smyers u. Young, A. P. 2494592 v. 19. 5. 45.
[5] StODC Smyers u. Young, A. P. 2595819 v. 14. 1. 50.
[6] StODC Hollyday jr. u. Mahan, A. P. 2658872 v. 5. 3. 49.
[7] EREC Hollyday jr. u. Mahan, A. P. 2786032 v. 9. 11. 53.
[8] Smyers u. Young, E. P. 760104 v. 9. 9. 52.
[9] Badische Anilin- u. Soda-Fabrik AG., Oppanol B, Ausgabe 1954.
[10] Enjay Company, Inc., Vistanex, 1948.

1. Dichtungsmaterial

Der Begriff „Dichtungsmaterial" umfaßt einen weiten Bereich von den butterartigen Mischungen für Fettspritzen und Spritzpistolen über mit dem Kittmesser ausstreichbare, teigartige Dichtungsmittel und zähe Spachtel- und Vergußmassen bis zu festen Plattendichtungen.

Die öligen Polybutene werden für die Herstellung von Dichtungsmassen empfohlen[1, 2, 3], deren Konsistenz durch die Art der Mischungsbestandteile beträchtlich abgewandelt werden kann. Vistac Nr. 1 ergibt gemischt mit Atomite (Calciumcarbonat) eine butterartige Mischung, die durch Zugabe von Füllstoffen, pflanzlichen Ölen und Kobaltsalzen trocknende Eigenschaften erhält. Die weitere Zugabe von etwa 25% der Füllstoffe an Kreide verfestigt die Dichtungsmasse so, daß sie mit dem Kittmesser verarbeitet werden kann. Die Massen haften an Glas, Stein, Backstein, Beton usw. und können zum Eindichten von Fenstern und Oberlichtern, zum Abdichten von hölzernen oder metallischen Bootswänden[4], zum Dichtmachen von Entlüftungsrohren, Wasserbehältern und Fliesen an eingebauten Badewannen dienen. HAIN[5] stellt eine Dichtungsmasse für Schraubengewinde aus 45—90 Gew.-% Polybuten (Mol.-Gew. 3000—10000), 0,5—5 Gew.-% Lecithin und 10—50 Gew.-% Flockengraphit, Glimmer oder Talkum her. BALDESCHWIELER[6] erhält eine Dichtungsmasse aus einem Polyisobutylen (Mol.-Gew.1000—10000), Eisenoxyd, Bariumsulfat oder Kieselerde als Füllstoff und einem Weichmacher (Öle, Asphalt, Harze, Wachse). Eine Mischung zum selbsttätigen Dichten von Verletzungen an Reifen und Luftschläuchen besteht nach BETE[7] z. B. aus 100 Gew.-Teilen Kautschuk, 20 Polybuten, 1,75 Alterungsschutzmittel, 5 Ruß, 0,25 Peptisiermittel, 2 Stearinsäure, 3 ZnO, 2 S, 1 Mercaptobenzthiazoldisulfid und 0,05 Tetramethylthiuramdisulfid. Mischungen aus 50—94 Teilen Polybuten (Mol.-Gew. 5000), 5—30 Teilen hydriertem Kolophonium und 1—10 Teilen eines paraffinischen Amids haben gute haftende Eigenschaften, sind bei höherer Temperatur flüssig und bei normaler Temperatur genügend plastisch, um als Vergußmasse für elektrische Kabel, Kondensatoren und Transformatoren dienen zu können. Mit einem Polybuten vom Mol.-Gew. 12000 wird die Masse härter[8].

Eine Vergußmasse mit dauernd klebrigen Eigenschaften[9] erhält man aus 15 Gew.-Teilen Polyisobutylen (Mol.-Gew. 11000), je 15 Gew.-Teilen Guttapercha und Schellack und 5 Gew.-Teilen Schwefel.

Sehr gute Dichtungs-, Spachtel- und Vergußmassen lassen sich aus Polyisobutylenen mittleren Molekulargewichtes in Mischung mit Asphalt

---

[1] Advance Solvents a. Chemical Corporation, Data Sheet über Vistac Nr. 1 in caulking compounds, 1954.
[2] Indoil Chemical Company, Indopol Polybutenes, 1951.
[3] NRDC DUKES u. BRYANT, E. P. 756548 v. 6. 10. 52.
[4] Farben-Ztg. 47, 309 (1942).
[5] A. P. 2581407 v. 11. 12. 45.
[6] StODC A. P. 2131342 v. 20. 12. 33.
[7] WC F. P. 1097513 v. 1. 4. 54, A. Prior. v. 18. 9. 53.
[8] WEC DE COSTE, F. P. 970041 v. 5. 8. 48, A. Prior. v. 3. 12. 47.
[9] IG MÜLLER-CUNRADI, OTTO, DANIEL u. WERNER, DRP 695414 v. 9. 7. 33.

oder Bitumen, Wachs oder Paraffin herstellen[1, 2, 3, 4]. Die besonderen Eigenschaften der Mischungen von Polyisobutylen und Bitumen sind, verglichen mit reinem Bitumen, niedrigerer Erstarrungs- und höherer Tropfpunkt bei gleichzeitiger Erhöhung der Dehnbarkeit, wie aus der Abb. 18[5] (s. S. 183) hervorgeht.

SAGEL[6] stellt Raum- und Dehnfugenkitte her, indem er gelöstes Polyisobutylen mit Bitumen und Füllstoffen mischt und dann das Lösungsmittel abdestilliert.

Auch die mit P_2S_5 erhaltenen Umwandlungsprodukte der flüssigen Polyisobutylene (s. S. 149), die man mit Dampf behandelt und dann mit Alkylaminen umgesetzt hat, können zur Verbesserung der Temperaturbeständigkeit und des Haftvermögens von Asphaltmischungen dienen[7, 8].

Eine dauernd plastisch bleibende Abdichtungsmasse besteht nach WINTER[9] aus 1 Teil weichgummiartigem Polyisobutylen und 100 Teilen Paraffingatsch, denen noch Fasermaterial beigemischt wird. Mischungen mit höherem Tropfpunkt und guter Korrosionsbeständigkeit enthalten neben Polyisobutylen und Paraffin noch Polyäthylen, Wachse, Füllstoffe und Antikorrosionsmittel[10, 11, 12].

SUSSENBACH gibt der Mischung aus Polyisobutylen, Asphalt und Wachs dadurch eine besondere seilartige Form[13], daß er daraus einen Schlauch herstellt, der mit lockerem, elastischem Füllmaterial wie Holzfaser oder anderem anorganischem Füllmaterial gefüllt und sehr stark zusammendrückbar ist. Selbsthärtende, säurebeständige Massen bereiten DIETZ und PRIVINSKY[14] aus Polyisobutylen und Phenolaldehydharzen in Kombination mit Wasserglaskitten. Die bleibende Plastizität von auf der Polyisobutylenbasis hergestellten Dichtungsmassen hat BEATTIE[12] dazu benutzt, zum Gießen von plastischen Linsen aus monomeren Stoffen verwendete Glasscheiben, die infolge Schrumpfens des Monomeren während der Polymerisation wandern, durch eine aus Polyisobutylen und Bleistearat bestehende Dichtung dauernd abzudichten.

Es liegt in der Natur der Sache, daß aus wesentlichen Mengen Polyisobutylen hergestellte Dichtungsmaterialien nicht als standfeste Dichtungen eingesetzt werden können[15]. Andererseits kann gerade das Fließen unter Druck erwünscht sein, z. B. bei Packungsringen für Konserven-

[1] Badische Anilin- u. Soda-Fabrik AG., Oppanol B, 1954.
[2] Badische Anilin- u. Soda-Fabrik AG., Merkblatt über Klebemittel I u. II, 1949.
[3] Enjay Company, Inc., Vistanex, 1948.
[4] EVANS, YOUNG u. HOLMES: Ind. Engng. Chem. **35**, 481—488 (1943).
[5] SCHWARZ: Kunststoffe **29**, 9—14 (1939).
[6] DBP 885765 v. 8. 6. 43.
[7] StOC BARTLESON, HARDMAN u. SUNDAY, A. P. 2690976 v. 3. 12. 49.
[8] StOC HUGHES, HARDMAN, BARTLESON u. SUNDAY, A. P. 2690977 v. 3. 12. 49.
[9] CP DRP 744853 v. 13. 6. 41.
[10] Arobiga Akt.-Ges., Schwz. P. 292808 v. 5. 8. 50.
[11] Chemieprodukte G. m. b. H., F. P. 1036232 v. 26. 4. 51, D. Prior. v. 4. 5. 50.
[12] BEATTIE, A. P. 2542386 v. 3. 12. 47.
[13] PEC A. P. 2698269 v. 15. 7. 49.
[14] FH DBP 956987 v. 21. 6. 51.
[15] SAECHTLING: Kunststoffe **40**, 49—56 (1950).

dosen[1, 2], bei It-Platten[3], beim Abdichten von Auskleidungsringen aus Polyvinylchlorid in Schwefelsäuretürmen[4] oder bei selbstdichtenden, mehrschichtigen Brennstoffbehältern[5, 6], wobei im letzten Falle noch die Quellbarkeit im Kohlenwasserstoff-Brennstoff mit ausgenutzt wird.

ENDRES und KIRSTAHLER[7] benutzen Mischungen aus Polyisobutylen, Superpolyurethanen und Füllstoffen als Dichtungsmaterial.

Spachtelmassen und Kitte lassen sich gut aus wäßrigen Dispersionen des Polyisobutylens herstellen[8, 9, 10, 11]. Werden als Trägerstoffe[9] faservliesartige Stoffe verwendet, so erhält man als Dichtungsmaterial brauchbare Lederaustauschprodukte.

Besonderes Interesse haben die dauerplastischen Dichtungsmaterialien, die unter Verwendung hochmolekularer Polyisobutylene hergestellt werden. Die Boston Blacking Company GmbH.[12] hat dafür ein Verfahren entwickelt, indem sie Polyisobutylen (Mol.-Gew. 100000—200000) mastiziert und mit einem nicht-flüchtigen Löser (Spindelöl) und Füllstoffen (Asbestfasern, SiO_2, TiO_2) sowie einem die Klebrigkeit vermindernden Nichtlöser (flüssige oder feste pflanzliche, tierische oder synthetische Fette) vermischt und diese Mischung auf einer Spritzmaschine profiliert. HEIL[13, 14] erhält die auf der Basis von Polyisobutylen hergestellten dauerplastischen, schwundfreien, profilierten Abdichtungsmassen dadurch formbeständig, daß er sie während oder nach der Verformung mit einem weitmaschigen Gewebe überzieht. Teroson-Werk, Erich Ross[15], stellt abziehbare Dichtungsmassen aus Polyisobutylen, Füllstoffen und einem nicht plastifizierenden Weichmacher her. DANIEL, DAUR, LANGE und LINKE[16] benutzen Polyisobutylen mit 50—70% silicathaltigen Füllmitteln als plastisches Verbundmittel für sich ausdehnende Metallkonstruktionen.

Die S. 147 erwähnte Mischung aus Polyisobutylen und Styrol verwendet SIEBENMORGEN[17] zur Verbesserung füllstoffhaltiger Kitte auf Polyesterharzbasis.

VAN EPP[18] hat eine Dichtungsmasse aus Polyisobutylen, bromiertem Butylkautschuk, Ruß und Härter entwickelt.

[1] IG F. P. 817854 v. 15. 2. 37, D. Prior. v. 21. 2. 36.
[2] MATHIESEN: Tidsskr. Hermetikind 27, 145 (1941).
[3] FREDENHAGEN: Kautschuk u. Gummi 7, 197—202 (1954).
[4] Chem. Industrie AG., F. P. 1075724 v. 18. 3. 53, D. Prior. v. 24. 3. 52.
[5] StODC FROLICH, A. P. 2497123 v. 18. 4. 44.
[6] BFGC DOSHER, A. P. 2438965 v. 4. 11. 41.
[7] DEHYDAG DBP 906621 v. 11. 11. 43.
[8] IG BENISCHEK, DRP 747482 v. 17. 5. 38.
[9] BASF CRAEMER, DBP 864856 v. 11. 3. 44.
[10] RICK: Farben, Lacke, Anstrichstoffe 4, 121—124 (1950).
[11] RK SCHEIBER, DBP-Anm. K 12405 v. 11. 12. 51.
[12] BBC DBP-Anm. B 19122 v. 16. 2. 52.
[13] OC DBP 953188 v. 3. 1. 53.
[14] OC DBP 942887 v. 29. 3. 53.
[15] TW DBP 1013376 v. 14. 7. 52.
[16] BASF E. P. 741457 v. 7. 9. 55.
[17] StJ D. A. S. 1004752 v. 21. 10. 54.
[18] EIPNC D. A. S. 1036427 v. 22. 8. 57, A. Prior. v. 27. 8. 56.

2. Gummiwaren

In der Gummiwarenindustrie sind alle Polyisobutylenarten verwendbar.

Die niedermolekularen öligen und halbfesten Polyisobutylene dienen als Verarbeitungshilfen und als Weichmacher.

Die hochmolekularen Polyisobutylene sind wegen ihrer ausgesprochen kautschukartigen Eigenschaften sehr gut mit Kautschuk, Kautschuk-Regenerat, Butylkautschuk oder Buna verträglich. In Abhängigkeit von Mischungsverhältnis und Vulkanisationsbedingung sind alle Einstellungen zwischen Weich- und Hartgummi möglich.

Polybutene[1, 2] in Mengen von 5—10% erleichtern die Verarbeitbarkeit von Regeneratkautschuk, der auf der Walze zum Krümeln neigt, indem sie die Krümel verbinden und das Regenerat zum Hängenbleiben auf den Walzen bringen. Sie ersetzen in Kautschukprodukten die Petroleumöle und erhöhen die Geschmeidigkeit[3] der Fertigprodukte. Sie sind leicht emulgierbar und können dann Latex aus natürlichem oder synthetischem Kautschuk beigemischt werden, um Weichheit, Modul, Haftfähigkeit und Biegsamkeit des aus dem Latex gefällten Festproduktes abzuwandeln.

Polyisobutylene finden in der Gummiindustrie weitgehende Verwendung[4, 5, 6, 7, 8, 9], sei es, daß sie allein oder in Kombination mit Füllmitteln, Wachsen oder Harzen, oder im Verschnitt mit Buna S, Perbunan, Butylkautschuk, natürlichem Kautschuk oder Regenerat gebraucht werden. So ist es z. B. möglich, aus Polyisobutylen luft- bzw. wasserdichte Gewebe für Regenmäntel, Zeltbahnen, Ballons, Verdecke, Wagenplanen, Schutzkleidung gegen Säuren und Alkalien, ferner Treibriemen, Transportbänder und chemikalienbeständige Überzüge auf Gewebe aller Art herzustellen.

Weiterhin kommen Polyisobutylen-Mischungen für Auskleidungen von Gefäßen und Behältern, für Schläuche und Dichtungen in Betracht, wobei die Chemikalienfestigkeit, die Alterungsbeständigkeit, die Gasundurchlässigkeit[10] sowie die Geschmack- und Geruchlosigkeit besser sind als bei Verwendung von Kautschuk.

MANCHESTER[11] schützt Kautschukluftschläuche vor der Alterung, indem er sie mit einer Innenschicht aus ungefülltem oder gefülltem Polyisobutylen versieht. Die Wingfoot Corp.[12] dichtet Fahrzeugreifen

---

[1] Advance Solvents a. Chemical Corp., Data Sheets über Vistac Nr. 1, Vistac „A" u. Vistac „P".

[2] Indoil Chemical Company, Indopol Polybutenes, 1951.

[3] StODC E. P. 483563 v. 17. 10. 36, A. Prior. v. 13. 12. 35.

[4] Badische Anilin- u. Soda-Fabrik AG., Oppanol B, 1954.

[5] Badische Anilin- u. Soda-Fabrik AG., Produkte für die Kautschukindustrie, 1956.

[6] Enjay Company, Inc., Vistanex, 1948.

[7] SCHWARZ: Kunststoffe **29**, 9—14 (1939).

[8] LONGMAN: Rubber Chem. Techn. **14**, 386 (1941).

[9] STASTNY: Gummi u. Asbest **5**, 132—136 (1952).

[10] BARBIER: Rev. gén. Caoutchouc **31**, 393—396 (1954).

[11] WC A. P. 2229579 v. 1. 8. 36.

[12] WC Belg. P. 531913 v. 17. 9. 54, A. Prior. v. 18. 9. 53.

mit einer hochelastischen, vulkanisierbaren Kautschukmischung, die auf 100 Teile Kautschuk 20 Teile Polybuten enthält. Smyers[1] empfiehlt Mischungen aus Polyisobutylen, natürlichem oder synthetischem Kautschuk und Paraffin zur Herstellung von freitragenden Folien zum Kaschieren von Textil- oder Papierbahnen. Polyisobutylene eignen sich auch als Überzug oder Oberflächenschutz für Gummiartikel. Besonderes Interesse besitzen die Kombinationen von Polyisobutylen mit natürlichem Kautschuk und Buna S. Die ersten Vorschläge, hochmolekulare Polyisobutylene und Kautschuk zu mischen, stammen von der Standard Oil Development Company[2, 3] bzw. Wiezevich, später in Gaylor[4] umbenannt. Er stellt die Mischungen entweder aus den festen Anteilen auf der Kautschukwalze oder durch Zusammengießen der Lösungen der Dispersionen in Petroleumnaphtha her. Elastizität und Alterungsbeständigkeit der Vulkanisate sind erhöht. Bei der Herstellung von Verschnittmischungen aus Polyisobutylenen und Kautschuk arbeitet man zweckmäßig in der Weise, daß das Polyisobutylen zu dem mastizierten und weichgemachten Kautschuk vor Zugabe der Zusätze zugegeben wird. Die Verarbeitungstemperaturen sind bei geringen Polyisobutylen-Zusätzen etwa die gleichen wie bei Naturkautschuk. Bei höheren Polyisobutylen-Anteilen muß jedoch den Eigenschaften des Polyisobutylens Rechnung getragen werden, weil bei den für die Verarbeitung von Kautschuk üblichen Temperaturen ein Abbau des Polyisobutylens erfolgen kann. Durch Erhöhung der Verarbeitungstemperaturen wird der Abbau des Polyisobutylens verringert, was sich auf die mechanischen Werte der Mischungen günstig auswirkt. Die Vulkanisationsmittel, Beschleuniger usw. werden bei Ausarbeitung der Mischungen nur auf die vulkanisationsfähige Komponente berechnet. Die folgende Tab. 22 veranschaulicht den Einfluß der Verarbeitungstemperaturen auf die mechanischen Werte einer Polyisobutylen-Naturkautschuk-Mischung im Verhältnis 1 : 1 ohne Füllstoffzusatz:

Tabelle 22

Walz-temp. °C	Walzzeit min	Zerreiß-festigkeit kg/cm²	Zerreiß-dehnung in %	Bleibende Dehnung in %	Rückprall-energie	Härtegrad Shore
20	15	115	950	13	27	36
20	30	80	900	13	23	34
60	15	140	900	10	27	35
60	30	110	920	12	25	34
100	15	140	930	8	31	35
100	30	130	940	9	29	35

Durch Änderung der Schwefel- und Beschleunigerdosierung sind auch Verbesserungen der Standfestigkeit möglich. Eine Mischung aus

---

[1] Jasco A. P. 2534883 v. 16. 11. 46.
[2] StODC E. P. 483563 v. 17. 10. 36, A. Prior. v. 13. 12. 35.
[3] StODC E. P. 479478 v. 17. 10. 36, A. Prior. v. 13. 12. 35.
[4] StODC A. P. 2138895 v. 5. 5. 37.

80 Teilen Polyisobutylen (Mol.-Gew. 200000)
20 Teilen Kautschuk Crêpe
10 Teilen Zinkweiß RS
 1 Teil   Schwefel
 1 Teil   Mercapto

ergibt nach einer Vulkanisationszeit von 20 min bei 4 atü folgende Werte:

Zerreiß-festigkeit kg/cm²	Zerreiß-dehnung %	Bleibende Dehnung in %	Elastizität	Härtegrad Shore
140	915	9	19	36

Die Eigenschaften von Mischungen aus Polyisobutylen und Buna S oder Perbunan haben NOWAK und HOFMEIER[1] und später STASTNY[2] untersucht. Mit zunehmendem Polyisobutylenanteil gehen Zerreißfestigkeit und Wärmedruckbeständigkeit zurück. Alterungsbeständigkeit, Ozonfestigkeit, Säurefestigkeit und Gasundurchlässigkeit werden verbessert.

Vulkanisate mit gleichen guten Eigenschaften erhält man aus Mischungen von Polyisobutylen und Butylkautschuk[3, 4]. Solche Mischungen eignen sich für Fahrzeug-Schläuche, die ohne Wulstbildung laufen.

GESSLER[5] verwendet 3—25 Teile Polyisobutylen als Weichmacher in Mischungen mit einem synthetischen Kautschuk, der aus einem Mischpolymerisat aus 55—85% eines 4—6 Kohlenstoffatome besitzenden Diolefins und 45—15% Acrylnitril besteht. GATES[6] stellt eine plastische Masse aus Polyisobutylen, Guttapercha, einem Mischpolymerisat aus Butadien-1,3 und Styrol im Verhältnis 20 : 80 bis 5 : 95, Schwefel, Beschleuniger, Weichmacher und Füllstoff her. SWIRE und HARDY[7] haben ein vulkanisierbares Bindemittel entwickelt. Sie stellen getrennte Lösungen von Kautschuk oder kautschukartigen Polymerisaten oder Mischpolymerisaten einerseits und Polyisobutylen mit Füllstoff und Vulkanisationshilfe andererseits her und mischen beide für den Gebrauch.

Vulkanisate aus Polyisobutylen, Naturkautschuk, Calciumsilicat, Ton, Zinkoxyd und Vulkanisationshilfsmittel in Scheibenform liefern in Verbindung mit Metallkapseln wasserdichte Verschlüsse[8].

Auch in Hartgummimischungen zeigt Polyisobutylen seine günstigen Eigenschaften. Für normale Hartgummimischungen liegen die Zusätze bei 10—20%[9, 10]. Bei erhöhter Schwefeldosierung können die Poly-

---

[1] Kautschuk **14**, 193—197 (1938).
[2] Gummi u. Asbest **5**, 132—136 (1952).
[3] Jasco FROLICH, A. P. 2392847 v. 25. 7. 40.
[4] StODC FROLICH u. LIGHTBOWN, Can. P. 442962.
[5] StODC A. P. 2545516 v. 31. 12. 46.
[6] WC A. P. 2638457 v. 2. 10. 45.
[7] BBC Schwed. P. 132254 v. 4. 2. 49, E. Prior. v. 6. 2. 48.
[8] CCC F. P. 1100657 v. 14. 5. 54.
[9] STASTNY: Gummi u. Asbest **6**, 420—425 u. 466—470 (1953).
[10] Badische Anilin- u. Soda-Fabrik AG., Produkte für die Kautschukindustrie, 1956.

isobutylenmengen auf 30—35% des Kautschuks gesteigert werden. Die harten Vulkanisate zeigen verbesserte Biege- und Schlagfestigkeit.

Mit Polyisobutylen versetzte Buna-Hartgummi-Mischungen haben verringerte Wasserdampfdurchlässigkeit[1].

Baxter und Robinson[2] verwenden Polyisobutylen in Mischungen für gleitsicheren Sohlencrepp.

Smith und Brand[3] stellen Radiergummi mit geringem Abrieb aus Kautschuk mit 30—50% seines Gewichtes an Polyisobutylen, 60 bis 120 SiC, 80—120 SiO_2, Alterungsschutz- und Vulkanisiermittel her.

3. Isolierung

a) Elektrische Isolierung

In der Elektrotechnik haben die verschiedenen Polyisobutylene wegen ihrer guten dielektrischen Eigenschaften, ihrer Alterungsbeständigkeit und ihrer Wasserunempfindlichkeit als hochwertiges Dielektrikum großes Interesse gefunden.

Die niedermolekularen öligen Polyisobutylene[4, 5, 6] sind für sich allein als Kabelisolieröle[7], Kondensatorenöle oder Transformatorenöle[8] verwendbar. Jedoch hat Liander[8] darauf hingewiesen, daß sie leicht Gas abgeben und dann Ionisierung verursachen. Zur Erhöhung ihrer Stabilität und zum Schutz gegen Depolymerisation kann man Stabilisatoren, z. B. Alkylphenolsulfide oder Benzil[9], Phenyl-β-naphthylamin oder p-Phenylendiamin[10] zusetzen. Mit öligen Polyisobutylenen imprägniertes Isolierpapier oder Faserstoffe[11] eignen sich sehr gut zum Umwickeln elektrischer Kabel. Die Bergmann-Elektricitäts-Werke AG.[12] isoliert elektrische Kabel mit Glasfäden, -geweben, -wolle oder -draht, die mit Polyisobutylen imprägniert sind. Dabei soll es möglich sein, zum Imprägnieren verwendetes flüssiges Polyisobutylen durch eine Wärmebehandlung in seiner Zähigkeit zu erhöhen. Zeplichal und Zahn[13] verwenden niedermolekulares Polyisobutylen als Imprägniermittel für Kondensatoren. Verbindungsstellen von elektrischen Leitungen erleiden keine Spannungskorrosion, wenn man sie mit einer Lösung von niedermolekularem Polyisobutylen in z. B. Dichlordifluormethan besprüht[14]. Der Zusatz von Harzen, Paraffin, Wachsen, Kautschuk oder hochmolekularen Kohlenwasserstoffen erhöht ihre Zähflüssigkeit. De Coste[15]

---

[1] Kunststoffe **30**, 374 (1940).

[2] BrC E. P. 743979 v. 3. 7. 52.

[3] NBM F. P. 1101037 v. 20. 5. 54, A. Prior. v. 20. 5. 53.

[4] Indoil Chemical Company, Indopol Polybutenes, 1951.

[5] Oronite Chemical Company, Oronite Polybutenes.

[6] Advance Solvents a. Chemical Corp., Advance Vistac Polybutenes.

[7] Wallraff: Kunststoff-Techn. **13**, 4—15 (1943).

[8] Liander: Tekn. Tidskr. **36**, 625—630 (1948).

[9] SpEC Ross u. Allison, A. P. 2719182 v. 28. 12. 51.

[10] Musgrave, A. P. 2782134 v. 30. 6. 53.

[11] StODC Haslam, A. P. 2145350 v. 28. 12. 33.

[12] BEW It. P. 374056 v. 24. 5. 39, D. Prior. v. 30. 5. 38.

[13] SH DBP 893381 v. 19. 10. 44.

[14] Peterson, A. P. 2766157 v. 15. 1. 53.

[15] WEC Schwed. P. 133797 v. 8. 11. 48.

stellt eine Kitt- und Gießmasse zum Abdichten und Einschließen von elektrischen Leitern durch Mischen von 50—95% Polybutylen vom Mol.-Gew. 5000—12000, 5—30% hydriertem Harz und 1—10% Amidwachs her. An Stelle von Polybutylen können auch Gemische aus Polybutylen und Polyisobutylen verwendet werden. CLARKE[1] gießt elektrische Apparate, z. B. Ge-Transistoren, mit einer 7,5%igen Lösung eines Polyäthylens mit Mol.-Gew. 12000 in einem flüssigen Polyisobutylen mit Mol.-Gew. 3000 aus.

McLEAN[2] benutzt die gleiche Mischung zum Imprägnieren von Papier für Metallpapierkondensatoren. Als Antioxydationsmittel dienen 0,5% polymeres Trimethyldihydrochinolin. POTT und McLEAN[3] verbessern ein aus einer Schmierölfraktion durch Warmbehandlung mit Absorptionsmitteln hergestelltes Kabelisolieröl durch Zusatz von Polybutenen. WARNER[4] benutzt als Kabelummantelungsmasse für Hochfrequenzkabel eine Mischung aus Bleisilicaten, -phosphaten und einem Polybuten von niederem Mol.-Gew. Die Dussek Brothers a. Co., Ltd.[5] hat eine Imprägniermasse für Kabelisolierungen entwickelt, die aus einem Isolieröl und 15—60 Gew.-% synthetischen Wachsen mit Polybutylen und/oder Polyäthylen besteht. HANCOCK und HOLLINGSWORTH[6] setzen einer als elektrisches Isoliermaterial zu verwendenden Mischung aus Mineralöl und Polyäthylen 0,5—5% Polybutylen zu, um die Kristallisation des Polyäthylens beim Abkühlen der in der Hitze gießbaren Mischung zu verhindern.

In ähnlicher Weise wie die öligen sind die hochmolekularen Polyisobutylene[7] in der Elektrotechnik verwendbar. POHLER[8] verbessert mit ihnen Isolieröllacke. THOMPSON und HOWE[9] sowie KIRCH[10] versetzen zum Tränken von Kabelumwicklungen verwendete Isolieröle mit Polyisobutylenen mit Mol.-Gew. über 20000, die sie in Form 10%iger Lösungen in Petroläther zumischen und das Lösungsmittel verdampfen. Polyisobutylen mit Mol.-Gew. um 10000 dient nach EHLERS[11] zum Unterlegen von Vergußmassen für elektrische Spulen, um ihre Haftfähigkeit zu verbessern, Feuchtigkeit und Rißbildung auszuschließen. Polyisobutylen mit Mol.-Gew. 15000 ist zum Aufbau der Klebmasse von Isolierbändern[12] geeignet. DITTMAR und MAST[13] bereiten für metallmantellose Kabel eine Kleb- und Abdichtmasse aus 55—65% Transformatorenöl, 10—20% niederpolymerem Polyisobutylen, 15—25%

---

[1] BTL A. P. 2615857 v. 23. 12. 49.
[2] BTL A. P. 2615955 v. 29. 12. 49.
[3] StODC E. P. 691691 v. 7. 7. 50.
[4] FTL A. P. 2662932 v. 1. 12. 51.
[5] DBC E. P. 719602 v. 15. 10. 52.
[6] BICC Can. P. 483889 v. 21. 4. 47, E. Prior. v. 23. 5. 46.
[7] Badische Anilin- u. Soda-Fabrik AG., BASF-Produkte für die Elektroindustrie, 1952.
[8] AEG DBP 894866 v. 16. 6. 38.
[9] DBC E. P. 650088 v. 5. 8. 48.
[10] AEG DAS 1000483 v. 16. 2. 37.
[11] SSW DP-Anm. S 36870/21c v. 19. 12. 53.
[12] USRC E. P. 511104 v. 9. 9. 37.
[13] SSW DBP 901667 v. 20. 1. 43.

Polyvinyläther und 20—30% Graphit. Die British Insulated Callenders Cables Ltd.[1, 2] setzen Kabelisoliermassen, die mikrokristallines Petroleumwachs enthalten, zur Erzielung der Tropffreiheit Polyisobutylen mit Mol.-Gew. von 20000—100000 zu. Ein Isolierüberzug hoher dielektrischer Festigkeit[3] besteht aus einer Lösung von 1—5 Teilen Polybuten (Mol.-Gew. 30000—40000) in 10—20 Teilen Benzol und 0,2 bis 0,5% der Lösung an Dodecylaminacetat.

Als hochwertige Verguß-, Tränk- und Klebmassen haben sich Mischungen von Polyisobutylenen mit Bitumen bewährt. BENNETT[4] stellt zum Imprägnieren von Kabeln und Kondensatoren eine Mischung aus bis zu 40 Gew.-% Polyisobutylen, 3—50 Gew.-% synthetischem Kohlenwasserstoffwachs und Petrolat her. FISCHER[5] verklebt für die Isolierung von Seekabeln verwendete Polyvinylchloridbänder mit einem Klebstoff aus Bitumen und Polyisobutylen. RITTER[6] erhöht die Kriechstromfestigkeit von Isolatoren mittels eines Auftrages aus Polyisobutylen, dem Mineralöl, Wachs, Paraffin, Bitumen und zur Verminderung der Klebrigkeit Polyvinylbenzol zugesetzt werden können. Die I. G. Farbenindustrie Aktiengesellschaft[7] stellt zwischen —30 und +200° temperaturbeständige Isolier- und Überzugsmassen aus 45% Bitumen, 5,1% Polystyrol, 48,5% Solventnaphtha und Asbest als Füllstoff her, indem sie der Mischung 1,4% Polyisobutylen zusetzt. HOWES und PETHRICK[8] mischen für den gleichen Zweck ein 35% Bitumen und 10% Aluminiumstearat enthaltendes Magnesiumoxyd-Zinkoxyd-Gemisch mit 10% Polyisobutylen.

Von besonderer Bedeutung ist für die Verwendung des Polyisobutylens in der Elektrotechnik seine Verfestigung mittels Füllstoffen. Bei der sehr hohen Anforderung an die Isolierfähigkeit solcher Mischungen scheiden viele Füllstoffe, die sich in Mischungen für andere Anwendungsgebiete durchaus bewähren, hier aus[9]. Sehr gute Ergebnisse sind dagegen mit Polyisobutylen-Ruß-Mischungen erzielt worden[9, 10, 11, 12, 13, 14]. MENTZ[15] und SCHUPP[16] sowohl als auch RIHL und HEERING[17] berichten über ein Fernmeldekabel, dessen innerer Mantel aus Protodur W, einer Mischung von Oppanol B und einer bestimmten Rußsorte, besteht. Der

---

[1] BICC Oe. P. 178390 v. 10. 3. 52, E. Prior. v. 21. 3. 51.
[2] BICC KING u. COLLINS, E. P. 712781 v. 3. 3. 52.
[3] StODC EVANS u. YOUNG, A. P. 2423761 v. 9. 7. 43.
[4] DBC E. P. 761363 v. 13. 8. 53.
[5] DK DBP 904061 v. 27. 2. 41.
[6] SSW DBP 915465 v. 11. 3. 42.
[7] IG F. P. 893307 v. 6. 4. 43.
[8] AIOC E. P. 632211 v. 28. 2. 47.
[9] SH F. P. 838942 v. 7. 6. 38, D. Prior. v. 7. 6. 37.
[10] NOWAK: Kunststoffe 31, 281—286 (1941).
[11] SSW MÜLLER u. HEERING, DBP 957603 v. 11. 10. 41.
[12] CGE NICOLAS, F. P. 1108477 v. 9. 7. 54.
[13] BuBC KIRKMAN, A. P. 2705250 v. 1. 10. 53.
[14] BuBC KIRKMAN, A. P. 2705251 v. 1. 10. 53.
[15] Elektrotechn. Z. 61, 1131—1133 (1940).
[16] Europ. Fernsprechdienst 55, 110—116 (1940).
[17] Elektrotechn. Z. 62, 197—199 (1941).

äußere Mantel ist aus Protodur H, einem weichgemachten Igelit, hergestellt worden. Das Kabel hatte nach dem Verlegen einen Isolationswiderstand von 288000 MΩkm, bezogen auf 10° C (Wert für ein entsprechendes Bleikabel 295000 MΩkm), der sich nach 3 jähriger Betriebsdauer nicht geändert hat.

Der Grund für diese vorzügliche Haltbarkeit ist die außerordentlich geringe Wasserdurchlässigkeit der Polyisobutylen-Ruß-Mischung[1]. HEERING, PUELL und DREWITZ[2, 3] haben eine Methode zur Bestimmung der Wasserdampfdurchlässigkeit von Kabelmantelwerkstoffen entwickelt, die ihnen die in der Tab. 23 zusammengestellten Ergebnisse geliefert hat.

Tabelle 23. *Wasserdampfdurchlässigkeit D verschiedener Kunststoffe bei 25° C*

D-Werte in 10^{-8} g h^{-1} cm^{-1} Torr^{-1}

Oppanol-Ruß-Mischungen	0,006—0,08
Paraffin	0,02
Polyisobutylen	0,14
Thiokol-Mischungen	0,08—0,5
Polyäthylen	0,22
Polybutylen-Polystyrol-Mischung	0,25
Colophonium	0,34
Bitumenmasse	0,80
Gummi-Mischungen	0,80—5
Guttapercha	1,3
Polyvinylchlorid-Mischungen	2—10
Polystyrol	3,3
Benzylcellulose	16
Polyacrylat	31
Cellulosehydrat-Folie	77—200
Cellulosetriacetat-Folie	100

Die wasserabweisende Eigenschaft des reinen Polyisobutylens nutzt MALTZAHN[4] aus, indem er Polyisobutylen als Zwischenschicht zwischen mit Polyvinylchlorid verklebten Litzenleitern und ihrer gemeinsamen Gummihülle einschaltet. Aus dem gleichen Grunde verwenden THOMAS, OBERENDER und JUNG[5] Polyisobutylenfolien oder Polyisobutylen-Ruß-Graphit-Folien als wasserdichte Schicht zwischen Kabelseele und Kabelmantel.

HYPRATH, BÖHSE, BÖSCHE, GEYLER und THOMAS[6] belegen die Kabelseele von Fernmeldekabeln mit einer Isolierschicht aus mit Polyisobutylen getränktem Papier oder Gewebeband, die beim Erwärmen zur Trocknung der Kabelseele Wasserdampf durchtreten läßt und nach der Trocknung eine wasserabweisende Hülle bildet. Bei Starkstromkabeln haben sich ruß- oder graphithaltige Polyisobutylenmischungen als Schutzmantel bewährt[7]. Die Pertrix-Union[8] verwendet mit Graphit,

[1] LEHNE: Elektrizitätswirtschaft **42**, 265—270 (1943).
[2] Elektrotechnik 1, 97—105 (1947).
[3] Kunststoffe **38**, 49—51 (1948).
[4] KV DP-Anm. K 7 465/21 c v. 29. 6. 39.
[5] SH D.A.S. 1034730 v. 17. 7. 56.
[6] SH DBP 871174 v. 13. 2. 51.
[7] SSW HEERING, DBP 928305 v. 29. 4. 52.
[8] PV F. P. 1107392 v. 8. 9. 54.

Ruß oder Hornkohle gefüllte Polyisobutylenfolien als Trennschicht in galvanischen Elementen. ADAM[1] mischt Polyisobutylen vom Mol.-Gew. 200000 mit bei über 1300° C unter Luftabschluß geglühtem Ölruß und verwendet die Mischung für leitende Schichten in kautschukisolierten Kabeln.

Ruß- und/oder graphithaltige Polyisobutylenmischungen werden besser bearbeitbar, wenn man ihnen 2—10 Teile (bezogen auf 100 Teile Polyisobutylen) natürlichen oder synthetischen Kautschuk zusetzt[2, 3].

Mineralische oder keramische Isolierstoffe, die mit Polyisobutylen getränkt[4] oder gemischt[5] sind, sind ebenfalls gut zur Isolierung von Kabeln oder Leitungen oder als Stromsammlerseparator[6] geeignet. Mit einer benzolischen Lösung von Polyisobutylen behandelter, getrockneter und gepreßter Glimmer[7] stellt einen biegsamen Isolator dar, der gegen Temperaturen von 175—260° beständig ist. Mit Polyisobutylen als elastischem Bindemittel vermischtes Magnesiumoxyd dient als innere Leiterisolierung bei feuerfesten Kabelisolierungen[8].

Vorzügliche Isoliereigenschaften haben Mischungen aus Polyisobutylen und thermoplastischen Kunststoffen, die gleichzeitig die Formbeständigkeit des Polyisobutylens erhöhen. Solche Hochpolymeren sind Polyacrylate, Polyäthylen, Polystyrol u. a.[9, 10]. Die Mischungen können außerdem noch Füllstoffe und Weichmacher enthalten. NOWAK[11] erhält eine besonders wasserdichte Mischung aus 120 Gew.-Teilen Polyisobutylen, 120 Polyäthylacrylat, 120 Montanwachs, 5 β-Naphthol, 1,5 Schwefel, 1,3 Stearinsäure, 632,5 Talkum, 75 aktivem Gasruß. Die Kabelwerke Vacha AG.[12] verwendet Mischungen aus Oppanol B und Polystyrol für Isolierkörper in luftraumisolierten Hochfrequenzkabeln oder für Kabelhüllen. Das Polystyrol kann ganz oder teilweise durch Bitumen ersetzt werden. Ebenfalls für isolierende Kabelhüllen stellt die W. T. Henley's Telegraph Works Co., Ltd.[13] Mischungen aus Polyisobutylen (Mol.-Gew. 50000—200000) und Polystyrol im Verhältnis 1 : 4 bis 3 : 2 her. Füllstoffe und Kohlenwasserstoffwachse verbessern die Spritzfähigkeit. NOWAK und HOFMEIER[14] isolieren Hochfrequenzkabel mit einer Isoliermasse aus $^2/_3$ hochmolekularem Polyisobutylen, $^1/_6$ Polystyrol und $^1/_6$ Ozokerit.

Anstatt Polyisobutylen und Polystyrol im Kneter oder auf der Walze zu mischen kann man auch ihre Lösungen, z. B. in Toluol, mischen,

[1] SSW DRP 741294 v. 26. 6. 37.
[2] SSW F. P. 1049857 v. 25. 1. 52.
[3] SSW F. P. 64782 v. 9. 11. 53.
[4] SH WASSMANSDORFF, DBP 890979 v. 7. 3. 43.
[5] FGC LEILICH, DBP 873715 v. 15. 8. 44.
[6] OCFC F. P. 1045872 v. 30. 6. 51.
[7] MIC GRIFFETH u. PICKNEY, A. P. 2420172 v. 6. 12. 40.
[8] SILC NOIRCLERK, E. P. 701309 v. 17. 7. 51.
[9] Badische Anilin- u. Soda-Fabrik AG., Oppanol B, 1954, S. 30.
[10] Enjay Company, Inc., Vistanex, 1948, S. 22—23.
[11] AEG DBP 903226 v. 23. 6. 36.
[12] KV F. P. 833463 v. 10. 2. 38, D. Prior. v. 13. 2., 31. 5. u. 6. 7. 37.
[13] WTHTW E. P. 513630 v. 12. 2. 38.
[14] KWO D. P. (DDR) 1428 v. 5. 7. 44.

das Lösungsmittel verdampfen und aus dem Rückstand elektrische Isolierkörper herstellen[1]. Für das Umspritzen vorlackierter Leichtmetallkabel eignet sich nach NOWAK[2] eine Mischung aus 85 Gew.-Teilen Polyisobutylen, 12 Polystyrol und 3 Montanwachs. Bei der Mehrschichtenisolation von Kabeln und Leitungen verwenden NOWAK u. SCHMITZ[3] als innerste Schicht ein Gemisch aus 80% Polyisobutylen und 20% Polystyrol. Die Felten & Guilleaume Carlswerk AG.[4] versieht Kabel mit einem Mantel aus einem Gemisch von Polyisobutylen und Polystyrol, der von der inneren Isolierung durch eine Schicht aus gekrepptem Papier oder Kunststoff getrennt ist. WARNER und BAKST[5] haben als Isoliermaterial für ultrahohe Frequenzen (100000—3000000 kHz) folgende Mischung mit einer DE von 2,4 und einem Verlustfaktor von 0,0007 (100000 kHz) entwickelt: 10—30% Polyisobutylen (Mol.-Gew. 12000), 10—30% Polyisobutylen (Mol.-Gew. 60000—120000), 30—55% Polystyrol (Mol.-Gew. 80000), 5—20% cyclisierter Kautschuk und, nach Bedarf, Füllstoffe. CAMERON[6] empfiehlt als Spritzmischung für elastische Kabelisolierung 1—9 Teile Polyisobutylen und 1 Teil Polystyrol. SIMON und THOMAS[7] verhindern die elektrische Aufladung von Plexiglas-Schutzhauben an Radarköpfen durch einen dünnen Film aus einer Lösung von Polyisobutylen und Polystyrol in Ligroin.

Aus Polyisobutylen und Polystyrol läßt sich auch eine poröse Isolierschicht herstellen. Nach einem Vorschlag von STASTNY und GERLICH[8] überzieht man einen elektrischen Leiter mit einer Lösung von je 5 Teilen Polyisobutylen (Mol.-Gew. 200000 und 50000) in 90 Benzin, preßt hierauf leicht eine Schicht aus Styrolperlpolymerisat mit etwa 6% Petroläther und erwärmt 5 min mit Wasserdampf auf 110°, wobei sich eine poröse Schicht bildet.

Folien aus Polyisobutylen-Polystyrol-Mischungen sind zur Isolierung der Metallfolien im Kondensatorenbau geeignet[9]. WESTERMANN[10] schützt die überstehenden Papierdecklagen von Wickelkondensatoren mit einer verschweißten Folie aus feuchtigkeitsunempfindlichem Polyisobutylen. Nach SPARKS und TURNER[11] besteht eine plastische Isolierkörpermasse aus 18,2% Polyisobutylen (Mol.-Gew. 100000), 27,3% Polystyrol und 54,5% eines Mischpolymerisates aus gleichen Teilen Isobutylen und Styrol.

Polyisobutylen-Polyäthylen-Mischungen sind in der elektrischen Isoliertechnik sehr vielseitig verwendbar[12]. WILLIAMS[13] verwendet

---

[1] StTC SCOTT u. FIELD, E. P. 507323 v. 9. 11. 37.
[2] AEG DBP 888123 v. 28. 4. 39.
[3] AEG DBP 894865 v. 10. 6. 41.
[4] FGC G. M. 1512131 v. 22. 8. 41.
[5] FTRCp A. P. 2436842 v. 26. 10. 42.
[6] EFS, A. P. 2406191 v. 11. 1. 43.
[7] LAC A. P. 2758948 v. 2. 2. 53.
[8] BASF DBP 934692 v. 2. 12. 51.
[9] Hydrawerk, DRP 739364 v. 10. 2. 37.
[10] DBP 874046 v. 2. 9. 51.
[11] StODC A. P. 2618624 v. 15. 2. 49.
[12] PALANDRI u. PELAGATTI: Materie plast. 21, 569—585 (1955).
[13] ICI E. P. 514687 v. 3. 5. 38.

homogene Mischungen aus Polyäthylen und hochmolekularem Polyisobutylen als Dielektrikum. Die Felten u. Guilleaume Carlswerk AG.[1] benutzt polyisobutylenhaltiges Polyäthylen als Bindemittel für die magnetischen Teilchen in aus gepreßtem Pulver hergestellten Magnetkernen. Die Compra Plastics Ltd.[2] überziehen piezoelektrische Kristalle mit einer Dispersion aus 20—30% Polyisobutylen, Polyäthylen, Wachs, Plastifizierungs- und Verdünnungsmittel. Nowak und Hofmeier[3] erhalten im Spritzguß verarbeitbares Isoliermaterial für Hochfrequenzgeräte, indem sie 27% Polyisobutylen, 63% Polystyrol und 10% Polyäthylen mischen. Leef[4] isoliert Hochspannungs-Hochfrequenz-Impulskabel mit einer Mischung aus 20—60 Gew.-% Polyisobutylen, 10 bis 40 Gew.-% Polyäthylen, 25—50 Gew.-% Ruß und 0—5 Gew.-% mikrokristallinem Wachs. Hamilton[5] stellt einen festen Isolator aus 15% Polyisobutylen (Mol.-Gew. 35000), 70% Naphthalinöl und 15% Polyäthylen her. Kitchin und Dyke[6] haben zur Isolierung der Verbindungsstelle zweier mit Polyäthylen isolierter Kabelenden folgende Mischung entwickelt: 100 Teile Polyisobutylen (Mol.-Gew. 50000—100000), 40 Polyisobutylen (Mol.-Gew. 5000), 150 Polyäthylen, 50 entproteinisierter Kautschuk, 0,5 Alterungsschutzmittel und 0,05 Schwefel. Die Mischung wird zu Streifen verarbeitet und mit diesen die Verbindungsstelle umwickelt. Die Comp. Générale d'Électricité[7] schätzt die chemische Widerstandsfähigkeit von Gemischen aus Polyisobutylen und Polyäthylen bei Hochspannungs- und Hochfrequenzkabeln. Pouzet[8] löst das Problem der Isolierung von Verbindungsstellen an Kabeln mit verschiedenen Ummantelungsmassen, das z. B. bei der Reparatur von Unterwasserkabeln auftritt, indem er Kabelzwischenglieder verwendet, deren Isolierung an den beiden Enden aus verschiedenen Ummantelungen besteht, die jeweils den Schmelzpunkt der alten Ummantelungsmasse besitzen, mit der sie verschmolzen werden sollen. Zwischen den Enden befinden sich Übergangszonen mit steigenden oder fallenden Anteilen der beiden Endisoliermassen, die z. B. aus Polyisobutylen-Guttapercha einerseits und Polyäthylen andererseits hergestellt werden. Selby[9] isoliert elektrische Leitungen durch überlappendes Wickeln mit einem gereckten Band aus 9—20% Polyisobutylen, 50% Polyäthylen, 5—20% Butylkautschuk und 1—20% Dehydroabietinsäure als klebrigem Bestandteil. Wilson[10] und Dean[11, 12] beschreiben die hervorragenden Eigenschaften von mit Telcothene (12,5% Polyisobutylen und 87,5% hartes

[1] FGC F. P. 956607 v. 27. 7. 44, D. Prior. v. 11. 6. 43.
[2] CPL F. P. 1057889 v. 21. 11. 51.
[3] KWO D. P. (DDR) 2540 v. 8. 7. 44.
[4] ISEC D.A.S. 1021042 v. 23. 3. 54, A. Prior. v. 23. 3. 53.
[5] CCCCL A. P. 2414300 v. 28. 12. 43, E. Prior. v. 2. 2. 43.
[6] WUTC A. P. 2462977 v. 28. 3. 45.
[7] CGE F. P. 999902 v. 28. 1. 46.
[8] CGE F. P. 1008682 v. 11. 5. 48.
[9] BMC A. P. 2569540 v. 4. 1. 49.
[10] Brit. Plastics **20**, 20—26 (1948).
[11] Chem. Trade J. **135**, 1694—1695 (1954).
[12] Plast. Inst. Trans. **25**, 171—189 (1957).

Polyäthylen) isolierten Unterseekabeln. Telcothene hat eine DE von 2,3, einen Verlustfaktor von 0,0004 und eine minimale Wasserdurchlässigkeit.

Die I. G. Farbenindustrie Aktiengesellschaft[1] hat aus Polyisobutylen und Polyvinylcarbazol Isoliermaterial hergestellt.

Eine weitere Möglichkeit, die Deformierbarkeit des Polyisobutylens zu beheben und den Einsatz in der Elektrotechnik zu ermöglichen, besteht in der Mischung mit natürlichem oder synthetischem Kautschuk, deren Wasserfestigkeit, Ozonbeständigkeit[2] und elektrische Werte eine wesentliche Verbesserung erfahren[3-8].

Starkstromkabelmischungen mit Polyisobutylen und Hevea- oder Butylkautschuk haben z. B. folgende Zusammensetzungen[8]:

104	Polyisobutylen (Mol.-Gew. 100000)	25	Polyisobutylen (Mol.-Gew.
100	Hevea smoked sheet		100000)
20	PS-60-Harz	100	Butylkautschuk
12	Zinkoxyd	6,25	Zinkoxyd
2	Stearinsäure	3,75	Stearinsäure
8	Dipolymeröl	82,5	Hydratisiertes Aluminiumoxyd
10	Paraffinwachs		C-741
4	Alterungsschutzmittel	51,3	Celite 270
136	Schlemmkreide	6,25	Forum 40
1	Mercaptobenzothiazol	6,25	Paraffinwachs
0,5	Tetramethylthiuramdisulfid	7,5	Dibenzoylchinondioxim
1	Bleiglätte	12,5	Mennige
2	Schwefel	3,75	Schwefel

Die Akt.-Ges. R. u. E. Huber, Schweizerische Kabel-, Draht- u. Gummiwerke[9] isolieren Kabel mit einer Mischung aus Polyisobutylen, Füllstoffen und Perduren als vulkanisierbarer Komponente. Die Standard Oil Development Company[10] verwendet als Isolierstoff für elektrische Leiter eine vulkanisierbare Mischung, die 80% Polyisobutylen und 20% Polybutadien enthält. CLARKE[11] stellt elektrische Isolierkörper aus einer vulkanisierbaren, Polyisobutylen und Kreppkautschuk enthaltenden Mischung her. Auch Mischungen von Polyisobutylen mit Umwandlungsprodukten von Kautschuk sind für Isolierzwecke vorgeschlagen worden. WIEZEVICH (GAYLOR)[12] löst z. B. 50 Teile Polyisobutylen (Mol.-Gew. 80000) und 50 Pliolite (mit Borfluorid, Fluorborsäure oder Chlorozinnsäure behandelter Kautschuk) in Tetrachlorkohlenstoff und fällt mit Alkohol.

Eine letzte Möglichkeit, Polyisobutylen in der Isoliertechnik einzusetzen, besteht darin, es in polymerisierbaren Substanzen anzuquellen

---

[1] IG F. P. 851455 v. 10. 3. 39.

[2] SPARKS, LIGHTBOWN, TURNER, FROLICH u. KLEBSATTEL: Ind. Engng. Chem. **32**, 731 (1940).

[3] SCHWARZ: Kunststoffe **29**, 9—14 (1939).

[4] Badische Anilin- u. Soda-Fabrik AG., BASF-Produkte für die Elektroindustrie, 1952.

[5] SCHATZEL u. CASSELL: Ind. Engng. Chem. **31**, 945—949 (1939).

[6] LONGMAN: Rubber Chem. Technol. **14**, 386 (1941).

[7] BARRON: Modern synthetic rubbers, 1942, S. 203.

[8] Enjay Company, Inc., Vistanex (Polyisobutylene) 1948, S. 22—27.

[9] REH Schweiz. P. 203775 v. 17. 12. 37.

[10] StODC F. P. 863061 v. 25. 1. 40, A. Prior. v. 26. 1. 39.

[11] WWC E. P. 673962 v. 11. 4. 49.

[12] StODC A. P. 2184966 v. 18. 12. 36.

oder zu lösen und diese dann zu polymerisieren. So stellen Scott und
Field[1] elektrische Isolierkörper her, indem sie Polyisobutylen in p-Divinylbenzol bei gewöhnlicher Temperatur quellen lassen und dann das
p-Divinylbenzol durch Erhitzen auf 120° polymerisieren. Mertens[2]
hat ein Verfahren zur Herstellung von Überzügen auf Drähten und
Blechen aus durch Mischpolymerisate gehärtetem Polyisobutylen entwickelt, die nach dem im Abschnitt IV A 6, S. 147 angegebenen Verfahren hergestellt, in Toluol gelöst und dann in üblicher Weise zu Überzügen verarbeitet werden. Rubens u. Boyer[3] benutzen für elektrische
Isolierungen ein Kunstharz, das folgendermaßen hergestellt wird: Eine
Mischung aus 23% Polyisobutylen, 0,8 ungesättigtem Alkydharz,
47,2 Styrol, 6 rohem Divinylbenzol, 0,005 p-tert. Butylbrenzcatechin,
1 Lauroylperoxyd, Rest chloriertes Diphenylharz wird auf 50° gehalten.
Nach 24 Std. hat sich die Masse in ein Hartwachs verwandelt. In ähnlicher Weise stellt Lee[4] eine bei 50° härtbare Gießmasse für elektrische
Isolierungen und Einbettungen im Bereich von Hochfrequenzströmen
her aus 15% Polyisobutylen, 20—35 Polystyrol, 30—60 Styrol, 1—30
Acrylnitril, 0,5—30 Divinylbenzol, 0,01—0,3 1-(β-Oxyäthyl)-1,2,3,4-
tetrahydrochinon und Co-Naphthenat und 0,1—1 Benzoylperoxyd.

b) Akustische Isolierung

Untersuchungen von Morrisson und De Witt[5], Leaderman und
Marvin[6], Fitzgerald, Grandine jr. und Ferry[7], Nielsen und
Buchdahl[8] sowie Schmieder und Wolf[9] haben gezeigt, daß Polyisobutylen starke Dämpfung von Schwingungen im Hörbereich bewirkt.
Man kann es daher z. B. zur Herstellung von Antidröhnmassen für die
verschiedenartigsten Zwecke einsetzen. Jeanvoine[10] verwendet zur
Herstellung von akustisch isolierenden Teilen Polyisobutylen, auch in
schaumiger Form, das mit mineralischen Stoffen gefüllt oder über-
zogen ist. Ring[11] berichtet über Erfahrungen mit Schallschluckmassen
auf der Basis hochpolymerer Kunststoffe im Automobilbau.

c) Medizin

Kettenbach[12] verwendet zum Legen von Isolierschichten unter
Zahnfüllungen und von Zahnfüllabdeckungen eine Lösung von Polyisobutylen, dem noch Desinfektionsmittel zugesetzt werden können.

[1] StTC E. P. 507323 v. 9. 11. 37.
[2] SH DBP 966187 v. 20. 12. 38.
[3] DCD A. P. 2636018 v. 10. 7. 46.
[4] USA A. P. 2700185 v. 17. 7. 51.
[5] Physic. Rev. (2) **85**, 708 (1952).
[6] J. appl. Physics **24**, 650—655 (1953).
[7] J. appl. Physics **24**, 812—813 (1953).
[8] Ind. Plast. mod. **6**, Nr. 8, 51—55 (1954).
[9] Kolloid-Z. **134**, 149—189 (1954).
[10] F. P. 1008976 v. 21. 1. 50.
[11] Lärmbekämpfung **2**, Nr. 4, S. 41—43 (1958).
[12] D. P.-Anm. K 14999/30h v. 31. 7. 52.

4. Klebstoffe

Die ersten, nach dem Tieftemperaturpolymerisationsverfahren hergestellten Polyisobutylene waren zäh-viscose, klebrige Massen. Es ist deshalb nicht verwunderlich, daß die ersten Anwendungspatente auf die klebenden Eigenschaften des Polyisobutylens ausgerichtet sind und gleichzeitig die Hauptanwendungsmöglichkeiten einschließen. So haben OTTO und MÜLLER-CUNRADI die Verwendung solcher Polymerisationsprodukte als nicht trocknenden Leim[1] beschrieben. MÜLLER-CUNRADI, OTTO, DANIEL und WERNER haben hochpolymeres Isobutylen als solches, in Lösung oder in Emulsion als Bindemittel bei der Herstellung von Verbundglas[2] verwendet, ferner, auch im Gemisch mit anderen geeigneten Substanzen, als Klebeschicht für biegsame Werkstoffe mit dauernd klebender Oberfläche, insbesondere für Klebestreifen, wie Heftpflaster und Isolierbänder[3], ferner als plastische oder elastische Massen mit einem solchen nicht ausschließlich als Weichmacher wirkenden Gehalt an Polyisobutylen, daß das Produkt dauernd klebrige Eigenschaften besitzt[4], ferner zur Herstellung geformter elastischer Massen, indem sie gehärtete Harnstoff- oder Thioharnstoffharze von schaumartiger Struktur in zerkleinertem Zustand mit natürlichen oder künstlichen Bindemitteln, die elastische und klebende Eigenschaften besitzen, verformen[5].

Infolge der großen Zahl von Polyisobutylen-Marken mit Eigenschaften zwischen denen eines Öles und eines Weichgummis ist es möglich, eine große Vielfalt von Klebstoffen herzustellen. Dabei kann man die Polyisobutylene als solche, in Mischung miteinander, in Form ihrer Lösungen oder Dispersionen oder in Mischung mit anderen Substanzen, die als Verfestiger, als Weichmacher oder als Füllstoff dienen, verwenden. Mit ihrer Hilfe hergestellte Klebstoffe zeichnen sich durch hervorragende Wasser-, Kälte-, Licht- und Alterungsbeständigkeit aus.

Über Erfahrungen mit Klebstoffen und Kleblacken berichten JORDAN[6], DOLL[7], STOECKHERT[8] und OHL[9].

Die öligen Polyisobutylene[10-13] bewähren sich in Klebstoffen auf Kautschuk- oder Polyisobutylen-Basis, ohne übermäßige Weichheit oder Verlust der Klebefestigkeit zu bewirken. Ihre Mischungen mit verträglichen, festen Elastomeren und Wachsen können für sich allein, auch in Form stabiler Emulsionen[14], oder auf Bändern, Folien, Geweben,

[1] IG DRP 641284 v. 26. 7. 31.
[2] IG DRP 668000 v. 9. 7. 33.
[3] IG DRP 674187 v. 9. 7. 33.
[4] IG DRP 695414 v. 9. 7. 33.
[5] IG DRP 678305 v. 8. 7. 36.
[6] Kunststoff-Praxis 47, 521—524 (1957).
[7] Adhäsion Bd. I, S. 16—21 (1957).
[8] Neue Verpackung 10, 880—884 (1957).
[9] Kunststoffe-Plastics 5, 19—31 (1958).
[10] Advance Solvents a. Chemical Corp., Data Sheets über Vistac A u. Vistac P.
[11] Advance Solvents a. Chemical Corp., Data Sheet über Vistac Nr. 1 in Adhesives.
[12] Indoil Chemical Company, Indopol Polybutenes, 1951, S. 4.
[13] Oronite Chemical Company, Oronite Polybutenes.
[14] CRC DARRAGH, A. P. 2728684 v. 23. 10. 51.

Dichtungen o. ä. als Klebemittel verwendet werden. Ihre Mischungen mit Bitumen sind wasserfest[1]. Ihre Mischungen mit hochmolekularen Polyisobutylenen eignen sich hervorragend für medizinische Klebebänder, für Abdeckbänder, gemischte Industriebänder und durchsichtige Cellulosebänder. Eine weitere Anwendungsmöglichkeit liegt im Beimischen zu Insekten- und Staubfängerleimen. Weil sie rückstandslos verbrennen, kann man sie zum Anteigen von fein gepulverten Mineralien[2] oder anderen geeigneten Substanzen (Polytetrafluoräthylen)[3] verwenden, die man dadurch verformt, daß man die Mischung vorpreßt und dann erhitzt oder glüht.

Die hochmolekularen Polyisobutylene[4-12] eignen sich als Klebe- oder Bindemittel zum Verkleben von Glas, Holz, Textilien, Papier, Folien[13] und Metall sowie als Bindemittel für Dichtungsplatten (It-Platten), Kunstleder[14-19], Kunstkorken und poröse Stoffe. Ihre Mischungen mit Harzen und Weichmachern eignen sich für viele Zwecke der Schuh- und Lederindustrie, zur Herstellung von Bodenbelägen[20], zur Herstellung von doublierten Stoffen wie Autoverdeckstoffen, Wagenplanen, Zeltbahnen u. ä., zur Herstellung von Isolierbändern, Heftpflastern und Verbandmaterial. Dabei kann man durch geeignete Mischung verschiedener Polyisobutylene einerseits ausreichende Klebefestigkeit, andererseits ausreichende mechanische Festigkeit erzielen.

Zur Herstellung von Klebelösungen verwendet man die im Abschnitt IV A 2, S. 141 angegebenen Lösungsmittel. McARDLE und ROBERTSON[21] empfehlen verzweigtkettige Paraffine, weil mit ihnen hergestellte Lösungen gleiche Klebwirkung bei geringerer Konzentration besitzen. Eine wieder entfernbare Klebschicht erhält YULE[22], wenn er außer Benzin noch Mineralöl als Lösungsmittel verwendet. Zum Beispiel mischt er für eine von Gegenständen aus Polymethylmethacrylat entfernbare Klebschicht 100 Teile Polyisobutylen (Mol.-Gew. 80000 bis

[1] SODERBERG, A. P. 2745762 v. 3. 1. 52.
[2] ThP WAINER, A. P. 2593507 v. 1. 3. 49.
[3] EIPNC HELLER, A. P. 2820752 v. 4. 2. 54.
[4] SCHWARZ: Kunststoffe 29, 9—14 (1939).
[5] CRAEMER: Kunststoffe 30, 337—341 (1940).
[6] PETZ: Kunststoffe 32, 49—54 (1942).
[7] PETZ: Chemiker-Ztg. 68, 20—22 (1944).
[8] STASTNY: Gummi u. Asbest 5, 132—136 (1952).
[9] Badische Anilin- u. Soda-Fabrik AG., Oppanol B, 1954.
[10] Badische Anilin- u. Soda-Fabrik AG., Handbuch der BASF-Kunststoffe, 1953.
[11] Enjay Company, Inc., Vistanex, 1948.
[12] Badische Anilin- u. Soda-Fabrik AG., Kunststoff-Dispersionen u. -Lösungen, 1953.
[13] TKK Jap. Bekanntmach. SHo 33—4988 v. 22. 11. 55.
[14] C Schwz. P. 251128 v. 21. 3. 46.
[15] E Oesterr. P. 164174 v. 5. 7. 48.
[16] WOLFGANG: Kunststoffe 39, 141 (1949).
[17] EIPNC RICHARDS, F. P. 1094583 v. 11. 12. 53, A. Prior. v. 12. 12. 52.
[18] BRUCH, D. A. S. 1030301 v. 21. 8. 54.
[19] EIPNC GRAHAM u. PICCARD, E. P. 783020 v. 12. 8. 55.
[20] EREC McKAY JR. u. GLEASON, E. P. 753752 v. 5. 4. 54.
[21] StODC A. P. 2399558 v. 31. 12. 42.
[22] EIPNC A. P. 2463452 v. 7. 8. 43.

110000), 10 Teile Sebacinsäuredibutylester, 100 Teile Mineralöl und
105 Teile Benzin. Mit gelösten Mischungen aus hochmolekularem Polyisobutylen und Polyvinyläther kann man Kunststoffgleitflächen von
Skiern befestigen[1]. Lösungen oder Quellungen von Polyisobutylen
benutzen BATZER und ALY[2] bei der Herstellung von Verbundpolymeri-
saten, besonders für die zahnärztliche Prothetik. BROCKMANN[3], bzw.
BROCKMANN, FRASS und HAUCK[4] und BROCKMANN und SCHNELL[5] verkleben Aluminiumfolien mit Lösungen von einem Polyisobutylen-
Polyäthylen-Gemisch 50 : 50. Nach WOLAROWITSCH und GINSBURG[6]
gehören Lösungen von Polyisobutylen zu Schuhklebemitteln mit der
stärksten Klebefestigkeit.

MACK[7] empfiehlt einen Klebstoff, der neben Harzen und Fettsäuren
als Grundlage ein hochmolekulares Polyisobutylen (Mol.-Gew. 95000)
und als Weichmacher ein niedrigmolekulares Polyisobutylen (Mol.-Gew.
1000—7000) enthält. KOLLEK, MAYER und CRAEMER[8] versehen Verbandmaterial aus Polyvinylchlorid-Folie mit einer Klebemasse aus
Polyisobutylen, Kautschuk, Mineralöl, Harz und Zinkoxyd. Mit einer
Mischung aus Polyisobutylen und Colophonium verkleben BAKER-CARR
und WINFIELD[9] dünne Metallfolien als Verschlußkapseln auf pharma-
zeutischen Flaschen und Glasgefäßen. Zum Verkleben von Holz und
anderen Fasermassen dient ein Gemisch aus 20 Teilen Polyisobutylen,
10 Kreide, 8 Colophonium, 1,6 Cellulose und 60 Essigester[10] oder aus
Polyisobutylen, Paraffin und Wachs[11]. Mischungen von Polyisobutylen
mit mikrokristallinen Wachsen[12] oder Paraffinen[13,14] sind geeignet als
Klebemittel für Papier[12,15], für Cellulose[13], als Bindemittel für Glas und
Metall[16] und als Klebemittel zum Verkleben von Kunststoff-Filmen auf
Folien aus Metall, Papier, Pergament, Cellophan und Pappe[14]. Nach
HECHT und CRAEMER[17] verbessern Alkylphenolacetylenharze die Kleb-
eigenschaften von Polyisobutylen. SWIRE und HARDY[18] haben für das
Kleben von Schuh-Gummisohlen einen Zweistoffkleber entwickelt. Die
eine Lösung enthält Kautschuk, die zweite die Vulkanisationshilfsmittel,
die durch Polyisobutylen in genügender Verteilung gehalten werden.

---

[1] EAR F. P. 967886 v. 9. 6. 48.
[2] DBP 865203 v. 17. 1. 50.
[3] DBP 851166 v. 12. 11. 50.
[4] DBP 886422 v. 25. 3. 51.
[5] Chemie-Ing.-Techn. **26**, 543—547 (1954); Kunststoffe **46**, 244—249 (1956).
[6] Leicht-Ind. (russ.) **12**, 22—24 (1952).
[7] ASCC A. P. 2349508 v. 28. 11. 41.
[8] BASF DBP 862506 v. 5. 6. 41.
[9] GL E. P. 748843 v. 9. 10. 53.
[10] BBC WOLF, DRP 759390 v. 29. 2. 40.
[11] Heinrich Nikolaus, SCHOPPMEYER, DBP-Anm. N 4342/55f v. 11. 3. 41.
[12] WRPC BARNHART u. MILLER, A. P. 2560916 v. 8. 9. 45.
[13] EIPNC HOFRICHTER JR., A. P. 2504417 v. 11. 5. 45.
[14] GTRC VAUGHAN u. HOCKETT, A. P. 2740741 v. 15. 9. 53.
[15] RPC FRIES u. BECKER, A. P. 2708177 v. 13. 6. 52.
[16] PPGC KUNKLE, A. P. 2551952 v. 9. 9. 48.
[17] IG DRP 767885 v. 22. 8. 40.
[18] BBCC E. P. 646079 v. 6. 2. 48.

Zum Gebrauch werden geeignete Teile beider Lösungen gemischt und bei Raumtemperatur ausvulkanisieren lassen.

Mischungen von Polyisobutylen und Wachsen sind heißsiegelfähig[1].

In ähnlichen Kombinationen hat sich Polyisobutylen bei der Herstellung von Heftpflastern, Klebebändern[2], -folien und -streifen bewährt. Den Aufbau von Pflaster-Klebmassen haben BUDIG[3,4] und FENSELAU[5] beschrieben. SCHLUCKWERDER und DEWALD[6] haben sowohl die Grund- als auch die Klebschicht von Heftpflastern aus Polyisobutylen aufgebaut. Auch THINIUS[7] verwendet Polyisobutylen als Pflasterträger. BRIEN[8] verwendet für Pflaster folgende Klebmasse: 10 Teile Polyisobutylen (Mol.-Gew. 100000), 1 Teil Polyisobutylen (Mol.-Gew. 10000), 7 Rapsöl, 15 ZnO, 15 Harz, 6 Mineralöl und 3 Petroleum. Die Masse ist geruchlos, antiseptisch, verursacht keine Dermatitis und kann mit Dampf sterilisiert werden, ohne sich zu verflüssigen. WING[9] beschichtet Heftpflaster mit einer Klebmasse aus 10—15% Polyisobutylen (Mol.-Gew. 80000—120000), 5—30% Faktis, 10—35% polymerem β-Pinen, 5—30% Bienenwachs und Lanolin und 20—35% Füllstoffen [Al_2O_3, $Al(OH)_3$]. SHAW[10] schlägt Dibutylphthalat als Weichmacher vor. HELDMANN[11] versieht als Verbandmaterial geeignete Kunstharzfolien mit einer druckempfindlichen Klebstoffschicht aus 3 Teilen thermoplastischem Harz aus Terpen-Kohlenwasserstoffen, 7 Teilen Klebstoff aus Polybuten mit obengenanntem Harz, Octylphthalat, Zinkstearat und Benzin, 16 Teilen Trichloräthylen und 32 Teilen Salicylsäure.

Geradezu prädestiniert ist Polyisobutylen für die Herstellung von druckempfindlichen Klebebändern, -folien und -streifen. Die Vielfalt der Kombinationsmöglichkeiten veranschaulicht die Tab. 24.

Die Verwendung von Polyisobutylen bei Klebebändern ist nicht auf die eigentliche Klebmasse beschränkt. Es eignet sich auch sehr gut als Zwischen- oder Trägerschicht, um zu verhindern, daß die Klebmasse in die trockene Folien- oder Gewebeschicht eindringt[12—16].

Eine besondere Form des Polyisobutylens als Klebstoffrohstoff ist die Polyisobutylen-Dispersion[17,18,19,20,21,22,23,24]. Sie kann für sich allein

[1] ACC FUNK u. HELMS, A. P. 2833671 v. 22. 5. 56.
[2] DUBUIT: Adhäsion 3, 6—13 (1959).
[3] Pharmazie 3, 310—313 (1948).
[4] Kautschuk u. Gummi 2, 79—81 (1949).
[5] Ullmanns Encyklopädie der technischen Chemie IV (1953), S. 25.
[6] LS DRP 755118 v. 26. 5. 40.
[7] DCF DRP 743775 v. 20. 10. 40.
[8] SRC A. P. 2451865 v. 31. 1. 41.
[9] JJ A. P. 2484060 v. 29. 6. 44.
[10] DW E. P. 597168 v. 12. 2. 45.
[11] CL Schwed. P. 139079 v. 11. 7. 49.
[12] JJ BUCKLEY u. SMITH, E. P. 577752 v. 30. 10. 42.
[13] PBC KLINGSPOR, DBP 893112 v. 30. 11. 43.
[14] K MARTIN, A. P. 2484416 v. 9. 11. 45.
[15] AJSF NICKERSON, A. P. 2554791 v. 20. 11. 48.
[16] PBC RIEDEL, DBP-Anm. B 34499 IVa/22i v. 12. 2. 55.
[17] IG DANIEL u. OTTO, DRP 737955 v. 5. 7. 38.
[18] CRAEMER: Kunststoffe 30, 337—341 (1940).
[19] PETZ: Kunststoffe 32, 49—54 (1942).

oder in Mischung mit anderen Dispersionen[24, 25], mit Leim oder Stärke-abbauerzeugnissen bei der Herstellung von Kunstleder, Wachstuchen und Faserleder[26], zum Kaschieren und Verkleben von Lederaustausch-produkten, von Metallfolien auf mit Kunststoff beschichteten Papieren[27], als Bindemittel bei der Herstellung von Granulaten von Kautschuk-hilfsprodukten[28] sowie zur Herstellung von Klebmassen für Klebe-bänder[29], -folien und -streifen eingesetzt werden.

Mischungen aus Polyisobutylen und Bitumen[30, 31] sind Spezial-klebemittel für das Befestigen von Polyisobutylenfolien auf Beton, Mauerwerk oder Holz. Ihre Zähflüssigkeit ist von der Temperatur weniger abhän-gig als die reiner Bitumina, so daß sie in einem Tempe-raturbereich von —20 bis + 90° C verwendet werden können (s. Abb. 18).

Für den gleichen Zweck eignen sich auch Klebemittel, die aus einer Lösung von Polyisobutylen in einer flüs-sigen, polymerisierbaren Ver-bindung, z. B. monomerem Styrol, bestehen[32]. Die ein Stabilisierungsmittel enthal-tende Lösung von z. B. 30 Teilen Polyisobutylen vom

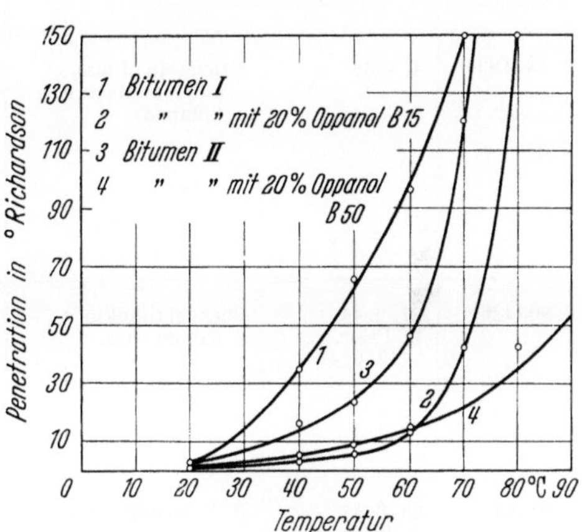

Abb. 18. Penetration nach RICHARDSON von Mischungen aus Bitumen mit Oppanol B

Mol.-Gew. 30000 in 70 Teilen Styrol wird vor der Verwendung mit etwa 2% Benzoylperoxyd versetzt und ergibt dann innerhalb von 2 Tagen bei gewöhnlicher Temperatur sehr feste Verklebungen nicht nur bei Folien, sondern auch bei Papier, Gewebe, Holz, Metall und Stein.

Chlorsulfoniertes Polyisobutylen mit 15—45% Cl und 0,2—2,5% S ist ein vorzügliches Bindemittel für Gewebeschichten[33].

[20] PETZ: Chemiker-Ztg. **68**, 20—22 (1944).
[21] Enjay Company, Inc., Vistanex (Polyisobutylene) 1948, S. 41—42.
[22] Badische Anilin- u. Soda-Fabrik AG., Kunststoff-Dispersionen und -Lösungen, 1953.
[23] Badische Anilin- u. Soda-Fabrik AG., Handbuch der BASF-Kunststoffe, 1953.
[24] Badische Anilin- u. Soda-Fabrik AG., Merkblatt über Oppanol B-Dispersion, 1953.
[25] BASF HERBECK, DAUR u. DANIEL, DBP 870029 v. 17. 9. 41.
[26] IG OTTO, DRP 738227 v. 12. 12. 39.
[27] ZW SCHOCH, DEUTSCHER, EILERS u. KETTENBACH, D.A.S. 1039353 v. 16. 8. 55.
[28] MCL AESCHBACH u. WILDE, E. P. 736969 v. 17. 7. 52.
[29] PBC FENDIUS u. RIECKE, DBP 964628 v. 5. 4. 55.
[30] KRANNICH: Kunststoffe im technischen Korrosionsschutz. S. 195—196. München-Berlin 1943.
[31] Badische Anilin- u. Soda-Fabrik AG., Merkblatt über Klebmittel I u. II, 1949.
[32] IG DAUR u. DANIEL, DRP 732125 v. 1. 5. 40.
[33] EIPNC BROOKS, CHANCE, CRIM JR. u. STRAIN, A. P. 2630398 v. 15. 3. 46.

Tabelle 24. *Klebmassen für*

Patentnummer	Patentdatum	Firma	Erfinder	Artikel
A. P. 2206899	4. 4. 38	Minnesota Mining and Manufacturing Company	KELLGREN	Druckempfindliche Folien
A. P. 2444830	4. 4. 38	Minnesota Mining and Manufacturing Company	KELLGREN, TIERNEY u. DREW	Klebemittel für druck-empfindliche, mehr-schichtige Klebstreifen
F. P. 905426	27. 6. 44 D. Prior. v. 12. 6. 41	Chemieprodukte Komm.-Ges.		Dauerplastische Korrosions-schutz- und Dichtungs-bandage
F. P. 948548	26. 6. 47 A. Prior. v. 27. 6. 41	B. F. Goodrich Co.	SCHMIDT	Druckempfindliche Kleb-schicht für Klebefolien und -bänder
A. P. 2572458	18. 5. 44	Kendall Co.	EUSTIS	Dauerklebstoff für Klebband
A. P. 2458166	27. 6. 44	Kendall Co.	HOMEYER JR.	Klebschicht für druck-empfindliches Klebband
A. P. 2459891	22. 7. 44	Johnson and Johnson	NELSON u. SINNIG	Druckempfindliche Klebstreifen
F. P. 913297	10. 8. 45	Cofax Corp.		Klebmischung für Kleb-streifen von druck-empfindlichen Kleb-bändern
Can. P. 477878	1. 9. 45	Johnson and Johnson	WING	Druckempfindliche Haft- und Klebmasse
E. P. 642306	1. 10. 46	Minnesota Mining and Manufacturing Company	KELLGREN	Klebschicht für druck-empfindliche Klebstreifen

Klebebänder, -folien und -streifen

Mischung							
Polyiso-butylen	Polyiso-butylen	Kautschuk	Harz	Lösungs-mittel	Zink-oxyd	Mineralöl	Sonstiges
200 Mol.-Gew. 80000	200 Mol.-Gew. 14000		80 Cumaron-weichharz	1600 Heptan			
1 Mol.-Gew. 80000			0,5 Holzharz	7 Heptan	0,5		0,2 p-Toluidin-rot, 0,2 hydriertes Methylabietat
200 Mol.-Gew. 80000	200 Mol.-Gew. 14000		80 Cumaron-weichharz	1600 Heptan			
1 Mol.-Gew. 80000			0,5 Holzharz	7 Heptan	0,5		0,2 p-Toluidin-rot, 0,2 hydriertes Methylabietat
1							100 Paraffin-gatsch
1						1,1 Fluxöl	60 Silicat, 5—10 Textil-fasern
7		20	3 veräthertes Harz	10 Benzol, 80 Benzin			
30			30		28	8	
10 Mol.-Gew. 80000 bis 120000	15 hochviscos, flüssig	23,75 Butadien-Styrol-Copolyme-risat	10 polymeres β-Pinen		1,25	7,5	26,65 Al_2O_3-Hydrat, 5 TiO_2, 0,1 S, 0,25 Mercapto-benzothiazol, 0,5 alkyliertes Polyoxybenzol
	27,5 Mol.-Gew. 6000 bis 50000	33,5	32 Polyterpen-harz	aliph. Kohlen-wasserstoffe	nach Bedarf		6,4 Cellosolve-butylstearat, 0,25 Antioxy-dans, 0,13 S, 0,13 Dithio-carbamat, 0,09 Tetra-methyl-thiuram-disulfid
10—25 Mol.-Gew. 80000 bis 120000			10—35				5—30 Faktis, 5—30 Plastifizie-rungsmittel, 20 Füllstoffe
+		+					

Tabelle 24

Patentnummer	Patentdatum	Firma	Erfinder	Artikel
A. P. 2 695 251	24. 8. 48	Kendall Co.	BRIGHT	Druckempfindlicher Kleber für elastische Klebstreifen
A. P. 2 750 315 A. P. 2 750 316	29. 4. 49 13. 8. 54	Permacel Tape Corp.	TIERNEY u. BEMMELS	Klebemittel für biegsame Klebstreifen mit hoher Reißfestigkeit
A. P. 2 633 432	29. 9. 49	McLaurin-Jones Co.	KENNEWAY JR.	Grundlack für heiß verklebbare Klebstreifen
A. P. 2 576 148	12. 1. 50	Industrial Tape Corp.	SCHECHTMAN	2. Zwischenschicht für Klebband
A. P. 2 670 306	25. 1. 51	Eastman Kodak Co.	FOLWELL	Schwarzer, verklebend wirkender Überzug für schwarze, selbstklebende Klebestreifen
F. P. 1 088 308	18. 8. 53 D. Prior. v. 18. 8. 52	P. Beiersdorf u. Co.		Zwischenschicht bei selbstklebenden Klebefolien oder -bändern
A. P. 2 799 596	23. 10. 53	Permacel Tape Corp.	FRANTZ	Klebeband
D. P.-Anm. B 34 228/22 i	22. 1. 55	P. Beiersdorf u. Co.	RIEDEL	Zwischenschicht bei selbstklebenden druckempfindlichen Klebebändern
A. P. 2 744 041	6. 6. 55	United States Rubber Co.	BALCHEN	Wasserunlösliche, druckempfindliche Klebeschicht für druckempfindliche, reißfeste Klebefolien
A. P. 2 765 241	5. 6. 52	E. I. du Pont de Nemours a. Co.	WAYNE	Klebband
F. P. 1 140 282	20. 1. 56 D. Prior. v. 12. 2. 55	P. Beiersdorf u. Co.		Wasserdampfdurchlässige selbstklebende Bänder oder Folien
Jap. Bekanntmach. SHo 33-1486	28. 2. 55	Furukawa Denki Kogyo K. K.		Selbstklebendes Isolierband
E. P. 791 991	13. 3. 56 F. Prior. v. 23. 3. 55	Soc. d. Usines Chimiques Rhône-Poulenc	ORSINI u. DUMOULIN	Aufrollbare Tapete mit druckempfindlicher Klebeschicht
A. P. 2 808 352	22. 3. 51	Burgess Battery Co.	COLEMAN u. KURLANDSKY	Druckempfindlicher, elektrisch leitender Klebestreifen

(Fortsetzung)

| | | | Mischung | | | | |
Polyiso-butylen	Polyiso-butylen	Kautschuk	Harz	Lösungs-mittel	Zink-oxyd	Mineralöl	Sonstiges
+				Halogen-kohlen-wasserstoff			
+		oder Natur-kautschuk oder Buna S	Kolopho-nium oder Polyterpene oder Cumaron-Inden-Harze				
+							
65—15		35—85 Butadien-Acrylverb.-Copolymeri-sat					
+			+				2,5—25 Graphit
+				+			
+		+	+				
+							
+							
+				Benzin			
+		Butyl	Polyäthylen			Paraffin Leichtöl	Alterungs-schutzmittel
+			Pinenharz				
+				Naphtha			Dioctylphthalat Silberpulver

5. Oberflächenschutz

Die Verwendung des Polyisobutylens beim Oberflächenschutz ist schon im Kapitel 2. „Gummiwaren" behandelt worden. Während jedoch dort in der Hauptsache Mischungen aus Polyisobutylen und natürlichem oder synthetischem Kautschuk beschrieben worden sind, sollen hier die Anwendungsmöglichkeiten des Polyisobutylens für sich allein oder im Gemisch mit anderen geeigneten Substanzen im Oberflächenschutz aufgezeigt werden. Neben dem Beschichten, Imprägnieren, Streichen und Überziehen für die verschiedenartigsten Zwecke sollen auch Korrosions- und Bautenschutz in die Betrachtung einbezogen werden.

Das Grundpatent für dieses Anwendungsgebiet stammt von MÜLLER-CUNRADI, OTTO, DANIEL und WERNER[1] und schützt Überzugs- und Imprägnierungsmassen, bestehend aus einem flüssigen oder pastenförmigen Gemisch, das Paraffin, durch Behandlung von Isobutylen bei niedriger Temperatur mit flüchtigen Halogeniden gewonnenes Polymerisat und organische Lösungsmittel enthält. Mit solchen Gemischen überziehen oder imprägnieren sie Stoffe oder Gegenstände der verschiedensten Art wie Metalle, Holz, Papier, Gewebe, Früchte und zoologische, botanische oder chemische Präparate und machen sie dadurch haltbar und schützen sie gegen den Angriff von Feuchtigkeit und äußeren Einflüssen sowie Atmosphärilien. Gleichzeitig haben FROLICH und WIEZEVICH[2] ein Verfahren zum Imprägnieren von Fasermaterial entwickelt, indem sie Papier, Holz, Leder, Pappe, Baumaterialien u. a. durch Behandeln mit einer Lösung von polymerisiertem Isobutylen in Mineralöl, Benzol, Tetrachlorkohlenstoff oder Terpentin widerstandsfähig gegen Wasser, Bakterien, Insekten und oxydative oder korrodierende Einflüsse machen. Die Soc. Electro-Cable[3] verwendet Lösungen von Polyisobutylen zum Imprägnieren von Geweben, die dadurch widerstandsfähig gegen Säuren, Alkalien und Lösungsmittel werden.

Die öligen Polyisobutylene eignen sich sehr gut zur Lederimprägnierung[4]. Wie Tran oder Degras können sie in der Fettschmiere von Fahlleder, Blankleder und Riemenleder verwendet werden. Sie werden vom Leder gut aufgenommen und verleihen ihm einen weichen, vollen Griff. Als Nachgerbeöle für Vacheleder werden sie ebenfalls innerhalb kurzer Zeit restlos aufgenommen und verbessern die Griffigkeit. Sie eignen sich ferner zum Abölen fertig zugerichteter Leder zwecks Verbesserung der Stoßbarkeit und Verhinderung von Fettausschlägen, z. B. bei Chevreau und Box.

Schließlich sind sie auch in emulgierter Form als Lederlikkeröl zu gebrauchen. Mit solchen Emulsionen gelickerte Leder besitzen gute Weichheit, Elastizität und Narbenfeinheit und sind normal färbbar.

---

[1] IG DRP 615938 v. 22. 7. 33.
[2] StODC A. P. 2061570 v. 19. 7. 33.
[3] SEC F. P. 841865 v. 1. 2. 38.
[4] StOC GAY, A. P. 2219867 v. 6. 2. 39.

Aber auch die hochmolekularen Polyisobutylene können zur Leder-verbesserung benutzt werden. OEHLERS, DAHL und KILDUFF[1], OEHLERS, DAVIS und KINMOUTH[2], GASTELLU, GIROFLIER und DESJOURS[3] sowie SSEMENOWA[4] haben gezeigt, daß mit einer Lösung hochmolekularen Polyisobutylens imprägniertes vegetabilisch gegerbtes Leder eine um die Hälfte verringerte Wasseraufnahme und einen um 60% verringerten Abrieb aufweist. Das vorbehandelte und gegerbte Leder kann auch mit einer dünnen Polyisobutylen-Folie verpreßt werden[5].

DUKES und BRYANT[6] stellen aus öligem Polyisobutylen und hoch-schmelzendem Wachs wasserdichte, siegelfähige Überzugsmassen her.

BERTHOLD und SAGEL[7] verwenden Polyisobutylen im Gemisch mit Ruß und Bitumen zum Imprägnieren von Gewebe, aus dem sie nach Aufbringen einer Schutzschicht aus Aluminiumbronze wetterfeste Dach-bedeckungen für Eisenbahnwagen[7], Omnibusse u. dgl. herstellen.

HULL[8] und ARVESON[9] erzielen biegsame, glänzende, feuer- und wasserbeständige Überzüge mit Lösungen von chloriertem Poly-isobutylen (etwa 50% Cl) und chloriertem Paraffin (etwa 30% Cl)[8] oder chloriertem Diphenyl (etwa 25% Cl)[9]. RUSSEL[10] überzieht Früchte mit einer 5%igen Lösung von Polyisobutylen in weißem Mineralöl. Die N.V. Hollandsche Ingenieurs Maatschappij[11] verwendet eine mit bleisuper-oxydhaltigem Polyisobutylen beschichtete, gegen Gelbkreuz beständige Textilunterlage zum Abdichten von Gasschutzräumen oder zur Her-stellung von Gasschutzanzügen. FICKERT, UNTERGUGGENBERGER und EHRENBERG[12] schützen Kopiermodelle und -schablonen für Kopier-fräsmaschinen mit einem Überzug von Polyisobutylen. CORTEEN, FOULDS und WOOD[13] überziehen Gewebe vor Aufbringen einer glänzen-den oder polierten Harzschicht zunächst mit einer zähen elastischen Schicht aus Polyisobutylen. Im Gegensatz dazu benutzen SWAIN und ADAMS[14] ein Gemisch aus 3 Gew.-Teilen Polyisobutylen und 2 Gew.-Teilen Melamin-Formaldehydharz als Überzugsmasse.

YOUNG[15] verbessert die Filmbildungseigenschaften des Polyisobuty-lens dadurch, daß er seiner Lösung, z. B. in einem Kohlenwasserstoff, einen Nichtlöser, z. B. Alkohol, in Mengen von 4—15% zusetzt.

---

[1] J. Amer. Leather Chemists Ass. **47**, 642—660 (1952).
[2] J. Amer. Leather Chemists Ass. **50**, 16—38 (1955).
[3] Bull. Ass. franç. Chimistes Ind. Cuir Doc. sci. techn. Ind. Cuir **19**, 145—149 (1957).
[4] Leicht.-Ind. (russ.) **17**, 26—27 (1957).
[5] TFSA ROEBBENACK, F. P. 1101102 v. 22. 5. 54.
[6] NRDC E. P. 756548 v. 6. 10. 52.
[7] DBP 931585 v. 14. 9. 51.
[8] StOC A. P. 2252485 v. 30. 10. 37.
[9] StOC A. P. 2252486 v. 30. 10. 37.
[10] StODC A. P. 2217322 v. 26. 3. 38.
[11] NVHIM Holl. P. 49294 v. 25. 11. 38.
[12] AW It. P. 394122 v. 8. 7. 40, D. Prior. v. 8. 7. 39.
[13] TBLC DBP-Anm. T 1978. 8k v. 29. 1. 40.
[14] ACyC A. P. 2326699 v. 26. 12. 40.
[15] Jasco A. P. 2409336 v. 20. 9. 41.

Ohne Lösungsmittel kann nach May[1] eine durch Vermahlen hergestellte Mischung aus 3 Teilen Cycloparaffinharz und 1 Teil hochmolekularem Polybutylen zum Überziehen von Metallbehältern verwendet werden. Solche Harzzusätze erhöhen die Reibechtheit und die Haftfestigkeit[2]. Mit einem wasserdampfundurchlässigen Überzug aus Polyisobutylen kann man den Feuchtigkeitsgehalt von Cellulosederivaten, Polyamiden oder Superpolyamiden regeln[3]. Die Schwierigkeit des Nichthaftens von Schichten aus Polyisobutylen auf Schichten von Nitrocellulose beseitigt Thinius[4, 5] durch Haftvermittler, die im Molekül neben einer polaren Gruppe noch einen größeren unpolaren Rest besitzen, z. B. Mischpolymerisate aus Vinylisoheptylat und Vinylacetat oder aus Vinylchlorid und Vinylisobutyläther. So bereitete Schichtstoffe können zur Herstellung von Regenmänteln, Verdecken u. dgl. verwendet werden.

Unter Umständen ist es zweckmäßig, die zum Überziehen hergestellte Mischung in Emulsionsform anzuwenden. Buckmann jr. und Rendall[6] behandeln Asbestzementplatten mit einer Emulsion aus 10 Teilen Polybuten (Mol.-Gew. 940), 24,1 Stearinsäure, 2,8 gelbem Carnaubawachs, 3,5 Morpholin, 4 Ammoniakwasser (26° Bé) und Wasser. Budner, Buckmann und Rendall[7] machen Mineralwolle wasserabstoßend mit einer Emulsion aus 10—35 Gew.-% Polybuten (Mol.-Gew. 500—15000), Mineralöl, Emulgiermittel und Wasser. Austin jr., Konigsberg, Morrison und Campins[8] verfestigen Holzfaserplatten oberflächlich mit einer Emulsion, die neben Polyisobutylen Polystyrol, Kautschuk und wasserabstoßende Metallsalze enthält.

Weitere Beispiele für Überzüge auf Polyisobutylenbasis sind folgende: Kirsch[9] verwendet als wasserundurchlässigen Schutz auf der Rückseite von Spiegeln eine Polyisobutylenfolie, die mit einem Klebemittel aus Polyisobutylen aufgeklebt wird. Rabak[10] empfiehlt Mischungen aus Polyisobutylen und veredeltem mikrokristallinem Paraffin als Schutzüberzüge für gefrorene Lebensmittel.

Die I. G. Farbenindustrie Aktiengesellschaft[11] und Hadert[12] überziehen Gummiwaren mit einer Schutzschicht aus Polyisobutylen, wobei sie Emulsionen[11] oder Lösungen[12] verwenden. Gegen Röntgenstrahlen schützende Kunststoff-Folien können mit einem Überzug aus Bleioxyd enthaltendem Polyisobutylen versehen werden[13]. Zur Isolierung der Innenwände von Wohnbauten in kalten Gegenden gegen Wasserdampf

[1] ACC A. P. 2395895 v. 19. 3. 42.
[2] RHG F. P. 901469 v. 22. 1. 44, D. Prior. v. 27. 11. 42.
[3] DSt F. P. 907818 v. 15. 5. 44.
[4] D. D. R. P. 5313/22i v. 20. 7. 44.
[5] Kunststoffe **37**, 36—38 (1947).
[6] SCJS A. P. 2504920 v. 18. 3. 47.
[7] SCJS A. P. 2543487 v. 9. 6. 48.
[8] J A. P. 2716617 v. 7. 2. 51.
[9] BASF DBP 801165 v. 2. 10. 48.
[10] Paper Trade J. **131**, 28—29 (1950).
[11] IG F. P. 851122 v. 3. 3. 39.
[12] Farbe u. Lack **56**, 447—449 (1950).
[13] BASF Thewalt, DBP 882751 v. 29. 7. 51.

dienen wasserdampfundurchlässige, filmartige Überzüge, die aus Polyisobutylen und ein Pigment enthaltenden Emulsionen bereitet werden[1]. Rolland[2] verbessert glänzende, wasserundurchlässige Filme aus Bohnerwachs, Schuhcreme oder anderen Pflegemitteln durch Polyisobutylen-Zusatz.

Die Enjay Company, Inc.[3] bzw. Evans, Young und Holmes[4] empfehlen Mischungen aus Polyisobutylen und Asphalt, notfalls noch mit Füllstoffen, als gut wetterbeständige Anstrichmittel. Solche Mischungen können porenfrei mittels einer heizbaren Spritzvorrichtung aufgebracht werden[5].

Polyisobutylen ist vorzüglich geeignet zur Herstellung von Mischungen für die Papierbeschichtung. Das 1. Beispiel des Grundpatentes von Müller-Cunradi, Otto, Daniel und Werner[6] beschreibt eine Mischung aus Polyisobutylen, Erdölparaffin und Benzin zur Beschichtung von Packpapier. In solchen Mischungen für feuchtigkeitsundurchlässige Papiere, für geschichtete Papiere und für Pauspapier bewähren sich auch die öligen Polybutene[7-9].

Nach Nawrot[10] bewirkt Polyisobutylen in wasserdichten Wachs-Paraffin-Mischungen für die Papierimprägnierung Heißsiegelfähigkeit. Fries[11] erhält glänzende, durchscheinende, für Feuchtigkeit und Fett undurchlässige Papiere, wenn er sie mit einem Überzug aus Polyisobutylen, polymerisiertem β-Pinenharz, Paraffin und mit Dibutylphthalat plastifiziertem Äthylendiaminpolyamid aus di- und trimerisierten Linol- und Linolensäuren überzieht. Szwarc[12] empfiehlt ein für Wasser, Alkohol und Geruchstoffe undurchlässiges Verpackungspapier, das mit einer Mischung aus 3—6 Teilen Polyisobutylen, 55—65 Teilen Cumaron-Inden-Harz, 8—12 Teilen Äthylcellulose, 10—20 Teilen Kolophoniummethylester, 8—14 Teilen Paraffin und 1—3 Teilen Zinkstearat beschichtet ist. Battista und Whytlaw[13] verpacken Spinnkuchen in einem innenseitig mit regenerierter Cellulose und außenseitig mit Polyisobutylen versehenem Papier. Auf die Verwendung von Polyisobutylen für die Papierbeschichtung haben Hook[14] und vor allem Hagen[15-18] mehrfach hingewiesen und die Verfahren zur Beschichtung sowie Eigenschaften und Beständigkeit der Beschichtung mitgeteilt.

---

[1] GC Herzog u. Gilchrist, A. P. 2709689 v. 24. 11. 52.

[2] F. P. 1084641 v. 7. 10. 53.

[3] Vistanex (Polyisobutylene) 1948, S. 39—41.

[4] Ind. Engng. Chem. **35**, 481—488 (1943).

[5] IG Gehrke, DRP 737599 v. 20. 2. 40.

[6] IG DRP 615938 v. 23. 7. 33.

[7] Advance Solvents a. Chemical Corp., Data Sheet über Vistac Nr. 1 in Adhesives.

[8] Indoil Chemical Company, Indopol Polybutenes, 1951, S. 4.

[9] Oronite Chemical Company, Oronite Polybutenes.

[10] WBC DP-Anm. I 6450/55f v. 13. 10. 52.

[11] RPC A. P. 2469108 v. 6. 8. 45.

[12] A. P. 2538397 v. 6. 3. 48.

[13] AVC A. P. 2738060 v. 6. 9. 51.

[14] Plastverarbeiter **7**, 363—371 (1956).

[15] Allg. Papier-Rdsch. **1953**, 982.

[16] Allg. Papier-Rdsch. **1954**, 46.

[17] Allg. Papier-Rdsch. **1954**, 280.

[18] Chemie-Ing.-Techn. **26**, 548—554 (1954).

Für den Oberflächenschutz besonders gut geeignete Mischungen erhält man aus Polyisobutylen und Polyäthylen. Die deutsche Celluloidfabrik AG. Eilenburg[1] überzieht die innere Oberfläche hohler Gegenstände, Schläuche oder Behälter bei 200—350° mit der Schmelze einer Mischung aus Polyisobutylen und Polyäthylen. Mischungen aus Polyisobutylen und Polyäthylen in Suspension verwendet STURM[2] zum Beschichten piezoelektrischer Kristalle, um sie vor Luftfeuchtigkeit zu schützen. SPINDLER und SCHEERMESSER[3] verwenden die Mischung aus Polyisobutylen und Polyäthylen in Dispersionsform. Durchschreibe-Kohlepapier wird durchschlagfest, wenn man es wenigstens auf einer Seite mit einer Mischung aus Polyisobutylen und Polyäthylen beschichtet[4]. TYCE[5] schützt mit Asbest beklebte Oberflächen durch einen Überzug aus Polyisobutylen und Polyäthylen. STEINKRAUS[6] verwendet eine Schmelze aus 3% Polyisobutylen, 20% Polyäthylen, 11% Terpenharz, 27% chloriertem Diphenylharz und 39% Paraffin zum Überziehen von Papier, Regeneratcellulose oder Textilgewebe. Mit einer Mischung aus 30% Polyisobutylen, 10% Polyäthylen und 60% Paraffin beschichtete, weichmacherfreie Polyvinylchloridfolien für Verpackungszwecke werden geschmeidiger und können heiß versiegelt werden[7].

Das Beschlagen von Glas- und Kunststoffscheiben, z. B. in Flugzeugen, verhindert die Honorary Advisory Council for Scientific and Industrial Research[8], indem sie die Scheiben nach dem Reinigen und Vorbehandeln mit einer Lösung von 6,7 Polyisobutylen, 6,4 Polyäthylen, 29 Mineralwachs und 57,9 Paraffin in Xylol überzieht. Auch Mischungen aus Polyisobutylen und Polytetrafluoräthylen eignen sich als Überzugsmassen[9]. Mischungen von z. B. 4 Teilen Polyisobutylen und 7 Polyäthylen können mit Benzin in Dispersionsform gebracht werden, die sich zum Spritzen von Gegenständen eignet[10].

Mischungen aus Polyisobutylen und Polyäthylen können auch nach dem Flammspritzverfahren zu Schutzüberzügen verarbeitet werden[11-14]. Durch Zusatz von 0,5—2% Titandioxyd erhält man schon bei wesentlich niedrigeren Temperaturen festhaftende, zusammenhängende Überzüge[15]. Man erhält völlig rißfreie Überzüge. Die für dieses Verfahren notwendige Pulverform kann man in verschiedener Weise herstellen. SCHEERMESSER

[1] DCF G. M. 1524060 v. 6. 5. 42.
[2] CPL E. P. 765834 v. 14. 4. 50.
[3] E. P. 731940 v. 19. 6. 52, D. Prior. v. 16. 1. 52.
[4] FRANCIS, E. P. 744909 v. 11. 3. 53.
[5] ICI E. P. 586768 v. 1. 9. 44.
[6] A. P. 2453644 v. 6. 12. 45.
[7] HEINRICH NIKOLAUS SCHOPPMEYER, DBP 911359 v. 23. 8. 51.
[8] HACSIR E. P. 648428 v. 22. 6. 48.
[9] BDR VINCENT u. BURGER, E. P. 706089 v. 20. 4. 50.
[10] SPINDLER u. SCHEERMESSER, F. P. 1063919 v. 26. 6. 52, D. Prior. v. 16. 1. 52.
[11] SCHAERER, Schwz. P. 271944 v. 12. 11. 48.
[12] BASF LINKE, DBP 828360 v. 15. 12. 49.
[13] Erdöl u. Kohle **1954**, 59.
[14] KALPERS: Konstruktion 5, 24—25 (1953).
[15] UCCC POWERS, A. P. 2718473 v. 26. 2. 53.

und SPINDLER[1] lösen die Masse heiß in einem Lösungsmittel und pulverisieren das beim Abkühlen entstehende Gel unter Zusatz von Siliconöl. LINKE[2] kühlt mittels verflüssigtem Stickstoff auf unter —80° und pulverisiert. WEHR[3] unterwirft die Mischung bei mäßig erhöhter Temperatur einer Quellung in einem organischen Lösungsmittel, das bei gewöhnlicher Temperatur nicht löst, z. B. Perchloräthylen, und zerkleinert dann mit den gebräuchlichen Zerkleinerungsmaschinen. BAIRD und FORSYTH[4] empfehlen zum Stabilisieren solcher Mischungen hochmolekulare Phenole oder nichtprimäre, aromatische Amine.

Wegen seiner geringen Gasdurchlässigkeit und seiner chemischen Beständigkeit eignet sich Polyisobutylen gut zur Herstellung von Verpackungsmaterial[5, 6].

Die Standard Oil Development Company[7] mischt Polyisobutylen (Mol.-Gew. 200000) mit 40—50% Polyäthylen und stellt aus der homogenen Mischung 0,25 mm dicke Verpackungsfolien her, die durch Erwärmen miteinander verklebt werden können. CHILD und STEPHENS[8] fertigen aus Mischungen, die aus 5—50% Polyisobutylen und 95—50% Polyäthylen bestehen, verschlossene Behälter für Flüssigkeiten, Pasten und Pulver. SCHOPPMEYER[9] überzieht für die Lebensmittelverpackung zu verwendende Polyvinylchloridfolien mit einem Überzug aus Polyisobutylen, das mit Paraffin, Wachs oder ähnlichem gemischt ist.

Pfropfpolymerisate von Styrol auf Mischungen aus Polyisobutylen und ungesättigten Polyestern sind für Überzüge, Form- und Schichtkörper verwendbar[10].

Die durch den paraffinischen Charakter des Polyisobutylens bedingte Alterungs- und Chemikalienbeständigkeit sowie die vollkommene Wasserunempfindlichkeit haben zur Verwendung des Polyisobutylens im Korrosionsschutz und chemischen Apparatebau sowie im Bautenschutz[11, 12, 13] geführt.

Die I. G. Farbenindustrie Aktiengesellschaft[14, 15] hat Polyisobutylen in Form von Streifen, Blättern oder Überzügen als isolierende Zwischenschicht zwischen Beton, Mauerwerk oder ähnlichem Material für säure- und lösungsmittelfeste Behälter verwendet, ebenso als Schutzschicht für Wände, Decken, Böden, Behälter u. ä. aus Metall, Beton und Mauer-

---

[1] F. P. 1042310 v. 19. 9. 51, D. Prior. v. 25. 9. u. 17. 11. 50; DRP 769406 v. 17. 11. 50.
[2] BASF DBP 883646 v. 28. 1. 51.
[3] DGS DP-Anm. D 13162/39b v. 18. 11. 52.
[4] ICI E. P. 571943 v. 2. 4. 43.
[5] HAGEN: Verpackungsrdsch. **1951**, 100—103.
[6] HAGEN: Chemie-Ing.-Techn. **26**, 548—554 (1954).
[7] StODC Schweiz. P. 219416 v. 31. 8. 40, A. Prior. v. 14. 9. 39.
[8] ICI E. P. 570451 v. 3. 1. 44.
[9] NN F. P. 1066269 v. 22. 8. 51.
[10] DOW RUBENS u. BOYER, D.A.S. 1049091 v. 5. 7. 52.
[11] Badische Anilin- u. Soda-Fabrik AG., Oppanol B, 1954.
[12] Badische Anilin- u. Soda-Fabrik AG., Handbuch der BASF-Kunststoffe, 1953.
[13] Enjay Company, Inc., Vistanex (Polyisobutylene) 1948, S. 36—38.
[14] IG F. P. 843715 v. 20. 9. 38, D. Prior. v. 20. 9., 23. 9. u. 10. 11. 37.
[15] IG KRANNICH, DRP 686280 v. 22. 10. 37.

werk, wobei als Haftmittel Bitumen oder polyisobutylenhaltiger Asphalt benutzt werden.

Die Comp. Générale du Duralumin et du Cuivre[1] schützt die Innenseite hohler, tragender Stahlkörper von Hochspannungsleitungen dadurch gegen Korrosion, daß sie den Hohlraum mit Polyisobutylen ausfüllt. NOWAK[2] versieht Leichtmetall-Kabel-Mäntel mit zwei korrosionsfesten Überzügen aus einer Mischung von Polyisobutylen und Polystyrol so, daß die erste Schicht durch Lackieren mittels einer Lösung der genannten Mischung und die zweite durch Umspritzen mit der 100%igen Mischung aufgebracht wird.

Für den Korrosionsschutz besonders gut geeignete Mischungen bestehen aus Polyisobutylen, Ruß und Graphit[3]. Auch Flugasche[4] hat sich bewährt.

Luft- und blasenfreie Platten aus füllstoffhaltigem Polyisobutylen kann man herstellen, indem man auf der Strangpresse gezogene, gleichmäßige Bänder unter Reckung unmittelbar auf geringere Dicke herunterwalzt, ohne daß sich im Walzenspalt ein Wulst aus der Masse bildet[5]. Folien aus Polyisobutylen, Ruß und Graphit sind elektrisch leitend und können infolgedessen durch elektrische Überprüfung auf Dichtigkeit untersucht werden. KREKELER, SCHLECHT, DANIEL und DAUR[6] nutzen diese Tatsache dadurch aus, daß sie für ausgekleidete Behälter eine Prüfmöglichkeit schaffen, indem sie die Behälter mit einer Folie eines elektrisch leitend gemachten Polyisobutylens und darüber mit einer Folie eines nichtleitenden Polyisobutylens auskleiden. RITTER[7] quillt zum Säureschutz von Behältern anzuwendende Polyisobutylenfolien mit Mineralölen oder 10% und mehr Polyisobutylen enthaltenden Mineralölen an. Nach Ansicht der Patent-Verwertungs-G. m. b. H. Hermes[8] erhöhen Gas- und Naphthalinruß die Widerstandsfähigkeit von Polyisobutylen gegen 60%ige H_2SO_4, 50%ige HNO_3 und Chromschwefelsäure nicht, während Acetylenruß, dem etwas Graphit beigemischt ist, eine verbessernde Wirkung zeigt. Die Deutsche Celluloidfabrik AG.[9] weist darauf hin, daß nur absolut saubere, lack- und puderfreie Verklebungen von Korrosionsschutzfolien zuverlässig flüssigkeitsdicht sind.

Eine für viele Anwendungen zweckmäßige Form ist das Korrosionsschutzband[10].

Zähflüssige bis plastische Massen auf der Grundlage des Polyisobutylens verwendet die I. G. Farbenindustrie Aktiengesellschaft[11] bei

---

[1] F. P. 983459 v. 28. 8. 43.
[2] AEG DP-Anm. A 10582/21c v. 27. 4. 39.
[3] DRP 747940 v. 11. 5. 39, F. Prior. v. 21. 11. 38.
[4] IG MÜLLER-CUNRADI u. DANIEL, DRP 727782 v. 31. 3. 40.
[5] DRP 750841 v. 25. 6. 41.
[6] BASF DBP 846394 v. 22. 4. 41.
[7] SSW DRP 740837 v. 21. 10. 41.
[8] PH F. P. 892140 v. 12. 3. 43, D. Prior. v. 14. 5. 42.
[9] DCF F. P. 896547 v. 18. 6. 43, D. Prior. v. 19. 6. 42.
[10] PJ Oestr. P. 189250 v. 15. 9. 54, D. Prior. v. 13. 5. 54.
[11] IG F. P. 894428 v. 4. 5. 43, D. Prior. v. 1. 3. 43.

der Herstellung von chemikalienfesten Behältern mit einem Einsatz aus keramischem Material als chemikalienfeste Zwischenschicht zwischen dem Einsatz und dem Außenteil des Behälters. Zusätze von Paraffin, gechlorten Kohlenwasserstoffen oder Polyäthylen erleichtern das Eingießen oder Hineindrücken in den Zwischenraum zwischen Einsatz und Außenteil des Behälters. Folien aus 100 Teilen Polyisobutylen, 200 Teilen hartem Ruß und 1 Teil Paraffinwachs verkleben EVANS und YOUNG[1] an Metall, Holz und ähnlichen Oberflächen als korrosionsfeste Schicht mit Cyclokautschuk als Bindemittel. Auch Mischungen von 20—30 Teilen Polyisobutylen (Mol.-Gew. 100000—150000), 13—30 Teilen Asphalt und 8—16 Teilen Härtungsmittel sind zur Auskleidung von Behältern geeignet, wie MERLEY und NAVIKAS[2] gezeigt haben. Ferner empfiehlt die Standard Oil Development Company[3] Mischungen aus Polyisobutylen, Wachs und geringen Mengen eines in der Schmierölindustrie gebräuchlichen Fließpunkterniedrigers als Korrosionsschutzmittel. ADAMS und ERVINE[4] verwenden Mischungen aus Polyisobutylen, mikrokristallinem Wachs, Öl und einem Fließpunktserniedriger für wachsartige Öle als Oberflächenschutz für Metalle.

Die Chemieprodukte G. m. b. H.[5, 6] baut gegen Korrosion schützende Umhüllungen aus einer Glasfaserunterlage auf, die mit polyisobutylenhaltigen, plastisch bleibenden, chemisch indifferenten Korrosionsschutzmassen imprägniert ist. Bei Brücken aus Stahl oder Beton hat sich als unterste Straßenbaustoffschicht, als korrosionsverhindernde Zwischenschicht an tragenden Metallkonstruktionen[7] eine Folie aus Polyisobutylen bewährt.

Über die Verwendung des Polyisobutylens im Korrosionsschutz liegen zahlreiche Veröffentlichungen vor, die in der Tab. 25 zusammengestellt worden sind. Wenn auch im Vorangegangenen gezeigt worden ist, daß es viele Möglichkeiten gibt, die zu schützenden Oberflächen mit Polyisobutylen zu überziehen, so hat sich doch sehr bald herausgestellt, daß die beste und zuverlässigste Anwendungsform die Folie ist. Eine Folie aus Polyisobutylen, Ruß und Graphit[8, 9] bildet die Grundlage für den Korrosionsschutz mit Polyisobutylen, dem KRANNICH u. Mitarb.[10] ihre Veröffentlichung in Buchform gewidmet haben.

Das Buch enthält ins einzelne gehende Angaben über die Herstellung der Polyisobutylenfolien, Methoden zu ihrer Prüfung, ihre Beständigkeit gegen die verschiedensten Chemikalien und ihre Verarbeitung.

[1] Jasco A. P. 2426820 v. 11. 12. 41.

[2] ACKC A. P. 2485625 v. 10. 3. 44.

[3] StODC E. P. 667042 v. 15. 8. 49.

[4] StODC A. P. 2648643 v. 21. 6. 50.

[5] CP F. P. 1059008 v. 3. 4. 52, D. Prior. v. 24. 4., 16. 10. u. 8. 11. 51.

[6] CP KIRSCH, DBP 966762 v. 16. 10. 51.

[7] BASF E. P. 739217 v. 21. 9. 53, D. Prior. v. 25. 9. 52.

[8] DRP 747940 v. 11. 5. 39, F. Prior. v. 21. 11. 38.

[9] Badische Anilin- u. Soda-Fabrik AG., Merkblatt über Oppanol ORG-Folie, 1952.

[10] Kunststoffe im technischen Korrosionsschutz. München-Berlin: J. F. Lehmanns 1943. München: C. Hanser 1949, 2. Aufl.

Tabelle 25. *Veröffentlichungen über Polyisobutylen im Korrosionsschutz*

Verfasser	Titel	Literaturstelle
A. SCHWARZ	Oppanol B, ein neuer polymerer Kohlenwasserstoff	Kunststoffe **29**, 9—14 (1939)
K. MIENES	Über einige Fortschritte in der Herstellung, Verarbeitung und Anwendung von Kunststoffen	Kunststoff-Techn. u. Kunststoff-Anwend. **1939**, 386—387
	Fortschritte in der Herstellung, Verarbeitung und Anwendung von Kunststoffen	Kunststoffe **30**, 224—228 (1940)
A. SPRINGER	Kunstkautschuk und Kunststoffe mit kautschukähnlichen Eigenschaften	Kunststoffe **30**, 285—292 (1940)
W. KRANNICH	Korrosionsschutz von Behältern und Rohrleitungen unter Verwendung von Thermoplasten	Chem. Fabrik **13**, 233—237 (1940)
	Säurefeste und flüssigkeitsdichte Fußböden, sowie Grundwasser-Abdichtungen durch Verwendung von Kunststoffen	Chemiker-Ztg. **64**, 369 (1940)
	Vinidur und Oppanol als Austauschstoffe für korrosionsfeste Metalle	Kunststoffe **31**, 189—191 (1941)
	Der Einsatz von Vinidur und Oppanol in der Kunstseiden- und Zellwollindustrie	Jentgens Kunstseide u.Zellwolle **23**,202—207(1941)
	Schulung in der Vinidur- und Oppanolverarbeitung	Kunststoffe **32**, 341—342 (1942)
	Die Einsatzgrenzen von Vinidur und Oppanol im Apparatebau und Bauwesen	Chem. Techn. **16**, 49—51 (1943)
	Chemikalienfestigkeit wärmebildsamer Kunststoffe	Werkstoffe u. Korrosion **1**, 12—16 (1950)
	Thermoplastische Kunststoffe im Apparatebau und Bauwesen	Dechema Monogr. **15**, 68—71 (1950)
H. BECK	Betriebliche Eigenschaften und Anwendung thermoplastischer Kunststoffe	Maschinenbau, Betrieb **19**, 437—440 (1940)
H. KLANT	Die Ausrüstung einer Kunststoffwerkstatt für die Verarbeitung von Vinidur und Oppanol	Kunststoffe **32**, 307—310 (1942)
P. BOURGOIS	Naturkautschuk und synthetische Produkte in ihrer Anwendung als Auskleidungen gegen chemische Korrosion	Ing. Chimiste (Bruxelles) **26** (30), 50—59 (1942)
O. DAMMER	Die Verwendung von Kunststoffen im chemischen Apparatebau	Techn. Rdsch. **33**, 3—4 (1941)
	Verarbeitung von Kunststoffen im Apparatebau und in der chemischen Technik	Chemie-Ing.-Techn. **24**, 546—551 (1952)
	Kunststoffe als korrosionsfeste Werkstoffe	Chemie-Ing.-Techn. **26**, 562—567 (1954)
D. W. YOUNG u. W. C. HARNEY	Polyisobutylenkesselauskleidung	Ind. Engng. Chem., ind. Edit. **37**, 675—678 (1945)
ST. REINER	Natürliche und synthetische hochpolymere Stoffe als Korrosionsschutz	Kautschuk u. Gummi **1**, 177—181 (1948)
K. STOECKHERT	Neuere Kunststoffe in den USA für den chemischen Apparatebau	Chemie-Ing.-Techn. **21**, 146—148 (1949)

W. Hawerkamp	Kunststoffe im Säureschutzbau	Dechema Monogr. 15, 82—103 (1950)
Hj. Saechtling	Weiche Kunststoffe für den Korrosionsschutz	Werkstoffe u. Korrosion 1, 251—253 (1950)
	Anwendungen von Kunststoffen im Rohrleitungs- und Apparatebau	Chemie-Ing.-Techn. 24, 537—544 (1952)
K. Eiffländer	Korrosionsbeständigkeit von Kunststoffen	Chemie-Ing.-Techn. 24, 555—563 (1952)
V. Evans	Kunststoffe und Korrosion	Chem. Products chem.News (N.S.)15,17—21 (1952)
H. Peukert	Oberflächenschutz mit Kunststoffen	Metall 6, 517—519 (1952)
W. Erdmann	Verwendung thermoplastischer Kunststoffe für Abdichtung von Bauwerken	Bautechn., Stahlbau 29, 67—68 (1952)
F. Stastny	Weichgummiähnliche Kunststoffe	Gummi u. Asbest 7, 122—123, 125—129, 179 bis 181 (1954) Gummi u. Asbest 7, 296 (1954) Gummi u. Asbest 8, 182 (1955)
Lajos Kovács	Kunststoffe im Korrosionsschutz	Magyar Technika 9, 245—249 (1954)
G. Gerhard	Kunstharze und Kunststoffe im Säureschutz und Säurebau	Fette-Seifen-Anstr. 57, 140—141 (1955)
K. Dietz u. G. Lorenz	Kunststoffe im Säureschutzbau	Chemie-Ing.-Techn. 27, 596—598 (1955)
H. Klas u. G. Heim	Rohrleitungskorrosion und Korrosionsschutz in chemischen Betrieben	Chemie-Ing.-Techn. 27, 299—307 (1955)
	Kunststoffe im Bauwesen	Plastverarbeiter 6, 161—176 (1955)
D. J. Medunin	Die Anwendung von Polyisobutylen als Antikorrosionsmittel bei der Schwefelsäure-Erzeugung	Chem. Ind. (russ.) 1954, 5, 298—299
R. Linke	Die Oppanolfolien	Mitt.chem.Forsch.-Inst.Ind.Österr.5,66—70 (1951)
	Eigenschaften, Anwendungen und Chemikalienbeständigkeit von Polyisobutylen	Revêtement et Protection 8, 16—19 (1955)
G. Schöcking	Korrosionsschutz- und Werkstoff-Probleme des modernen Säurebaues	Werkstoffe u. Korrosion 7, 615—626 (1956)
H. Anders	Kautschuk- und Kunstharzüberzüge als Schutz gegen Korrosion im chemischen Apparatebau	Kunstst. Plast. 3, 281—288 (1956)
L. Benker	Kunststoffe im chemischen Apparatebau und Oberflächenschutz	Plastverarbeiter 7, 325—336 (1956)
W. Pungs	Kunststoffe im chemischen Apparatebau	Kunstst. Rdsch. 4, 433—438 (1957)
A. P. Pissarenko u. R. A. Resnikowa	Ein neuer Klebstoff für das Anbringen von Polyisobutylenfolien auf Metall	Leicht-Ind. (russ.) 14, 23—26 (1954)
A. L. Labutkin	Die Verwendung von synthetischem Kautschuk in der Antikorrosionstechnik	Chim. nauka i Prom., Moskva 2 (2), 359—365 (1957)
B. N. Guljajew u. A. W. Shdanowa	Die Anwendung von Polyisobutylen zum Schutz der Aggregate vor Korrosion	Hydrolysen- u. holzchem. Ind. (russ.) 11, 8—9 (1958)
F. Ohl	Erfahrungen und Möglichkeiten für Kunststoffanwendungen im Tief-, Hoch- und Innenausbau	Kunstst. Plast. 5, 197—205 (1958)

Gleichzeitig mit der Anwendung des Polyisobutylens im Korrosionsschutz entwickelte sich seine Anwendung im Bauwesen (Decken- und Grundwasserabdichtung), so daß ein Teil der beim Korrosionsschutz genannten Literatur den Bautenschutz mit umfaßt. Ergänzend sei auf folgende Veröffentlichungen hingewiesen:

Autor	Titel	Literaturstelle
H. Schäfer	Innenseitige Tunnelabdichtung mit Kunststoffen	Kunststoffe **31**, 289 bis 291 (1941)
H.-J. Saechtling	Kunststoffe und verwandte Erzeugnisse im Bauwesen	Kunststoffe **36**, 97 (1946)
Zeitschriftenverlag Ployer u. Co.	Der neue Semmeringtunnel	Sonderheft Z. Eisenbahn, Wien 1952
W. Daniel	Bautenabdichtung mit Oppanol BA-Folie	Kunststoffe **47**, 606 bis 607 (1957)
H. Lange	Erfahrungen mit thermoplastischen Kunststoff-Folien auf Basis Oppanol B in der Bau- und Abdichtungstechnik	Bauingenieur **29**, 231 bis 222 (1954)
H. Lange	Die Eigenschaften von Oppanol BA-Folie im Hinblick auf ihre Verarbeitung zu Bauwerksabdichtungen	Plastverarbeiter **6**, 58 bis 75 (1955)

Besonders die beiden letzten Veröffentlichungen, die auch in Form von Sonderdrucken der Badischen Anilin- u. Soda-Fabrik AG. zur Verfügung stehen, enthalten grundlegende Angaben und weitere Literaturhinweise über eines der wichtigsten Anwendungsgebiete des Polyisobutylens. Das bisher Erreichte ist in dem Handbuch der BASF-Kunststoffe[1] folgendermaßen zusammengefaßt worden:

„Die Oppanol BA-Folien sind speziell für den Schutz von Bauwerken gegen Feuchtigkeit sowie gegen drückende und natürlich-aggressive Wässer entwickelt worden. Sie dienen als Abdichtungsmaterial im allgemeinen Hoch- und Tiefbau, im Ingenieurbau bei Brücken, Stollen und Tunneln, im Wasserbau sowie im Schachtbau. Sie werden in den Stärken 1[2], 1,5 und 2[3] mm bei einer Bahnbreite von jeweils 1 m geliefert und zeichnen sich durch gute Geschmeidigkeit, hohe Dehnbarkeit und Druckfestigkeit gegenüber Flächendrücken aus. Ihr Temperaturanwendungsbereich erstreckt sich auf die weite Temperaturspanne zwischen −30 und +60−70° C. Sie wirken elektrisch isolierend und werden durch vagabundierende Ströme nicht verändert. Bei Einwirkung natürlicher saurer oder alkalischer Wässer zeigen die Folien auch im nicht eingespannten Zustand im Bauwerk keinerlei Quellung noch Durchlässigkeit von Flüssigkeiten. Dagegen werden sie im Kontakt mit Benzin, Treibstoffgemischen, Dieselöl, Petroleum, Benzol oder auch

---

[1] Badische Anilin- u. Soda-Fabrik AG., Handbuch der BASF-Kunststoffe, 1953.
[2] Badische Anilin- u. Soda-Fabrik AG., Musterkarte mit Oppanol BA-Folie, 1 mm.
[3] Badische Anilin- u. Soda-Fabrik AG., Musterkarte mit Oppanol BA-Folie, 2 mm.

gewissen Lacklösungsmitteln und fetten Ölen angequollen, bzw. langsam gelöst und damit zerstört. Sie haben sich, als Abdichtungsmaterial im Bauwesen angewandt, innerhalb eines Zeitraums von 15 Jahren als alterungsbeständig und verrottungsfest erwiesen. Für die Materialeigenschaften der Oppanol BA-Folien wird entsprechend den in der ‚Vorläufigen Anweisung für Abdichtung von Ingenieurbauwerken‘ (AIB) der Deutschen Bundesbahn aufgeführten Lieferbedingungen für thermoplastische Kunststoffe garantiert.

Die Verlegung der Folien erfolgt grundsätzlich in einer Lage bei einer Überlappungsbreite von 5 cm. Die Überlappungen werden durch Quellschweißen[1] mit dem Quellmittel Oppanolin homogen verbunden. Die Abdichtung von Dehnfugensystemen, Abläufen usw. ist mit einfachen Mitteln möglich, ohne daß der homogene Charakter der Dichtungshaut beeinträchtigt wird. Durchbrüche von Rohrleitungen usw. durch die Abdichtung aus Oppanol BA-Folie werden unter Verwendung von It-Oppanol-Dichtungsmaterial sicher gestaltet.

Die Verwendung der Oppanol BA-Folie setzt bau- und dichtungstechnische Kenntnisse voraus und darf nur von solchen Firmen vorgenommen werden, welche die Teilnahme an einer Unterweisung in der Anwendungstechnik nachweisen können.“

6. Schmiermittel

Polyisobutylen ist als praktisch gesättigter Kohlenwasserstoff in den Produkten der Mineralölindustrie löslich oder mit ihnen mischbar. Diese Tatsache, die bei der Anwendung des Polyisobutylens im Kautschuk- und Kunststoffgebiet häufig als nachteilig angesehen wird, ist im Schmierstoffgebiet von großer Bedeutung, so daß Polyisobutylen bei der Verbesserung von Schmierölen und bei der Herstellung von Schmierfetten, Hydraulik-, Schneid- und Ziehölen Verwendung gefunden hat. Für die einzelnen Gebiete spielt die Größe des Molekulargewichts vom Polyisobutylen eine wesentliche Rolle.

In der Schmierölindustrie hat sich zur Bewertung von Schmierölen neben anderen Kennzahlen der Viscositätsindex (VI)[2, 3] eingebürgert, eine empirische Zahl, die den Einfluß der Temperaturänderung auf die Viscosität zeigt[4].

Öle mit flacher Viscositäts-Temperatur-Kurve haben einen hohen, solche mit steiler Kurve einen niedrigen VI.

Die öligen Polyisobutylene haben einen hohen VI und sind deshalb gute Schmieröle[5]. Man kann ihre Hochdruckeigenschaften verbessern, wenn man ihnen 0,005—2% Bortrifluorid zusetzt[6]. Wenn auch ihr verhältnismäßig hoher Preis eine breitere Anwendung als Schmieröl

---

[1] Badische Anilin- u. Soda-Fabrik AG., Musterkarte mit Quellschweißung einer 1,5 mm Oppanol BA-Folie.
[2] DEAN u. DAVIS: Chem. metallurg. Engng. **36**, 618—619 (1929).
[3] DAVIS, LAPEYROUSE u. DEAN: Oil Gas J. **30**, 92—93 (1932).
[4] Bestimmung der Viscosität, DIN-Normblatt 51550 v. Februar 1955.
[5] Indoil Chemical Company, Indopol Polybutenes, 1951, S. 13.
[6] ACA KIPP, E. P. 655464 v. 16. 2. 48, A. Prior. v. 29. 3. 47.

nicht zuläßt, so sind sie doch in all den Fällen unentbehrlich, wo chemische Beständigkeit oder geringe Rückstandsbildung während der Beanspruchung unter hohen Temperaturen eine wichtige Rolle spielen. Sie haben sich z. B. bewährt bei der Schmierung von Ammoniak- oder Borfluorid-Kompressoren, von Trockeneis-Pressen, von Lagern in Back-, Brenn- und Darröfen, besonders ihren Transportketten, und beim Walzen und Ziehen von Aluminium.

Bald nach der Herstellung der höhermolekularen Polyisobutylene nach dem Tieftemperaturpolymerisationsverfahren haben OTTO und MÜLLER-CUNRADI[1] gefunden, daß man den Viscositätsindex von Schmierölen durch den Zusatz von Polyisobutylenen mit einem Mol.-Gew. von 1000 oder mehr in hervorragender Weise verbessern kann. Wenig später haben sie[2] Polyisobutylene, die durch Polymerisation von Isobutylen bei gewöhnlicher oder erhöhter Temperatur mittels Katalysatoren wie flüchtigen Halogenverbindungen oder ohne Katalysator, z. B. mit Hilfe stiller elektrischer Entladungen, erhalten worden waren, für den gleichen Zweck als geeignet gefunden. Ihre Erfahrungen über mit Polyisobutylen verbesserte Automotorenöle haben OTTO, MILLER, BLACKWOOD und DAVIS[3] etwa folgendermaßen zusammengefaßt: Zur Verbesserung des VI genügen schon geringe Polyisobutylenmengen. Die Verbesserung ist um so intensiver, je niedriger der VI des zu verbessernden Öles ist. Die höchsten VI-Werte erhält man, wenn man von einem Öl mit gutem VI ausgeht. Die Viscosität des Ausgangsöles wird erhöht. Die anderen physikalischen und chemischen Werte des Ausgangsöles, spez. Gewicht, Zündpunkt, Flammpunkt, Stockpunkt, Farbe, Conradson-Test, Säure- und Verseifungszahl werden praktisch nicht verändert. Der Motorstart in der Kälte wird erleichtert, Öl- und Benzinverbrauch werden verringert, ebenso die Schlammbildung. Die Kettenlänge des Polyisobutylens muß so gewählt werden, daß keine Zerstörung der Moleküle durch mechanische Kräfte während des Gebrauches des Motorenöls eintritt. Diese Ergebnisse sind von FRAZIER, KLINGEL und TUPA[4] bestätigt worden.

Auf diesen Erfahrungen sind die im Handel befindlichen Viscositätsindex-Verbesserer auf Polyisobutylen-Grundlage[5, 6, 7, 8] aufgebaut worden. Es sind hellgelbe, ölige Flüssigkeiten mit Polyisobutylen vom Mol.-Gew. 10000—20000, die auch durch Abbau höhermolekularer Polyisobutylene unter dem Einfluß von Wärme[9, 10] oder von Scher-

---

[1] IG DRP 676909 v. 4. 11. 31.

[2] IG DRP 705940 v. 8. 1. 33.

[3] Refiner natur. Gasoline Manufacturer (1934).

[4] Ind. Engng. Chem. **45**, 2336 (1953).

[5] Standard Oil Development Company und I. G. Farbenindustrie Aktiengesellschaft, Paratone-Oppanolgemisch B 15 zum Verbessern des Viscositätsindex.

[6] Enjay Company, Inc., Enjay Paramins 1952—1953, S. 25—32.

[7] Badische Anilin- u. Soda-Fabrik AG., Merkblatt über Oppanolgemisch B 15, 1949.

[8] Badische Anilin- u. Sodafabrik AG., Mineralölhilfsmittel, 1956, S. 31.

[9] Abbau, s. Abschnitt II D, S. 105.

[10] MICHAŁOWSKA: Przemysł chem. **9** (32), 35—40 (1953).

kräften[1, 2, 3, 4] hergestellt werden können, und mit einer Viscosität von etwa 50—60° E/99° C, die mit den zu verbessernden Ölen direkt

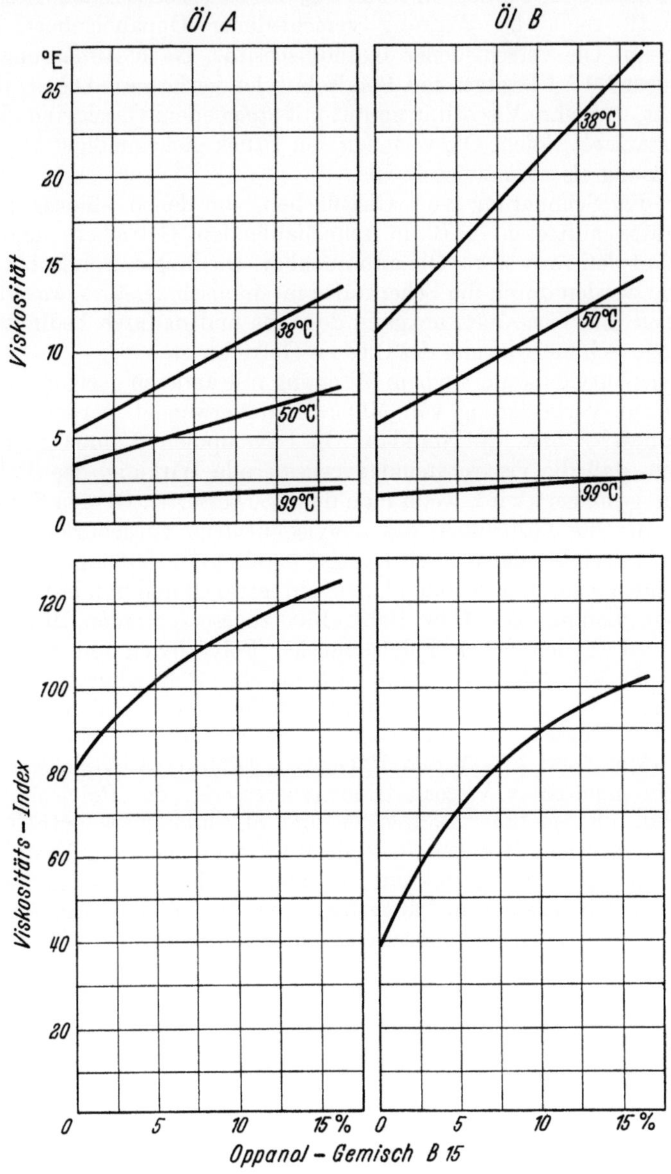

Abb. 19. Viscositätsindex-Verbesserung von Mineralölen durch Polyisobutylen

[1] StODC Hawkins u. McLean, E. P. 716706 v. 1. 12. 50.
[2] StODC Hawkins u. Jensen, E. P. 728220 v. 1. 8. 51.
[3] StODC McLean u. Hawkins, E. P. 716711 v. 15. 3. 51.
[4] EREC Davies, Davies u. Hawkins, E. P. 761359 v. 5. 6. 53.

vermischt werden können. Ihre Klärung kann durch Blasen mit Wasserdampf und Filtrieren über Ton oder Bleicherde[1] erfolgen. Die notwendige Menge liegt zwischen 1 und 5% des zu verbessernden Öles.

Abb. 19 zeigt die Wirkung verschiedener Oppanolgemisch B 15-Mengen auf Öle verschiedener Grundviscosität. Nach Auffassung von UMSTÄTTER[2, 3, 4, 5] besitzen mit Polyisobutylen verbesserte Öle Strukturviscosität, d. h. ihre Viscosität nimmt mit steigendem Geschwindigkeitsgefälle stark ab. Solche Öle verteilen den Druck gleichmäßiger über den Lagerumfang als normalviscose Öle.

Für die Schmierung von Gleitflächen, an denen ständig starke Scherkräfte auftreten, z. B. in schnellaufenden Getrieben, sind mit Polyisobutylen verbesserte Öle unbrauchbar. Die langen Polyisobutylenmoleküle werden durch die Scherkräfte mechanisch zerstört, was gleichbedeutend mit Viscositätsrückgang des Öles und dadurch bedingte ungenügende Schmierwirkung des Öles im Getriebe ist.

Polyisobutylen kann auch in Mischung mit anderen geeigneten Substanzen zur Verbesserung von Mineralölen verwendet werden. EVANS und YOUNG[6, 7] bzw. die Standard Oil Development Company[8] haben gefunden, daß die viscositätsindexverbessernde Wirkung des Polyisobutylens gesteigert wird, wenn man dem verbesserten Öl eine Substanz zusetzt, die die Löslichkeit des Polyisobutylens zurückdrängt, z. B. Dibutoxyäthylphthalat u. ä. McLAREN[9] bereitet ein Heißdampfzylinderöl aus einem schweren Schmieröl, dem ein fettes Öl und mindestens 15% Polyisobutylen mit Mol.-Gew. 1000—1500 zugesetzt werden. HOPFF und UFER[10] verwenden neben Polyisobutylen Polyäthylen mit Mol.-Gew. über 20000. MORWAY und ZIMMER[11] setzen neben Polyisobutylen 5—40% Strukturruß zu. EVANS und YOUNG[12] stellen eine Schmierölmischung her, die 3 Gew.-% Polybuten (Mol.-Gew. 12000), 3 Gew.-% Polyacrylat (Mol.-Gew. 17000) und 12 Gew.-% Dibutoxyäthylphthalat enthält. Ein gemischter Viscositätsindexverbesserer, der Polyisobutylen, Polyacryl- und methacrylsäureester und Mischpolymere enthält, soll nach MORWAY und HOWELL JR.[13] als Rückstand nach der Destillation eines Gemisches von Produkten, die man durch Einwirkung von CO und H_2 auf Monoolefine im Oxoverfahren erhält, anfallen. Ein Schmieröl, das bei sehr tiefen Temperaturen, z. B. am Leitwerk von Flugzeugen,

---

[1] EREC POPKIN, A. P. 2703783 v. 28. 4. 50.
[2] F. P. 1007931 v. 16. 4. 48.
[3] DBP 815515 v. 2. 10. 48.
[4] Vortrag auf der 7. Hauptversammlung der Deutsch. Ges. f. Mineralölwiss. u. Kohlechemie, 1954.
[5] Umschau Wiss. Techn. **55**, 184—185 (1955).
[6] StODC A. P. 2411150 v. 20. 9. 41.
[7] Ind. Engng. Chem., ind. Edit. **39**, 1676 bis 1681 (1947).
[8] StODC E. P. 638353 v. 6. 8. 46.
[9] StOC A. P. 2316347 v. 27. 6. 40.
[10] BASF DBP 856682 v. 18. 10. 41.
[11] StODC Schwed. P. 134050 v. 27. 12. 45, A. Prior. v. 30. 12. 44, 21. 2. u. 22. 3. 45; A. P. 2467145 v. 30. 12. 44; A. P. 2467146 v. 30. 12. 44.
[12] Jasco A. P. 2492789 v. 21. 11. 46.
[13] StODC A. P. 2610948 v. 23. 3. 50.

verwendbar ist, enthält nach BLOWERS und HODGE[1] 0,1—2,5% Polyisobutylen (Mol.-Gew. 8000—25000) als VI-Verbesserer, 0,02—2% Polyisobutylen (Mol.-Gew. 40000—120000) als Bindemittel und 0,2 bis 20% Dinonylsebacat oder Isopropyloleat.

Das letzte Beispiel deutet schon die Anwendungsmöglichkeiten des Polyisobutylens im Schmierstoffgebiet dort an, wo keine Scherkräfte in den gleitenden Teilen auftreten, wo aber die dem Polyisobutylen eigene Klebrigkeit und Elastizität ausgenützt werden und höhere Molekulargewichtseinstellungen verwendet werden können. Geeignete Lösungen von Polyisobutylen in Mineralöl sind im Handel erhältlich[2, 3, 4, 5]. Polyisobutylen erhöht die Haftfestigkeit des Ölfilmes im Lager und auf der Welle. Das Öl spritzt also von der Welle nicht ab und läuft nicht aus dem Lager heraus. Abgesehen von der Verringerung des Verbrauches sind diese beiden Eigenschaften überall da entscheidend, wo Produkte nicht durch die Verarbeitungsmaschinen und deren Schmiermittel verunreinigt werden dürfen, z. B. in der Nahrungsmittel- und Textil-Industrie, im Bergbau und in der holzverarbeitenden Industrie.

Die erhöhte Haftfestigkeit von mit Polyisobutylen versetzten Schmierölen ist auch besonders vorteilhaft für Geräte- und Fahrzeugteile, auch solchen, die Erschütterungen ausgesetzt sind, die durch verhältnismäßig kleine Reibungskräfte beansprucht und der regelmäßigen Zufuhr von Schmiermitteln schwer zugänglich sind[6]. Die Öle haben eine ausgesprochene Dauerwirkung, und ihre Erneuerung ist, wenn überhaupt, nur in langen Zwischenräumen erforderlich. WRIGHT[7] verbessert die Haftfestigkeit von Schmiermitteln für Preßluftbohrer, die aus 92,7% naphthenbasischem Schmieröl und 1—14% geblasenem Rapsöl bestehen, durch einen Zusatz von 0,1—0,5% Polyisobutylen (Mol.-Gew. 50000—60000).

PAXTON[8] erhöht die Haftfestigkeit von Mineralölen für Luftfilter durch Zusatz eines Polyisobutylens mit Mol.-Gew. 60000—100000. Mischungen von Polyisobutylen und Molybdän- oder Wolframdisulfid eignen sich zum Überziehen und Auskleiden von Gleitflächen, Lauf- und Packungsringen[9].

Ähnlich günstig wirkt sich Polyisobutylen in Schmierfetten aus, besonders solchen auf Basis Kalkseife oder Aluminiumstearat. ZIMMER und MORWAY[10] bereiten z. B. ein Schmierfett für Luftdruckbremsen aus

[1] StODC E. P. 717437 v. 28. 3. 52.
[2] Standard Oil Development Company u. I. G. Farbenindustrie Aktiengesellschaft, Paratac-Oppanolgemisch B 100 Stringiness additive für Öle und Schmierfette.
[3] Enjay Company, Inc., Enjay Paramins 1952—1953, S. 42.
[4] Badische Anilin- u. Soda-Fabrik AG., Merkblatt über Oppanolgemisch B 100, 1953.
[5] Badische Anilin- u. Soda-Fabrik AG., Mineralölhilfsmittel, 1956, S. 44.
[6] DRP 748631 v. 10. 12. 39.
[7] StODC A. P. 2228429 v. 20. 9. 38.
[8] EREC A. P. 2732356 v. 11. 2. 52.
[9] BASF SIMON, v. FÜNER, RAICHLE, WOLF u. JANTSCH, DP-Anm. B 31055/23 c v. 18. 5. 54.
[10] StODC F. P. 915563 v. 6. 10. 45, A. Prior. v. 21. 10. 41.

56—81,5% eines aromatenfreien Mineralschmieröles, 15—30% einer Erdalkaliseife einer gesättigten Fettsäure und 3,5—17% Polyisobutylen (Mol.-Gew. 6000—15000), 0,5% Zinknaphthenat und 0,5% Phenyl-α-naphthylamin. Die Standard Oil Development Company[1] schmilzt 78,25% Mittelöl, 14% Schweröl, 7% Aluminiumstearat, 0,7% Aluminiumnaphthenat, 1% Ölsäure und 0,05% Polyisobutylen (Mol.-Gew. 30000) zu einem Schmierfett zusammen, das durch vorsichtiges Abkühlen in den Gelzustand übergeführt wird. Ein ähnliches Produkt bereitet BONDI[2] aus einem Mineralöl mit 6% Aluminiumstearat, 0,05 bis 0,5% Stearylamin und 0,3—0,5% Polyisobutylen. Ein hochtemperaturbeständiges Schmierfett, das an feuchten Metalloberflächen gut haftet, besteht nach MORWAY[3] aus 60—90% Mineralöl, 1—30% schwefelhaltigem Petroleumharz, 2—10% Acetylenruß und 1% Polyisobutylenkonzentrat. HAIN, JONES, MERKER und ZISMAN[4] haben synthetische Tieftemperaturfette aus Mineralöl, aliphatischen Dicarbonsäureestern, z. B. Bis-(3-methylbutyl)-adipat, Lithiumstearat (schwach basisch durch 0,03—0,05% LiOH) und 4% Polyisobutylen mit Mol.-Gew. 12000 entwickelt. Sie sind nicht korrodierend, hoch oxydationsbeständig und wenig flüchtig. 3—20% Acetylenruß enthält auch ein von MORWAY und ZIMMER[5] entwickeltes Schmierfett auf Mineralölbasis, außerdem noch 1—6% Polyisobutylen oder Polymethacrylat und 0,5—10% Phosphortrisulfid. 50—95% geblasenen Asphalt als Grundlage verwenden DUCHON und McLAREN[6], dem sie 5—30% Bleinaphthenat und 1—20% Polyisobutylen vom Mol.-Gew. 500—25000 beimischen. KLIEBISCH[7] schmiert bewegliche Bauteile an Bauelementen in der Nachrichtentechnik mit einem Schmierfett aus 45% Vaseline, 5% Polyisobutylen, 20% Polyvinylätherharz und 30% Graphit.

Polyisobutylen hat in Hydraulikölen Verwendung gefunden. HESS und PHILIPPOFF[8] benutzen Lösungen von Polyisobutylenen in Toluol, Xylol, Cyclohexan, Tetra- oder Dekahydronaphthalin als Druckflüssigkeiten für tiefste Temperaturen. FENSKE[9] bereitet eine hydraulische Flüssigkeit aus einem als Lösungsmittel dienenden Isoparaffin oder Naphthalin-Kohlenwasserstoff, Polyisobutylen mit Mol.-Gew. 500 bis 2000 und einem Polyacrylsäureester. LELAND[10] wählt als Grundsubstanz chloriertes Cumol, das er mit 2—20% Polyisobutylen mit Mol.-Gew. 1000—15000 eindickt. Mischungen aus flüssigen Estern von Mono- oder Dicarbonsäuren mit ein- oder zweiwertigen Alkoholen und flüssigem Polyisobutylen haben einen sehr niedrigen Viscositäts-Temperatur-Koeffizienten und sind deshalb als hydraulische Flüssigkeiten, besonders

---

[1] StODC F. P. 918994 v. 14. 12. 45.
[2] Shell A. P. 2491641 v. 27. 6. 46.
[3] StODC A. P. 2477311 v. 29. 11. 46.
[4] Ind. Engng. Chem., ind. Edit. **39**, 500—506 (1939).
[5] StODC A. P. 2453153 v. 6. 12. 47.
[6] StOC A. P. 2607732 v. 21. 6. 50.
[7] SH DBP 872242 v. 29. 4. 51.
[8] KH DBP 902072 v. 20. 12. 41.
[9] USA A. P. 2616834 v. 13. 11. 43.
[10] StODC A. P. 2438446 v. 25. 5. 45.

zur Bedienung von Einrichtungen von Kriegsflugzeugen geeignet[1]. JENNINGS, SCHLAER und HOWELL JR.[2] bauen eine hydraulische Flüssigkeit auf aus Mineralöl, einem Kohlenwasserstoff aus der Alkylierung, einem Polyisobutylen vom Mol.-Gew. 10000—20000, Alkylphenolsulfid, Calciumsulfonat, sulfuriertem Spermöl und Oxydationsverhinderer. WATSON[3] benutzt als Basis für hydraulische Flüssigkeiten und Schmiermittel für tiefe Temperaturen Gemische aus 50—90% Trialkylphosphaten und 10—20% Triarylphosphaten, deren Viscositätsindex durch Zusatz von Polyisobutylen verbessert worden ist.

Auf die Verwendung flüssiger Polyisobutylene in der Metallbearbeitung wurde schon hingewiesen (s. S. 199). LARSEN[4] empfiehlt für das Ziehen und Walzen von Aluminium- und Magnesium-Legierungen oder von aluminiumlegiertem Material Mischungen aus polymeren Dialkylsiliconen mit 1—25% Gleitmittel (Graphit, Talk, Glimmer u. ä.) und 10—25% Polyisobutylen. PERRY und TALLEY[5] empfehlen für den gleichen Zweck ein Schmiermittel aus 80—95% eines aromatenfreien Paraffins, 5—20% Polyisobutylen mit Mol.-Gew. 1500—5000, 2—10% eines chlorierten Paraffines und bis zu 1% Zusätzen wie Fettsäuren, sulfuriertes Spermöl, Sulfonate u. ä.

Im Schmierstoffgebiet haben chemische Umsetzungsprodukte des Polyisobutylens Bedeutung als „Additiv" und „Detergent" erlangt. MIXON und LOANE[6] haben Polyisobutylen mit Mol.-Gew. von 500—3000 bei Raumtemperatur mit 10—25% ihres Gewichtes an Chlorsulfonsäure behandelt. Nach dem Neutralisieren und Extrahieren mit Hexan oder Cyclohexan erhalten sie ein Produkt, das in Mengen von 0,5—3% in Mineralölen Korrosion und Schlammbildung verringert. ROBERTS[7] verbessert mineralische Schmieröle für Innenverbrennungsmaschinen durch Zusatz von 0,001—10% eines neutralisierten, phosphor- und schwefelhaltigen Umsetzungsproduktes von Phosphorpentasulfid mit Polyisobutylen. Die Umsetzungsprodukte von Phosphorsulfiden mit Polyisobutylen können in der Farbe aufgehellt werden, indem man sie mit Absorptionsentfärbungsmitteln behandelt[8]. Bei der Umsetzung entstandene saure Produkte kann man durch Erhitzen mit Olefinen wie Diisobutylen oder Dipenten entfernen[9].

Nach MUSSELMAN[10] wirkt das Reaktionsprodukt von 5—60% Phosphorpentasulfid mit 1—10 Teilen Polyisobutylen vom Mol.-Gew. 10000 bis 20000 und 1 Teil einer eine Oxy-, Carbonyl-, Äther- oder Carboxylgruppe enthaltenden organischen Verbindung in Mengen von 0,5—10% in Mineralschmieröl als Viscositätsindexverbesserer, Antioxydations-

[1] StODC F. P. 920987 v. 29. 1. 46.
[2] StODC A. P. 2683120 v. 29. 8. 50.
[3] Shell A. P. 2636861 v. 9. 6. 50.
[4] Shell A. P. 2466642 v. 23. 1. 46.
[5] Shell A. P. 2621159 v. 5. 11. 49.
[6] StOC A. P. 2367468 v. 15. 8. 42.
[7] StODC A. P. 2463429 v. 30. 12. 44.
[8] StOC BARTLESON, A. P. 2664202 v. 22. 12. 49.
[9] StODC HILL u. JONES, A. P. 2640053 v. 23. 11. 49.
[10] StOC A. P. 2566241 v. 27. 5. 48.

mittel und Korrosions- und Schlammbildungsverhinderer. Die Standard Oil Development Company[1] verbessert die Haltbarkeit von Heizöl durch Zusatz von 0,01—0,5% eines mit Phosphorsulfid P_2S_3, P_2S_5, P_4S_7 behandelten Polyisobutylens mit Mol.-Gew. 800—20000. Ähnliche Produkte erhält HILL[2, 3] aus 1 Teil P_2S_5 und 10 Teilen Polyisobutylen und Neutralisieren mit Guanidinderivaten. JONES erhält ein Additiv für Schmieröle für Verbrennungsmotoren, indem er das Reaktionsprodukt aus Phosphorsulfid und Polyisobutylen mit Semicarbazidhydrochlorid und KOH[4] oder mit Thiosemicarbazid[5] umsetzt, ebenso MIKESKA[6] aus mit P_2S_5 behandeltem Polyisobutylen durch Umsetzen mit S-Dodecyl-isothioharnstoffhydrochlorid, ferner HOLTMANN und JONES[7], indem sie das Kaliumsalz des Reaktionsproduktes aus Polyisobutylen und Phosphorpentasulfid mit öllöslichen Salzen einer Carbonsäure, z. B. Calciumnaphthenat, und einer Sulfosäure, z. B. Calciumpetroleumsulfonat, kombinieren. SMITH JR. und KUNC JR.[8] stellen einen Schmierölzusatz aus Aluminiumamylat und einem mit P_2S_5 behandelten Polyisobutylen her. Nach BISHOP[9] verhindern Ba- oder Ca-Salze des Reaktionsproduktes aus P_2S_5 und Polybuten in Mengen von 0,1—20% in Mineralschmierölen die Schwefelwasserstoffentwicklung aus dem dem Schmieröl gleichzeitig in Mengen von 0,1—2% als Antikorrosionsmittel zugegebenen Umsetzungsprodukt aus Phosphorsulfid und einem Terpen. KARLL und SABOL[10] verwenden Umsetzungsprodukte eines öllöslichen Metallsalzes eines neutralisierten P_2S_3-Polybuten-Reaktionsproduktes (Polybuten mit Mol.-Gew. 1000) mit wasserlöslichem Blei- oder Kupferacetat in Mengen von 0,1—10% als Korrosionsschutzmittel in Schmierölen. ENGEL, SIMON und CHRISTMANN[11] verwenden zur Erzielung einer reinigenden Wirkung in Schmierölen neben Salzen der Ameisen-, Essig-, Propion- und Buttersäure Zink-, Zinn- oder Erdalkalisalze der Produkte, die durch Reaktion von Phosphorpentasulfid mit Polyisobutylen entstanden sind. JENSEN[12] empfiehlt für unter hohen Drucken in Differentialgetrieben beanspruchte Schmieröle Mineralöle mit einem Zusatz von 0,5—4% Pentachlorphenol und 5—10% schwefel- und phosphorhaltigem Polyisobutylen.

Mischungen aus Kerosin und dem Umsetzungsprodukt von 1 Mol Phosphorpentasulfid mit 1—10 Mol Polyisobutylen sind nach LOWENSTEIN-LOM[13] emulgierbar. Wäßrige Emulsionen der Mischung sind als Träger für desinfizierende, insektizide, fungizide und herbizide Spritzmittel geeignet.

---

[1] StODC DBP 956440 v. 17. 6. 54, A. Prior. v. 25. 6. 53.
[2] StODC A. P. 2613205 v. 23. 4. 49.
[3] StODC A. P. 2644792 v. 23. 12. 49.
[4] StODC A. P. 2658062 v. 17. 9. 49.
[5] EREC A. P. 2759892 v. 1. 7. 53.
[6] StODC A. P. 2605278 v. 6. 12. 49.
[7] NVBPM DBP 944747 v. 5. 10. 54, A. Prior. v. 5. 10. 53.
[8] EREC F. P. 1158893 v. 27. 9. 56, A. Prior. v. 28. 9. 55.
[9] TWAOC A. P. 2662856 v. 11. 1. 51.
[10] StOC A. P. 2726208 v. 15. 10. 54.
[11] BASF DBP 870153 v. 28. 4. 51.
[12] StODC E. P. 719334 v. 26. 3. 52.
[13] StODC E. P. 721313 v. 5. 5. 52.

Auch Umsetzungsprodukte stärker ungesättigter Polybutylene mit Schwefelchloriden und Phosphorsulfiden[1] sind stabile Schmierölzusätze.

Polyisobutylen begünstigt das Abscheiden von Paraffin aus paraffinhaltigen Ölen[2].

7. Weichmacher

Im vorhergehenden Kapitel über Schmiermittel wurde dargelegt, daß Polyisobutylen die Temperaturabhängigkeit der Viscosität von Schmierölen verkleinert oder, was dasselbe ist, den Viscositätsindex erhöht. Diese Wirkung übt Polyisobutylen auch auf viele andere organische Substanzen, z. B. Paraffin, Asphalt, Wachs, Kautschuk, Kunststoffe u. dgl., aus. Nur spricht man in diesem Falle nicht von VI-Verbesserung, sondern vom Weichmachereffekt.

Auch diese Eigenschaft des Polyisobutylens ist frühzeitig erkannt worden. MÜLLER-CUNRADI, DANIEL und OTTO[3] haben die Verwendung von hochmolekularen Polymerisationsprodukten des Isobutylens als Weichmachungsmittel gefunden und die Eigenschaften und Anwendungsmöglichkeiten von mit Polyisobutylen weichgemachten Stoffen wie Chlorkautschuk, Polystyrol, Polybutadien, Polyvinylverbindungen (Polyvinylchlorid, Polyacrylsäureverbindungen), Kolophonium usw., beschrieben. Durch Anwendung der genannten Polymerisationsprodukte wird die Starrheit bzw. Sprödigkeit der Massen in besonders günstiger Weise beseitigt. Man erhält elastische und widerstandsfähige Massen, die keine Neigung zum Spröde- bzw. Rissigwerden zeigen und in vielen Fällen gegen Wasser, Säuren, Alkalien, Sauerstoff, Chlor, Schwefeldioxyd oder sonstige Chemikalien beständig sind. Den Massen können erforderlichenfalls noch anorganische oder organische Stoffe, wie Füllstoffe, Harze oder trocknende Öle usw., zugesetzt werden. Sie können z. B. als Anstrich-, Imprägnierungs- und Tränkmittel, als Überzugsmassen, Lacke und Polituren, Isoliermittel, Kunstmassen, Filme, Folien, Kitte, Klebmittel, Vergußmassen, plastische Massen, Preßmassen, als Zwischenschicht für Verbundglas usw. Verwendung finden. Die Verwendung von mit Polyisobutylen weichgemachten Mischungen ist z. T. schon in den vorhergehenden Abschnitten abgehandelt worden.

WIEZEVICH[4] veredelt Paraffin durch Zusatz von 10—50% Polyisobutylen mit einem Mol.-Gew. über 1000, setzt gegebenenfalls noch Hartwachse zu und beschichtet mit einer solchen Mischung Papier. ENGELHARDT und HEUCK[5] verwenden eine mit 10% Polyisobutylen (Mol.-Gew. 30000—40000) weichgemachte Chlornaphthalinmischung als Imprägnierungs- und Vergußmasse in der Elektroindustrie sowie für Holz und Gewebe. RUSSELL[6] verwendet bis zu 20% Polyisobutylen mit Mol.-Gew. über 800 als Weichmacher für Celluloseester organischer

[1] StOC BERETVAS, A. P. 2727030 v. 9. 5. 51.
[2] NVBPM Belg. P. 522851 v. 17. 9. 53, Holl. Prior. v. 19. 9. 52.
[3] IG DRP 601253 v. 30. 11. 32.
[4] StODC A. P. 2229356 v. 27. 3. 34.
[5] IG DRP 682664 v. 16. 9. 36.
[6] StODC A. P. 2181609 v. 15. 5. 37.

Säuren oder für Celluloseäther. ROSEN[1] kombiniert Polyisobutylen mit plastischen cyclischen Substanzen der verschiedensten Art. PADGETT[2] bereitet aus raffiniertem Petrolwachs, 0,05—2% verestertem Montanwachs, 20% synthetischem Harz und 0,1—5% Polyisobutylen eine Mischung für Papierbeschichtung. Die Standard Oil Development Company[3] benutzt Polyisobutylen als Weichmacher für Polycumaron-, Polyinden- oder Cumaronindenharze.

VAN GILDER und HARNEY[4] verwenden zum Weichmachen von Wachsen Polyisobutylen mit einheitlicher Teilchengröße, das sie sich durch Strangspritzen aus einer Düse und Schneiden in etwa 1,5 mm große Teilchen herstellen[5] und durch Verrühren mit dem geschmolzenen Wachs lösen.

Polyisobutylen ist ein guter Weichmacher für Asphalt und Bitumen allein, ihre Gemische oder Mischungen mit anderen organischen oder anorganischen Substanzen. NICOLAS[6] verwendet gelartige Mischungen aus Bitumen oder Teer, einem Gelierungsmittel und Polyisobutylen als Weichmacher zur Drahtisolierung, im Oberflächenschutz und in der Kautschukwarenindustrie. MERLEY und NAVIKAS[7] mischen 13—300 Teile geblasenen Asphalt (Schmelzpunkt 50—110°) und 8—16 Teile Polystyrol-Terpenphenolacetonkondensat mit 20—30 Teilen Polyisobutylen vom Mol.-Gew. 10000—150000. Zur Papierimprägnierung und -beschichtung eignet sich nach CUBBERLEY und YEAGER[8] eine mit 3—12% Polyisobutylen (Mol.-Gew. 500—2500) weichgemachte Mischung aus 73—95% Asphalt (Erweichungspunkt 68°) und 2—15% Accawachs C.

Polyisobutylen ist, bedingt durch seine chemische Konstitution und die dadurch gegebenen Eigenschaften, ein guter Weichmacher für natürliche und synthetische Kautschuksorten. Vor allem die niedrigmolekularen öligen Polyisobutylene[9-11] erleichtern die Verarbeitbarkeit der Rohkautschuke und erhöhen Biegsamkeit und Geschmeidigkeit der Vulkanisate, eine Tatsache, die die Standard Oil Development Company[12] bzw. WIEZEVICH[13] frühzeitig erkannt haben. Die zu verwendenden Mengen hängen von der Art des Polyisobutylens und den gewünschten Eigenschaften des Endproduktes ab. Sie können zwischen 0,1 und 10%, gerechnet auf den Gehalt an Kautschuk + Weichmacher in der Mischung, betragen.

---

[1] StODC A. P. 2205108 v. 10. 9. 37.
[2] MM A. P. 2245494 v. 28. 5. 38.
[3] StODC F. P. 852861 v. 8. 4. 39, A. Prior. v. 13. 3. 38.
[4] StODC A. P. 2628203 v. 9. 9. 49.
[5] EREC A. P. 2771458 v. 5. 1. 53.
[6] CGE F. P. 972815 v. 3. 5. 41.
[7] ACKC A. P. 2485625 v. 10. 3. 44.
[8] PLC A. P. 2408297 v. 11. 5. 44.
[9] Advance Solvents a. Chemical Corp., Data Sheet über Advance Vistac Polybutenes, 1955.
[10] Indoil Chemical Company, Indopol Polybutenes, 1951, S. 11.
[11] Oronite Chemical Company, Oronite Polybutenes, S. 9.
[12] StODC E. P. 483563 v. 17. 10. 36, A. Prior. v. 13. 12. 35.
[13] StODC A. P. 2138895 v. 5. 5. 37.

Auch die mittleren Polymerisationsgrade des Polyisobutylens bis etwa zu Mol.-Gew. von 30000[1, 2] zeigen noch ausgesprochen weichmachende Eigenschaften in Kautschukmischungen. Bei den hochmolekularen Polyisobutylenen über 30000 Mol.-Gew. tritt diese Eigenschaft besonders zugunsten der Verbesserung der Oxydationsbeständigkeit der Polyisobutylen-Kautschuk-Mischungen und ihrer Vulkanisate in dem Maße zurück, wie die Mol.-Gew. der Polyisobutylene ansteigen[2–4].

GESSLER[5] plastifiziert ölfeste Kunststoffe mit der Lösung von Polyisobutylen in einem Petroleumkohlenwasserstoff und erzielt dadurch Verbesserung der Kohäsion und Verringerung der Deformation der verformten Kunststoffe.

LA BAKÉLITE[6] verwendet in für Preßmassen geeigneten härtbaren Kunstharzen 5—15% Polyisobutylen als Plastiziermittel. FISK und MEYER[7] haben mit gutem Erfolg Polyisobutylen als Weichmacher gegen Rißbildung bei der Verarbeitung von Mischungen aus Butadien-Acrylnitril-Polymerisaten und Phenolformaldehydharzen verwendet. Die weichmachende, rißbildungsverhindernde Eigenschaft des Polyisobutylens zeigt sich auch schon, wenn es nur als Zwischenschicht, z. B. zwischen Metall und mit diesem verpreßten Kunstharz, eingesetzt wird[8]. DIETZ und BUHMANN[9] mischen Xylenolaldehydharze und Polyisobutylen als Weichmacher über die Emulsionen zusammen.

Ein Weichmacher «par excellence» ist Polyisobutylen für Polyäthylen[10, 11, 12]. Beide Polymere haben, bedingt durch ihren inneren Aufbau, viele gemeinsame, gleich vorzügliche chemische und physikalische Eigenschaften, die sie auch bei gegenseitigem Mischen nicht einbüßen. Sie sind in jedem Verhältnis mischbar[13]. 5% Polyisobutylen im Polyäthylen erhöhen die Geschmeidigkeit bei biaxialer Beanspruchung[14]. 12,5% Polyisobutylen erniedrigen bei niedermolekularem Polyäthylen die Versprödungstemperatur von —25 auf —45° C[15].

Die durch die Rekristallisation im verarbeiteten Polyäthylen bedingte Rißbildung wird durch die Zugabe von 5—10% Polyisobutylen in das Polyäthylen völlig verhindert[16, 17].

[1] StODC E. P. 483563 v. 17. 10. 36, A. Prior. v. 13. 12. 35.
[2] StODC A. P. 2138895 v. 5. 5. 37.
[3] StODC E. P. 479478 v. 17. 10. 36, A. Prior. v. 13. 12. 35.
[4] StODC SAYKO, A. P. 2620323 v. 31. 3. 49.
[5] StODC A. P. 2560339 v. 30. 12. 47.
[6] B F. P. 1028815 v. 11. 9. 50.
[7] USRC A. P. 2659706 v. 7. 10. 50.
[8] N. V. Philips Gloeilampenfabrieken, F. P. 1089702 v. 17. 12. 53, Holl. Prior. v. 19. 12. 52.
[9] FH DBP 1006148 v. 9. 7. 53.
[10] Badische Anilin- u. Soda-Fabrik AG., Oppanol B, 1954, S. 21.
[11] Badische Anilin- u. Soda-Fabrik AG., Lupolen H, 1954, S. 18—25.
[12] Enjay Company, Inc., Vistanex (Polyisobutylene) 1948, S. 22.
[13] NEWBERG, YOUNG u. EVANS: Mod. Plastics 26, 119—124, 182—185 (Dez. 1948).
[14] HOPKINS, BAKER u. HOWARD: J. appl. Physics 21, 206 (1950).
[15] HUNTER u. OAKES: Brit. Plastics 17, 96 (1945).
[16] DE COSTE, MALM u. WALLDER: Ind. Engng. Chem. 43, 117—121 (1951).
[17] BH F. P. 1141741 v. 22. 2. 56, D. Prior. v. 18. 11. 55.

LATHAM[1] verbessert Biegefestigkeit, Transparenz und Erweichungs-
bereich von Polyäthylen für Drahtisolierung in der Elektrotechnik durch
Einmischen von Polyisobutylen auf der Walze. Mischungen aus Polyisobutylen und Polyäthylen haben einen großen plastischen Bereich und
ermöglichen besser als Polyäthylen allein höchste Konzentrizität besonders
bei dickeren Kabeln. SPARKS[2] erhält absolut wasserbeständige dünne
Filme aus mit 25—80 Teilen Polyisobutylen weichgemachtem Polyäthylen und Wachs. Die Standard Oil Development Company[3] verwendet mit 30—80 Teilen Polyisobutylen weichgemachte Mischungen
aus 70—20 Teilen Polyäthylen und 1—25 Teilen Paraffin in Form dünner
Folien als Umhüllungs- und Verpackungsmaterial. Um mit Polyisobutylen weichgemachte Polyäthylenfolien besser von der Walze ab-
ziehen zu können, fügt MYERS[4] 0,05—9% eines Esters oder bis zu 0,2%
eines Metallsalzes einbasischer höherer Fettsäuren, z. B. Propylenglykol-
monostearat oder Aluminiumtristearat, hinzu. Mit mittels Polyisobutylen
weichgemachtem Polyäthylen verklebt APPLETON[5] Fasermaterial. Eine
spezielle Anwendung findet mit einer Mischung aus gleichen Teilen
Polyisobutylen und Polyäthylen verklebtes Glasfasergewebe nach
PARSONS und DEPEW[6] beim Verkleiden von Flugzeugen.

Mit Polyisobutylen weichgemachtes Polyäthylen kann auch über die
Lösung verarbeitet werden. EICHSTÄDT und TRIMBORN[7] stellen mit Hilfe
solcher Lösungen Folien, Tauchkörper, Überzüge, Imprägnierungen und
Streichstoffe her.

Auch das Dispergieren von Polyisobutylen-Polyäthylen-Mischungen
ist möglich. FLINT und CLARKE[8] mischen zunächst auf der warmen
Walze Polyisobutylen und Polyäthylen, pulverisieren dann auf der
kalten Walze und dispergieren schließlich das Pulver mittels Emulgator
und Wasser. Die Dispersion eignet sich zum Imprägnieren und Überziehen von Textilien. JENETT und JENETT[9] stellen die Dispersion mittels
eines Lösungsmittel-Nichtlöser-Systems und raschem Abkühlen her und
verwenden sie zur Druckpastenfabrikation.

Bei der Verarbeitung von Polytetrafluoräthylen hat sich Polyisobutylen ebenfalls als Weichmacher bewährt. VINCENT und BURGER[10]
mischen 20 Teile Polyisobutylen mit 40 Teilen grobkörnigem Polytetrafluoräthylen, mahlen diese Mischung während 20 min auf einem Zwei-
walzenstuhl fein und ziehen sie als Folie ab. Dann extrahieren sie das
Polyisobutylen während 8 min mit Petroläther und erhalten eine poröse,
sehr geschmeidige, weiße Folie für Formkörper, Überzüge, Filtermaterial
und elektrische Isolierungen. LONTZ[11] verrührt eine wäßrige Polytetra-

[1] EIPNC A. P. 2369471 v. 28. 4. 39.
[2] Jasco A. P. 2339958 v. 14. 9. 39.
[3] StODC F. P. 886400 v. 14. 9. 40.
[4] BC A. P. 2462331 v. 13. 4. 44.
[5] XP E. P. 572146 v. 6. 8. 43.
[6] FEAC A. P. 2642370 v. 18. 10. 49.
[7] BASF DBP 854845 v. 29. 10. 41.
[8] ICI E. P. 572695 v. 2. 1. 40.
[9] EMC A. P. 2628172 v. 20. 10. 50.
[10] BDR E. P. 706012 v. 20. 4. 50 u. 18. 9. 50.
[11] EIPNC Can. P. 486628 v. 30. 4. 51, A. Prior. v. 30. 6. 50.

fluoräthylendispersion mit einem Polyisobutylen enthaltenden organischen flüssigen Nichtlöser für das Polytetrafluoräthylen und erhält ein als Lackierungs- und Überzugsmittel verwendbares Organosol.

8. Verschiedene andere Anwendungen

Der Vollständigkeit halber sollen in diesem Abschnitt Anwendungen des Polyisobutylens zusammengestellt werden, die sich nicht in die vorangegangenen Kapitel einordnen lassen.

1. Polyisobutylen als Bindemittel in Druckpasten

SCHNEEVOIGT[1] verwendet Polyisobutylen als Bindemittel in Zeugdruckpasten. Es fixiert Pigmente und unlösliche Farbstoffe auch auf feinen Geweben, ohne den weichen Griff des Gewebes zu beeinträchtigen. CASSEL[2] stellt mittels Polyisobutylen Druckpasten für Textilien her. Es sind Emulsionen, deren äußere Phase eine mit Wasser nicht mischbare Lösung mehrerer filmbildender Stoffe in einem organischen Lösungsmittel ist. Einer dieser Filmbildner ist Polyisobutylen. In Mischung mit Polyäthylen dient Polyisobutylen als Farbstoffträger beim Bedrucken von Polyäthylen[3] oder als Stabilisator der Farbpaste[4]. Niedrigmolekulares Polyisobutylen hat sich ebenfalls in Druckpasten und bei der Herstellung von Minen-Schreibpasten für Kugelschreiber[5, 6] bewährt. Das von GOLDE[7] beschriebene Verfahren zum Bedrucken von thermoplastischen Kunststoff-Folien, bei dem aufgedruckte Bronze- oder Metalloxydfarben durch Erhitzen und Aufschmelzen der Folienoberfläche im Hochfrequenzfeld haftend gemacht werden, dürfte beim Polyisobutylen nicht durchführbar sein, weil Polyisobutylen kein Thermoplast, sondern ein Elastoplast ohne Schmelzpunkt ist. Nach WOLINSKI[8, 9] wird die Bedruckbarkeit von Polyisobutylenfolien durch Behandeln mit Ozon bei erhöhter Temperatur, evtl. unter gleichzeitiger Ultra-Violett-Bestrahlung, verbessert. Die Dick Co.[10] verwendet die Polyisobutylen-Dispersion bei der Herstellung einer Vervielfältigungstinte für Schablonierzwecke.

2. Polyisobutylen in Explosivstoffen und Brennstoffen

DOWNARD[11] verwendet 2—12% Polyisobutylen als elastomeres Geliermittel bei der Herstellung gelartiger Explosivstoffmischungen. TAYLOR[12] benutzt Polybuten als Binde- und Lösungsmittel für formbare, nicht freifließende explosive Mischungen. Das z. B. in Brandbomben

---

[1] IG DRP 702764 v. 18. 4. 37.
[2] IC A. P. 2376319 v. 27. 5. 40, Rc. 23134 v. 13. 5. 46.
[3] LANE: Aust. Plastics 6, 35—36 (1950).
[4] BASF BUCHWALD, DBP 898906 v. 8. 2. 51.
[5] Oronite Chemical Company, Oronite Polybutenes, S. 12.
[6] PaPeC GOESSLING, D.A.S. 1043550 v. 16. 12. 54, A. Prior v. 21. 12. 53.
[7] DBP 848831 v. 26. 9. 50.
[8] EIPNC WOLINSKI, A. P. 2715075 v. 29. 11. 52.
[9] EIPNC WOLINSKI, A. P. 2715076 v. 29. 11. 52.
[10] E. P. 752335 v. 30. 1. 53, A. Prior. v. 30. 1. 52.
[11] HPC A. P. 2537039 v. 12. 6. 47.
[12] APC A. P. 2541389 v. 28. 10. 49.

als brennbare Masse verwendete gelartige Napalm — mit Natriumpalmitat eingedicktes Benzin — besitzt hohen Verbrennungsrückstand, ist wasser- und oxydationsempfindlich und verändert den p_H-Wert. Die Inventa AG. für Forschung und Patentverwertung[1] vermeidet diese Nachteile, indem sie statt Natriumpalmitat Polyisobutylen verwendet.

3. Polyisobutylen für medizinische Zwecke

LOANE[2] verbessert die Penetration von Vaseline durch Zusatz von 1—10% Polyisobutylen vom Mol.-Gew. 1500—8000. JELINEK[3] überzieht Zahnprothesenplatten gaumenseitig mit einer 0,5 mm dicken Schutz- und Isolierschicht von Polyisobutylen. STEEK und WIEDMER[4] bereiten eine für medizinische und orthopädische Zwecke dienende verformbare, plastische Masse aus Polyisobutylen, Weichmacher und Faserstoffen verschiedener Art. SCHWAB und NAGEL[5] verwenden an Stelle von Gipsverbänden poröse Bandagen aus mit Füllstoffen verarbeitetem Polyisobutylen. Polyisobutylenfolien sind als Arterienabbinder verwendbar[6].

KETTENBACH[7] bereitet eine elastische Abdruckmasse für zahnärztliche und technische Zwecke aus einer Polyisobutylen-Dispersion und schnell abbindendem Gips.

4. Polyisobutylen als Motortreibmittel und Sicherheitskraftstoff

Polyisobutylen kann bei genügend hoher Temperatur zu niedermolekularen Polyisobutylenen oder Isobutylen depolymerisiert werden (s. Abschnitt II D, S. 105). Diese Tatsache haben MÜLLER-CUNRADI und OTTO[8] ausgenutzt, um auf sichere, gefahrlose Weise Verbrennungsmotoren zu betreiben (Abb. 20).

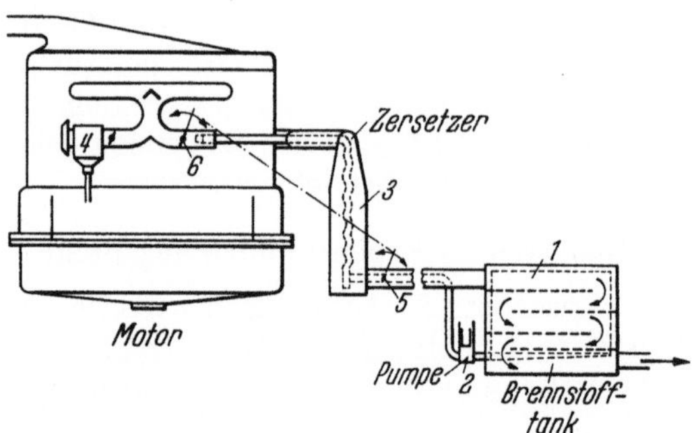

Abb. 20. Polyisobutylen als Sicherheitskraftstoff im Explosionsmotor

Zwischen Brennstofftank *1* mit Pumpe *2* und Motor haben sie einen auf 350° geheizten Zersetzer *3* eingebaut. Das im Tank *1* aufgeheizte

[1] E. P. 760577 v. 13. 4. 53, Schweiz. Prior. v. 2. 5. 52.
[2] StOC A. P. 2177729 v. 31. 3. 37.
[3] Oesterr. P. 162968 v. 28. 11. 45, D. Prior. v. 16. 11. 42.
[4] Schweiz. P. 251130 v. 27. 6. 46.
[5] F. P. 1090479 v. 30. 7. 53, D. Prior. v. 30. 7. 52.
[6] DCF D. R. G. M. 1489166 v. 14. 6. 40.
[7] D. A. S. 1042888 v. 4. 6. 54.
[8] IG DRP 644441 v. 23. 7. 32.

Polyisobutylen (Mol.-Gew. 5000) wird in dem Zersetzer *3* aufgespalten und die Spaltprodukte zum Betreiben des Motors verwendet.

5. Polyisobutylen in Reinigungs-, Schleif- und Poliermassen

Eine Reinigungsmasse für Tapeten, Drucktypen, Stempel u. ä. hat STAHL[1] aus 38,4% Polyisobutylen (Mol.-Gew. über 800), 27,9% Talk, 28,9% geliertem Holzöl, 5,7% Mineralöl und wenig Glycerin bereitet. Für die Herstellung von Reinigungspasten sind auch Polyisobutylendispersionen brauchbar. MESSNER und SCHÖLLER[2] verwenden zur Herstellung von Körperreinigungspasten dispergiertes Polyisobutylen vom Mol.-Gew. 150000.

Eine Schleif- und Poliermasse enthält nach SNYDER[3] 6—12 Gew.-Teile Polybutylen, 70—90 Gew.-Teile Schmiermittel, 2—4 Gew.-Teile Säure, 4—8 Gew.-Teile Phenolharz. In Emulsionsform kann man mit der Mischung hochglanzpolierte Oberflächen herstellen.

6. Sonstiges

Für die Verformung von Kunststoffen im Ziehpreßverfahren empfiehlt SAECHTLING[4] Matrizen aus mit Ruß und Graphit gefülltem Polyisobutylen. La Haute Fréquence Industrielle S. A. R. L.[5] verstärkt aus Siliconharz erhaltene Preßformen für Hochfrequenzheizung mit Polyisobutylen. BARTH[6] empfiehlt den Zusatz von Polybuten zu Siliconöl, das als Trennmittel beim Abformen von Kunststoffen auf die Formenoberfläche gesprüht wird.

BODAMER verwendet Polyisobutylen[7] oder Mischungen aus Polyisobutylen und Polyäthylen[8] zur Herstellung selektiv durchlässiger Filme, die 25—75% eines sulfo- oder carboxylgruppenhaltigen Harzes als Kationenaustauscher enthalten.

B. Mischpolymerisate des Isobutylens

1. Mischpolymerisate aus Isobutylen und Monoolefinen

Die einfachen Mischpolymerisate des Isobutylens mit den Anfangsgliedern der Olefinreihe werden bei der polymerisierenden Behandlung von Crackgasen erhalten und im allgemeinen nicht isoliert, sondern im Gemisch hydriert und als Bestandteil des Polymerbenzins als Treibstoff für Explosionsmotoren verwendet.

Ein Mischpolymerisat aus Isobutylen und Octadecen mit einem Mol.-Gew. von 3000—6000 erhöht, in Mengen von 0,03—2% Mineralschmierölen zugesetzt, deren Viscositätsindex[9].

<hr>

[1] StODC A. P. 2090708 v. 8. 10. 32.
[2] BASF DP-Anm. B 18207/22g v. 15. 12. 51.
[3] WVC A. P. 2443698 v. 28. 8. 46.
[4] Kunststoff-Techn. u. Kunststoff-Anwend. **33**, 291—294 (1943).
[5] HFI F. P. 963643 v. 6. 3. 48.
[6] PDC A. P. 2639213 v. 21. 3. 50.
[7] RHC DP-Anm. R 7873/12d v. 17. 12. 51.
[8] RHC DP-Anm. R 7938/12d v. 27. 12. 51.
[9] EREC GARBER, HOLLYDAY JR. u. VANDERBILT, A. P. 2746925 v. 27. 9. 51.

Das Umsetzungsprodukt eines dimeren Mischpolymerisates von Isobutylen und Normalbutylen mit Schwefelmonochlorid und Phenol verbessert, in Mengen von 2—10% angewandt, Mineralöle[1].

Setzt man polymere C_3—C_4-Olefine in der Wärme mit Schwefel um, so erhält man ein Öl mit 35,9—50% S, das sich in Mischungen zur Herstellung von Schneidöl-Emulsionen für die Metallbearbeitung bewährt hat[2].

Mit Phosphorpentasulfid umgesetzte polymere C_3—C_4-Olefine (aus C_3—C_4-Olefingemischen durch nicht selektive Polymerisation mit phosphorsäurehaltigen Katalysatoren hergestellt) dienen als Schmierölzusätze. Sie sind für sich allein[3] oder nach der Herstellung in Gegenwart von sauerstoffhaltigen, organischen Verbindungen[4] oder nach der Behandlung mit Mercaptanen[5, 6] als Antikorrosionsmittel wirksam.

Die höhermolekularen, öligen Mischpolymerisate des Isobutylens mit Normalolefinen, die Polybutene, unterscheiden sich bezüglich ihrer Anwendung nicht von den im Anwendungsteil A. Polyisobutylen besprochenen öligen Polymerisaten, so daß sich eine Wiederholung erübrigt.

2. Mischpolymerisate aus Isobutylen und Polyolefinen

Die Mischpolymerisate aus Isobutylen und Polyolefinen stellen die bedeutendste Gruppe der Mischpolymerisate des Isobutylens dar.

Ölige Mischpolymerisate aus Isobutylen und Butadien-1,3 sind zur Herstellung von trocknenden Ölen geeignet. Ihre Umsetzungsprodukte mit cyclischen Kohlenwasserstoffen[7] oder mit mehrwertigen Alkoholen und ungesättigten Fettsäuren[8] trocknen unter dem Einfluß von Sikkativen rasch zu nicht blendenden, elastischen Lacken.

Die festen Mischpolymerisate des Isobutylens mit Polyolefinen, z. B. Butadien oder Isopren, die in etwa 1—5% im Mischpolymerisat enthalten sind, ähneln sehr stark den reinen Polyisobutylenen mit gleichem Mol.-Gew. Aus diesem Grunde können sie in vielen Fällen an Stelle der reinen Polyisobutylene angewandt werden, und zahlreiche Anwendungspatente, die beim Polyisobutylen genannt worden sind, umfassen auch die Mischpolymerisate des Isobutylens mit Polyolefinen. Die folgende Übersicht zeigt dafür einige Beispiele:

a) Dichtungsmaterial

Für Brennstoffbehälter	StODC Frolich, A. P. 2497123 v. 18. 4. 44
Für stichfeste, selbstdichtende Bereifung	USRC E. P. 733126 v. 24. 8. 53, A. Prior. v. 20. 10. 52
Für stichfeste, selbstdichtende Bereifung	WC Hoesly u. Knill, F. P. 1085164 v. 14. 10. 53, A. Prior. v. 17. 6. 53
Für stichfeste, selbstdichtende Bereifung	Se Fialla, Oesterr. P. 187814 v. 15. 2. 55

---

[1] StODC F. P. 917991 v. 26. 11. 45.
[2] StOC Veatch u. Partch, A. P. 2578865 v. 31. 3. 48.
[3] StOC Bartleson u. Campbell, A. P. 2655477 v. 27. 12. 46.
[4] StOC Musselman, A. P. 2606182 v. 7. 6. 47.
[5] StOC Bartleson u. Lankelma, A. P. 2566397 v. 7. 6. 47.
[6] StOC Bartleson u. Lankelma, A. P. 2566398 v. 7. 6. 47.
[7] UOPC West, A. P. 2578214 v. 31. 12. 48.
[8] UOPC Hoffmann, A. P. 2645649 v. 30. 11. 50.

b) Isolierung

Von Hochspannungskabel	Jasco Frolich u. Lightbown, A. P. 2441945 v. 24. 8. 40
Von Hochspannungskabel	Jean-Étienne-Charles Bongrand, F. P. 977511 v. 29. 7. 42
Von Fernmeldekabel	SH Weinoldt u. Kahmann, DP-Anm. S 11778/21 c v. 30. 9. 43
Von Hochspannungskabel	Latham, Jones u. Carter: Electr. Engng. **69**, 262 (1950)
Von Leitungskabel	Schwartz u. Smith: India Rubber Wld. **131**, 647—648 (1952)
Von Kabeln und Drähten	Schwartz: Kautschuk u. Gummi 8, 288—291 (1955)
Von Hochspannungskabel	General Electr. Co.: India Rubber Wld. **133**, 253 (1955)
Von elektr. Leitern	Daynes: Rubber J. **130**, 584—585 (1956)
Von elektr. Leitern	Högberg: Kunststoffe **46**, 557—562 (1956)
Von Kabel	BICC Oesterr. P. 180611 v. 20. 2. 53, E. Prior. v. 3. 3. 52
Von Stromsammlerseparator	OCFC F. P. 1045872 v. 30. 6. 51
Für elektr. Leitungen	BMC Selby, A. P. 2569540 v. 4. 1. 49
Kabel	SSW E. P. 743325 v. 30. 1. 52, D. Prior. v. 3. 2. u. 20. 11. 51
Kabel	SSW E. P. 744517 v. 10. 11. 53, D. Prior. v. 18. 12. 52
Kabel	GEC Crandall, DBP 961903 v. 21. 4. 54, A. Prior. v. 20. 4. 53
Kabel	Geoffroy u. Perrault: Bull. Soc. franc. Électriciens (7) **7**, 150—165 (1957)
Starkstromkabel	Glander: Gummi u. Asbest **11**, 266—278 (1958)
Kabel	SSW E. P. 787597 v. 17. 5. 55, D. Prior. v. 18. 5. 54
Leitungsdrähte	RCC Schatzel, A. P. 2830919 v. 17. 7. 55
Hochfrequenzleiter	SH Lintzel D.A.S. 1029896 v. 29. 9. 54

c) Klebstoffe

Über die Lösung	StODC McArdle u. Robertson, A. P. 2399558 v. 31. 12. 42
Über die Emulsion	Silenco, F. P. 1012121 v. 11. 6. 49
Für Papier	BBCC Wedger u. Battersby, D.A.S. 1050475 v. 15. 1. 57, A. Prior. v. 26. 1. 56
Für Papierfolien	RTC Fries u. Becker, A. P. 2708177 v. 13. 6. 52
Für Pflaster	SRC Brien, A. P. 2451865 v. 31. 1. 41
Für Klebbänder	ITC Holland, Pike u. Voutetakis, A. P. 2551600 v. 22. 11. 44
Für Schleifmasse	USRC E. P. 569989 v. 24. 6. 43
Für Schuhsohlen	StODC Baldwin, A. P. 2547733 v. 28. 12. 45
Für die Schuhindustrie	Schlicht: Kautschuk u. Gummi **9**, WT 72—74 (1956)
Für filmbildendes Material	CIS Chavannes, A. P. 2526634 v. 28. 2. 46
Für Klebzement	IC Radi, A. P. 2461532 v. 27. 3. 46
Für Metallplatten	PLC Birkland u. Lamm, A. P. 2537766 v. 29. 1. 49
Für Polyäthylenfilme	BBCC Davis, Durette u. Johnson, A. P. 2656297 v. 2. 4. 49
Für Beläge	ACKC Hazeltine, A. P. 2624682 v. 24. 1. 51
Für Fasermaterial	K Secrist, A. P. 2697048 v. 11. 6. 52
Für Fasermaterial	Blinowa: Leicht-Ind. (russ.) **11**, 37—39 (1951)
Für Fasermaterial u. Gewebe	StODC Robinson, F. P. 1080936 v. 17. 6. 53
Für Fasern und Gewebe	GTRC Cousins A. P. 2835624 v. 14. 10. 54
Für Fasern und Gewebe	EREC E. P. 788771 v. 27. 2. 56, A. Prior. v. 1. 11. 55

Ermittlung der Klebrigkeit | BECKWITH, WELCH, NELSON, CHANEY u. McCRACKEN: Ind. Engng. Chem. **41**, 2247—2251 (1949)

Für Butylkautschuk auf Metall | USRC HULSWIT JR. u. WIECHMANN, A. P. 2392590 v. 2. 4. 43
StODC SMITH, A. P. 2471905 v. 1. 2. 44
DRC CLIFTON, Can. P. 473107 v. 4. 7. 46
StODC HUBBARD u. SMITH, A. P. 2631953 v. 12. 3. 49
AKERS: Rubber Age **70**, 205—206 (1951)
GTRC VAUGHAN u. HOCKETT, A. P. 2740741 v. 15. 9. 53
USRC Belg. P. 566194 v. 28. 3. 58, A. Prior. v. 27. 5. 57

Für Butylkautschuk auf Kautschuk | StODC WOLF u. SPARKS, A. P. 2442068 v. 26. 5. 42
LÖBLEIN, DDRP. 5623/39c v. 12. 1. 45
BFGC SARBACH u. LOOMIS, A. P. 2541550 v. 3. 1. 49
StODC CLAYTON JR. u. THOMAS, A. P. 2701221 v. 2. 4. 52
StODC WILSON u. ROBINSON, A. P. 2824038 v. 29. 4. 52
DuRuC SEAR, E. P. 743731 v. 19. 5. 53

Für Butylkautschuk auf Polyäthylen | USRC OLSON, A. P. 2711985 v. 3. 10. 52

Für Butylkautschuk auf Polyfluoräthylen | CHRC PANAGROSSI u. HAUSER, A. P. 2705691 v. 6. 1. 53

d) Oberflächenschutz

Überzugsmasse für Transportbehälter | StODC KNOTH u. PAVLICK, A. P. 2394616 v. 9. 12. 42

Für Verpackungsmaterial | StODC BANNON u. MIMS, A. P. 2403964 v. 9. 12. 42

Für Metall | StODC CALFEE u. YOUNG, A. P. 2423755 v. 24. 11. 43

Für Reifeninnenseite | BFGC TILTON, A. P. 2566384 v. 16. 5. 47

Für Papier | PPC WINK u. DINIUS, E. P. 700743 v. 14. 12. 49, A. Prior. v. 23. 12. 48

Für Papiergefäße | Sa GAUNT, E. P. 693000 v. 1. 2. 50

Für Ballone, Fußbekleidung | USRC STERRETT, DBP 921357 v. 16. 1. 53, A. Prior. v. 29. 2. 52

Für Gummilauftücher und Gummiwalzen | FREY, D. G. M. 1659159 (39a)

Imprägnieren von Papier | PTC EGER u. ENGEL, A. P. 2726967 v. 29. 9. 44 u. 23. 10. 46

Zwischenschicht für Klebestreifen | ITC PIKE u. MORRIS, A. P. 2487060 v. 20. 9. 46

Korrosionsschutz in der chemischen Industrie | BRAZIER: Int. chem. Engng. Process Ind. **33**, 33—34 (1952)

Korrosionsschutz in der chemischen Industrie | FISHER: Ind. Engng. Chem. **46**, 2067—2075 (1954)

Korrosionsschutz in der chemischen Industrie | BOURGOIS, Corr. et Anticorr. **4**, 97—104 (1956)

Zum Beschichten von Gewebe von Stiefeloberleder | USRC E. P. 771861 v. 25. 7. 55, A. Prior. v. 14. 9. 54

Für Gaskampfstoffe | Trelleborgs Gummifabriks Aktiebolag, F. P. 1103182 v. 25. 6. 54

Überzug für Fahrradrennreifen | DuRuC Belg. P. 522104 v. 12. 8. 53, E. Prior. v. 19. 8. 52

Für Behälter und Apparate | EIPNC VAN EPP, F. P. 1146713 v. 26. 1. 56, A. Prior. v. 27. 1. 55

e) Schmiermittel

Als Schmierölzusatz	NVBPM Holl. P. 43011 v. 24. 3. 36
Als VI-Verbesserer	StODC Wiezevich, A. P. 2213423 v. 9. 4. 37
Als VI-Verbesserer	StODC Smyers, A. P. 2274749 v. 17. 7. 37
Als Schmierölzusatz	StOC Hineline, A. P. 2446927 v. 1. 1. 43
Als Schmierölzusatz	StODC Schweiz. P. 280479 v. 3. 6. 46, A. Prior. v. 11., 17., 21. 7., 10. 8., 11., 21. u. 29. 12. 45
Als Schmierölzusatz	StODC E. P. 707981 v. 10. 7. 50
Als Schmierölzusatz	StODC McLean u. Hawkins, E. P. 716711 v. 15. 3.51
Als Schmierölzusatz	StODC Hawkins u. Jensen, E. P. 728220 v. 1. 8. 51
Als Schmierölzusatz	StODC Popkin u. Tutwiler, A. P. 2689223 v. 22. 6. 51
Als Schmierölzusatz	EREC E. P. 761359 v. 26. 4. 54
Mit Phosphorsulfid umgesetzt als Schmierölzusatz	StOC Roberts, A. P. 2463429 v. 30. 12. 44
	EREC E. P. 760993 v. 4. 6. 54
Mit γ-Strahlen abgebaut als Schmierölzusatz	EREC Horowitz u. Guthrie, F. P. 1145326 v. 11. 1. 56, A. Prior. v. 16. 2. 55

f) Weichmacher

	StODC Young u. Sparks, A. P. 2479450 v. 30. 12. 44
Für Wachs	StODC van Gilder u. Harney, A. P. 2628203 v. 9. 9. 49
Für Mischungen aus Butadien-Acrylnitril-Polymerisaten und Phenolformaldehydharzen	USRC Fisk u. Meyer, A. P. 2659706 v. 7. 10. 50
Für Polyäthylen	EIPNC Latham, A. P. 2369471 v. 28. 4. 39
Für Polyäthylen	K Bright, A. P. 2631954 v. 18. 7. 46
Für Polyäthylen	De Coste, Malm u. Wallder: Ind. Engng. Chem. 43, 117—121 (1951)
Für Polyäthylen	Dean: Chem. Trade J. 135, 1694—1695 (1954)
Für Polyäthylen	Palandri u. Pelagatti: Materie plast. 21, 569—585 (1955)
Für Bitumen	USRC Flickinger, A. P. 2807596 v. 27. 4. 54
Für Bitumen	USRC Belg. P. 536657 v. 19. 3. 55
Für Asphalt	USRC E. P. 787873 v. 26. 9. 55, A. Prior. v. 18. 10. 54
Für Bitumen	ES Valla u. Prévost, F. P. 1120244 v. 21. 1. 55
Für Polyvinylchlorid	Semtex Ltd. F. P. 1056886 v. 19. 12. 51, E. Prior. v. 20. 12. 50, 18. 7. u. 19. 11. 51
Für Mischungen	Semtex Ltd. Saul, Wiggins u. Linley, E. P. 722505 v. 20. 12. 50
Für Polyvinylacetalharz	USRC Fisk, A. P. 2775572 v. 28.8.52; F.P. 1086918 v. 21. 8. 53, A. Prior. v. 28. 8. 52
Für Polystyrol	MCC Fordham, A. P. 2871118 v. 14. 7. 54

g) Verschiedenes

Als Bindemittel in Druckpaste	M Messerschmitt, F. P. 1102794 v. 22. 6. 54, D. Prior. v. 22. 6. 53 u. 6. 5. 54
Als Fußbodenbelag	ACKC Bezman u. Browning, A. P. 2739082 v. 20. 3. 52
Als Fußbodenbelag	ACKC Hazeltine jr. u. Gelzenlichter, A. P. 2705683 v. 10. 4. 52
Als Fußbodenbelag	ACKC Hazeltine jr., A. P. 2705684 v. 10. 4. 52
Für Fußböden	ACKC Hazeltine jr., A. P. 2809125 v. 24. 3. 54
Gefärbte Butylkautschukartikel	Wolf: Rubber Age 75, 389—395 (1954)

Umsetzungsprodukte des Butylkautschuks mit Maleinsäureanhydrid[1] (s. S. 160) oder halogenierter Butylkautschuk[2,3] (s. S. 160) eignen sich zur Herstellung von Klebstoffen.

h) Gummiindustrie

Alle genannten Anwendungen der Mischpolymerisate aus Isobutylen und Polyolefinen, vor allem des Butylkautschuks aus Isobutylen und Isopren, werden bei weitem übertroffen von der Anwendung in der Gummiindustrie. Die ausführliche Beschreibung würde ein eigenes, umfangreiches Buch erfordern. Es sei deshalb auf die schon bei der Herstellung des Butylkautschuks (s. Abschnitt III B 2, S. 125) erwähnte Bibliographie von McSweeney und Mueller[4] verwiesen, die auch die Verarbeitung und Anwendung mit umfaßt.

„Butylkautschuk[5,6,7,8] stellt einen Kompromiß zwischen Naturkautschuk und Polyisobutylen dar. Man betrachtet Naturkautschuk als aus Isopren-Einheiten aufgebaut, und jede Isopren-Einheit liefert eine Doppelbindung zum Kautschukmolekül. Bei einem solchen Überschuß von Ungesättigtheit ist Naturkautschuk leicht vulkanisierbar. Leider sind sogar viel mehr Doppelbindungen vorhanden, als zur Vulkanisation notwendig sind, und die Folge davon sind Angriffspunkte im Kautschukmolekül. Deshalb zeigt Naturkautschuk verhältnismäßig geringe Alterungsbeständigkeit. Im Polyisobutylen enthält die sich wiederholende Einheit keine Doppelbindung, und das Polymere ist gesättigt. Während es dadurch sehr beständig wird, sind Vulkanisieren oder Härten unmöglich. Andererseits ist Butylkautschuk ein Polymeres, das die besten Merkmale beider vereinigt. Weil er zum großen Teil aus Isobutylen und zu einem kleinen Teil aus Isopren aufgebaut ist, besitzt er genügend Ungesättigtheit, um die Vulkanisation zu ermöglichen. Über diesen Bedarf hinaus bleibt wenig oder keine Ungesättigtheit übrig, und infolgedessen ist das Elastomere unangreifbar durch Ozon, Sauerstoff, viele Säuren und Alkalien, oxydierende Agenzien, Hitze und Sonnenlicht."

Wegen seiner guten Alterungs- und Chemikalienbeständigkeit[9,10] und seiner vorzüglichen Gasdichtheit eignet sich Butylkautschuk[11] besonders zur Herstellung von:

> Innenschläuchen für Reifenfahrzeuge
> Innenbelegungen von schlauchlosen Reifen
> Vulkanisiersäcken[12]
> Heizschläuchen

---

[1] USRC Paxton, DBP 1002490 v. 2. 2. 55, A. Prior. v. 11. 8. 54.
[2] BFGC Crawford u. Morrissey, A. P. 2720479 v. 30. 1. 51.
[3] USRC Viohl u. Tawney, Belg. P. 565759 v. 15. 3. 58, A. Prior v. 6. 5. 57.
[4] Rubber Age 38, 247—252 (1954).
[5] Polymer Corporation Sarnia Canada, Polysar Butyl, 1948.
[6] Esso Enjay Butyl.
[7] Esso Butyl-Information Nr. 1 (1956).
[8] Esso Butyl-Information Nr. 2 (1956).
[9] McNamee: Chem. Engng. 61, 238—246 (1954).
[10] Waggner: Rubber Age (New York) 81, 291—293 (1957).
[11] Esso Butyl-Information Nr. 6 (1958).
[11] Sayko: India Rubber Wld. 129, 348—353 (1953).

Sperrholzpreßsäcken
Hochspannungsisolationen
Förderbändern für heiße Güter
Papierbeschichtungsmaterial
Wasserdichten Geweben
Gasschutzkleidung
Schlauchbooten und Rettungsgürteln
Klebstoffen
Dichtungen und Siegelmassen

α) Schlauchherstellung

Sein Hauptanwendungsgebiet ist die Schlauchherstellung, und viele der im Verarbeitungsteil genannten Arbeiten sind ausgeführt worden, um in diesem Sektor laufend Verbesserungen zu erzielen. Versuche zur Verwendung bei der Reifenherstellung werden seit Einführung des schlauchlosen Reifens mit erhöhter Intensität betrieben. Die Fabrikation von Ackerschlepper-Reifen wird bereits ausgeübt, und nach allerneuesten Informationen soll der Aufbau von Autoreifen nur aus Butylkautschuk gelöst sein[1, 2].

Butylkautschuk-Schläuche zeigten anwendungstechnische Mängel, die im Laufe der Zeit beseitigt werden konnten.

Das Verbinden der unvulkanisierten Schlauchenden (Spleißen) gelang nach entsprechendem Umbau der Spleißmaschinen. Es kann durch Überlappen oder Stumpf-Spleißen erfolgen. Lösungsmittel sollen beim Überlappen vermieden werden. Die Klebrigkeit frischer Butylkautschukschnittflächen nimmt mit zunehmender Temperatur des Schneidmessers ab[3]. Beim Stumpf-Spleißen hat sich deshalb Tiefkühlen der nach dem Heißschneiden stumpf aneinander gepreßten Enden bewährt, um die Deformation bei der weiteren Handhabung zu verhindern[4, 5]. Um das Festklemmen in der Spleißmaschine möglichst schonend vorzunehmen, kann man an der Innenseite des Schlauches in der Nähe der Enden Wülste[6] oder ellipsenförmige Haltevorrichtungen[7] anbringen, die ein Verrutschen ausschließen. Schlangenförmig verlaufende Stoßlinien und zahnartiges Ineinandergreifen der Stoßkanten beider Schlauchenden erhöhen die Festigkeit der Schweißnaht[8].

Butylkautschukvulkanisate sind bei tiefen Temperaturen unter 0° sehr wenig elastisch. Im Verein mit ungenügendem Reifendruck führte diese Tatsache bei Schläuchen im Personenkraftwagen-Laufbetrieb zu Wachsen des Schlauches[9], Knickfaltenbildung und Zerstörung durch Aneinanderreiben der Schlauchflächen[10, 11]. Für die Beseitigung dieser

[1] W. J. Sparks: Development of Butyl, 1957.
[2] Buckley: Rubber Plast. Age **38**, Nr. 8, 697—706 (1957).
[3] Beckwith, Welch, Nelson, Chaney u. McCracken: Ind. Engng. Chem. **41**, 2247—2251 (1949).
[4] USRC Mulbarger u. Hiatt, A. P. 2507865 v. 16. 11. 45.
[5] WC Silver, A. P. 2469849 v. 19. 1. 46.
[6] StODC Vickers, A. P. 2527204 v. 2. 1. 47.
[7] GTRC E. P. 775397 v. 18. 4. 55, A. Prior. v. 16. 11. 54.
[8] GTRC DP-Anm. G 6986/39a v. 18. 9. 51.
[9] Lightbown, Verde u. Brown jr.: Ind. Engng. Chem. **39**, 141—147 (1946).
[10] Brazier: India Rubber J. **114**, 47, 78, 111, 151, 252 (1948).
[11] Adams, Buckler u. Wanless: Rubber Chem. Technol. **23**, 670—682 (1950).

Erscheinung gibt es mehrere Möglichkeiten, z. B. Zugabe von Weichmachern[1], die bei Butylkautschuk mit hoher Mooney-Viscosität[2] bis zu 25 Teilen betragen kann, Vulkanisieren bei erhöhter Temperatur zur Erzielung höherer Zugfestigkeit bei niedriger Dehnung[1], die Wahl geeigneter Füllstoffe[1], höheres Molekulargewicht des Butylkautschuks für die bessere Einarbeitung des Weichmachers, Anwendung von Gleitmitteln und Überziehen des Schlauches mit einer dünnen, geschmeidigen Schicht von z. B. Polyacrylsäure- oder Polymethacrylsäurealkylestern[3]. Die Mischungszusammensetzung für Schläuche aus Butylkautschuk muß von Fall zu Fall ermittelt werden. In der Regel soll der Rußgehalt 50% nicht übersteigen, und der Weichmachergehalt soll niedrig bleiben.

Verschnitt mit Naturkautschuk ist möglich[4]. In solchen Verschnitten kann Butylkautschuk auch durch Butylkautschuk-Regenerat ausgetauscht werden[4]. Polyisocyanat-Zusätze verringern den kalten Fluß[5]. Versteifende Zusätze von Polychloropren werden für die Ventileinfassungen von Schläuchen empfohlen[6].

Heizschläuche enthalten bis zu 25 Teilen Zinkoxyd[7]. Versteifende Zusätze von Polychlorbutadien-1,3 und Butadien-Acrylnitril-Mischpolymerisat haben sich bewährt[8]. Heizschläuche aus Butylkautschuk für die Vulkanisation von Fahrzeugreifen sind viel langlebiger, wenn sie nicht mit Schwefel, sondern mit z. B. 2,6-Dimethylol-4-tert.butylphenol unter Zusatz von chlorsulfoniertem Polyäthylen als Beschleuniger vulkanisiert werden[9].

β) Reifenherstellung

Die Herstellung von Butylkautschukreifen ist schon 1942 versucht worden, aber der Abrieb der Laufflächen war zu groß, und die Geschwindigkeit butylkautschukbereifter Fahrzeuge durfte 60 km/Std. nicht überschreiten[10].

Das Eindringen des Butylkautschuks in die Reifenindustrie begann damit, daß man die Innenfläche des Reifens zur Verminderung der Gasdurchlässigkeit und zur Erzielung eines Selbstdichtungseffektes mit Butylkautschuk oder butylkautschukhaltigen Mischungen belegte[11, 12, 13, 14, 15, 16], wobei man durch besondere Überlappung eine bessere Ver-

---

[1] IKNAYAN: India Rubber Wld. **126**, 1505—1507 (1952).

[2] PETERSON: India Rubber Wld. **130**, 366—369 (1954).

[3] USRC E. P. 753831 v. 29. 11. 54, A. Prior. v. 28. 12. 53.

[4] CGW HAINBACH u. REIMANN, DBP 907218 v. 6. 12. 50.

[5] GTRC COUSINS, A. P. 2690780 v. 16. 6. 51.

[6] GTRC VERNON u. HOESLY, A. P. 2752981 v. 17. 6. 53.

[7] SAYKO: India Rubber Wld. **129**, 348—353 (1954).

[8] BFGC SARBACH, A. P. 2611758 v. 1. 10. 48.

[9] USRC F. P. 1080963 v. 25. 6. 53.

[10] HERRINK: Rubber Age (London) **24**, 129—130 (1943).

[11] BFGC CONNELL, A. P. 2765018 v. 4. 6. 52.

[12] FTRC BRANDAU u. SCHUTZ, E. P. 731214 v. 19. 5. 53, A. Prior. v. 10. 3. 53.

[13] USRC KINDLE u. FLEMING, A. P. 2741295 v. 27. 8. 53.

[14] USRC KINDLE u. FLEMING, A. P. 2776699 v. 16. 10. 53.

[15] India Rubber Wld. **131**, 551 (1955).

[16] USRC Belg. P. 544403 v. 13. 1. 56, A. Prior. v. 31. 3. 55.

bindung mit dem Reifenkörper erzielte[1]. Auch Butylkautschukregenerat[2, 3, 4, 5] ist für diesen Zweck verwendbar. Die Verträglichkeit von Butylkautschuk mit Natur- und Synthesekautschuk[6, 7, 8, 9, 10] ließ zu wünschen übrig. Hier hat der bromierte Butylkautschuk Fortschritte gebracht. Allein[11] oder in Verbindung mit Phenol-Formaldehydharzen liefert er einen guten Klebstoff, mit dem man zuverlässige Verklebungen von Kautschuk—Kautschuk oder Kautschuk—Metall erzielt[12, 13]. Bromierter Butylkautschuk kann auch mit Natur- und Synthesekautschuk zusammen vulkanisiert werden[11, 14, 15, 16]. Chlorierter Butylkautschuk soll bromierten noch übertreffen[17]. Beim Reifen aus reinem Butylkautschuk zeigten sich schwache Stellen am Wulst, an den Wulstdrähten, am "flipper", am Gewebe und an der Lauffläche. Durch Änderungen im Aufbau des Reifens, durch erhöhtes Haftvermögen der Schichten und des Gewebes[18, 19, 20, 21, 22] und durch Entwicklung härterer Mischungen sind Verbesserungen erzielt worden, die den Butylkautschukreifen dem Reifen aus Synthesekautschuk—Naturkautschuk ebenbürtig, teilweise sogar überlegen erscheinen lassen. Butylkautschukreifen erwärmen sich beim Laufen weniger, quietschen beim Kurvenfahren weniger und haben eine größere Rutschfestigkeit und Ozonbeständigkeit als Synthesekautschuk- oder Naturkautschukreifen[23]. Die Abriebfestigkeit ist noch umstritten.

Mischvulkanisate aus Butylkautschuk und Naturkautschuk, GR-S-Kautschuk oder Buna N sind zur Herstellung von schlauchlosen Reifen geeignet[24].

γ) Verschiedenes

Weitere Anwendungsmöglichkeiten von Mischpolymerisaten aus Isobutylen und Diolefinen zeigen folgende Stichworte: Druckwalzen[25],

[1] FTRC E. P. 754019 v. 13. 5. 54, A. Prior. v. 24. 12. 53.
[2] USRC PETERSON u. BATTS, F. P. 1080120 v. 21. 5. 53, A. Prior. v. 29. 7. 52.
[3] USRC Belg. P. 543506 v. 9. 12. 56, A. Prior. v. 23. 12. 54.
[4] USRC PETERSON u. BATTS, F. P. 1137619 v. 11. 10. 55, A. Prior. v. 2. 11. 54.
[5] USRC KINDLE u. FLEMING, F. P. 1146597 v. 2. 12. 55, A. Prior. v. 23. 12. 54.
[6] BFGC CONNELL u. FISHER, A. P. 2575249 v. 20. 11. 48.
[7] DuRuC SEAR, E. P. 743731 v. 19. 5. 53.
[8] EREC E. P. 776735 v. 29. 11. 55, A. Prior. v. 14. 12. 54.
[9] FORD u. ZAPP: Gummi u. Asbest 9, 58 (1956).
[10] DUNKEL, SMITH u. ZAPP: Rubber a. Plast. Age 38, 892—899 (1957).
[11] LUFTER: Rubber Age 79, 629—641 (1956).
[12] BFGC CRAWFORD u. MORRISSEY, A. P. 2720479 v. 30. 6. 51.
[13] BFGC CRAWFORD u. MORRISSEY, A. P. 2681899 v. 5. 9. 52.
[14] BFGC MORRISSEY u. WEISS, A. P. 2698041 v. 30. 6. 51.
[15] MORRISSEY: Ind. Engng. Chem. 47, 1562—1569 (1955).
[16] EVANS: Rubber Age 79, 89—90 (1956).
[17] EREC BALDWIN u. SPARKS, Belg. P. 560914 v. 18. 9. 57.
[18] BFGC COMPTON, A. P. 2402021 v. 26. 4. 43.
[19] EREC ROBINSON, A. P. 2754239 v. 1. 10. 52.
[20] FTRC ROWE u. STEARNS, A. P. 2822311 v. 3. 3. 55.
[21] USRC E. P. 783659 v. 28. 9. 55, A. Prior. v. 5. 11. 54.
[22] MILLER u. ROBINSON: Rubber World 137, 397—403, 460 (1957).
[23] Ind. Engng. Chem. 48, 100A (1956).
[24] EREC FORD, F. P. 1153168 v. 30. 4. 56, A. Prior. v. 2. 5. 55.
[25] StODC SPARKS u. THOMAS, A. P. 2258268 v. 13. 4. 39.

Schreibmaschinenwalzen[1], Auskleiden von säurefesten Tanks[2], Stoß-
dämpfer[3], Vakuumdichtungen[4], Gummi für pharmazeutische Zwecke[5],
Stiefel[6] und andere Artikel[7].

Propfpolymerisate von Styrol auf Isobutylen-Isopren-Mischpolymerisate sind zu glänzenden Gegenständen mit perlmutterartigem Aussehen verformbar[8].

Pfropfpolymerisate von Styrol auf Mischungen aus Butylkautschuk
und ungesättigten Polyestern sind für Überzüge, Form- und Schichtkörper verwendbar[9].

δ) Butylkautschuk-Regenerat

Butylkautschuk-Abfälle können regeneriert werden. Als Hilfsmittel
eignen sich Regenerieröle[10], Schwefelwasserstoff[11], Mercaptane[12] oder
Sulfide von N,N-Dialkylarylaminen allein[13] oder in Verbindung mit
aliphatischen Aminen[14], mit denen die Butylkautschuk-Abfälle auf
Temperaturen von etwa 100—200° erhitzt werden. Die Auslese der
Butylkautschuk-Abfälle muß sehr sorgfältig vorgenommen werden.
Beimengungen anderer Kautschuksorten mit höherer Ungesättigtheit
verschlechtern die Vulkanisationseigenschaften von Butylkautschuk-
Regenerat beträchtlich[15].

Für Butylkautschuk-Regenerat sind besondere Prüfmethoden entwickelt worden, um seine Brauchbarkeit beurteilen zu können[16, 17]. Es
kann allein oder in Mischung mit frischem Butylkautschuk verarbeitet
werden. Im ersten Falle ist Erhöhung der Beschleunigerdosis notwendig,
im zweiten nicht. Frischem Butylkautschuk zugesetztes Butylkautschuk-
Regenerat beeinträchtigt im fertigen Vulkanisat die Gasundurchlässigkeit praktisch nicht.

Butylkautschukvulkanisate ergeben nach Erhitzen mit Phenol und
Borfluoridätherat auf 180°, Neutralisieren und Destillieren mit Wasserdampf Tertiärbutylphenol[18].

3. Mischpolymerisate aus Isobutylen und Styrol

Die Verwendungsmöglichkeiten für die Mischpolymerisate aus Isobutylen und Styrol als Isolier- und Kabelöle, Isolier- und Kabelmassen,

[1] BFGC Schroeder, A. P. 2588993 v. 16. 4. 49.
[2] Jasco Lightbown u. Beckley jr., A. P. 2467322 v. 7. 12. 40.
[3] BFGC Jones, A. P. 2381059 v. 4. 12. 42.
[4] Katō: Abstr. Kagaku-Kenkyū-Jo Hōkoku 26, 30—31 (1950).
[5] Ruoss: Pharmac. Acta Helv. 31, 25—44 (1956).
[6] USRC E. P. 771861 v. 25. 7. 55, A. Prior. v. 14. 9. 54.
[7] Dahl u. Langheck: Gummi u. Asbest 11, 676—680 (1958).
[8] MCC E. P. 774754 v. 14. 7. 55, A. Prior. v. 14. 7. 54.
[9] DOW Rubens u. Boyer, D.A.S. 1049091 v. 5. 7. 52.
[10] MRRC Randall, A. P. 2471496 v. 14. 7. 45.
[11] StODC Baldwin, A. P. 2493518 v. 7. 8. 45.
[12] StODC Teby, A. P. 2471866 v. 15. 12. 45.
[13] FTRC Hensley u. Albert, A. P. 2686162 v. 2. 4. 52.
[14] FTRC Hensley u. Albert, A. P. 2686163 v. 2. 4. 52.
[15] Barclay: Rubber Age 79, 629—641 (1956).
[16] Busenburg: Rubber Age (New York) 70, 608 (1952).
[17] Du Pont: Neoprene Übersee-Ber. 4, 3 (1954).
[18] ChWA Reese, D. A. S. 1020635 v. 4. 6. 56.

Mineralölverbesserer, Überzugs- oder Imprägniermittel, plastische Massen, Klebemittel für splittersicheres Glas, Folien, Papier, Gewebe und als Dichtungs- und Reinigungsmassen sind in den Grundpatenten über ihre Herstellung[1,2] bereits beschrieben worden.

Die niedermolekularen, öligen Mischpolymerisate haben ähnliche Anwendungsgebiete wie die Polybutene. Man kann sie z. B. in Mischungen für selbstklebende Massen verwenden. Ihre guten Isoliereigenschaften zusammen mit einem Viscositätsverlauf, der etwas steiler ist als bei den Polybutenen, ermöglichen ihre Verwendung in Tränkmassen für Kabelisolierung oder als Isolierflüssigkeit für elektrische Hochspannungsgeräte[3].

Die hochmolekularen, festen Mischpolymerisate besitzen viele Eigenschaften, die ihre Verwendung in den gleichen Gebieten ermöglichen, in denen man reines Polyisobutylen oder Butylkautschuk einsetzt. Hervorragende Gas- und Feuchtigkeitsundurchlässigkeit bedingen ihre Hauptverwendung im Oberflächenschutz im weitesten Sinne.

a) Klebstoffe

Klebschicht zwischen Folien für Verbundkörper	StODC SLOTTERBECK, SMYERS u. YOUNG, A. P. 2604423 v. 6. 10. 44
Mischung mit Asphalten als Abdichtungsmasse	StODC YOUNG, SMYERS u. SPARKS, F. P. 927636 v. 4. 4. 46, A. Prior. v. 19. 10. 45
Mischung mit Pentaerythrit-Harzsäure-Estern und Äthylenglykol-Harzsäure-Estern als Druckklebeband oder -folie	USRC VAN BUSKIRK, STREED u. FLOOD, A. P. 2530099 v. 12. 4. 49
Mischung mit Petroleum- oder Cumaron-Inden-Harzen als Kleber für schichtförmig aufgebaute Kofferplatten	ASC E. P. 728044 v. 12. 3. 51, A. Prior. v. 14. 3. 50
Mischung mit Di- und Triäthylenglykol-Carbonsäureestern und Glycerin-Kolophonium-Estern als Druckklebstoff für Schichtstoffe	USRC STREED u. BROADHURST, A. P. 2650181 v. 13. 2. 51
Mischung mit Vinylacetal, Füllstoff und Weichmacher als Klebschicht für Klebebänder	HUERRE, F. P. 1051615 v. 11. 2. 52
Mischung mit Asphalt und Kohlenwasserstofföl als Schichtstoffkleber	EREC NEWBERG, LITTMANN u. FORD, A. P. 2714568 v. 27. 2. 52
	EREC E. P. 793337 v. 17. 5. 56, A. Prior. v. 5. 7. 55
In Mischung mit Asphalt + P_2O_5 mit Luft geblasen zum Papierbeschichten	EREC MORRIS, ROEDIGER, NEWBERG u. SAYKO, F. P. 1141215 v. 9. 2. 56, A. Prior. v. 7. 3. 55
In Mischung mit Asphalt mit Luft geblasen als Schichtstoffkleber	EREC D. A. S. 1029966 v. 7. 7. 56, A. Prior. v. 15. 7. 55

---

[1] StODC WIEZEVICH, A. P. 2213423 v. 9. 4. 37.
[2] StODC SMYERS, A. P. 2274749 v. 17. 7. 37.
[3] SSW HEERING, DBP 850159 v. 23. 8. 50.

b) Oberflächenschutz

Innere Schutzschicht für Konservendosen	IG Oschatz, DRP 657952 v. 22. 2. 36
Mischungen mit Polyisobutylen und Wachs oder Paraffin als wasserfeste Überzüge für Papier und Textilien	StODC Smith, A. P. 2396293 v. 22. 8. 42
Mischung mit Polyamidharzen zur Papierbeschichtung	StODC Young u. Sparks, A. P. 2516741 v. 12. 10. 44
Mischungen mit Paraffin als Verpackungsfolie	StODC Sparks u. Hardy, A. P. 2580050 v. 29. 12. 44
Mischungen mit Paraffin als Überzug auf Papier	StODC Young u. Sparks, A. P. 2595911 v. 29. 12. 44
Schutzfilm für Butylkautschuk	StODC Sparks, Baldwin u. Newberg, A. P. 2572959 v. 24. 3. 45
Mischungen mit anorg. Füllstoffen als Verpackungs- und Kaschierfolien	StODC Hardy u. Sparks, A. P. 2525071 v. 30. 11. 45
Mischung mit Butadien-Styrol-MP für ölfreie Transparentfolie	StODC Mahan, A. P. 2631139 v. 4. 12. 45
Mischungen höher- und niedermolekularer Mischpolymerisate für Oberflächenschutz	StODC Young u. Sparks, A. P. 2519092 v. 12. 3. 46
Mischungen mit Butadien-Acrylnitril- und Vinylchlorid-Vinylacetat-MP für Verpackung	StODC Newberg, A. P. 2571928 v. 4. 11. 47
Mischungen mit Butadien-Acrylnitril und Phenolharz für Schutzfilme u. ä.	StODC Newberg u. Young, A. P. 2540592 v. 10. 9. 48
Mischung mit Polyäthylen für wasserdampfundurchlässige Filme oder für Fasern	StODC Young u. Hardy, A. P. 2655492 v. 29. 10. 48
Schutzfilme	Newberg: India Rubber Wld. **120**, 204—209 (1949)
Überzug für Tauchformen	USRC Teague, A. P. 2747229 v. 3. 9. 52
Mischung mit Kautschuk und Silicon für Tauchwaren	USRC Bargmeyer, A. P. 2789933 v. 30. 4. 52
Mischung mit Asphalt für Straßenbauzwecke	EREC Smith, A. P. 2802798 v. 19. 7. 54

c) Schmiermittel

Verwendung als VI-Verbesserer in Mineralölen	StODC Wiezevich, A. P. 2213423 v. 9. 4. 37
Verwendung als VI-Verbesserer in Mineralölen	StODC Smyers, A. P. 2274749 v. 17. 7. 37
Verwendung in Mischung mit Metallseifen und Öl als Schmierfett	StODC Young u. Smyers, A. P. 2504779 v. 18. 10. 47
Verwendung in Mischung mit Estern 2-basischer organ. Säuren und Metallseifen als Schmierfett	StODC Morway, A. P. 2491054 v. 25. 10. 47
Verwendung in bituminösen Schmiermitteln	EREC Shirley, E. P. 784337 v. 22. 3. 55

Verwendung in Mischung mit geblasenem Asphalt und schwerem Petroleumdestillat als Schmiermittel für offene Getriebe	EREC BEERBOWER u. HENDERSON, A. P. 2814595 v. 28. 3. 55

Auf die Verwendung von mittels chemischer Umsetzungen verarbeiteter Isobutylen-Styrol-Mischpolymerisate als Mineralölverbesserungsmittel wurde schon im Abschnitt IV B 2 g, S. 162, hingewiesen.

d) Weichmacher

Für Asphalt	StODC F. P. 927636 v. 4. 6. 46, A. Prior. v. 19. 10. 45
Für Paraffin	StODC SPARKS u. HARDY, A. P. 2580050 v. 29. 12. 44
Für Polyamidharze	StODC YOUNG u. SPARKS, A. P. 2516741 v. 12. 10. 44
Für Polyamidharze	StODC YOUNG u. SPARKS, A. P. 2468534 v. 23. 11. 44
Niedrigmolekulare MP als Weichmacher für Polyäthylen	StODC YOUNG u. SMYERS, A. P. 2519092 v. 12. 3. 46
Niedrigmolekulare MP als Weichmacher für Polyäthylen	StODC YOUNG u. HARDY, A. P. 2655492 v. 29. 10. 48
Für Polystyrol	DOW SMYERS u. YOUNG, A. P. 2610962 v. 3. 12. 46
Für Polystyrol	SMYERS u. YOUNG, E. P. 760104 v. 9. 9. 52

4. Mischpolymerisate des Isobutylens mit anderen ungesättigten Verbindungen

Unter den peroxydisch polymerisierten Mischpolymerisaten des Isobutylens besitzen diejenigen aus Isobutylen und Acrylnitril ein gewisses Interesse für die Faserherstellung. Als Lösungsmittel für sie eignen sich Dimethylcarbamylverbindungen[1], wenigstens 2 Cyanmethylengruppen enthaltende organische Verbindungen[2], Rhodanide[3], Hydracryl- oder Glykolsäurenitril[4], Mischungen aus Nitromethan und Ameisensäure, Dichloressigsäure oder Cyanessigsäure[5] und Dimethylformamid oder Dimethylacetamid[6, 7]. Diese Lösungen können durch Düsen entweder in einen geheizten Raum, wobei das Lösungsmittel verdampft[1], oder in ein Fällungsbad aus Gemischen aliphatischer oder aromatischer Kohlenwasserstoffe[2] oder aus einer Lösung von Rhodaniden in Wasser[3] eingespritzt und zu Fäden verformt werden. Man kann die Fasern auch aus dem Schmelzfluß herstellen[8].

---

[1] EIPNC LATHAM, A. P. 2404714 v. 4. 11. 44.

[2] EIPNC ROGERS, A. P. 2404715 v. 4. 11. 44.

[3] ACyC CRESSWELL u. CUMMINGS, A. P. 2777751 v. 8. 3. 51.

[4] EIPNC CHARCH, A. P. 2404726 v. 18. 11. 44.

[5] AVC DALTON, A. P. 2588335 v. 9. 11. 50.

[6] AVC Schweiz. P. 294348 v. 19. 6. 51.

[7] MSGIMC MARAGLIANO u. CERNIA, F. P. 1119559 v. 24. 2. 55, It. Prior. v. 26. 2. 54.

[8] EREC BANES u. GARBER, A. P. 2749330 v. 6. 12. 52.

Die Mischpolymerisate aus Isobutylen und Acrylnitril sind zur Herstellung von Schall- und Druckplatten verwendbar[1, 2]. Ein geeigneter Weichmacher besteht aus einem Mischpolymerisat eines Keton-Aldehyd-Harzes und Acrylnitril[3]. Sie eignen sich auch als Zwischenlagen in nichtmetallischen Tanks für flüssige Brennstoffe[4].

Die Mischpolymerisate aus Isobutylen und Acrylsäure, Methacrylsäure oder Sorbinsäure geben mit Metalloxyden und feinverteiltem Siliciumoxyd bei 50—200° C weiche, elastische und nicht schrumpfende Vulkanisate mit guter Reißfestigkeit[5]. Mischungen aus Mischpolymerisaten des Isobutylens mit Äthylacrylat und Polyvinylacetalharz sind chemisch sehr widerstandsfähig und zur Herstellung von Rohren, Behältern, Filterplatten, Kabelverschlüssen, Schutzhelmen u. ä. geeignet[6]. Isobutylen-Dibutylfumarat-Mischpolymerisate können Überzugsmassen, die im wesentlichen aus Harzen bestehen, als Mischkomponente beigefügt werden[7]. Umsetzungsprodukte aus Isobutylen-Maleinsäure-Anhydrid mit Ammoniak dienen als Textilhilfsmittel, Stabilisator für Emulsionen und Dispersionen sowie als Bodenverbesserungsmittel[8]. Unter Zusatz von Glykol aus der Suspension durch Eindampfen abgeschiedenes Halbamid-Ammoniumsalz des Isobutylen-Maleinsäureanhydrid-Mischpolymerisates fällt als nicht staubendes, frei fließendes Pulver an und kann zur Bodenverbesserung dienen[9]. Isobutylen-Vinylalkyläther-[10] oder Isobutylen-Dihydronaphthalin[11]-Mischpolymerisate mit Mol.-Gew. über 5000 sind Schmierölverbesserungsmittel[10], solche aus Isobutylen und Vinylidenverbindungen Bitumenverbesserer[12]. Harzartige Mischpolymerisate aus Isobutylen und Schwefeldioxyd liefern, mit Nitrilen als Weichmacher versetzt, stabile Kunststoffemulsionen[13], mit denen man Textilien, Papier u. ä. überziehen und imprägnieren kann[14].

Mischpolymerisate aus Isobutylen und Tetrafluoräthylen eignen sich zur Herstellung von Isolierband[15] oder von Verpackungsmaterial und Überzügen verschiedener Art[16]. Mischungen aus Isobutylen-Tetrafluoräthylen-Mischpolymerisaten und Metallpulver, Graphit, Asbest oder anderen Füllstoffen sind verformbar, wenn man sie zunächst preßt, dann drucklos bis zum Sintern erhitzt und dann bei reduzierter Tem-

---

[1] USRC E. P. 645105 v. 13. 7. 48, A. Prior. v. 17. 9. 47.
[2] USRC E. P. 645106 v. 13. 7. 48, A. Prior. v. 17. 9. 47.
[3] USRC TAWNEY, A. P. 2504054 v. 4. 11. 47.
[4] FTRC REID u. BEST, A. P. 2713550 v. 20. 4. 50.
[5] BFGC BROWN, A. P. 2682327 v. 25. 7. 51.
[6] USRC FISK, A. P. 2775572 v. 28. 8. 52.
[7] ACyC SPENCER, A. P. 2579980 v. 21. 1. 50.
[8] MCC HEDRICK u. MOWRY, DBP 925735 v. 5. 2. 53, A. Prior. v. 22. 7. 52.
[9] MCC MORRILL, A. P. 2717884 v. 26. 4. 54.
[10] StODC E. P. 638355 v. 30. 9. 46.
[11] StODC LIEBER, A. P. 2522455 v. 24. 6. 48.
[12] NVBPM F. P. 902529 v. 9. 3. 44, Holl. Prior. v. 22. 5. 43.
[13] PhPC CROUCH u. HOWE, A. P. 2607752 v. 2. 1. 51.
[14] PhPC HOWE, A. P. 2637664 v. 23. 6. 49.
[15] EIPNC ALFTHAN, A. P. 2406127 v. 25. 5. 44.
[16] EIPNC HILL, A. P. 2413498 v. 6. 3. 44.

peratur unter Druck abkühlt[1]. Mischungen aus Isobutylen-Tri- oder Tetrafluoräthylen-Mischpolymerisaten und Chlornaphthalinharzen ergeben bis 110° formbeständige Überzüge[2].

Aus Isobutylen und Kohlenmonoxyd mischpolymerisierte Polyketone ergeben bei gleichzeitiger Reduktion und Aminierung Polyamine, die als Beize für saure Farbstoffe in photographischen Schichten dienen, weil sie keine Schleierbildung verursachen und die Haltbarkeit nicht beeinflussen[3].

5. Tripolymere und Höhere

Flüssige Mischpolymerisate aus Isobutylen, Propylen, n-Buten, Hexadien-1,5 und α-Methylbutadien-1,3 sind Isolieröle für elektrotechnische Zwecke[4]. Mischpolymerisate aus Isobutylen, Styrol und Divinylbenzol eignen sich zur Herstellung harter Gegenstände für Isolierzwecke[5]. Butadien-Styrol-Mischpolymerisate lassen sich durch Isobutylen-1,3-Diolefin-Styrol-Mischpolymerisate verbessern[6]. Aus vulkanisierbaren Isobutylen-Vinylidenchlorid-Butadien-Mischpolymerisaten lassen sich Schuhsohlen herstellen[7]. Isobutylen-Diolefin-Acrylnitril-Mischpolymerisate sind gute Weichmacher für Polyvinylchlorid, Polystyrol oder Harze[8]. Umsetzungsprodukte von Isobutylen-Buten-2-Styrol-Mischpolymerisaten mit Acetylchlorid, die mit Cyclopentadien zur Reaktion gebraucht worden sind, ergeben trocknende Schutzüberzüge auf Metall, Holz u. ä.[9].

---

[1] EIPNC FIELDS, A. P. 2456262 v. 29. 3. 46.
[2] FB F. P. 1042230 v. 15. 9. 51, D. Prior. v. 16. 9. 50.
[3] EIPNC GRAY, A. P. 2753263 v. 10. 9. 53.
[4] SpEC E. P. 683382 v. 12. 1. 48, A. Prior. v. 30. 1. 47.
[5] SH MERTENS, DBP 961308 v. 13. 9. 38.
[6] SOC KURTZ JR., A. P. 2497458 v. 26. 5. 45.
[7] DOW STANTON u. LOWRY, A. P. 2454486 v. 28. 7. 47.
[8] StODC BANES, YOUNG u. HUND, A. P. 2636866 v. 29. 6. 49.
[9] StODC NELSON u. GLEASON, A. P. 2650209 v. 1. 12. 50.

Firmenverzeichnis

AW	Dr. Alexander Wacker Ges. f. Elektrochemische Industrie G. m. b. H.
ACA	Aluminium Co. of America
ACC	American Can. Co.
ACKC	Armstrong Cork Co.
ACyC	American Cyanamid Co.
AEG	Allgemeine Elektrizitäts-Gesellschaft
ALC	American Locomotive Co. New York
APC	Atlas Powder Co.
ARC	The Atlantic Refining Company
ASC	American Sisalkraft Corp.
AVC	American Viscose Corp.
AIOC	Anglo-Iranian Oil Co. Ltd.
AJSF	Arthur J. Smith Foundation
AMDL	Algot Martin Daniel Löfgren
ASCC	Advance Solvents a. Chemical Corp.
B	La Bakélite
BC	Bakelite Corp.
BH	Bergwerksgesellschaft Hibernia AG.
BBC	Boston Blacking Co.
BDR	British Dielectric Research Ltd.
BEW	Bergmann-Elektricitäts-Werke, Akt.-Ges.
BMC	Bishop Mfg. Corp.
BTL	Bell Telephone Laboratories, Inc.
BASF	Badische Anilin- und Soda-Fabrik AG., Ludwigshafen/Rhein
BBCC	B. B. Chemical Co. of Canada Ltd.
BFGC	B. F. Goodrich Co.
BICC	British Insulated Callender's Cables Ltd.
BrC	Britonia Chemicals Ltd.
C	Ciba Akt.-Ges.
CL	Cress Laboratories
CP	Chemieprodukte Komm.-Ges.
CCA	Celanese Corp. of America
CCC	Continental Can. Co.
CDC	Chemical Development Co.
CGE	Comp. Générale d'Électricité
CGW	Continental Gummi-Werke Akt.-Ges.
CIS	Chavannes Industrial Synthetics, Inc.
CPL	Compra Plastics Ltd.
CRC	California Research Corporation
CCCC	Carbide a. Carbon Chemicals Corporation
CFPH	Comp. Française des Procédés Houdry
CHRC	Connecticut Hard Rubber Co.
CPPC	Colgate-Palmolive-Peet Co.
CCCCL	Callender's Cable a. Construction Ltd.
ChW	Charles Weizman London
ChWA	Chemische Werke Albert
ChWH	Chemische Werke Hüls
DC	Distillers Co.
DK	Deutsche Kabelwerke G. m. b. H.
DS	Deutsche Shell AG.

DW	Dukal Works
DSt	Drei Straßen Akt.-Ges.
DAC	Dewey a. Almy Chemical Co.
DBC	Dussek Brothers a. Co., Ltd.
DCC	Dow Corning Corporation
DCF	Deutsche Celluloidfabrik AG.
DGS	Deutsche Gold- und Silberscheideanstalt vorm. Roessler
DOW	The Dow Chemical Company
DRC	Dominion Rubber Co.
DYN	Dynamit AG., vorm. Alfred Nobel u. Co.
DEHYDAG	Deutsche Hydrierwerke G. m. b. H.
DuRuC	Dunlop Rubber Co.
E	F. Edlinger K.-G.
EC	Ethyl Corporation
ES	Esso Standard (Soc. An. Française)
EAR	Etablissements Abel Rossignol
EFS	E. F. Seifert
EKC	Eastman Kodak Co.
EMC	Emhart Manufacturing Co.
EREC	Esso Research and Engineering Co.
EIPNC	E. I. du Pont de Nemours a. Co.
FB	Farbenfabriken Bayer
FC	The Fluor Corporation
FH	Farbwerke Hoechst
FGC	Felten u. Guilleaume Carlswerk AG.
FTL	Federal Telecommunication Laboratories, Inc.
FEAC	Fairchild Engine a. Airplane Corp.
FTRC	Firestone Tire a. Rubber Co.
FTRCp	Federal Telephone and Radio Corp.
GC	Glidden Co.
GL	Glaxo Lab. Ltd.
GEC	General Electric Co.
GMC	General Motors Corporation
GPC	The Gray Processes Corporation, Newark
GAFC	General Aniline a. Film Corp.
GRDC	Gulf Research a. Development Co.
GTRC	General Tire and Rubber Co.
HFJ	La Haute Fréquence Industrielle S. A. R. L.
HPC	Hercules Powder Co.
HACSIR	Honorary Advisory Council for Scientific and Industrial Research
IC	Interchemical Corp.
ICI	Imperial Chemical Industries Ltd.
IG	I. G. Farbenindustrie Aktiengesellschaft
ITC	Industrial Tape Corp.
ISEC	International Standard Electric Corporation
J	Jam
JJ	Johnson and Johnson
JEFC	J. E. Fast a. Co.
JVOC	Japanese Volatile Oil Company
Jasco	Joint American Study Company
K	Kendall Co.
KC	Koppers Company
KH	Kurt Hess (Rubi, Allgäu)
KV	Kabelwerk Vacha AG.
KWO	VEB Ika Kabelwerk Oberspree
KLWW	Kötitzer Ledertuch- und Wachstuch-Werke AG.
LS	L. Schluckwerder
LAC	Lockheed Aircraft Corp.
LPC	Line Products Co.
M	Gebr. Messerschmitt G. m. b. H.

MM	Mocre and Munger
MCC	Monsanto Chemical Co.
MCL	Monsanto Chemical Limited
MIC	Mica Insulator Co.
MRC	Montclair Research Corp.
MRRC	Midwest Rubber Reclaiming Co.
MWKC	M. W. Kellogg Co.
MSGIMC	Montecatini Soc. Gen. per l'Industria Mineraria e Chimica
NN	N. Nicolaus G. m. b. H.
NBM	Naomi Burrows geb. Merckling
NCRC	National Cash Register Co.
NRDC	National Research Development Corp.
NVBPM	N. V. de Bataafsche Petroleum Maatschappij
NVHIM	N. V. Hollandsche Ingenieurs Maatschappij
OC	Odenwald-Chemie G. m. b. H.
OCFC	Owens Corning Fiberglas Corp.
PH	Patentverwertungs-G. m. b. H. Hermes
PU	Pertrix-Union
PW	Phrix-Werke Akt.-Ges.
PBC	P. Beiersdorf u. Co.
PCC	Petroleum Chemical Corporation
PCL	Polymer Corporation Limited, Sarnia
PDC	Price-Driscoll Corp.
PEC	Presstite Engineering Co.
PLC	Patent and Licensing Corp.
POC	Pure Oil Company
PPC	Paper Patents Company
PTC	Permacel Tape Corp.
PPGC	Pittsburgh Plate Glass Co.
PaPeC	Parker Pen Company
PhPC	Phillips Petroleum Company
RK	Robert Kraemer
RCA	Radio Corporation of America
REH	Akt.-Ges. R. u. E. Huber, Schweizerische Kabel-, Draht- und Gummiwerke
RHC	Röhm und Haas Company
RHG	Röhm und Haas G. m. b. H.
RPC	Rhinelander Pape Co.
RPCC	Resinous Products and Chemical Co.
RTVC	R. T. Vanderbilt Co.
RChI	Reichhold Chemicals, Inc.
SH	Siemens und Halske Akt.-Ges.
SCI	Sharples Chemicals Inc.
SEC	Soc. Electro-Cable
SOC	Sun Oil Co.
SRC	Seamless Rubber Co.
SSW	Siemens-Schuckert-Werke Akt.-Ges.
SAPD	Soc. An. des Pneumatiques Dunlop
SCJS	S. C. Johnson a. Son, Inc.
SILC	Soc. Industrielle de Liaisons Électriques
SVOC	Socony-Vacuum Oil Company
SPCTR	Société de Produits Chimiques des Terres rares
Sa	Santona Ltd.
Se	Semperit Österreichisch-Amerikanische Gummiwerke Akt.-Ges.
Shell	Shell Development Company, San Francisco, Calif.
SpEC	Sprague Electric Co.
StJ	Steuler-Industriewerke G. m. b. H.
StOC	Standard Oil Company
StTC	Standard Telephones and Cables Ltd.
StODC	Standard Oil Development Company

TC	The Texas Company
TW	Teroson-Werk
TDC	Texaco Development Corporation
TKK	Tsumimizu Kagaku Kogyo K. K.
TLL	Trinidad Leaseholds Limited
TBLC	Tootal Broadhurst Lee Company Ltd.
TFSA	Tanneries de France Soc. An.
ThP	Thompson Products, Inc.
TWAOC	Tide Water Associated Oil Company
USA	United States of America
UNV	Unilever N. V.
UCCC	Union Carbide a. Carbon Corp.
UGIC	United Gas Improvement Co.
UOCC	Union Oil Company of California
UOPC	Universal Oil Products Company
USRC	United States Rubber Co.
UNDDL	University of Notre Dame Du Lac, Notre Dame, Indiana
WC	Wingfoot Corp.
WBC	Isolier- und Exportpapierfabrik W. Bosch u. Co.
WEC	Western Electric Company
WEI	Welding Engineers Inc.
WVC	Wedgeplug Valve Co.
WWC	Wallington Weston a. Co. Ltd.
WRPC	Westfield River Paper Co.
WUTC	Western Union Telegraph Co.
WTHTW	W. T. Henley's Telegraph Works Co., Ltd.
XP	Xetal Products Ltd.
ZW	Zellstofffabrik Waldhof

Patentverzeichnis

Deutschland

D. R. P.

Nr.		Seite
504730	Hofmann	83
580929	NVBPM	36
583790	IG	53
590483	NVBPM	36
601253	IG	207
615938	IG	188
		191
641284	IG	77
		78
		85
		88
		92
		94
		100
		105
		179
644441	IG	212
657952	IG	224
668000	IG	179
671378	IG	135
673129	IG	146
673393	DYN	144
674187	IG	179
676909	IG	200
677433	IG	146
678305	IG	179
682664	IG	207
686280	IG	193
689997	IG	103
695414	IG	164
		179
697482	IG	92
		97
702411	IG	144
702764	IG	211
703067	IG	22
		47
703896	IG	64
		72
704038	IG	87
		90
705940	IG	200
712141	IG	38
717123	DCF	145
717167	IG	142
727782	IG	144
		194
732125	IG	147
		183
734026	IG	12
737599	IG	191
737955	IG	142
		182
738227	IG	183
738425	IG	87
738426	IG	87
738427	IG	87
738428	IG	87
739364	Hydrawerk	175
740634	IG	10
740837	SSW	194
741294	SSW	174
743160	Langbein-Pfanhauser-Werke	16
743775	DCF	182
744853	CP	165
746084	IG	134
746304	IG	122
747482	IG	166
747940		194
		195
748631		203
750841		194
753753	IG	8
754493	IG	148
755118	LS	182
759390	BBC	181
761131	IG	87
764283	IG	10
		47
767797	Ruhrchemie	112
767885	IG	181
769406	Scheermesser u. Spindler	193

D. B. P.

Nr.		Seite
801165	BASF	190
815515	Umstätter	202
815844	StODC	130
824388	BASF	140
828360	BASF	192
829797	FGC	139
845246	BASF	143
846394	BASF	194
848831	Golde	211
849752	DGS	145
850159	SSW	223
851126	BASF	139
851166	Brockmann	181
851848	FB	143

852763	BASF	140
854573	BASF	142
854845	BASF	210
854846	BASF	145
856682	BASF	202
859950	PW	141
862506	BASF	181
863262	StODC	102
864551	BASF	71
		72
		74
864856	BASF	166
865203	Batzer u. Aly	181
867992	BASF	122
868293	BASF	78
		91
		95
869059	BASF	6
869940	BASF	8
		17
870029	BASF	143
		183
870153	BASF	206
870246	BASF	64
871002	BASF	12
871174	SH	173
872242	SH	204
872492	BASF	66
		72
873715	FGC	174
874046	Westermann	175
875864	BASF	143
882751	BASF	190
883354	BASF	121
		123
		124
		127
		128
		130
883646	BASF	193
885765	Sagel	165
886422	Brockmann, Frass u. Hauck	181
887040	BASF	17
888123	AEG	175
890953	BASF	16
890979	SH	174
892043	BASF	149
893112	PBC	182
893381	SH	170
894865	AEG	175
894866	AEG	171
896044	Usines de Melle	66
897989	BASF	141
898906	BASF	211
901667	SSW	171
902072	KH	204
903226	AEG	174
903576	BASF	13
904061	DK	172

906621	DEHYDAG	166
907218	CGW	220
911359	Heinrich Nikolaus	192
911661	BASF	121
912267	ICI	138
913821	DEHYDAG	144
915465	SSW	172
916116	BASF	143
917695	DGS	145
921357	USRC	216
925735	MCC	226
928305	SSW	173
931585	Berthold u. Sagel	189
932985	DS	157
934499	Sagel	143
934692	BASF	175
942887	OC	166
944747	NVBPM	206
945957	SH	147
953188	OC	166
956440	StODC	206
956987	FH	165
957603	SSW	172
957608	SSW	144
961308	SH	147
		227
961903	GEC	215
964101	KLWW	142
964628	PBC	183
966186	SH	147
966187	SH	178
966762	CP	195
1002490	USRC	218
1002752	BASF	24
1006148	EH	209
1010277	BFGC	137
1013376	TW	166
1019088	BASF	91
1034861	BASF	91
1046881	BASF	122

D. D. R. P.

1428	KWO	174
2540	KWO	176
4558/39b	DCF	141
4583/39b	DCF	145
5313/22i	Thinius	190
5623/39c	Löblein	216
6317	KLWW	143
7189/39b	DCF	140

D. P. Anm.

A 10582/21c	AEG	194
B 18207/22g	BASF	23
B 19122	BBC	166
B 20974/39b	BASF	143
B 21491/39c	BASF	124
B 31055/23c	BASF	203
B 34228/22i	PBC	186
B 34499 IVa/22i	PBC	182

D 13162/39b	DGS	193
G 6986/39a	GTRC	219
I 6450/55t	WBC	191
K 7465/21c	KV	173
K 12405	RK	166
K 14999/30h	Kettenbach	178
N 4342/55t	Heinrich Nikolaus	151
R 7873/12d	RHC	213
R 7938/12d	RHC	213
S 11778/21c	SH	215
S 36870/21c	SSW	171
T 1978/8k	TBLC	189

D. A. S.

1000483	AEG	171
1004752	StJ	166
1016018	BASF	82
1020635	ChWA	222
1021042	ISEC	176
1021783	RHG	64
1026964	FH	82
1028330	CHWH	104
1029896	SH	215
1029966	EREC	223
1030301	Bruch	180
1034730	SH	173
1036427	EIPNC	166
1039353	ZW	183
1042888	Kettenbach	212
1043550	PaPeC	211
1049091	DOW	222
1049588	DuRuC	159
1050475	BBCC	215

D. G. M.

1489166	DCF	212
1512131	FGC	175
1524060	DCF	192
1659159	Frey	216

Amerika

1810192	TC	36
1836170	GPC	48
1845007	TC	36
1875997	RTVC	154
1884123	RTVC	154
1884124	RTVC	154
1889952	IG	66
1921091	RTVC	154
1938177	Shell	38
1948777	CCCC	51
1957818	Shell	53
1993513	UOPC	72
2005323	TC	58
2007159	Shell	36
		70
		72
2007160	Shell	38
2012785	Shell	20
2018065	UOPC	72
2051807	Shell	48
2052268	Shell	48
2061570	StODC	188
2065474	IG	94
2067473	DOW	21
2069624	DCC	4
2079935	PhPC	64
2084082	PhPC	64
2084501	IG	83
2085524	Shell	78
		83
		85
		92
		100
2085535	Shell	78
		94
2090708	StODC	213
2090905	GRDC	109
		110
2099090	StOC	85
		100
2122786	UOPC	4
2122787	UOPC	4
2122788	UOPC	4
2122789	UOPC	4
2122790	UOPC	6
2125872	StOC	78
		85
		101
2126817	StODC	6
2127001	UOPC	71
2129649	StODC	118
2129732	StODC	118
2129733	StODC	118
2130507	IG	78
		85
		105
2131089	NVBPM	6
2131196	StODC	78
		92
		94
2131342	StODC	164
2131806	UOPC	65
2135117	GRDC	66
2138541	PhPC	118
2138895	StODC	168
		208
		209
2139038	StODC	78
		85
		92
		101
2145350	StODC	170
2148115	StOC	101
		109
2148140	UOPC	4
2152828	StODC	147

2356128	Jasco	125
2356129	Jasco	123
2356130	Jasco	123
2356955	Jasco	103
2357926	StODC	80
		91
2360632	Jasco	92
2361612	PhPC	53
2361613	PhPC	53
2363221	StODC	64
2363298	UOPC	49
2363309	UOPC	45
2367468	StOC	205
2369471	EIPNC	210
		217
2370810	StODC	46
2371342	PhPC	51
2372176	TC	50
2374272	StOC	85
		95
		101
2375021	UOPC	10
2376319	IC	211
2377049	Shell	51
2378968	PhPC	101
2379081	UOCC	10
2379172	PhPC	12
2379656	Ruthruff	78
2381059	BFGC	222
2384311	Jasco	49
2384545	BFGC	137
2384916	Jasco	88
		121
2384969	StODC	149
2386468	UOPC	30
2386764	BFGC	134
2386769	SVOC	48
2386771	SVOC	48
2386772	SVOC	48
2386773	SVOC	23
2387517	Jasco	120
2387543	Jasco	80
		101
2387755	EIPNC	134
2387994	PhPC	53
2388167	Shell	134
2388429	UOCC	51
2389406	UOPC	28
2389693	Jasco	78
2391330	Shell	157
2391742	GEC	152
		153
		154
2392590	USRC	216
2392847	Jasco	169
2392855	Jasco	144
2394616	StODC	216
2395079	Jasco	94
2395086	Jasco	102
2395381	EIPNC	138

2395505	BFGC	153
2395778	USRC	152
		154
2395895	ACC	190
2396293	StODC	224
2396301	StODC	50
2396753	StODC	68
2396785	EIPNC	138
2396791	EIPNC	138
2398481	Shell	47
		48
2399558	StODC	180
		215
2399672	Jasco	52
		98
2400054	RPCC	150
2400340	StODC	40
2400350	StODC	40
		54
2400874	StOC	101
2400875	StOC	101
2401754	StODC	102
2402021	BFGC	221
2402189	UGIC	157
2403671	PhPC	53
2403672	PhPC	53
2403779	PhPC	80
		83
		95
2403964	StODC	216
2404714	EIPNC	225
2404715	EIPNC	225
2404726	EIPNC	225
2404781	EIPNC	135
2405817	GEC	147
2405950	EIPNC	138
2406081	Porocel Corporation	74
		118
2406127	EIPNC	226
2406191	EFS	175
2406319	SpEC	128
2407183	UGIC	157
2407494	Jasco	90
		92
		101
2407873	StOC	80
		83
		91
		96
		122
2408007	Jasco	101
		103
2408131	StODC	12
2408297	PLC	208
2408725	M.W. Kellog Company	68
2408947	DOW	51
2408987	PhPC	8
2409336	Jasco	189
2411150	StODC	202

2411599	StODC	135
2411808	StODC	53
2411809	StODC	53
2411943	UGIC	157
2412921	StODC	127
2413498	EIPNC	226
2414300	CCCCL	176
2414311	EIPNC	138
2414740	Jasco	142
2414764	StODC	46
2414770	Jasco	27
2415438	GRDC	62
2416878	EIPNC	149
2417093	Jasco	159
2418797	StOC	78
		83
		91
		92
2418912	StODC	123
2419816	USRC	143
2420172	MIC	174
2421229	UOPC	53
2421946	UOPC	109
2421971	EIPNC	135
2422884	Shell	30
2423755	StODC	216
2423760	StOC	80
		88
2423761	StODC	172
2424186	StODC	40
2426820	Jasco	195
2427077	StODC	148
2427303	PhPC	121
2427514	USRC	154
2427907	Porocel Corporation	74
2428516	PhPC	53
2428668	StODC	38
2430993	StODC	139
2431005	StODC	40
2431078	CCCC	143
2433465	ARC	25
		54
2434552	StODC	80
2435038	GRDC	46
2435228	Jasco	92
2435229	Jasco	92
2436238	StODC	110
2436571	StODC	110
2436600	StODC	50
2436767	Jasco	102
2436842	FTRCp	175
2436929	UOPC	109
2438340	SOC	130
2438446	StODC	204
2438965	BFGC	166
2439081	EKC	135
2440286	Shell	110
2440498	StODC	80
		85
		95
2440543	StOC	101
2441945	Jasco	215
2442059	GEC	157
2442068	StODC	216
2442643	CRC	88
		95
2442644	CRC	87
		88
		90
		95
2442645	CRC	87
		88
		90
		95
2443245	StODC	40
2443287	StODC	80
2443698	WVC	213
2444057	StODC	68
2444830	Minnesota Mining and Manufacturing Company	184
2444881	USRC	126
2445283	USRC	152
		154
2445378	StODC	124
2445379	StODC	124
2446897	StODC	80
2446927	StOC	217
2446947	StODC	68
2449489	EIPNC	134
2449793	Shell	45
2450547	Gaylor	94
2450578	USRC	143
2450579	USRC	143
2451047	StODC	98
2451050	StODC	50
2451136	UOPC	49
2451865	SRC	182
		215
2452198	SOC	74
		118
2453153	StODC	204
2453644	Steinkraus	192
2454486	DOW	227
2456260	StODC	40
2456262	EIPNC	227
2456265	Jasco	103
2456354	StODC	124
2457331	EIPNC	153
2458166	K	184
2458355	EKC	130
2458818	StODC	118
2458841	StODC	149
2458977	SVOC	80
		87
		95
		101
2459501	Coon u. Rust	128
2459891	JJ	184
2461532	IC	215
2462123	StODC	104

2462123	StODC	127	2473549	BFGC	136
2462331	BC	210	2474571	StODC	100
2462354	EIPNC	134	2474592	StODC	121
2462422	EIPNC	135	2474881	StODC	128
2462674	StODC	157	2477311	StODC	204
2462678	EIPNC	134	2478066	Shell	65
2462977	WUTC	176	2478270	UOPC	20
2463429	StODC	205	2478718	StODC	150
		217	2479360	StODC	94
2463452	EIPNC	180	2479367	EIPNC	138
2463571	DOW	137	2479450	StODC	130
2463572	DOW	137			217
2463573	DOW	137	2481273	StODC	80
2463574	DOW	137	2481876	USRC	134
2463575	DOW	137	2484060	JJ	182
2463866	StODC	98	2484305	PhPC	50
		103	2484384	CRC	122
		104	2484416	K	182
2463902	StODC	45	2485454	StODC	87
2466092	PPC	22	2485625	ACKC	195
2466300	StODC	157			208
2466301	StODC	157	2487060	ITC	216
2466642	Shell	205	2488736	StODC	121
2466810	USRC	126	2488752	UOPC	64
2467145	StODC	202	2491054	StODC	224
2467146	StODC	202	2491525	StODC	129
2467322	Jasco	222			161
2467430	EIPNC	136	2491526	StODC	162
2468507	TC	110	2491641	Shell	204
2468523	StODC	80	2491710	StODC	91
2468534	StODC	225			94
2468664	EIPNC	138	2491786	PhPC	22
2469108	RPC	191			47
2469725	StODC	122	2492789	Jasco	202
2469748	StODC	157	2492844	PhPC	27
2469788	MRC	128	2493518	StODC	222
2469849	WC	219	2494546	StODC	44
2470171	SOC	74	2494585	StODC	121
		118	2494592	StODC	163
2470447	StODC	104	2494766	Jasco	150
		127	2495099	FTRC	157
2470904	UOPC	112	2496989	EIPNC	143
2471496	MRRC	222	2497123	StODC	166
2471647	SVOC	30			214
2471789	UGIC	157	2497191	StODC	42
2471866	StODC	222	2497458	SOC	227
2471887	StODC	127	2498840	StODC	25
2471890	StODC	121	2498999	GRDC	25
2471905	StODC	216			27
2471959	EIPNC	80	2500082	StODC	162
		135	2500780	StODC	104
		136	2502015	PhPC	53
		137	2503003	StODC	152
2472037	StODC	102	2504054	USRC	226
2472495	StODC	163	2504417	EIPNC	181
2473548	BFGC	134	2504779	StODC	224
		135	2504920	SCJS	190
		136	2507105	StODC	94
2473549	BFGC	134			98
		135			101

2569540	BMC	215	2609363	StODC	128
2571928	StODC	224			132
2572458	K	184	2610948	StODC	202
2572959	StODC	224	2610962	DOW	225
2575249	BFGC	221	2611751	StODC	98
2575750	KC	135			102
2576148	ITC	186			103
2576535	StOC	44	2611758	BFGC	220
		54	2613205	StODC	206
2577822	Jasco	123	2614136	StODC	74
		124	2615006	StODC	129
2578214	UOPC	121	2615857	BTL	171
		123	2615865	BFGC	136
		159	2615955	BTL	171
		214	2616834	USA	204
2578597	PPC	45	2616871	USRC	126
2578865	StOC	159	2616876	StODC	153
		214	2618624	StODC	175
2579980	ACyC	226	2619481	StODC	153
2580019	StODC	100	2620323	StODC	150
2580050	StODC	224			209
		225	2620364	ARC	74
2580490	StODC	121	2621159	Shell	205
2581065	StODC	42	2624682	ACKC	215
2581147	StODC	121	2625538	StODC	121
2581154	StODC	88			125
		121	2626289	StODC	114
2581228	PhPC	74	2626290	StODC	114
2581407	Hain	164	2626291	StODC	114
2582411	UOPC	121	2626940	StODC	132
		123	2628172	EMC	210
2583359	UOCC	74	2628203	StODC	208
2585867	Jasco	121			217
2588335	AVC	225	2628212	StODC	126
2588426	GRDC	64	2628955	BFGC	124
2588993	BFGC	222			132
2591384	GRDC	64	2628981	StOC	112
2591611	SpEC	124	2628991	StODC	102
2593417	KC	70	2630398	EIPNC	183
2593507	ThP	180	2631139	StODC	129
2593720	UOPC	114			224
2594375	BFGC	137	2631953	StODC	216
2595170	StODC	149	2631954	K	217
2595797	StODC	142	2631984	BFGC	160
2595819	StODC	163	2633432	Mc Laurin-Jones Co.	186
2595911	StODC	224	2634260	EIPNC	65
2596975	StODC	125	2636018	DCD	178
2602787	PhPC	136	2636025	StODC	121
2604423	StODC	223			125
2604465	StODC	129	2636026	StODC	94
2605278	StODC	206			98
2606176	USRC	135	2636861	Shell	205
2606182	StOC	159	2636866	StODC	227
		214	2637664	PhPC	226
2606940	PhPC	74	2637720	StODC	88
2607732	StOC	204			89
2607752	PhPC	226	2638445	StODC	163
2607763	StODC	102	2638457	WC	169
2609359	StODC	130	2639213	PDC	213
2609363	StODC	121	2639275	StODC	141

2640053	StODC	205	2681899	BFGC	160
2641595	StODC	129			221
2641620	StODC	68	2681903	StOC	82
2642370	FEAC	210			87
2642402	StODC	71	2682327	BFGC	226
2643993	StODC	129	2682528	HPC	134
2644792	StODC	206	2682531	StODC	82
2644798	StODC	80	2682565	StODC	114
2644809	StODC	121	2683120	StODC	205
2645631	PhPC	136	2683132	StODC	127
2645649	UOPC	121	2683138	StODC	130
		123	2683139	StODC	101
		159			102
		214	2684389	GRDC	45
2648643	StODC	195	2684958	StODC	155
2650181	USRC	223	2685576	PhPC	137
2650208	StODC	126	2686162	FTRC	222
2650209	StODC	227	2686163	FTRC	222
2653924	SCI	154	2686171	PhPC	136
2654722	StODC	127	2686210	StODC	116
2655477	StOC	159	2688004	StODC	126
		214	2688646	StODC	118
2655492	StODC	224	2689223	StODC	217
		225	2690780	GTRC	220
2655547	DOW	45	2690976	StOC	165
2656297	BBCC	215	2690977	StOC	165
2656340	StODC	121	2694054	StODC	121
		129	2694686	StODC	114
2656398	PhPC	74	2695251	K	186
2657246	StODC	95	2697048	K	215
2658044	USRC	150	2697694	StOC	80
2658062	StODC	206			89
2658872	StODC	163			101
2659706	USRC	209	2698041	BFGC	221
		217	2698269	PEC	165
2659707	EIPNC	149	2698317	CCA	136
2662856	TWAOC	206	2698320	StODC	82
2662932	FTL	171			87
2664202	StOC	205	2700185	USA	178
2665264	USRC	156	2701221	StODC	154
2666046	StODC	129			216
2666755	GTRC	153	2701895	USRC	153
2667521	PhPC	118	2702284	FTRC	150
2670306	EKC	186	2702286	USRC	154
2670393	UNDDL	70			158
2671073	StODC	132	2702287	USRC	153
2671074	BFGC	128			158
		132	2703783	EREC	141
		134			202
2671774	StODC	132	2704747	UOPC	114
2675372	EKC	82	2705250	BuBC	172
2676950	StODC	130	2705251	BuBC	172
2677000	StOC	91	2705683	ACKC	217
		95	2705684	ACKC	217
2677001	StOC	91	2705691	CHRC	216
		95	2708177	RPC	181
2677002	StOC	91			215
		95	2708682	EREC	116
2677702	UOPC	124	2709642	EREC	94
2678904	StODC	118	2709689	GC	191

2710291	USRC	148	2753328	MWKC	138
2711458	EREC	208	2754239	EREC	154
2711985	USRC	216			221
2713550	FTRC	226	2754276	EIPNC	144
2714568	EREC	223	2758143	EREC	116
2715076	EIPNC	211	2758948	LAC	175
2715618	USRC	151	2759033	EREC	116
2715650	USRC	151	2759892	EREC	206
2716096	EREC	127	2764599	WC	152
2716105	BFGC	137	2765018	BFGC	220
2716106	BFGC	137	2765241	EIPNC	186
2716617	J	190	2766157	Peterson	170
2717884	MCC	226	2766224	EREC	103
2718473	UCCC	192			126
2719182	SpEC	170	2767156	USRC	153
2720479	BFGC	218	2769802	PhPC	124
		221			128
2721889	EREC	114	2771458	EREC	141
2726208	StOC	206	2771497	StODC	52
2726224	USRC	153	2771936	USRC	154
2726967	PTC	216	2772317	EREC	109
2727022	StOC	82	2773052	EC	128
2727030	StOC	149	2775537	EREC	154
		207	2775572	USRC	217
2727874	USRC	153			226
2728684	CRC	143	2775577	EREC	89
		179	2776699	USRC	220
2728805	EREC	109	2777751	ACyC	226
2729626	EREC	132	2778804	EREC	116
2730519	EREC	129	2778807	EREC	158
2732354	BFGC	160	2779753	EREC	82
2732356	EREC	203			87
2734039	USRC	153	2780664	EREC	124
		158	2781288	DCC	154
2734877	USRC	153	2781334	EREC	132
2735075	EIPNC	211	2782134	Musgrave	170
2738060	AVC	191	2782177	EREC	154
2739082	ACKC	217	2786032	EREC	163
2739143	EREC	82	2788338	MCC	127
		87	2789933	USRC	224
2740741	GTRC	181	2794009	USRC	153
		216	2794842	PhPC	74
2741295	USRC	220	2799596	PTC	186
2744041	USRC	186	2799662	EREC	142
2744084	EREC	121			150
2744879	USRC	156	2800465	EREC	129
2745762	Soderberg	180	2802798	EREC	224
2746925	EREC	120	2803620	USRC	127
		213	2804443	MCC	159
2747229	USRC	224	2804448	BFGC	160
2748104	USRC	148	2806833	MCC	160
2749323	USRC	153	2807596	USRC	217
2749330	EREC	135	2807600	BFGC	156
		225	2808352	Burgess Battery Co.	186
2750315	PTC	186	2808409	MCC	153
2750316	PTC	186	2809125	ACKC	217
2751366	EIPNC	144	2809372	BFGC	160
2752326	EREC	132	2810709	EREC	127
2752981	GTRC	220			150
2753263	EIPNC	227	2811502	EREC	151

2814595	EREC	225	2830919	RCC	215
2814609	PCL	149	2830970	USRC	154
2815335	EREC	128	2830973	EREC	132
2816098	BFGC	160	2830977	EREC	125
2818460	UOPC	124	2831828	USRC	157
2820752	EIPNC	180	2833671	ACC	182
2822311	FTRC	221	2833746	EC	137
2823980	BFGC	156	2834761	EREC	126
2824038	StODC	216	2834762	PCL	126
2824055	EREC	161	2835624	GTRC	215
2824149	EREC	116	2845403	USRC	160
2825720	USRC	153	2849428	EREC	125
2829123	USRC	154	2871118	MCC	217
2829132	USRC	154			

Australien

8861/1932	IG	78	112875	StODC	123
109187	StODC	123			125

Belgien

441796	SPCTR	33	544403	USRC	220
446384	Patentverwertungs-GmbH		546846	HPC	82
	„Hermes"	144	549570	BASF	82
522104	DuRuC	216	560914	EREC	160
522851	NVBPM	207			221
531913	WC	167	562661	Polyplastic	161
534977	GEC	149	565220	USRC	154
536657	USRC	217	565759	USRC	218
538782	MSGIMC	82	565930	EREC	151
540014	EREC	153	566194	USRC	216
543506	USRC	221			

Canada

363473	ARC	66	467049	StODC	124
371511	UOPC	72	469102	StODC	123
377732	Shell	38	469103	StODC	130
379134	Shell	122	469772	StODC	121
381742	Shell	122	471793	TDC	53
381907	NVBPM	72	473107	DRC	216
388428	Shell	30	477416	BBCC	148
442962	StODC	169	477878	JJ	184
463236	StODC	102	479096	EIPNC	149
463237	StODC	152	480753	StODC	121
463453	StOC	94	483889	BICC	171
		98	486097	StODC	127
464084	StODC	157	486628	EIPNC	210
464086	StODC	130	486769	PC	104
466592	StODC	102	487391	ARC	118

England

248375	PCC	36	401297	IG	85
322101	IG	66			105
330623	IG	4	421118	IG	77
340098	StODC	36			78
358068	NVBPM	94			85
		100			91
393317	ICI	44			94
401297	IG	78			104

16*

432196	IG	77
		94
457158	IG	66
474831	IG	72
		74
479478	StODC	168
		209
483184	UOPC	6
483563	StODC	167
		168
		208
		209
491657	IG	49
496676	NVBPM	28
499066	UOPC	112
501896	NVBPM	28
504041	StODC	146
505736	StODC	78
507323	StTC	175
		178
511104	USRC	171
511418	StODC	148
513630	WTHTW	174
514687	ICI	175
523894	StODC	38
526387	DOW	51
530642	ICI	10
534151	StODC	27
541076	ICI	85
		92
569989	USRC	215
570198	DC	135
		136
570207	DC	135
		136
570451	ICI	193
570551	ICI	10
571909	AIOC	112
571943	ICI	104
		193
572146	XP	210
572695	ICI	210
573844	ICI	127
573845	ICI	127
576480	UOPC	20
577752	JJ	182
578849	DC	135
		136
579102	Houdry Process Corporation	12
581484	DC	135
		136
584798	Talalay	150
585420	StODC	80
586768	ICI	192
587080	StODC	94
		98
589337	DC	135
		136
589353	StODC	102
589393	StODC	121
589861	StODC	63
		80
590192	StODC	157
590322	DC	136
590613	StODC	46
591863	DC	137
592306	StODC	126
593036	StODC	149
593744	StODC	124
595827	AIOC	68
597168	DW	182
597643	StODC	125
600063	StODC	44
600317	StODC	121
601202	AIOC	30
601226	StODC	129
610129	StODC	104
616829	ICI	45
632211	AIOC	172
635508	ICI	30
638353	StODC	202
638355	StODC	226
642050	StODC	130
642306	Minnesota and Manufacturing Company	184
645105	USRC	226
645106	USRC	226
646079	BBCC	181
648428	HASCIR	192
650088	DBC	171
655124	StODC	45
655464	ACA	199
655684	Lewis, Berger and Sons	45
663516	PhPC	44
667042	StODC	195
671499	NVBPM	159
673962	WWC	177
679336	USRC	150
680273	USRC	150
683382	SpEC	123
		227
685177	USRC	150
690387	StODC	114
691691	StODC	171
693000	Sa	216
700743	PPC	216
701264	ICI	45
701309	SILC	174
706012	BDR	210
706089	BDR	192
706652	USCR	143
707484	USRC	150
707981	StODC	217
710021	Electric Storage Battery	143
712781	BICC	172
715221	StODC	121
		123
716706	StODC	201
716711	StODC	127

Frankreich

838942	SH	172	943402	StODC	130
840068	Usines de Melle	66	947424	DC	136
841865	SEC	188	948548	BFGC	184
843715	IG	193	956607	FGC	176
851122	IG	190	960920	AMDL	152
851455	IG	177	963643	HFI	213
852861	StODC	208	967886	EAR	181
854042	Jessup	30	970041	WEC	164
		33	972815	CGE	208
859847	StODC	27	977511	Bongrand	215
861018	StODC	139	983459	Comp. Générale du	
863061	StODC	177		Duralumin et du Cuivre	194
885321	KLWW	143	988786	BFGC	134
886400	StODC	210			135
888998	NVBPM	159			136
892140	PH	194	999594	NVBPM	63
893307	IG	172	999902	CGE	176
894290	IG	143	1004891	Brasch	63
894428	IG	194	1007931	Umstätter	202
896547	DCF	194	1008682	CGE	176
896664	DCF	140	1008976	Jeanvoine	178
901469	RHG	190	1012121	Silenko	215
902496	NVBPM	159	1013752	StODC	127
902528	NVBPM	135	1028815	B	209
		136	1036232	Chemieprodukte GmbH	165
		137	1042230	FB	227
902529	NVBPM	226	1042310	Scheermesser u. Spindler	193
905426	CP	184	1045872	OCFC	174
907818	DSt	190			215
913297	Cofax Corp.	184	1049857	SSW	174
913577	StODC	46	1051615	Huerre	223
913706	StODC	74	1056886	Semtex Ltd.	217
914371	StODC	128	1057889	CPL	176
		129	1059008	CP	195
915066	StODC	94	1063919	Spindler u. Scheermesser	192
		98	1065701	USRC	156
915563	StODC	203	1066269	NN	193
917991	StODC	159	1068005	USRC	158
		214	1068006	USRC	158
918994	StODC	204	1068075	USRC	156
919134	EIPNC	134	1073666	StODC	132
919624	Works u. Michalek	137	1075724	Chem. Industrie AG.	166
920043	EIPNC	138	1079019	MCC	135
920080	StODC	80	1079248	StODC	151
920897	StODC	205			155
921695	EIPNC	138	1080120	USRC	221
921707	CFPH	134	1080936	StODC	215
922494	StODC	110	1080963	USRC	220
922496	EIPNC	134	1083962	NVBPM	109
922940	EIPNC	138	1084641	Rolland	191
923314	EIPNC	138	1085164	WC	214
924296	EIPNC	138	1086918	USRC	217
924462	StODC	138	1088308	PBC	186
925038	StODC u. RHC	50	1089702	N.V.Philips Gloeilampen-	
927636	StODC	223		fabriken	209
		225	1090479	Schwab u. Nagel	212
933600	StODC	30	1094583	EIPNC	180
938984	EIPNC	138	1097345	EIPNC	152
939020	EIPNC	138	1097513	WC	164
941195	EIPNC	138	1099182	BFGC	160

1100657 CCC	169	1141216 EREC	99
1101037 NBM	170	1141741 BH	209
1101102 TESA	189	1145258 EREC	159
1102794 M	217	1145309 EREC	158
1103182 Trelleborgs Gummi-fabriks Aktiebolag	216	1145326 EREC	147, 217
1106031 StODC	129	1146597 USRC	221
1107392 PV	173	1146713 EIPNC	216
1108477 CGE	172	1149597 EREC	151
1112148 StODC	129	1151999 EREC	129
1119559 MSGIMC	225	1153168 EREC	221
1120244 ES	217	1153744 EREC	160
1130099 Centre National de Recherche Scientifique	147	1153908 EREC	120
1130100 Centre National de Recherche Scientifique	147	1156425 BASF	82
1132907 EREC	145	1157398 Compagnie Française de Raffinage	42
1137358 EREC	98	1158893 EREC	206
1137619 USRC	221	1165624 EREC	157
1140282 PBC	186	1166793 S.A. des Manufact. des Glaces et Prod. Chimiques de Saint-Gobain	147
1141215 EREC	223		

Holland

36210 IG	77, 78, 85	51400 NVBPM	36, 66
43011 NVBPM	122, 217	59166 NVBPM	134
		61145 NVBPM	136
49294 NVHIM	189	83778 NVBPM	28

Italien

360585 Natta u. Baccaredda	74	379029 StODC	78
374056 BEW	170	394122 AW	189

Japan

Bekanntmach.		P. Anm.	
SHo 33-1486 Furukawa Denki Kogyo K. K.	186	13490/39 Kyowa, Kagaku, Kogyo u. Kato	33
Bekanntmach.		P. Anm.	
SHo 33-4988 TKK	180	15200/38 Sato, Atsumi, Kono u. Fujino	33
163171 JVOC	16		

Österreich

162968 Jelinek	212	178390 BICC	172
163166 Se	143	180611 BICC	215
164174 E	180	187814 Se	214
164814 Schmid	136	189250 PJ	194

Rußland

51181 Frost, Sserebrjakowa u. Rudkowskij	28

Schweden

132254 BBC	169	134050 StODC	202
133797 WEC	170	139079 CL	182

Schweiz

203775 REH	177	259131 DAC	150
219416 StODC	193	266447 ICI	140
244057 NVBPM	135, 137	271944 Schaerer	192
246478 MSGIMC	80	280479 StODC	217
251128 C	180	292808 Arobiga AG	165
251130 Steek u. Wiedmer	212	294348 AVC	225

Namenverzeichnis

17*

Sachverzeichnis